21世纪高等教育建筑环境与能源应用工程系列教材

暖通空调工程设计
——鸿业 ACS 8.2

主　编　李建霞
参　编　张　健　李　炎　许　凤
主　审　文继卿

机械工业出版社

本书以鸿业暖通空调 ACS 8.2 软件为设计平台，全面介绍该软件的工程设置、基本的建筑设计、负荷计算、采暖工程设计、通风与空调工程设计、常用绘图工具应用、工程标注、文字处理等功能，并配以工程实例，系统地介绍暖通空调工程设计，方便读者尽快掌握。本书对每一个命令分别以功能、菜单、用法的方式进行介绍，并适当给出注意事项、图示、界面说明和流程图等，进一步详细说明该命令的用法。

本书内容翔实、条理清晰、通俗易懂，可作为大专院校建筑环境与能源应用工程及相关专业的教学用书，也可供与暖通空调设计有关的设计单位、规划单位和建设单位的工程技术人员参考。

图书在版编目（CIP）数据

暖通空调工程设计：鸿业 ACS 8.2/李建霞主编. —北京：机械工业出版社，2012.9（2024.8 重印）

21 世纪高等教育建筑环境与能源应用工程系列教材

ISBN 978-7-111-39171-5

Ⅰ.①暖… Ⅱ.①李… Ⅲ.①采暖设备-计算机辅助设计-应用软件-高等学校-教材②采暖设备-计算机辅助计算-应用软件-高等学校-教材③通风设备-计算机辅助计算-应用软件-高等学校-教材 Ⅳ.①TU83-39

中国版本图书馆 CIP 数据核字（2012）第 162875 号

机械工业出版社（北京市百万庄大街 22 号 邮政编码 100037）

策划编辑：刘 涛 责任编辑：刘 涛 牟桂玲 版式设计：霍永明

责任校对：刘怡丹 封面设计：路恩中 责任印制：刘 媛

涿州市般润文化传播有限公司印刷

2024 年 8 月第 1 版第 7 次印刷

184mm×260mm · 20.5 印张 · 504 千字

标准书号：ISBN 978-7-111-39171-5

定价：49.80 元

电话服务	网络服务
客服电话：010-88361066	机 工 官 网：www.cmpbook.com
010-88379833	机 工 官 博：weibo.com/cmp1952
010-68326294	金 书 网：www.golden-book.com
封底无防伪标均为盗版	机工教育服务网：www.cmpedu.com

前　言

随着计算机技术的普及和深入，熟练应用专业软件进行工程设计已经成为工程类大学生和工程技术人员必须掌握的一门技术。为了培养学生基本的专业制图和识图能力，许多院校开设了“专业制图与识图”、“专业软件应用”等课程。

鸿业暖通空调 ACS 8.2 是由鸿业科技公司开发的专门用于暖通空调设计和绘图的专业化软件，自动化程度较高，符合大部分设计人员的设计思路和操作习惯，得到业内工程技术人员的广泛认可，是我国暖通设计领域开发最早、功能最全、使用人数最多的专业应用软件之一。该软件除了强大的平面设计功能外，还具有很强的计算功能，包括负荷计算、水力计算等。

本书以鸿业暖通空调 ACS 8.2 为对象，介绍了各命令的功能、使用方法和注意事项等，使软件学习者能够尽快地掌握鸿业暖通空调 ACS 8.2 的使用方法和技巧。

全书共 11 章，第 1 章介绍软件的安装、运行与启动；第 2 章介绍软件的工程设置；第 3 章介绍建筑物结构的基本设计方法；第 4 章介绍负荷计算原理、方法以及如何生成负荷计算文件；第 5 ~6 章介绍采暖、通风、空调工程设计的基本方法与流程；第 7 章介绍常用工具的使用方法；第 8 章介绍工程设计中施工图样的标注方法；第 9 ~10 章介绍如何在工程图样中进行文字调整和材料统计；第 11 章为工程实例。

鸿业暖通空调 ACS 8.2 运行于 AutoCAD 环境中，因此，要求学习者对 AutoCAD 有一定的了解和基本的操作能力。

本书由李建霞主编，兰州交通大学勘察设计院文继卿教授主审。第 1 ~4 章和第 9 章由李建霞编写，第 5、10 章由李炎编写，第 6 章的 6.1、6.2、6.6 节及第 8 章由许凤编写，第 6 章的 6.3 ~6.5 节及第 7 章由张健编写，第 11 章由本书全体编者共同编写。全书由李建霞统稿并定稿。

本书的编写及出版得到了鸿业科技公司、兰州交通大学勘察设计院及环境与市政工程学院的大力支持与帮助，编者在此表示由衷的感谢！

限于编者的时间和学识，书中的错误及纰漏在所难免，敬请有关专家和广大读者批评指正。

编　者

目　录

第 1 章 软件运行与启动

1

1.1 软件的运行环境

硬件：CPU 为 Pentium 800MHz 以上计算机；128MB 以上内存；SVAG16 位色以上显示模式；40 倍速 CD-ROM 以上。

操作系统：Windows 98、Windows Me 或 Windows 2000/NT/XP/Vista/7。

图像环境：AutoCAD 2000 以上任意版本。

1.2 软件的安装

在安装鸿业暖通空调设计软件之前，用户需确保已安装 AutoCAD 软件。用户也可在计算机上安装多个版本的 AutoCAD 软件。

双击计算机上或光盘中的鸿业暖通空调 8.2 安装文件，即 HyAcs8.2.exe 文件。弹出鸿业暖通空调设计软件 8.2 的“保存文件的位置”对话框，如图 1-1 所示。

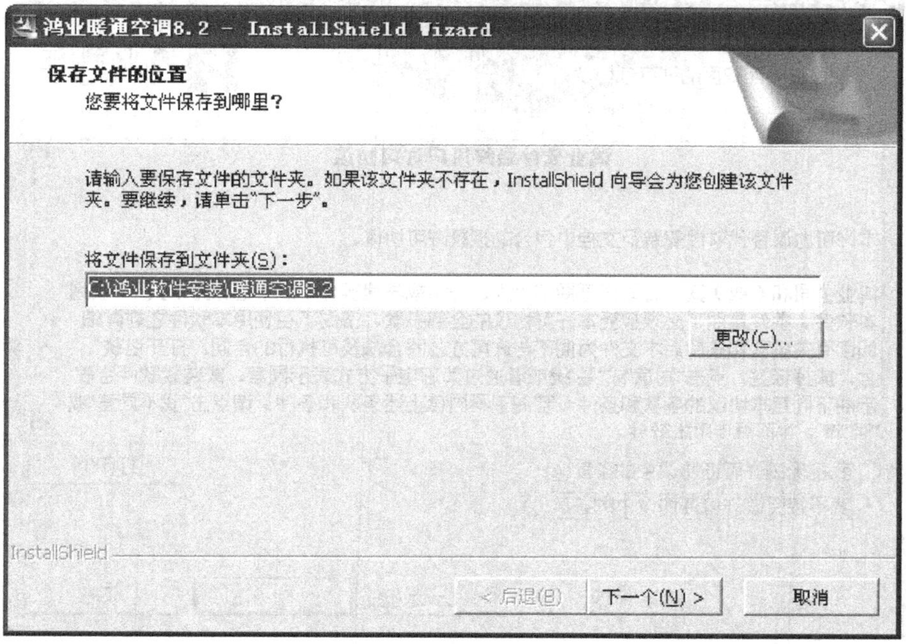

图 1-1 “保存文件的位置”对话框

在该对话框中单击“下一个”按钮，软件弹出对话框，提示正在解压缩、复制文件等一系列安装准备工作，最后弹出软件安装的欢迎界面，如图 1-2 所示。

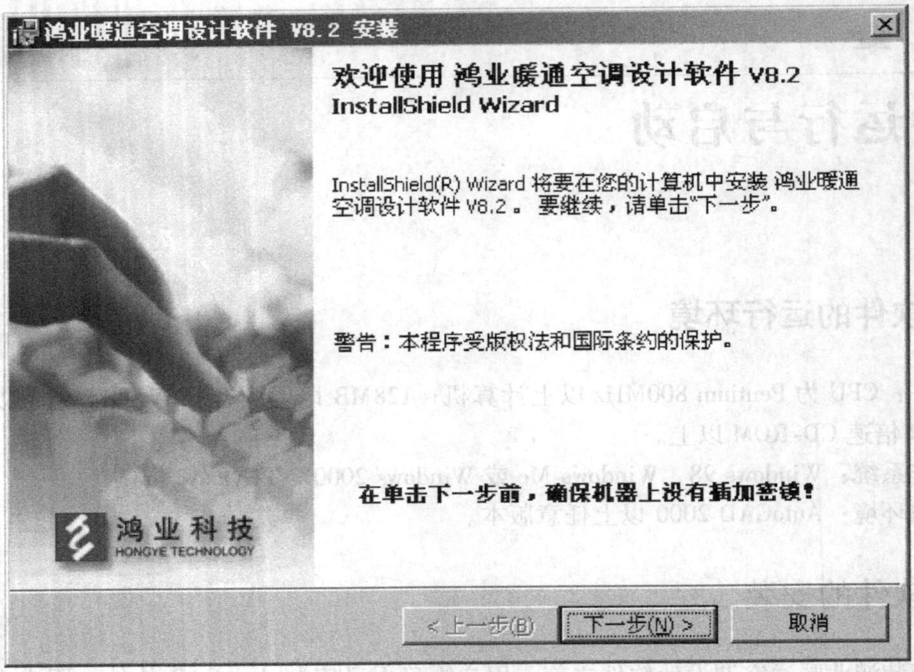

图 1-2　鸿业暖通空调设计软件 V8.2 安装欢迎界面

单击“下一步”按钮，弹出“许可证协议”对话框，如图 1-3 所示。

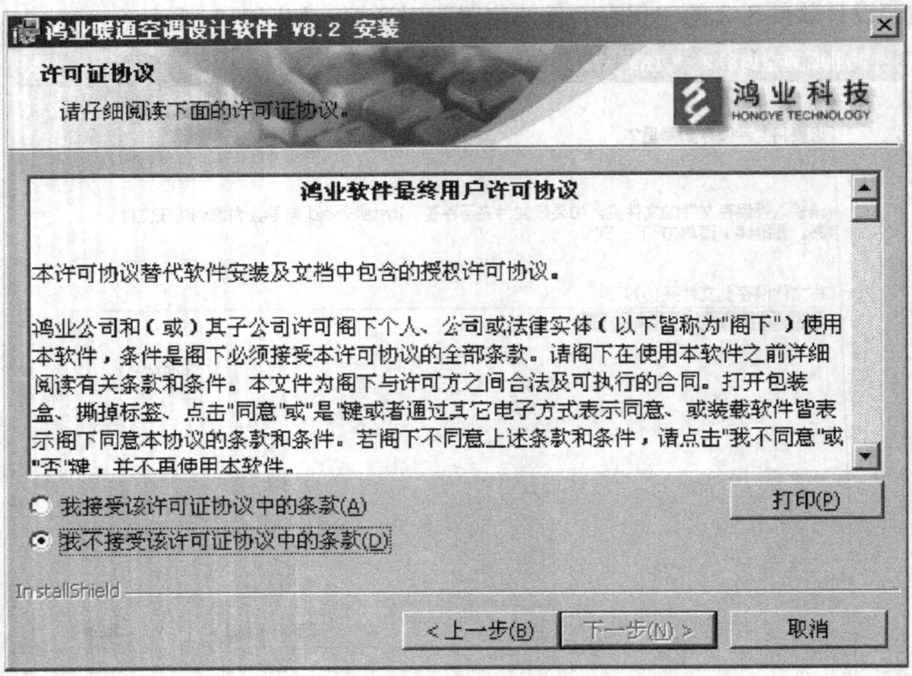

图 1-3 “许可证协议”对话框

仔细阅读许可协议，如无异议，选择“我接受该许可证协议中的条款”单选按钮，单击“下一步”按钮，弹出“用户信息”对话框，要求输入用户信息，如图1-4所示。

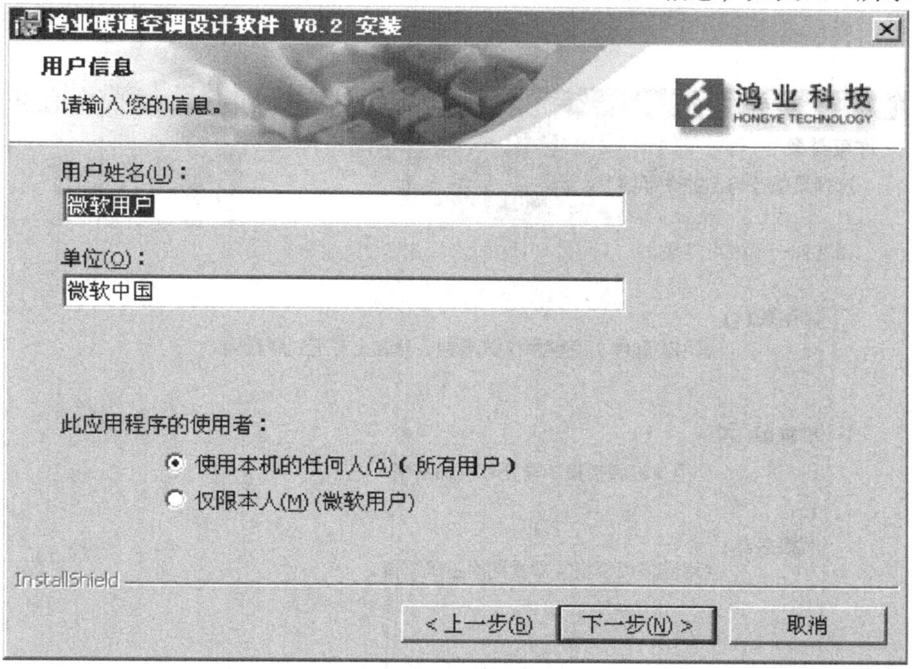

图1-4 “用户信息”对话框

填写完成后，单击“下一步”按钮，程序将弹出鸿业暖通空调设计软件的“产品内容”对话框，如图1-5所示。

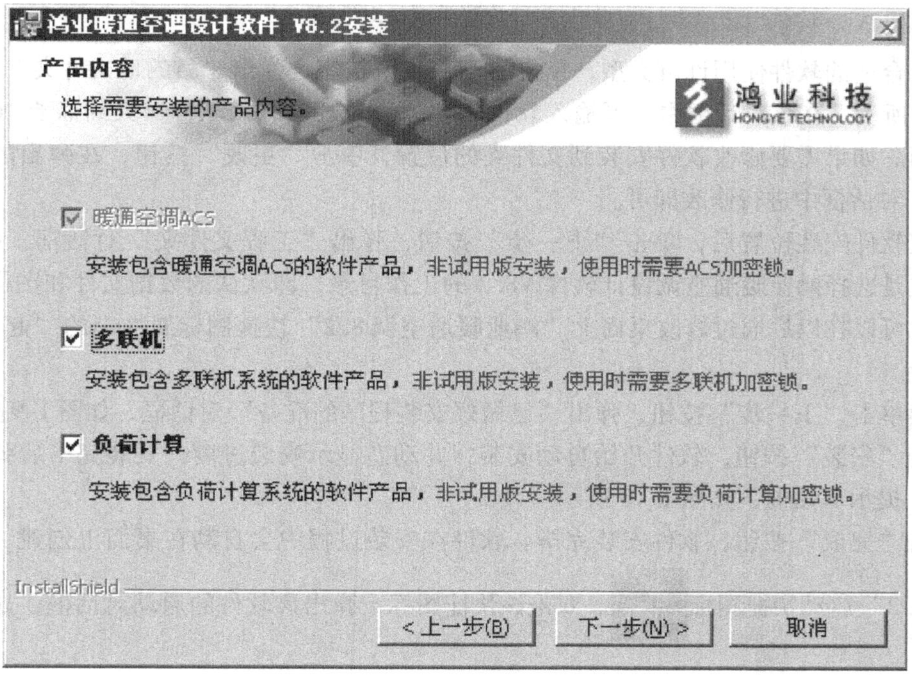

图1-5 “产品内容”对话框

选取合适的产品组合，单击“下一步”按钮，程序将弹出“许可类型”对话框，如图 1-6 所示。鸿业暖通空调设计软件 V8.2 提供了 3 个版本的安装：试用版、单机版和网络版。

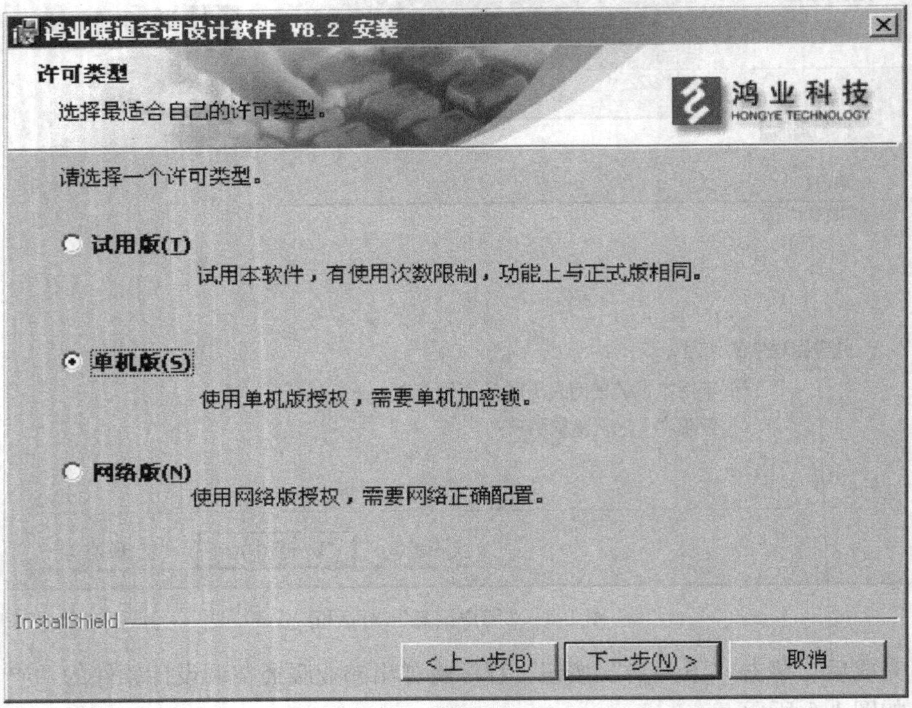

图 1-6 “许可类型”对话框

选择合适的软件使用许可类型，单击“下一步”按钮，弹出“目的地文件夹”对话框，如图 1-7 所示。在该对话框中，可输入软件安装的位置。安装该软件，大约需要 160MB 的可用空间。如果需要修改软件安装到文件夹的位置，单击“更改”按钮，在弹出的“选择文件夹”对话框中进行修改即可。

确定软件安装位置后，单击“下一步”按钮，弹出“工程文件夹”对话框，如图 1-8 所示。这是选择鸿业暖通空调设计软件 V8.2 的工作目录，即默认的数据文件和图样的存放位置。也可以在以后通过修改桌面上“鸿业暖通空调 8.2”快捷图标属性中的“起始位置”进行设置。

继续单击“下一步”按钮，弹出“已做好安装程序的准备”对话框，如图 1-9 所示。

单击“安装”按钮，软件开始自动安装，并动态显示安装进度，安装完毕后弹出“安装完成”提示对话框，如图 1-10 所示。

单击“完成”按钮，软件安装完毕。软件在安装过程中会自动在桌面上创建“鸿业暖通空调 8.2”启动快捷图标 

。双击该快捷图标，弹出该软件的启动对话框，如图 1-11 所示。

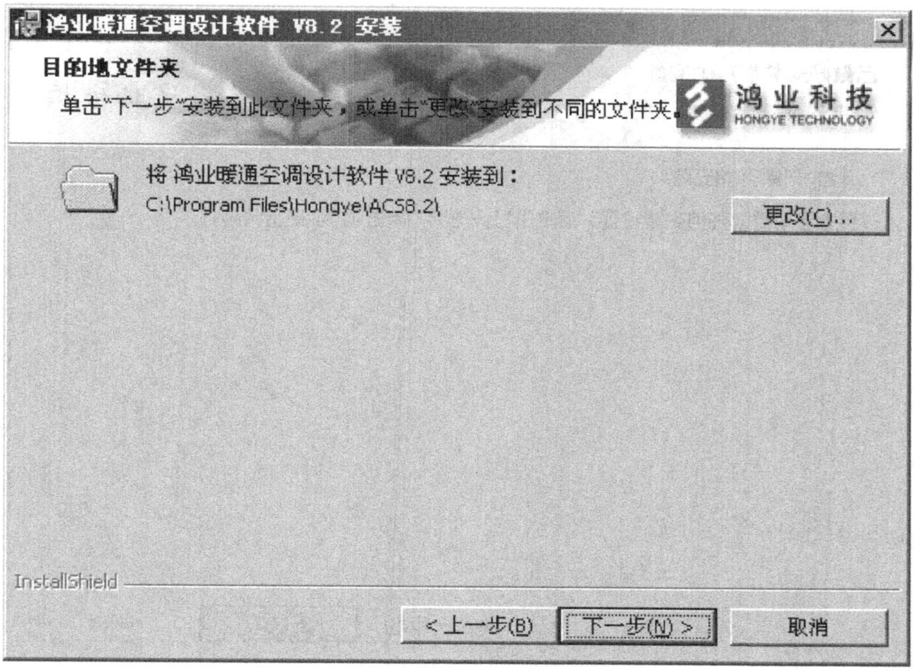

图 1-7　“目的地文件夹”对话框

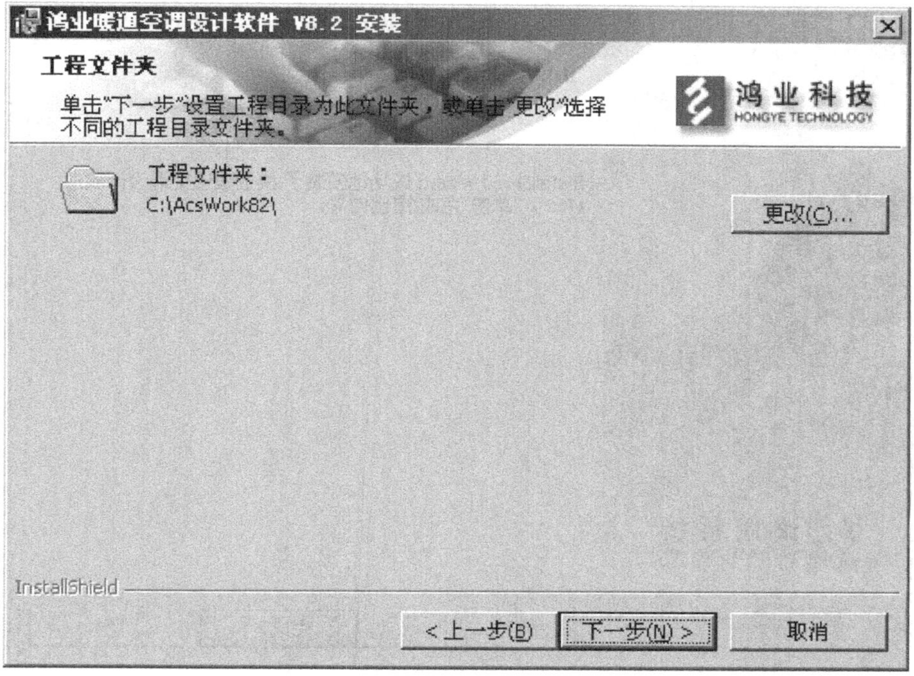

图 1-8　“工程文件夹”对话框

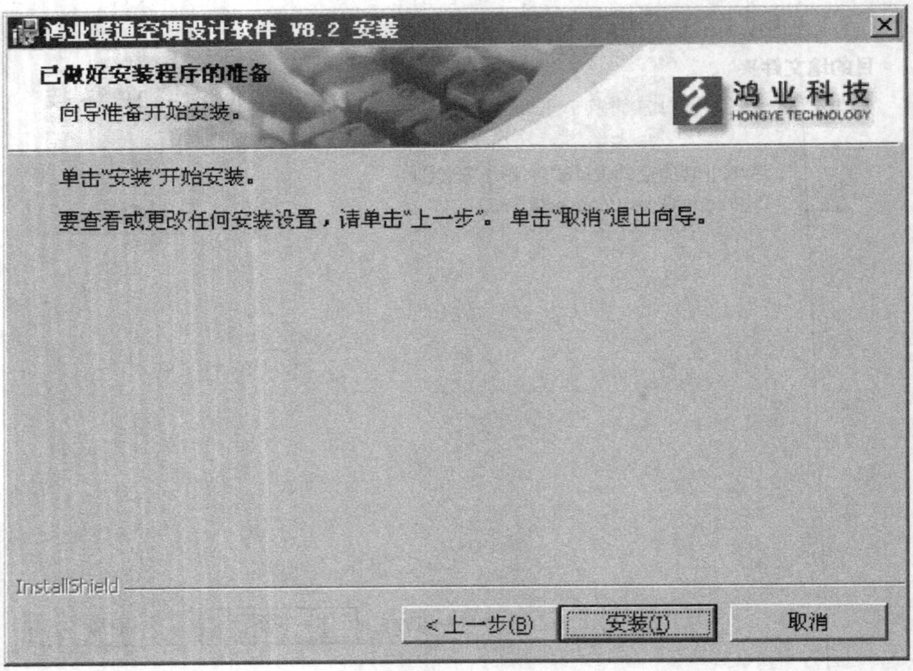

图 1-9 “已做好安装程序的准备” 对话框

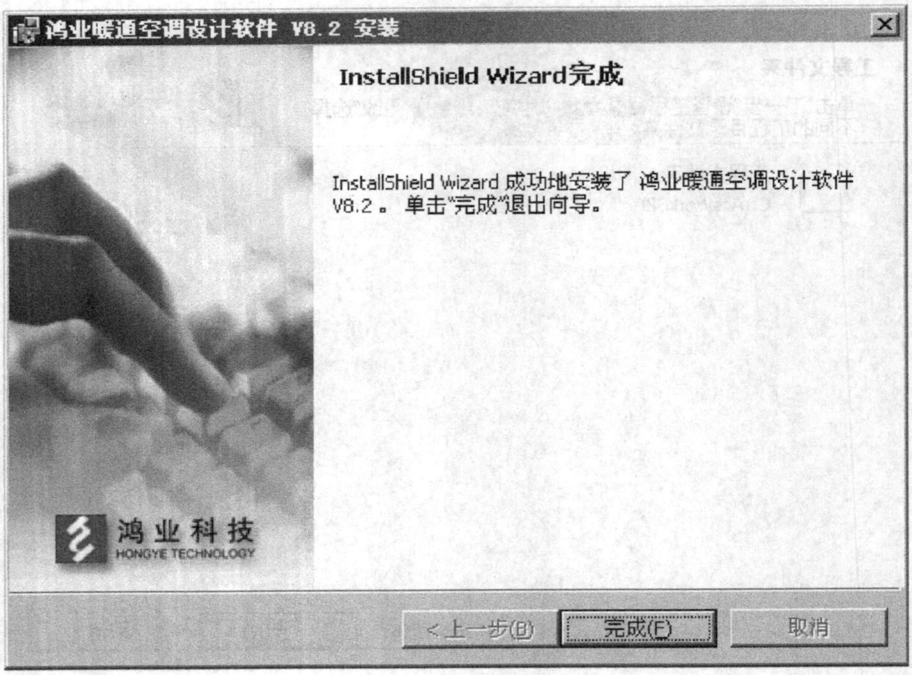

图 1-10　鸿业暖通空调设计软件 V8.2 安装完成对话框

图 1-11　鸿业暖通空调 ACS V8.2 启动对话框

在该对话框中，单击按钮，可以显示当前计算机中所安装的所有 AutoCAD 版本，用户从中可以选择鸿业暖通空调软件运行所要启动的 AutoCAD 环境。单击按钮，可以设置该启动对话框的显示时长，最长可以设置 30s，最短可以设置为 0s。单击按钮，用户可以选择鸿业暖通空调软件运行的许可类型。

ACS V8.2 单机版和网络版的安装与试用版完全相同，其区别就是试用版有使用次数的限制。但单机版和网络版需要安装加密锁，运行时需插上加密锁。

单机版的加密锁有并口加密锁和 USB 加密锁两类，均安装在本地计算机。

并口加密锁（插在计算机的打印端口）在 Windows 98 下不需要安装驱动，如果是 Windows 2000以上或 Windows XP 系统，则需要安装驱动；USB 加密锁在任何系统环境下都需要安装驱动。运行光盘“单机锁驱动”文件夹中的 InstDrv.exe 程序，弹出如图 1-12 所示的“安装程序向导”对话框。

确保移除本地计算机上的 USB 设备，单击“下一步”按钮，弹出如图 1-13 所示的“驱动选择”对话框。

继续单击“下一步”按钮，直至安装完成并退出。

网络版的加密锁安装在服务器上，同时需要安装驱动程序。网络锁驱动程序的安装在保证网络锁未插入计算机的情况下，进入“网络锁驱动”文件夹内，运行 Sentinel 7.4.0.exe 程序，然后以默认方式选择全部安装即可。

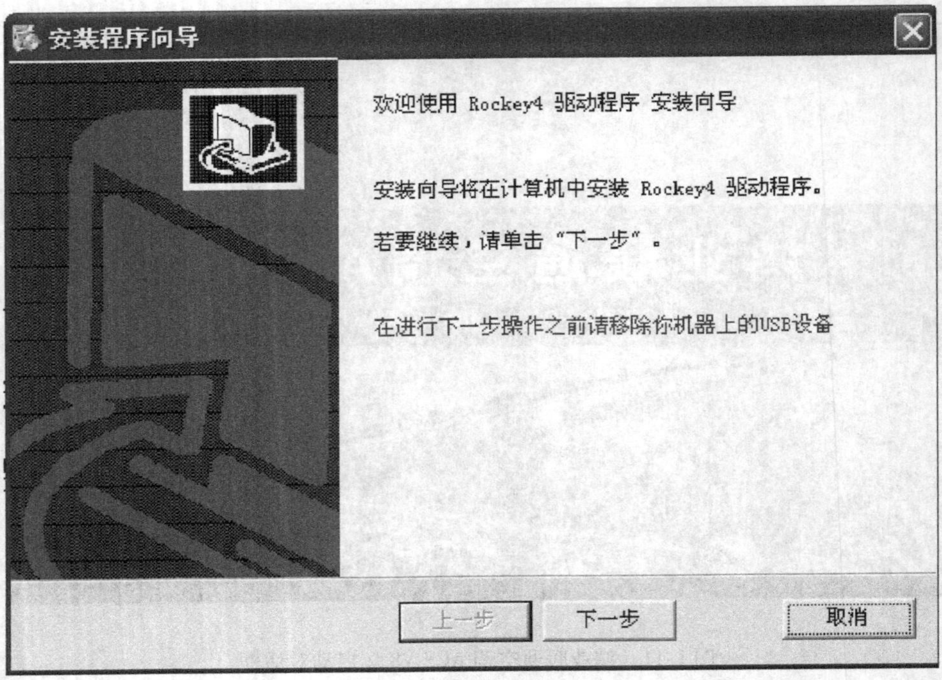

图 1-12　单机锁驱动“安装程序向导”对话框

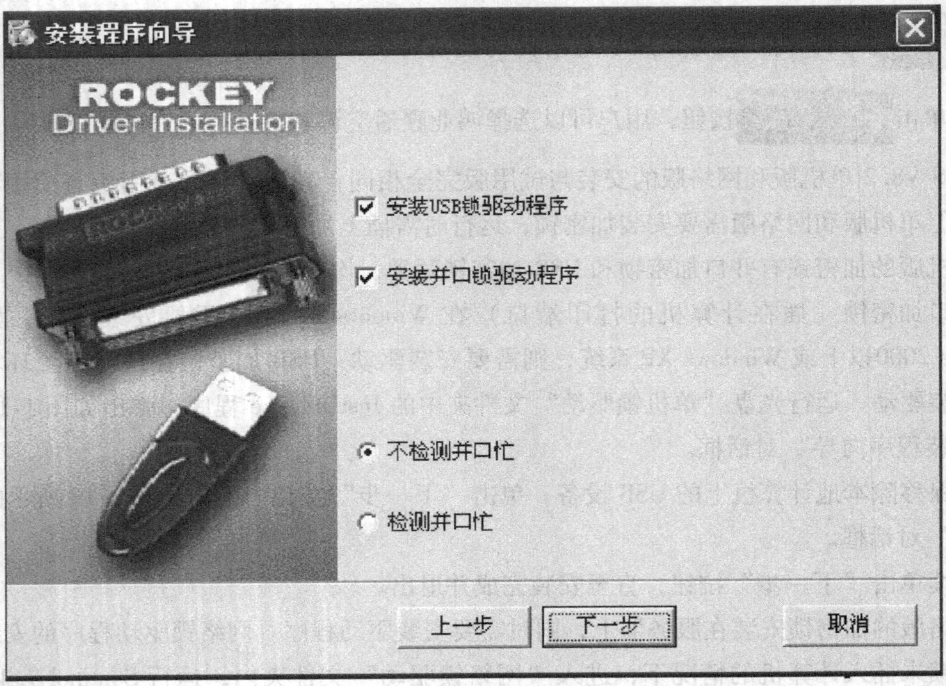

图 1-13　“驱动选择”对话框

1.3 软件的启动

鸿业暖通设计软件和加密锁安装完成后，双击桌面上的“鸿业暖通空调8.2”快捷图标或依次单击“开始”→“程序”→“鸿业暖通空调8.2”→“鸿业暖通空调8.2打开软件”命令，弹出如图1-11所示的启动界面。设置完成后，软件即可启动，软件启动后的运行界面如图1-14所示。

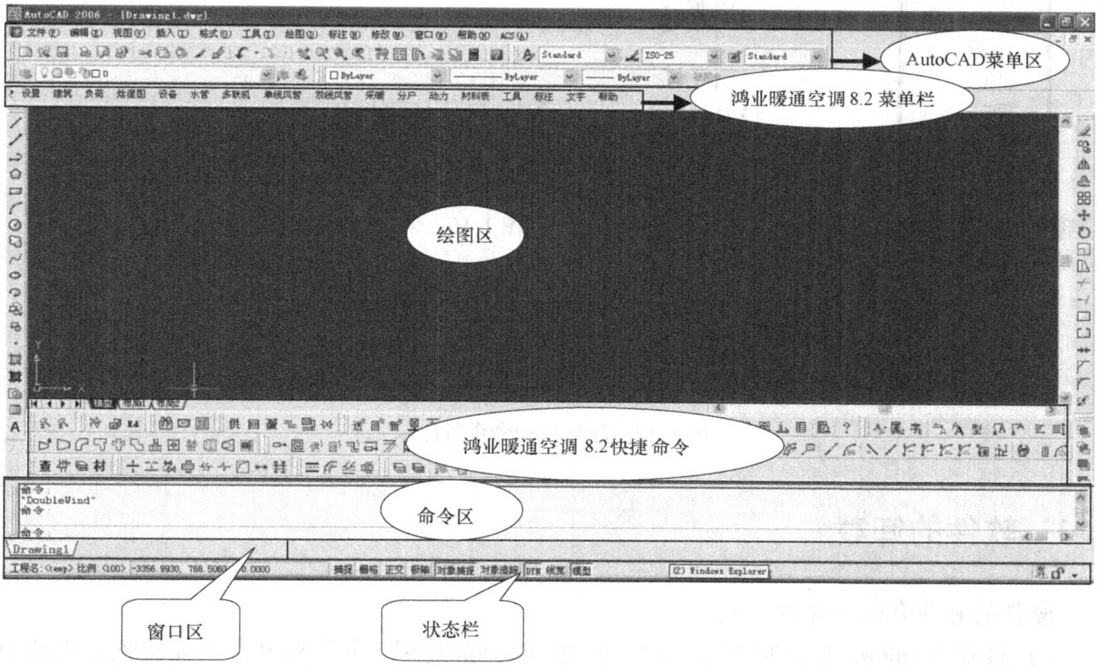

图1-14 鸿业暖通空调设计软件的运行界面

软件启动后，在绘图窗口的上方显示鸿业暖通空调8.2的菜单栏。同时按下键盘中的〈Alt〉和〈X〉键可以隐藏或显示鸿业暖通空调8.2的菜单栏。软件的菜单栏默认在工具栏位置，也可以按住鼠标左键不放，将其拖动到屏幕的任意位置，如图1-15所示。其中每个子菜单都可以用鼠标左键选中拖出来。如果把菜单栏拖动到屏幕上方边缘，菜单栏能自动卷起或弹出。

AutoCAD 2000以上版本支持多文档。在图形窗口的下方，ACS 8.2软件提供快捷的窗口切换方法，如图1-16所示。

启动软件后，命令行提示如图1-17所示。图中的“ACS V8.2.20111027”，表示该版本软件是2011年10月27日发布的。

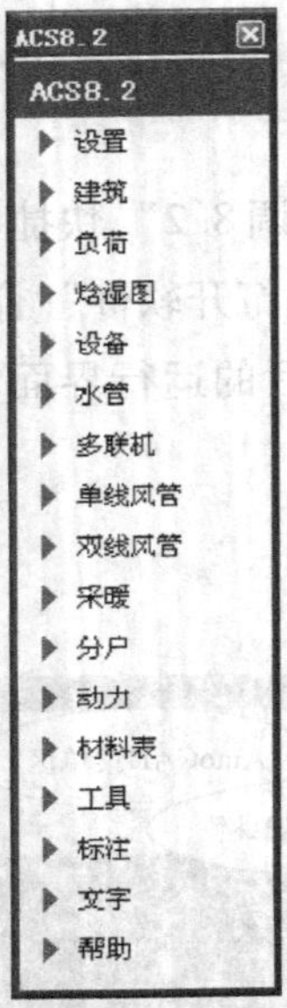

图 1-15 鸿业暖通空调 8.2 的菜单栏

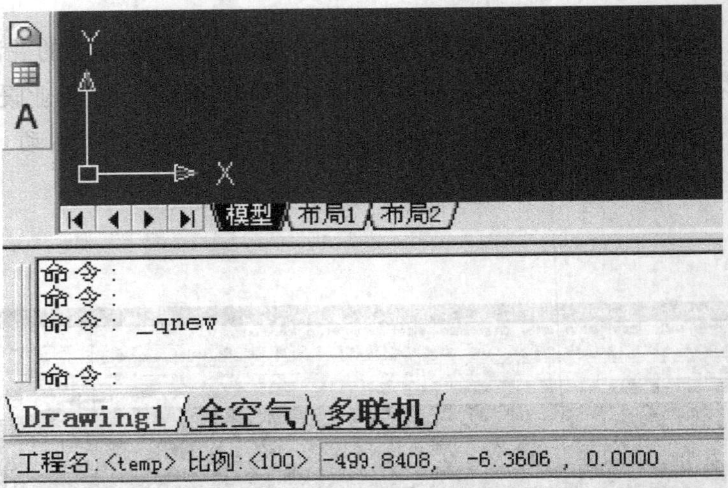

图 1-16 多窗口切换图示

图 1-17 软件启动命令行提示

1.4 软件的卸载

软件的卸载有以下几种方式：

1）打开 Windows 的控制面板，用“添加或删除程序”命令来删除鸿业暖通空调设计软件。

2）依次单击“开始”→“程序”→“鸿业暖通空调 8.2”→“删除鸿业暖通空调 8.2”命令。

3）用系统维护工具软件，如 360 安全卫士、Windows 优化大师等进行软件的卸载。

第 2 章 工程设置

本章主要介绍如何进行工程初始设置。在以后的绘图过程中，所有的绘图风格均与设置的内容有关。设置的内容从功能上可以分为两种：一种是设计单位习惯性的设置，它只需在安装软件后进行一次性的设置即可，主要有图层管理、命令管理器、图框设置和其他设置；二是设计人员在每个工程的设计过程中需要改变的设置，主要包括工程设置、建筑信息和系统默认参数等。

设置的结果存放在软件安装子目录“user”及“using”两个文件夹中，软件中有关桩号的设置以及管线综合中的管道设置结果也存放在这两个文件夹中。对于网络版软件，“user”文件夹位于服务器上，“using”文件夹位于每个设计人员的计算机上。因此，对于网络版用户来说，要从某个工作站上进行设计单位习惯性的设置时，必须把服务器上的软件安装目录设置成完全共享，待设置完毕后再改为只读；而对于单机版用户来说，“user”和“using”文件夹都位于软件的安装目录下，一台计算机设置完成后，把“user”与“using”文件夹中的内容复制到其他计算机中的相应位置即可。

2.1 图层管理

为了便于系统管理，出图更方便，鸿业 ACS8.2 软件提供了图层管理功能。该功能管理了软件中所有的图层，包括每个图层的含义、颜色、线型、出施工图时管线的粗细定义、材料统计时管线的材料等。对图层的设置，修改后立即生效，直到下次更改为止。

【功能】 进行工程设计图层的管理，从而便于系统管理，出图方便。

【菜单】 “设置”→“图层管理”。

【用法】 选择上述菜单项，弹出“图层管理”对话框，如图 2-1 所示。在该对话框中单击[添加]按钮，可以添加新的自定义图层模板；单击[导入]和[导出]按钮，可以实现本地计算机与软件图层数据库的导入和导出。在“图层设置模板”列表框中选择任一图层模板，在“图层分类”列表框中即可看到该图层模板的图层分类状况，在右侧的“图层信息”组合框中可以对某一图层进行编辑；单击[切换至当前图层]按钮，可以将所选图层设置为当前图层；单击[图层修改...]按钮，可以修改当前选择的图层的配置信息；单击[恢复默认]按钮，可以恢复到模板的初始设置；单击[应用到当前图形]按钮，可以将当前选择的模板配置应用到当前图形中，图层中原来的配置图层将转化为该模板设置值。

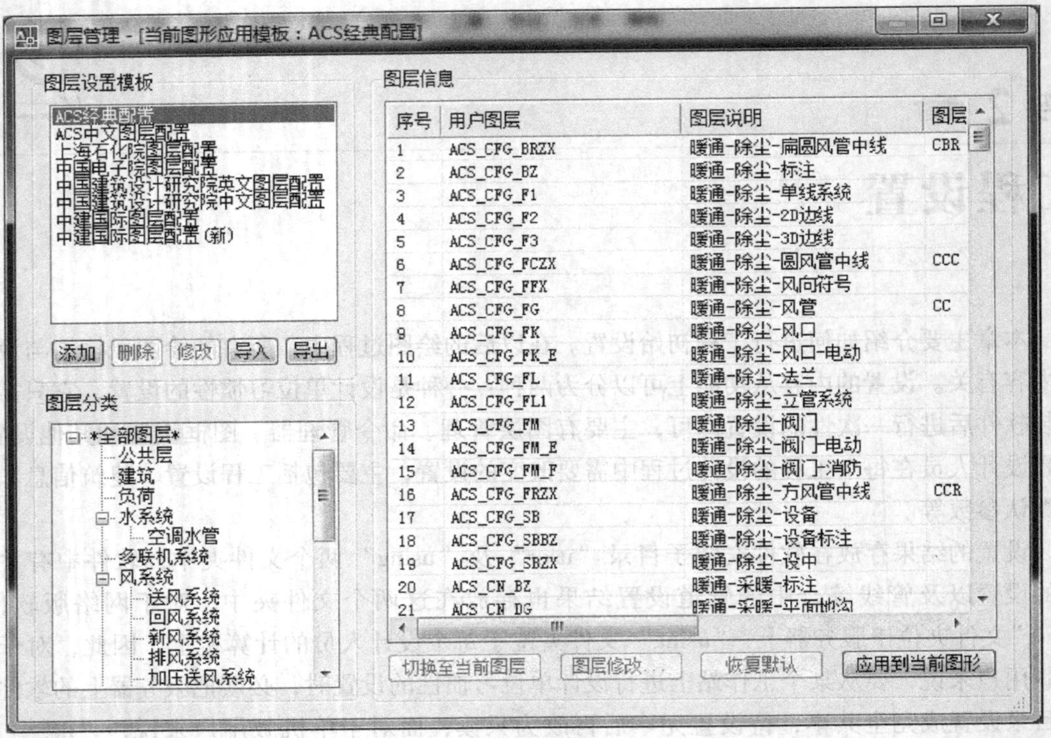

图 2-1 “图层管理” 对话框

2.2 命令管理器

【功能】 查看软件定义的快捷命令和用户自定义的快捷命令。

【菜单】 “设置”→“命令管理器”。

【用法】 选择上述菜单项，弹出 “ACS 命令编辑器” 对话框，如图 2-2 所示。在该对话框中，软件的菜单项和默认命令是不可以修改的。使用鼠标左键在需要自定义命令项的 “自定义命令” 列中单击，可以输入用户自定义的命令。

【注意】

1）自定义命令不区分大小写。

2）自定义命令不能全是数字，但可以是数字和字母的组合。

3）自定义命令长度不能超过 20 个字符。

4）自定义命令不能和软件的默认命令相同，也不能和定义过的自定义命令相同。程序对于重名命令做了检测，并在定义时有提示。

5）自定义命令不能是 AutoCAD 本身定义的命令。例如，不能是 “line”、“arc” 和 “circle” 等。程序虽然并没有对这类命令做检测，但是实际上定义不会成功。

6）自定义命令若是 AutoCAD 默认的快捷命令（即在 acad. pgp 中定义的命令别名），则 AutoCAD 的快捷命令将不再有效。例如，如果自定义 “命令管理器” 的自定义命令为 “e”，那么在 AutoCAD 命令行中输入 “e” 将不再执行删除操作，而改为执行命令管理器功能。

7）自定义命令定义成功后，将对当前操作图形以及后续用鸿业 ACS8. 2 软件打开的图形均有效。

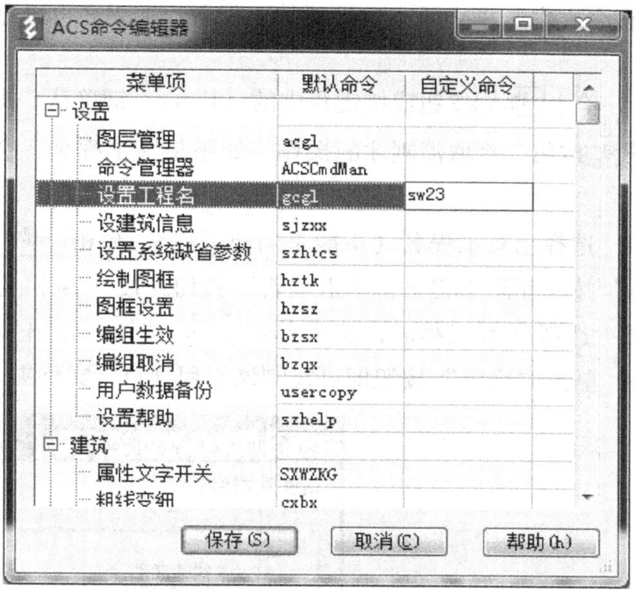

图2-2 “ACS命令编辑器”对话框

8）自定义命令定义成功以后，会提示保存为一个文件。请注意备份该文件。

9）无论定义成功与否，软件默认的命令都始终有效。

2.3 设置工程名称

【功能】 设置工程名称，方便对工程设计进行管理。

【菜单】 “设置”→“设置工程名”。

【用法】 选择上述菜单项，弹出“工程管理”对话框，如图2-3所示。软件第一次运行时，会自动建立一个默认的工程名“temp”。设置工程名后，软件自动在当前工作目录（软件安装时在图1-8所示的对话框中确定的路径）下建立一个“工程名”+“.pra”的子目录，以后工作过程中形成的中间数据文件和计算结果均存放在该目录中。这样，每个工程的相关文档将互不干扰。

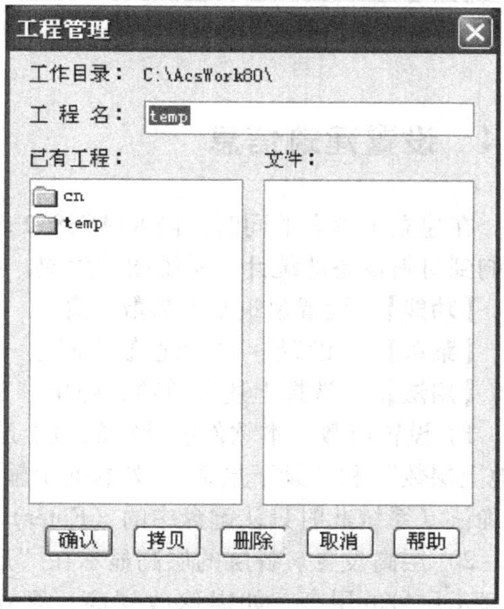

图2-3 “工程管理”对话框

（1）设置工程名称　确定工程名称有以下几种方式。

1）在“已有工程”列表框中用鼠标单击已有的工程名，使其出现在“工程名”文本框中并可进行修改操作。

2）在“已有工程”列表框中用鼠标双击已有的工程名，使其成为当前工程。

3）直接在“工程名文本”框中输入欲设置的工程名。工程名可以是英文字母或者中文汉字，支持长工程名。

当工程名确定后，单击确认按钮或按键盘中的〈Enter〉键确认，即可完成工程名的设置操作。如果单击取消按钮，将取消刚才的操作。如果是新工程名，会出现如图 2-4 所示的对话框。

（2）删除工程名　选择已有工程名（不能是当前工程），单击删除按钮，弹出确认删除对话框，单击“是”按钮删除工程名，单击“否”铵钮或按〈esc〉键取消删除操作。

（3）复制工程名　选择已有工程名，然后单击拷贝按钮，弹出如图 2-5 所示的对话框。选择目标文件夹，单击“确定”按钮即可复制该工程到目标文件夹。

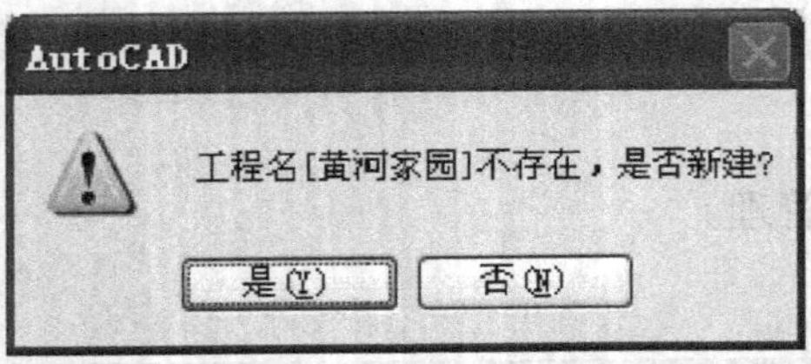

图 2-4　工程名设置确认对话框

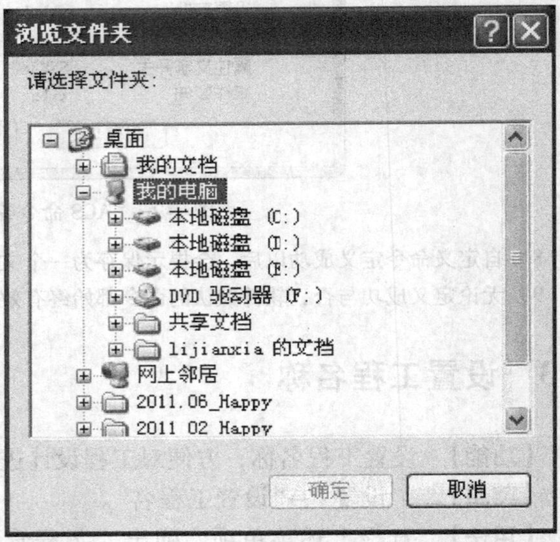

图 2-5　复制工程名至目标文件夹对话框

2.4　设置建筑信息

在建立工程名的同时，鸿业 ACS8.2 软件也对该工程设置了默认的建筑信息。建筑参数影响到材料设备的统计、系统图的生成。如果不涉及上述内容，则可忽略该项设置。

【功能】　设置建筑基本参数信息。

【菜单】　“设置”→“设建筑信息”。

【用法】　选择上述菜单项，弹出“建筑物参数设置”对话框，如图 2-6 所示。

1）设置层数。本软件能计算的地上层数最大为 99 层，地下层数最大为 10 层。分别在“地上层数”和“地下层数”文本框中输入该工程的相应楼层数，输入完成后按〈Enter〉键确认（系统此时只认键盘中的〈Enter〉键为确认操作）。

2）层高设置。各层的层高显示在“层高”文本框下面的列表框中，即第 n 层层高为此处显示层号的层高。如需修改层高，则在“第几层”下拉列表框中选中或输入层号，在“层高”文本框中输入相应层的层高单击修改按钮即可。如需修改多层层高，则在“修改

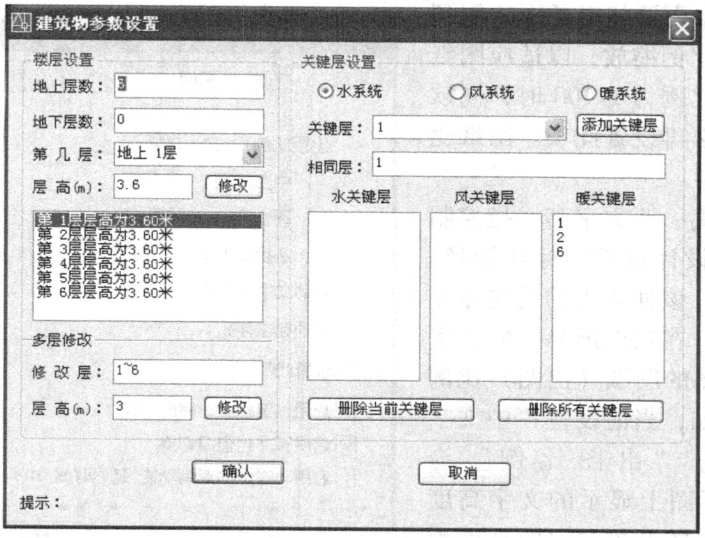

图 2-6 “建筑物参数设置”对话框

层”文本框中输入要修改的层号。输入方式有：数字加空格，如“2 4 5 6”；数字加逗号，如“2，3，4，5，6”；数字加连字符“~”，如“2~3~4~5~6”。输入完成后单击“修改”铵钮确认。

3）关键层设置。关键层在某些场合称为标准层，是鸿业 ACS8.2 软件的一种约定叫法，设定工程需出图的代表层。工程设计时，平面布置完全相同的楼层，只需绘制一张图样，图样下方标注“n~m 层平面图”字样，“n”为起始层，“m”为终止层，鸿业 ACS8.2 软件默认第 n 层为关键层。程序在数据处理时，自动记录此项信息，n~m 层的系统图、材料表在整个工程中自动绘制统计。

关键层设置类型包括水系统、风系统、暖系统 3 种系统类型，可单独设置，也可全部设置。首先选择欲设置的系统类型，然后在“关键层”下拉列表框中输入关键层数字（起始的相同层）或在下拉列表中选择关键层数字，如输入“2”。在“相同层文本”框中输入相同层数字。输入方式有：数字加空格，如“2 4 5”；数字加逗号，如“2，3，4，5”；数字加连字符“~”，如“2~5”。输入完成后按〈Enter〉键或者单击 添加关键层 按钮确认。完成第一个关键层的添加，依照此方法，添加其他关键层。

2.5 设置系统默认参数

【功能】 设置工程的一些基本参数，包括“系统”、“空调”、“采暖”3 个选项卡。

【菜单】 “设置”→“设置系统默认参数”。

【用法】 选择上述菜单项，弹出“设置绘图基本参数”对话框，如图 2-7 所示。

1. “系统”选项卡

（1）出图比例　该比例指当前电子图的出图比例。在新建一张新图时，软件设置的默认出图比例为 1:100。该出图比例的作用是：在计算机上进行设计时，采用的是全比例作图，即实际尺寸。而要将电子图绘制到图纸上就要进行比例缩放，以适应图纸的大小。当图纸比例为 1∶100 时，同软件默认值，可不必再设置此项。图纸比例显示在状态栏中。

（2）中文字高、西文字高　指控制专业平面、系统设计过程中标注管径、标高值等的字高。该处输入的是实际图样上的文字高度，在绘图屏幕上的文字高度是根据当前图的图纸（出图）比例自动换算的。例如，当前设置“中文字高”为“3.5”，“出图比例”为“100”，则在电子图上显示的文字高度为350，出图后图样上的文字的高度为3.5mm。该设定值只对生效后的标注命令有效，不会改变在设定前电子图上已经标注的文字的高度。

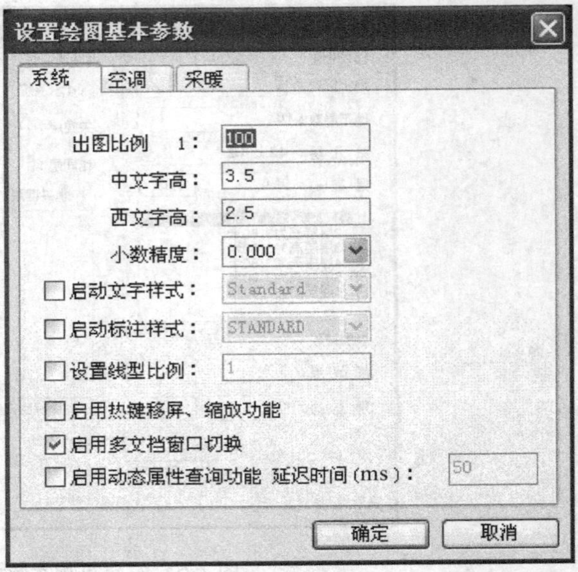

图 2-7 “设置绘图基本参数”对话框

（3）小数精度　设置标注小数位数。

（4）启用热键移屏、缩放功能　启用该项功能后，可以用〈Ctrl〉键+方向键（→、←、↑和↓）移屏，用〈Shift〉键+方向键快速移屏，用〈Tab〉键+〈~〉键缩放图形。

（5）启用多文档窗口切换　打开或者关闭 ACS 多文档底部标签功能。

（6）启用动态属性查询功能　打开或者关闭动态属性查询功能。可以设置延迟时间，默认为50ms。以布置送风口为例，如图 2-8 所示。鼠标移动至实体上时，自动弹出属性提示框。

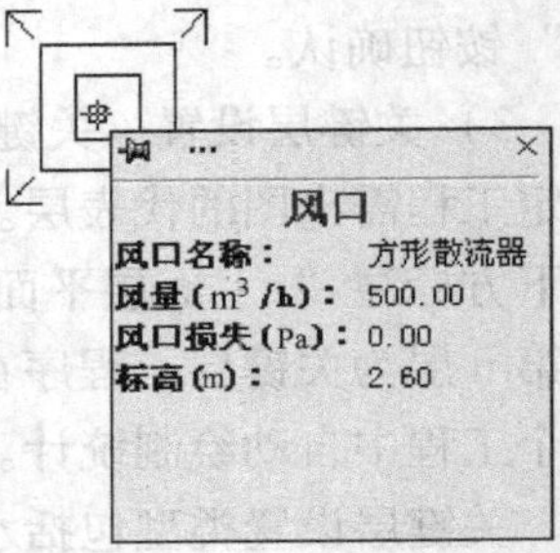

图 2-8　动态属性查询提示框

2. “空调”选项卡

“空调”选项卡的设置内容如图 2-9 所示。

（1）风管最小表示尺寸　为了清楚表示图面信息，有时需要放大图素，但其属性不改，标注统计仍为实际数值。例如，1∶200 的图，100 宽度的风管加粗后出图，在图样上不能清晰地显示。如果把风管的最小表示宽度设为200，则小于200宽度的风管都以200表示，而不影响尺寸标注和材料统计。设为0时，表示所有风管均按照实际尺寸绘制。

（2）风口最小表示尺寸　该选项的含义及用法同风管最小表示尺寸。

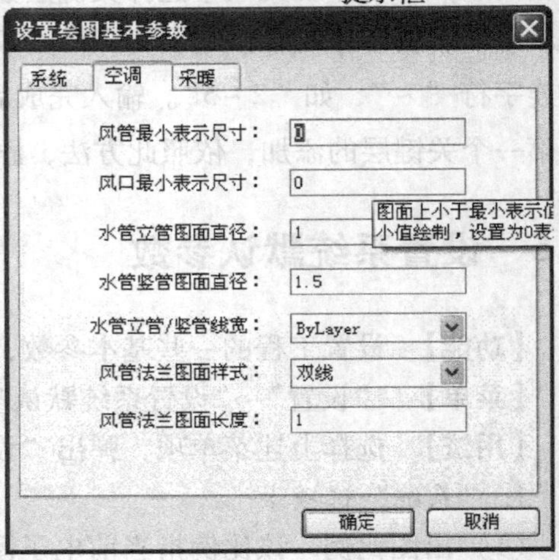

图 2-9 “空调”选项卡

（3）水管立管图面直径　水管的立管在图样

上以小圆圈表示，在此设置表示水管立管的小圆圈的直径。

（4）水管竖管图面直径　该选项的含义及用法同水管立管图面直径。

（5）水管立管/竖管线宽　设置空调水系统立管或者竖管的线宽，默认随层。

（6）风管法兰图面样式　在该下拉列表中有单线、双线和三线3个选项，可按照设计习惯选择。

（7）风管法兰图面长度　默认值为1，可根据习惯设置。设为0时，表示法兰不出头。

3. “采暖”选项卡

“采暖”选项卡的设置内容如图2-10所示。

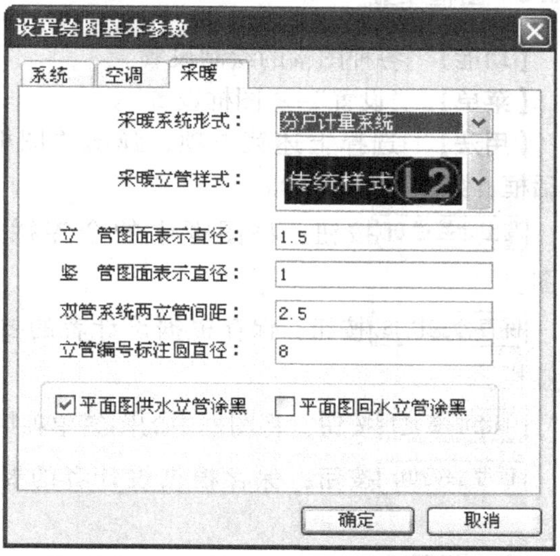

图2-10 “采暖”选项卡

（1）采暖系统形式　该项设置是对每个工程都要首先设定的。可在“采暖系统形式”下拉列表框中选择相应的采暖系统形式。

（2）采暖立管样式　在“采暖立管样式”下拉列表框中有3种样式，用户可根据习惯选择所要绘制的立管样式。

（3）立管图面表示直径　该选项的含义及用法同“空调”选项卡中的“水管立管图面直径”。

（4）竖管图面表示直径　该选项的含义及用法同“空调”选项卡中的“水管竖管图面直径”。

（5）双管系统两立管间距　设置双管系统供水立管和回水立管之间的距离。

（6）立管编号标注圆直径　设置立管编号标注圆的直径。

2.6 绘制图框

2.6.1 绘制图框

【功能】 为图样绘制图框。

【菜单】 “设置”→“绘制图框”。

【用法】 选择上述菜单项，弹出“绘制图框”对话框，如图2-11所示。在该对话框中可以选择各种标准图幅（A0～A4）及标准图幅加长系数（0.000～2.500）；在“图签样式”下拉列表框中可以选择需要的图签样式；在“放置样式”组合框中可以选择图幅装订形式（横式或立式）；在“幅面尺寸”组合框的“长”和“宽”文本框中可以输入欲自定义的幅面长和幅面宽，以上项目确定后，单击“绘制”按钮，根据命令行提示在图面单击图框左下角点即可完成图框的绘制。

2.6.2 图框设置

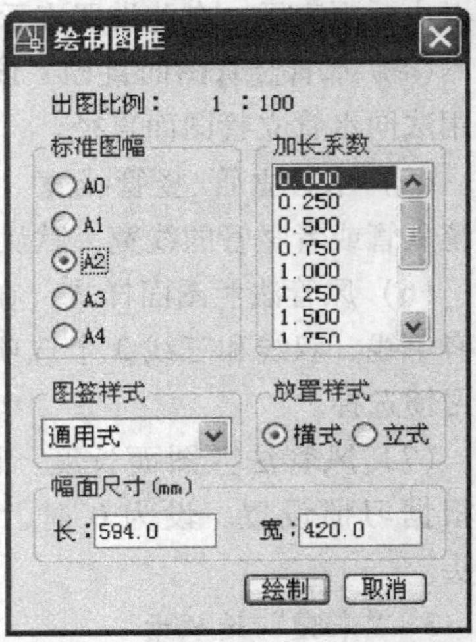

图 2-11 “绘制图框”对话框

【功能】 各种图幅的绘制设置。

【菜单】 “设置”→“图框设置”。

【用法】 选择上述菜单项，弹出“图框综合设置”对话框，如图 2-12 所示。

调出会签栏(H)按钮：将图框中的会签栏单独插入电子图。

保存会签栏(S)按钮：保存根据设计者的要求设计好的会签栏。

调出图签(T)按钮：将图框中的图签单独插入电子图。

保存图签(M)按钮：保存根据设计者的要求设计好的图签。

默认图签(R)按钮：选择软件默认的图签，此时鸿业 ACS8.2 软件将提示“图签恢复成功”。

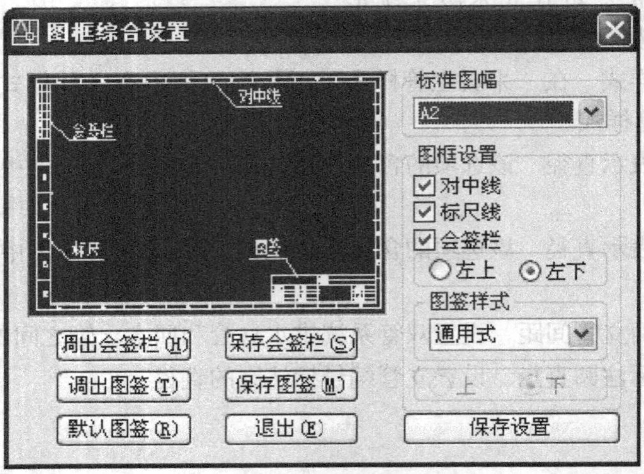

图 2-12 “图框综合设置”对话框

2.7 编组设置

编组是保存的对象集，可以根据需要同时选择和编辑这些对象，也可以分别进行选择和编辑。编组提供了一种简便的方法来合并需要作为一个单元进行操纵的图形元素。编组是已命名的对象选择集，与未命名的选择集不同，编组是随图形保存的。编组属于命名对象。如果删除一个对象或把它从编组中删除，使编组为空，那么编组仍保持原定义。编组在某些方面类似于块，它是另一种将对象组织成命名集的方法。鸿业 ACS8.2 软件许多地方都采用了编组机制，如二维风管绘制，当编组生效时，此时所绘制的二维风管是一个组，一个整体，感觉像一个图块。

2.7.1 编组生效

【功能】 让编组起作用，使被编组的实体成一组，属于一个整体。
【菜单】 “设置”→“编组生效”。
【用法】 选择上述菜单项，命令行将提示“编组选择已经有效，一组实体可以同时被选择”。

2.7.2 编组取消

【功能】 使原本一组的实体变成单个独立的实体。可以进行单独操作。
【菜单】 “设置”→“编组取消”。
【用法】 选择上述菜单项，命令行将提示“编组选择已经取消，一组实体只能被单独选择”。

2.8 用户数据备份

【功能】 将软件中涉及的一些自定义数据进行备份。
【菜单】 “设置”→“用户数据备份”。
【用法】 选择上述菜单项，弹出“用户数据备份”对话框，如图 2-13 所示。在“备份内容”组合框中选择需要备份的数据内容，单击[导出...]按钮，在随后弹出的对话框中选择数据备份存放的位置，即可完成数据的备份操作。也可将本地计算机上存在的数据备份文件导入工程，方法是：单击[导入...]按钮，在随后弹出的对话框中选择需要导入的数据备份文件，即可完成备份数据的导入操作。该功能是从指定的备份位置导入用户自定义数据。

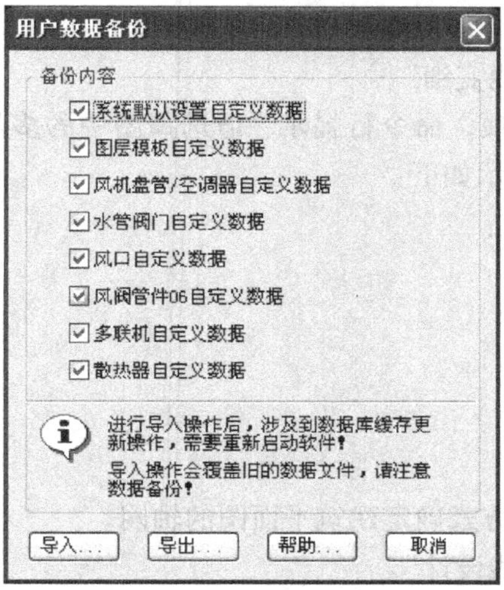

图 2-13 “用户数据备份”对话框

第 3 章 建筑设计

3

本章介绍的建筑设计主要是针对已有建筑平面图进行简单的结构修改，包括围护结构设计（墙、窗户和门）、隔断、楼梯等的设计。

3.1 属性文字开关

【功能】 显示或隐藏属性块中的属性文字。

【菜单】 “建筑”→“属性文字开关”。

【用法】 选择上述菜单项，命令行提示：*选择：打开属性(K)/〈关闭属性〉：*通过键盘输入“K”，在图面中点取带属性文字的块，按〈Enter〉键确认，则将带属性的块的文字属性打开。系统默认关闭属性。

3.2 粗线变细

【功能】 将带有宽度的（多段线）PLine 的宽度变为 0。

【菜单】 “建筑”→“粗线变细”。

【用法】 选择上述菜单项，命令行提示：*请选择图中的多段线：*在图面中点选多段线后按〈Enter〉键，命令行提示如下：

所选多段线宽度已变为0：

3.3 绘制轴线

3.3.1 轴线设计

【功能】 采用对话框的方式确定建筑平面图的轴网。

【菜单】 “建筑”→“轴线设计”。

【用法】 选择上述菜单项，弹出“建筑物轴线绘制”对话框，如图 3-1 所示。

在“建筑物轴线绘制”对话框中，用户可根据需要输入轴网上、下方开间距离（单位为 mm）。如果上方与下方开间距离相同，可将对话框的“内容”组合框中的“上下开间相同”复选框选中，开间距离排列顺序是从左到右。还可输入轴网左边、右边进深距离（单位为 mm）。如果左边与右边进深距离相同，可将对话框的“内容”组合框中的“左右进深

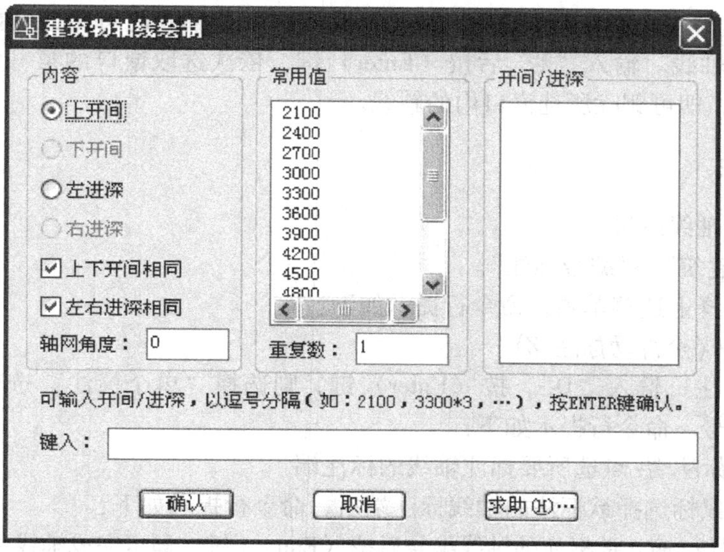

图3-1 “建筑物轴线绘制”对话框

相同”复选框选中，进深距离排列顺序是从下至上。

（1）开间进深距离的输入 在该对话框中有一个“常用值”列表框，里面放了一些常用值的列表。下面还有一个“重复数”文本框，在用鼠标选择“常用值”列表框中的值之前，在“重复数”文本框中输入欲重复开间或进深距离的次数，这样当选择某数值后，在“开间/进深”列表框中显示如“3300 * 3”等这样的数据。也可以通过键盘输入，注意数据之间要用逗号“，”隔开，单位为mm，数据为实际工程设计数据。例如，“3300 * 3”中的“3300”表示的是开间或进深的距离，“3”表示的是重复的次数。

（2）轴网角度 在“轴网角度”文本框中输入轴网角度后单击“确认”按钮。命令行提示如下：

轴线基点：（用户确定轴网的放置位置后程序绘制出轴网）

轴线基点是指绘制轴网的轴线的左下角点，可以用鼠标在绘图区点取任意一点，也可以通过键盘输入坐标值来定义该基点的位置。

3.3.2 轴线编辑

【功能】 用于轴线的窗口修剪和偏置。

【菜单】 “建筑”→“轴线编辑”。

【用法】 选择上述菜单项，命令行提示：*退出E/轴线修剪T/〈选择参考轴线〉：*（软件命令行中单括号内的命令为默认命令，以下类同）。

（1）轴线偏置 如果需要在轴网中插入轴线，可用鼠标直接选择要插入的参考线，命令行提示如下：

*输入轴线间距(mm)：*输入正值时，轴线插在右（上）方；输入负值时，轴线则插在左（下）方

输入数值后按〈Enter〉键，命令行提示如下：

*输入轴线间距为：＊＊＊，是否修改〈N〉：*确认刚才所输数据，否则提示重新输入

（2）轴线修剪　平面图绘制完后，需要删除图中部分轴线时可用此功能，软件自动过滤并删除窗口内轴线。输入“T”后按〈Enter〉键，依次选取窗口的第一角、第二角，按〈Enter〉键确认，即可删除所选窗口内的轴线。

3.3.3　编号标注

【功能】　给轴线编号。

【菜单】　“建筑”→“编号标注”。

【用法】　选择上述菜单项，命令行提示如下：

单个标注 D/〈全自动标注 Z〉：

（1）单个标注　输入“D”，按〈Enter〉键，则选择“单个标注”选项，即每次只标出一根轴线的编号。命令行提示如下：

*选择轴线的标注端：*点选所要标注轴线的标注端

在图面中用鼠标选择欲标注的轴线标注端后，命令行提示如下：

*输入轴线编号：*输入欲标注的轴线编号后按〈Enter〉键，即可完成轴线单个标注操作。

（2）全自动标注　输入“Z”，按〈Enter〉键，则选择“全自动标注”选项。命令行提示如下：

*选择要标注轴网中任一轴线：*在图面中点选任意一轴线

*是否标注下方轴线〈Y〉：*直接按〈Enter〉键或输入“N”后按〈Enter〉键

*输入最左边轴线编号〈1〉：*直接按〈Enter〉键或输入其他数字，则自动标注出其余的竖向轴线

*是否标注上方轴线〈Y〉：*直接按〈Enter〉键，则自动在上方标注出其余的竖向轴线；输入“N”后按〈Enter〉键，则取消上方轴线编号标注

*是否标注左边轴线〈Y〉：*直接按〈Enter〉键或输入“N”后按〈Enter〉键

*输入最下边轴线编号〈A〉：*直接按〈Enter〉键或输入其他字母，则自动标注出其余的横向轴线

*是否标注右边轴线〈Y〉：*直接按〈Enter〉键，则自动在右边标注出其余的横向轴线；输入“N”后按〈Enter〉键，则取消右边轴线编号标注

3.3.4　尺寸标注

【功能】　标注轴网中各轴线的间距。

【菜单】　“建筑”→“尺寸标注”。

【用法】　选择上述菜单项，弹出“建筑轴线尺寸标注”对话框，如图3-2所示。在“标注内容”组合框中选择要标注的轴线尺寸，然后单击“确认”按钮，命令行提示如下：

*选择要标注轴网中任一轴线：*点选轴网中欲标注的任一轴线。

在命令行中输入“Undo”或“Back”可以取消轴线尺寸标注。

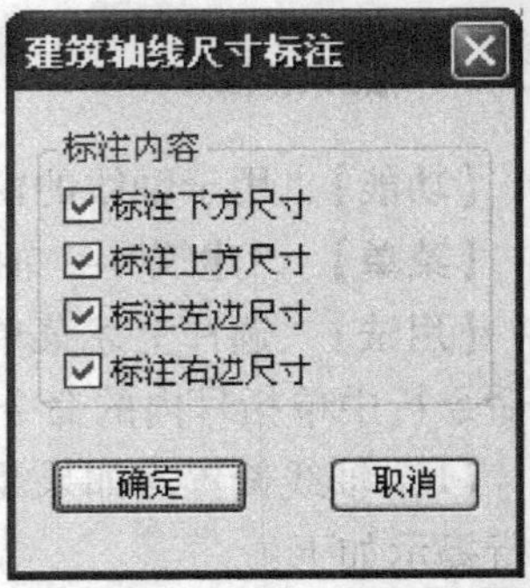

图3-2　“建筑轴线尺寸标注”对话框

【注意】 轴线编号和尺寸标注完成后，如果对轴线又进行编辑，则与标注已经不相符，此时只要再选择“尺寸标注”命令重新标注，即可把原来的标注自动删除，然后按新轴网自动标注。

3.4 绘制墙体

【功能】 绘制墙线，包括各种尺寸外墙和内墙设计，程序自动进行交叉处理。

【菜单】 “建筑”→“墙体设计”。

【用法】 选择上述菜单项，命令行提示如下：

****** 当前墙厚240，其中左侧（沿前进方向）厚120 ******

改墙厚或偏心(S)/绘弧线墙(A)/参考点(P)/〈起点〉：

系统默认进入绘制直线墙状态，墙厚为240mm，偏心距离默认为0.0mm。用鼠标单击轴线交叉点开始绘制。用鼠标点取下一点，则程序自动绘出从起点到该点的墙线。如果该建筑平面图的墙体有弧线墙结构，则在提示下输入“A”，按〈Enter〉键后进行弧墙的绘制。在墙线绘制过程中也可以修改墙厚或偏心，若想结束墙线绘制，则直接按〈Enter〉键或按〈Esc〉键；若对绘制的墙线不满意，则输入“U”回退一步，取消刚才的墙线绘制。

偏心指墙体中心线与轴线的偏移距离，按〈Enter〉键默认为0.0mm。输入“S”修改墙厚或偏心，此时命令行提示如下：

*输入墙体厚度〈240〉：*软件默认墙厚为240mm，输入欲绘制的墙厚，按〈Enter〉键确认，命令行提示如下：

*输入墙体左侧（沿前进方向）厚度〈***〉：*软件自动根据前面输入的墙厚数据给出默认值，输入数值后按〈Enter〉键

此时命令行将根据输入的数据，提示当前绘制墙线的基本参数：

****** 当前墙厚***，其中左侧（沿前进方向）厚*** ******

3.5 绘制门窗

3.5.1 窗户设计

【功能】 绘制窗户，并自动插入墙体。

【菜单】 “建筑”→“开窗设计”。

【用法】 选择上述菜单项，命令行提示如下：

输入窗子宽〈1500 mm〉：输入欲绘制的窗户宽度后按〈Enter〉键

窗子居中(C)/窗边距轴线交叉点距离〈550 mm〉：输入“C”或输入窗边距轴线交叉点距离数值后按〈Enter〉键

成组布置（选择轴线交叉点）/重新定义参数(R)/退出(E)/〈选择墙线〉：在图面中选择墙线或轴线交叉点后按〈Enter〉键，即可实现窗户在墙体中的布置。

【注意】

1）窗子在大多情况下布置在墙体中间，输入“C”后，用户不需要输入窗的位置参数，按〈Enter〉键选择墙线，程序自动计算并找到墙体中心位置。

2）一条外墙上可能连续布置相同参数的窗子，程序提供的成组布置功能可以快速完成此操作。做法是：输入完参数后，直接选择轴线交叉点（捕捉框点在交叉点附近即可，程序自动捕捉）。当命令行提示第二轴线交叉点时选择连续布置窗子的墙线的另一端交叉点，系统即可自动布置一组相同参数的窗户。

3.5.2 开门设计

【功能】 绘制内门，并自动插入墙体。

【菜单】 “建筑”→“开门设计”。

【用法】 选择上述菜单项，弹出“选择开门类型”对话框，如图3-3所示。

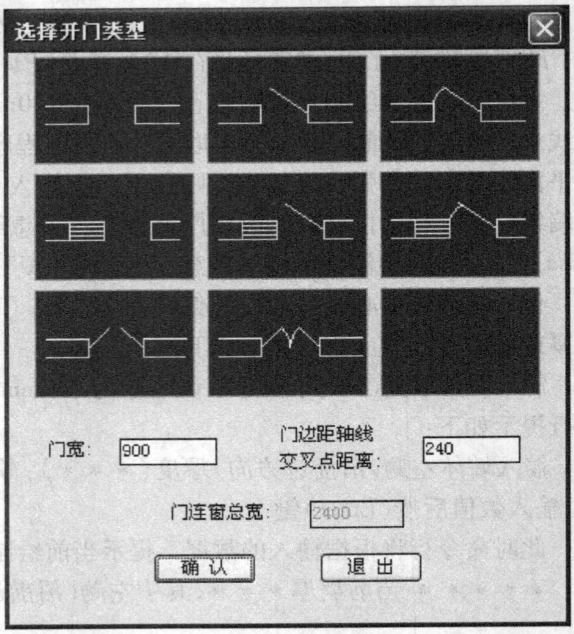

图3-3 “选择开门类型”对话框

用户可根据对话框中不同的开门类型输入门宽、门边距轴线交叉点距离以及门连窗总宽，单击“确认”按钮后命令行提示如下：

回车退出/重新定义门参数R/〈选择墙线〉:

系统提示选择欲开门的墙线，用鼠标单击墙线上的任一点，在靠近轴线交叉点的近端，程序自动在选择的墙体上按照输入的参数生成一个门。

3.5.3 门窗移动

【功能】 对已布置好的门窗进行修改和编辑。

【菜单】 “建筑”→“门窗移动”。

【用法】 选择上述菜单项，命令行提示选择门窗，用鼠标在图面中选择要移动的门或窗，然后用鼠标沿着墙体指示一个移动的方向（拉出一条橡皮线），单击一点，即可将选择的门或窗移动到此点。

3.5.4 门窗删除

【功能】 删除已布置好的门窗。

【菜单】 “建筑”→“门窗删除”。

【用法】 选择上述菜单项，命令行提示选择门窗，用鼠标在图面中选择要删除的门或窗，程序自动删除被选择的门或窗并恢复墙体。

3.6 绘制隔断

【功能】 设计卫生间隔断，包括大便器、淋浴器等的隔断。

【菜单】 “建筑”→“隔断设计”。

【用法】 选择上述菜单项，命令行提示如下：

单边隔断(D)/回车多边:

（1）单边隔断　单边隔断指直接用卫生间中两墙体为隔墙。在命令行中输入“D”后按〈Enter〉键，命令行提示如下：

尺寸定位/(回车目测):

系统默认为目测，直接用鼠标点取墙体某一位置来确定一点。根据命令行提示依次点取开间第一点、开间第二点、进深点和开间数，即可完成单边隔断设计。

（2）多边隔断　多边隔断指以卫生间中某一墙体为隔墙或单独隔断。选择“建筑”→“隔断设计”菜单项后直接按<Enter>键选择多边隔断，命令行提示如下：

尺寸定位/(回车目测):

系统默认为目测，直接用鼠标点取墙体某一位置来确定一点。根据命令行提示依次在墙线上任意点取一点作为隔断基点，然后输入隔断长度（卫生间隔断的总开间）或直接单击下一点（其方向一般垂直于第一基点所在墙线），此时命令行提示如下：

输入开间M/(均分开间):

直接按〈Enter〉键均分开间（需输入分开间数）或从隔断基点端开始依次输入分开间数与开间尺寸（最后一个开间不输入），所有提示开间的尺寸输入完毕，该隔断的设计自动完成。

3.7　绘制楼梯

【功能】　对楼梯平面进行设计。

【菜单】　“建筑”→“楼梯设计”。

【用法】　选择上述菜单项，弹出“选择建筑楼梯形式”对话框，如图3-4所示。

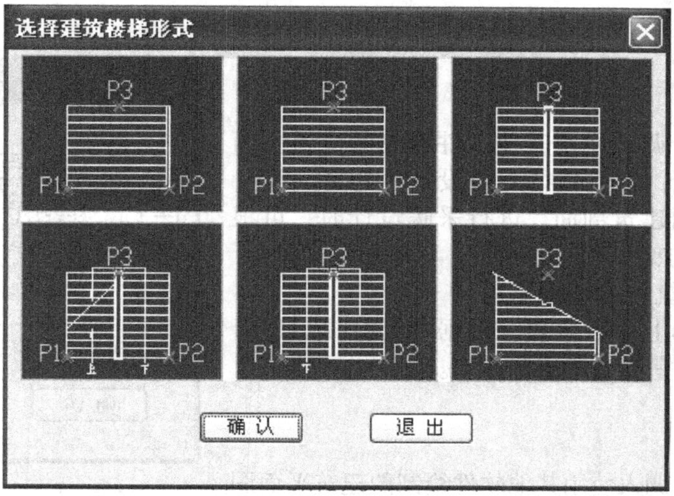

图3-4　“选择建筑楼梯形式”对话框

该对话框中的6种平面楼梯形式，就是6个图像按钮，用户可任选一种。单击“确认”铵钮或用鼠标双击后，根据命令行提示，依次输入楼梯宽度方向的第一点坐标（P1）、楼梯宽度方向的第二点坐标（P2）、楼梯长度及方向（P3）来确定楼梯绘制的位置。也可以用相对坐标的形式输入P2点和P3点的坐标。例如，指定P2点时，可输入“@2500，0”；指定

P3 点时，可输入“@0，3000”等。当用户确定了各个关键点后，程序自动按选定楼梯形式绘制楼梯。

3.8 绘制柱子

【功能】 对建筑平面进行柱子设计。

【菜单】 “建筑”→“柱子设计”。

【用法】 选择上述菜单项，弹出“柱子设计”对话框，如图 3-5 所示。

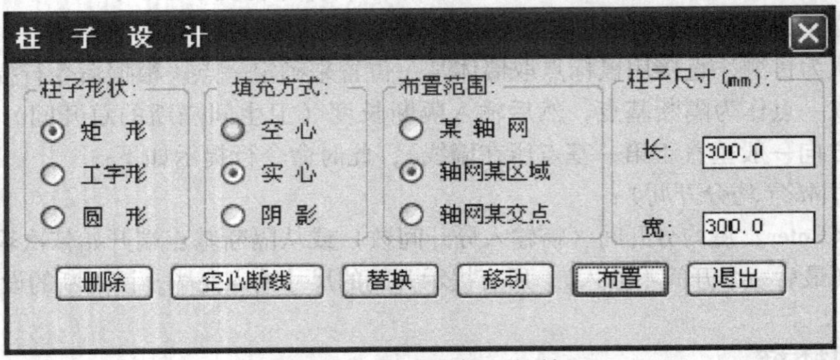

图 3-5 “柱子设计”对话框

在该对话框中选择柱子形状、填充方式、布置范围和柱子尺寸等参数后，即可进行布置、替换等操作。

3.9 建筑识别

3.9.1 墙线识别

【功能】 用于调入使用其他软件绘制的建筑平面图时识别建筑墙线，以便进行专业设计中的剖面设计时，能够自动绘制建筑剖面。进行采暖设计时，可根据建筑墙线布置散热器。

【菜单】 “建筑”→“墙线识别”

【用法】 选择上述菜单项，根据命令行提示选择墙线并确认，即可完成墙线识别操作。

3.9.2 窗户识别

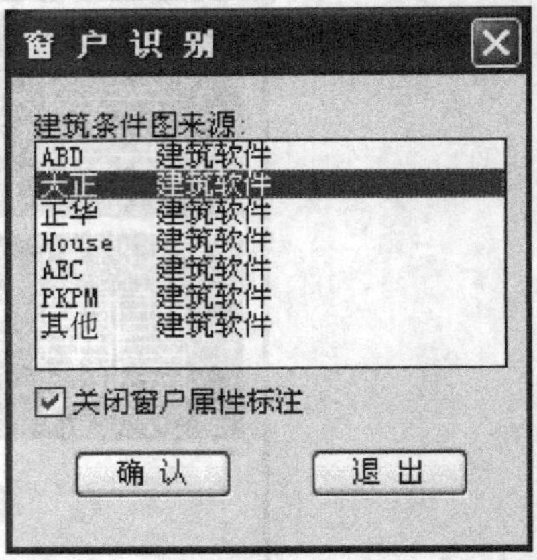

图 3-6 “窗户识别”对话框

【功能】 用于调入使用其他软件绘制的建筑平面图时识别建筑窗户，以便进行专业设计中的采暖设计时，能够根据窗户位置自动布置散热器。

【菜单】 “建筑”→“窗户识别”

【用法】 选择上述菜单项，弹出“窗户识别”对话框，如图 3-6 所示。从中选择建筑条件图的来源，单击“确认”按钮，根据命令行提示选择需要识别的窗户并确认，即可完成窗户识别操作。

第 4 章

4

负荷计算

本章主要介绍暖通空调工程设计过程中房间冷负荷、热负荷和湿负荷的计算方法。

4.1 负荷计算说明

4.1.1 负荷计算软件的安装与启动

若在鸿业暖通空调 ACS 8.2 的安装过程中选择安装了负荷计算组件，即出现图 1-5 所示的“产品内容”对话框时选择“负荷计算”复选框，则有如下两种方式启动负荷计算。

1）直接启动鸿业暖通空调 ACS 8.2 软件，在“负荷”菜单项中选择“负荷计算”命令，即可打开负荷计算界面，如图 4-1 所示。

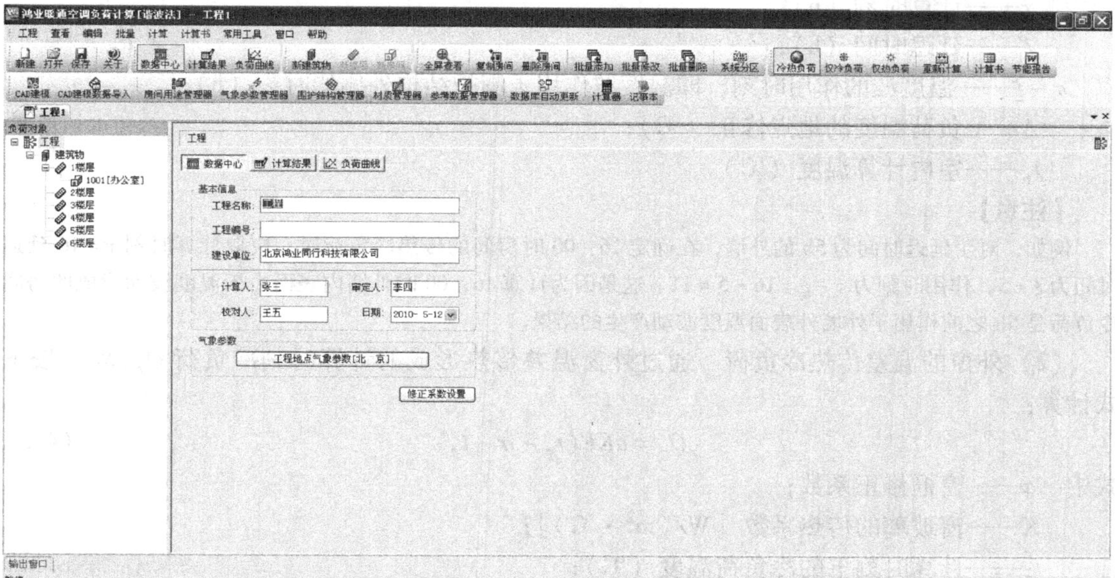

图 4-1 负荷计算界面

2）在安装鸿业暖通空调 ACS 8.2 的过程中，选择负荷计算组件，软件会自动在桌面上建立负荷计算的快捷启动图标，双击该快捷图标，即可启动负荷计算，出现如图 4-1 所示的负荷计算界面。

若在鸿业暖通空调 ACS 8.2 的安装过程中没有选择安装负荷计算组件，即在图 1-5 所示的“产品内容”对话框中没有选择“负荷计算”复选框，则需单独安装鸿业公司提供的鸿业暖通空调负荷计算软件或光盘，其安装方法类同于鸿业暖通空调 ACS 8.2 的安装，此处不再赘述。

4.1.2 负荷计算原理

1. 冷负荷计算原理

鸿业暖通空调 ACS 8.2 软件对空调冷负荷的计算采用谐波反应法。根据 GB 50019—2003《采暖通风与空气调节设计规范》的规定，该软件对下列各项的热量进行计算：通过围护结构传入的热量；透过外窗、天窗进入的太阳辐射热量；人体散热量；照明、设备等内部热源的散热量；新风带入的热量。

通过围护结构进入的非稳态传热量，透过外窗、天窗进入的太阳辐射热量，人体散热量以及非全天使用的设备、照明灯具的散热量等形成的冷负荷，均按照非稳态传热方法计算确定。

(1) 外墙、架空楼板或屋面的传热冷负荷　外墙、架空楼板或屋面传热形成的计算时刻冷负荷 Q_τ(W) 按下式计算：

$$Q_\tau = KF(t_{\tau-\xi} + \Delta - t_n) \tag{4-1}$$

式中 K——传热系数 [W/(m² · ℃)]；

F——计算面积 (m²)；

τ——计算时刻 (h)；

ξ——延迟时间 (h)；

$\tau-\xi$——温度波的作用时刻，即温度波作用于围护结构外侧的时刻 (h)；

Δ——负荷温度的地点修正 (℃)；

t_n——室内计算温度 (℃)。

【注意】

例如，对于延迟时间为 5h 的外墙，在确定 16：00 时房间的传热冷负荷时，应取计算时刻 $\tau=16$ 延迟时间为 $\xi=5$，作用时刻为 $\tau-\xi=16-5=11$。这是因为计算 16：00 时外墙内表面由于温度波动形成的房间冷负荷是 5h 之前作用于外墙外表面温度波动产生的结果。

(2) 外窗的温差传热冷负荷　通过外窗温差传热形成的计算时刻冷负荷 Q_τ(W) 按下式计算：

$$Q_\tau = aKF(t_\tau + \sigma - t_n) \tag{4-2}$$

式中 a——窗框修正系数；

K——窗玻璃的传热系数 [W/(m² · ℃)]；

t_τ——计算时刻下的冷负荷温度 (℃)；

σ——地点修正系数 (℃)。

(3) 外窗太阳辐射冷负荷　通过外窗的太阳辐射形成的计算时刻冷负荷 Q_τ(W)，应根据不同情况分别进行计算。

1) 当外窗无任何遮阳设施时

$$Q_\tau = FX_g X_d J_{w\tau} \tag{4-3}$$

式中 X_g——窗的构造修正系数；

X_d——地点修正系数；

$J_{w\tau}$——计算时刻下，透过无遮阳设施窗玻璃太阳辐射的冷负荷强度（W/m^2）。

2）当外窗只有内遮阳设施时

$$Q_\tau = FX_gX_dX_ZJ_{n\tau} \tag{4-4}$$

式中 X_Z——内遮阳系数；

$J_{n\tau}$——计算时刻下，透过有内遮阳设施窗玻璃太阳辐射的冷负荷强度（W/m^2）。

3）当外窗只有外遮阳设施时

$$Q_\tau = [F_1J_{w\tau} + (F - F_1)J_{w\tau}^0]X_gX_d \tag{4-5}$$

式中 F_1——窗口受到太阳辐照时的直射面积（m^2）；

$J_{w\tau}^0$——计算时刻下，透过无遮阳设施窗玻璃太阳辐射的冷负荷强度（W/m^2）。

4）当外窗既有外遮阳又有内设施时

$$Q_\tau = [F_1J_{n\tau} + (F - F_1)J_{n\tau}^0]X_gX_dX_Z \tag{4-6}$$

式中 $J_{n\tau}^0$——计算时刻下，透过有内遮阳设施窗玻璃太阳辐射的冷负荷强度（W/m^2）。

（4）内围护结构的传热冷负荷　相邻空间通风良好时，内窗温差传热的冷负荷按式（4-2）计算；内墙或间层楼板由于温差传热形成的冷负荷按下式估算：

$$Q = KF(t_{wp} - t_n) \tag{4-7}$$

式中 Q——稳态冷负荷（W）；

t_{wp}——夏季空调室外计算日平均温度（℃）。

相邻空间有发热量时，通过空调房间内墙、内窗、间层楼板或内门等内围护结构温差传热形成的冷负荷 Q(W) 按下式计算：

$$Q = KF(t_{wp} + \Delta t_{1s} - t_n) \tag{4-8}$$

式中 Δt_{1s}——邻室温升，根据邻室散热强度确定（℃）。

（5）人体冷负荷　人体显热散热形成的计算时刻冷负荷 Q_τ(W) 按下式计算：

$$Q_\tau = \varphi n q_1 X_{\tau - T} \tag{4-9}$$

式中 φ——群集系数；

n——计算时刻空调区内的总人数。当缺少数据时，根据空调区的人均面积指标推算；

q_1——一名成年男子小时显热散热量（W）；

τ——计算时刻（h）；

T——人员进入空调区的时刻（h）；

$\tau - T$——从人员进入空调区的时刻算起到计算时刻的持续时间（h）；

$X_{\tau - T}$——$\tau - T$ 时刻人体显热散热的冷负荷系数。

（6）灯光冷负荷　照明设备散热形成的计算时刻冷负荷，应根据灯具的种类和安装情况分别计算。

1）白炽灯散热形成的冷负荷

$$Q_\tau = n_1 N X_{\tau - T} \tag{4-10}$$

式中 n_1——同时使用系数，取0.6～0.8；

N——灯具的安装功率，当缺少数据时，根据空调区的照明功率密度面积指标推算；

τ——计算时刻（h）；

T——开灯时刻（h）；

$\tau-T$——从开灯时刻算起到计算时刻的持续时间（h）；

$X_{\tau-T}$——$\tau-T$时刻灯具散热的冷负荷系数。

2）荧光灯散热形成的冷负荷

$$Q_\tau = n_1 N X_{\tau-T} \quad \text{（镇流器设在空调区之外）}$$

$$Q_\tau = 1.2 n_1 N X_{\tau-T} \quad \text{（镇流器设在空调区之内）} \tag{4-11}$$

$$Q_\tau = n_1 n_0 N X_{\tau-T} \quad \text{（镇流器安装在空调房间吊顶玻璃罩之内）} \tag{4-12}$$

式中 n_0——考虑玻璃反射及罩内通风情况的系数。当荧光灯罩有小孔，利用自然通风散热于顶棚之内时，取0.5～0.6；当荧光灯罩无小孔时，视顶棚内的通风情况，取0.6～0.8。

（7）设备冷负荷 热设备及热表面显热散热形成的计算时刻冷负荷按下式计算：

$$Q_\tau = q_s X_{\tau-T} \tag{4-13}$$

1）电热工艺设备的散热量：

$$q_s = n_1 n_2 n_3 n_4 N \tag{4-14}$$

2）电动工艺设备的散热量：

$$q_s = n_1 n_2 n_3{}^{N/\eta} \quad \text{（电动工艺设备在空调区内）} \tag{4-15}$$

$$q_s = n_1 n_2 n_3{}^{N(1-\eta)/\eta} \quad \text{（仅电动机在空调区内）} \tag{4-16}$$

$$q_s = n_1 n_2 n_3{}^{N} \quad \text{（仅工艺设备在空调区内）} \tag{4-17}$$

式（4-13）～式（4-17）中 n_1——同时使用系数，一般取0.5～1.0；

n_2——安装系数，即最大实耗功率与安装功率之比，一般取0.7～0.9；

n_3——负荷系数，即小时平均实耗功率与最大实耗功率之比，一般取0.4～0.5；

n_4——通风保温系数；

N——电热设备的总安装功率（W）；

η——电动机的效率；

q_s——设备的散热量。

3）办公及电器设备的散热量。

当办公设备的类型和数量事先无法确定时，按给出的电器设备功率密度推算空调区的办公设备散热量，此时按下式计算：

$$q_s = F q_f \tag{4-18}$$

式中 F——空调区面积（m^2）；

q_f——电器设备的功率密度（W/m^2）。

（8）渗透空气显热冷负荷 一般空调房间不考虑空气渗透冷负荷，只有当送入的新风无法使房间维持足够正压的情况下，参考下式计算：

$$Q = 0.28G(t_w - t_n) \tag{4-19}$$

式中 G——单位时间渗入室内的空气总量（kg/h）；

t_w——夏季空调室外计算干球温度（℃）。

(9) 食物的显热散热冷负荷　进行餐厅冷负荷计算时，需要考虑食物的散热量。食物的显热散热形成的冷负荷，按每位就餐客人9W考虑。

(10) 散湿量与潜热冷负荷

1) 人体散湿量与潜热冷负荷。

人体散湿量：
$$D_\tau = 0.001\varphi n_\tau g \tag{4-20}$$

人体散湿形成的潜热冷负荷：
$$Q_\tau = \varphi n_\tau q_2 \tag{4-21}$$

式中　φ——群集系数；

n_τ——计算时刻空调区内的总人数；

g——一名成年男子小时散湿量（g/h）；

q_2——一名成年男子小时潜热散热量（W）。

2) 渗入空气散湿量与潜热冷负荷。

渗入空气散湿量：
$$D = 0.001G(d_w - d_n) \tag{4-22}$$

渗入空气散湿形成的潜热冷负荷：
$$Q_q = 0.28G(h_w - h_n) \tag{4-23}$$

式中　G——渗入空气总量（kg/h）；

d_w——室外空气的含湿量（g/kg）；

d_n——室内空气的含湿量（g/kg）；

h_w——室外空气的焓（kJ/kg）；

h_n——室内空气的焓（kJ/kg）。

3) 食物散湿量与潜热冷负荷。

食物散湿量：
$$D_\tau = 0.012\varphi n_\tau \tag{4-24}$$

食物散湿形成的潜热冷负荷：
$$Q_\tau = 700D_\tau \tag{4-25}$$

式中　φ——群集系数；

n_τ——计算时刻的总人数。

4) 水面蒸发散湿量与潜热冷负荷。

水面蒸发散湿量：
$$D = Gc(t_1 - t_2)/\gamma \tag{4-26}$$

水面蒸发形成的潜热冷负荷：
$$Q = 1000D[2500 - 2.35(t_1 + t_2)/2] \tag{4-27}$$

式中　G——流动的水量（kg/h）；

c——水的比热容[4.1868kJ/(kg·K)]；

γ——水的汽化热，平均取2450kJ/kg；

t_1——水的初温（℃）；

t_2——水的终温，即排入下水管网时的水温（℃）。

5) 化学反应的散湿量与散热量。

化学反应的散湿量：
$$D = n_1 n_2 Gd \tag{4-28}$$

化学反应的全热散热量：
$$Q = n_1 n_2 Gq/3600 \tag{4-29}$$

化学反应的潜热散热量：
$$Q_q = 628d \tag{4-30}$$

式中　Q——化学反应的全热散热量（W）；

n_1——考虑不完全燃烧的系数，可取0.95；

n_2——负荷系数，即每个燃烧点实际燃料消耗量与其最大燃料消耗量之比，根据工艺使用情况确定；

G——每小时燃料最大消耗量（m^3/h）；

q——燃料的热值（kJ/m^3）；

d——燃料的单位散湿量（kg/m^3）；

D——化学反应的散湿量（kg/h）；

Q_q——化学反应的潜热散热量（W）。

2. 热负荷的计算原理

鸿业暖通空调 ACS 8. 2 软件对热负荷的计算依据是 GB 50019—2003《采暖通风与空气调节设计规范》、《实用供热空调设计手册》第 2 版（主编陆耀庆）和《供热工程》第 4 版（主编贺平）。热负荷按照稳态传热进行计算，计算方法比较简单。

本软件通过合理的设计数据结构，实现冷负荷、热负荷计算原始数据的最大限度共享。既为计算空调冷负荷输入的各种数据，也可以用来计算热负荷；既为计算热负荷输入的数据，也可以最大限度地为计算冷负荷所用。计算数据的共享，极大地方便了设计人员的使用，减少了数据录入量，提高了设计效率。

4.1.3 负荷计算界面

鸿业暖通空调负荷计算主界面包含菜单栏、工具栏、数据区、负荷对象区和输出窗口，如图 4-2 所示。

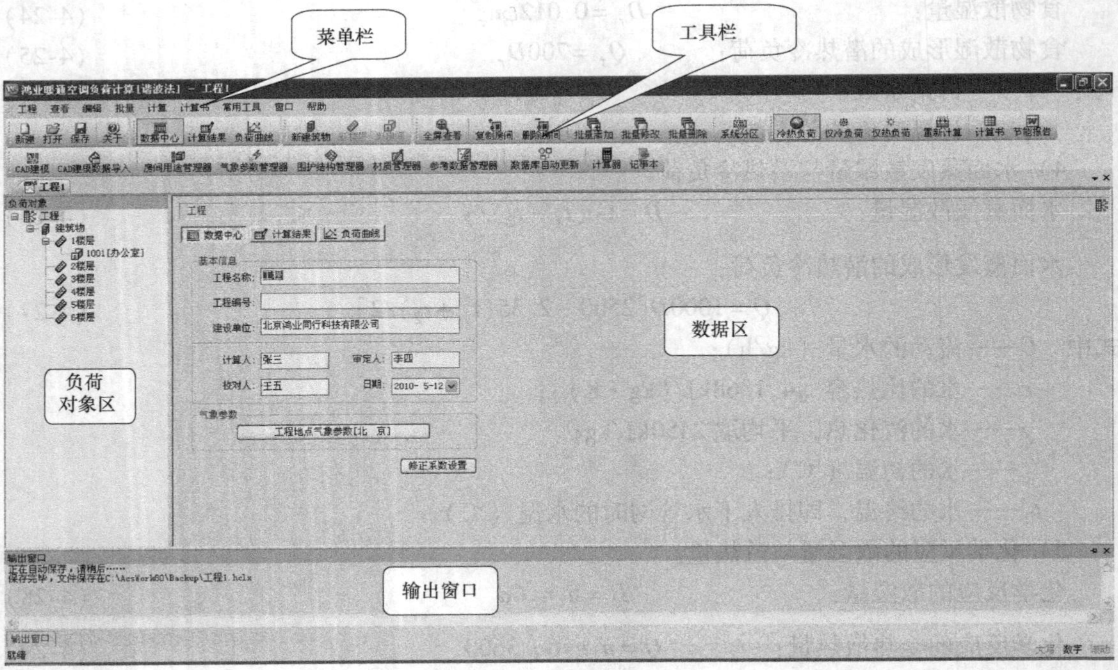

图 4-2 负荷计算界面图示说明

下面简单介绍菜单栏的主要功能。

工程：提供了工程相关的功能，根据工程设计的需要，软件中以“工程项目”和“建筑物”的概念对数据进行管理，符合设计人员的习惯，便于对原始输入数据的保存、修改和归档。负荷计算为多文档结构，支持同时管理多个工程，工程相互之间可以进行复制，方便数据的共享。其中，“新建工程”子菜单提供了3种新建工程模式：空白工程、加载模板工程和向导模式。加载模板工程可以根据常用的模板工程建立一个新的工程；向导模式根据向导，一步一步地指导设计人员建立一个新的工程。

查看：显示和隐藏一些常用的工具栏，显示输出窗口，并提供全屏显示的功能。

编辑：在当前工程中添加建筑物、楼层或者房间（地下室），还包含一系列模板管理和系统分区的功能。

批量：提供批量编辑的功能。

计算：设置计算模式，计算模式可分为仅冷负荷、仅热负荷和冷热负荷。对冷热负荷可以分开计算。

计算书：强大的计算书输出功能，可以详细设置输出繁简程度，同时也能生成4.0的计算书。

常用工具：提供AutoCAD建模工具，能智能识别常用建筑软件绘制的建筑平面图。另外，还提供一些用户公用数据管理的管理器，如房间用途管理器、气象参数管理器、围护结构管理器、材质管理器和参考数据管理器等。

窗口：提供关闭所计算工程的功能。

4.2 负荷计算

4.2.1 新建工程

【功能】 通过3种方式建立新工程。

【菜单】 “工程”→“新建工程”。

【用法】 选择上述菜单项，在“新建工程”子菜单中选择一种新建工程的方式来实现工程的新建。

（1）新建空白工程　在“新建工程”子菜单中选择“空白工程”命令，软件根据自带的默认模板建立一个新的工程——工程2（也可能叫做“工程3”或“工程4”等），如图4-3所示。

（2）新建模板工程　在“新建工程”子菜单中选择“加载模板工程”命令，选择模板文件建立新工程。新建模板工程与新建空白工程不同，模板工程里面含有一些默认的数据。在该工程基础上可以添加建筑物和房间，从而展开工作。而新建空白工程里面没有任何数据。也可以通过“工程”菜单下的“保存为模板工程”命令将当前工程保存为模板工程文件，以便下次采用。

（3）向导模式新建工程　在“新建工程”子菜单中选择“向导模式”命令，软件提供一个向导，帮助设计人员一步一步地建立新的工程。向导中包含如下步骤：

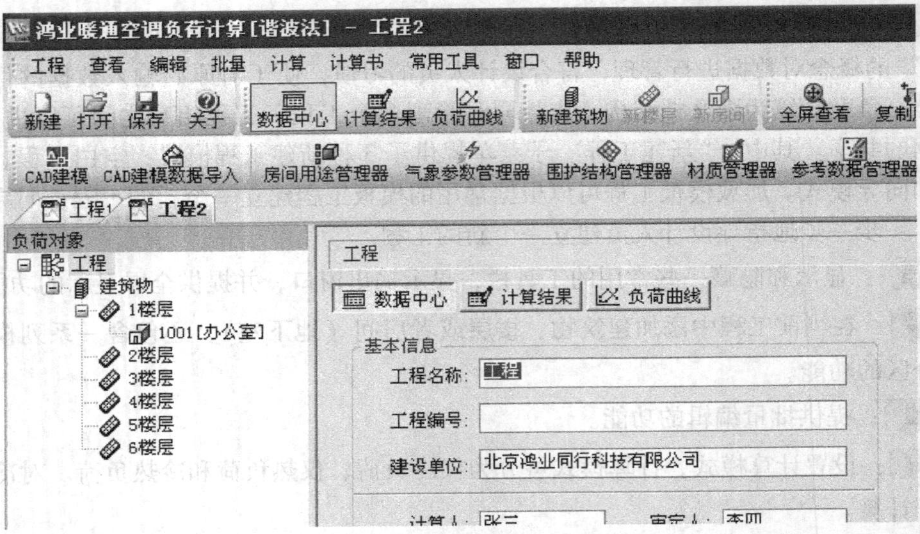

图 4-3 新建空白工程界面

1）设置工程信息，如图 4-4 所示。其中气象参数是影响负荷计算的重要因素。

2）设置建筑物信息，如图 4-5 所示。其中建筑物的层高和窗高将会影响冬季冷风渗透的计算结果。

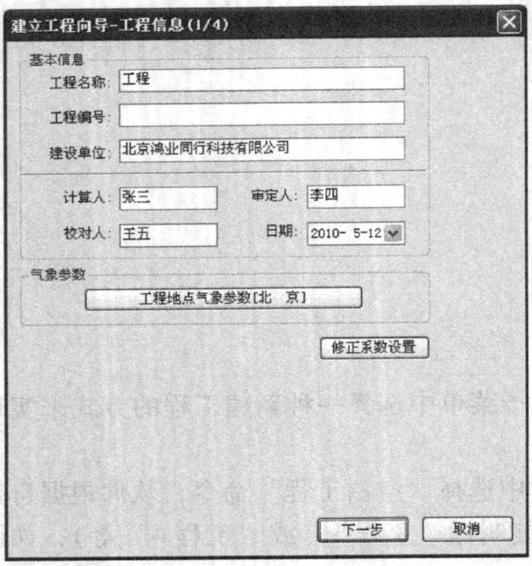

图 4-4 “建立工程向导-工程信息”对话框

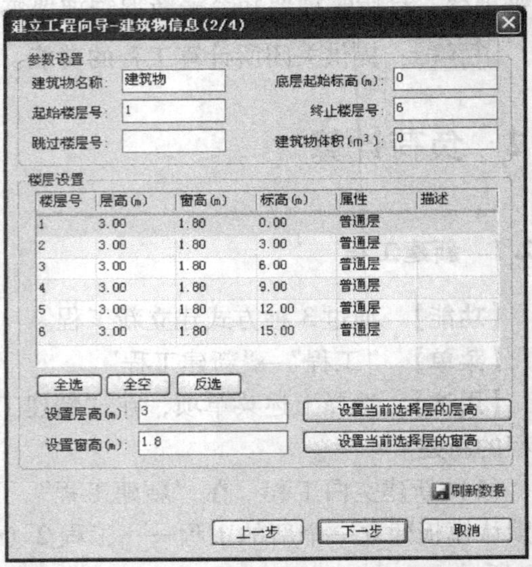

图 4-5 “建立工程向导-建筑物信息”对话框

3）设置建筑物的围护结构，如图 4-6 所示。该对话框主要显示建筑物的围护结构模板信息。建筑物的所有围护结构都是通过模板来定义的，可以在此定义建筑物中要使用的围护结构模板。可以单击 设为默认值 按钮设定默认使用的围护结构模板。也可以在新建工程完成后，通过“编辑”菜单下的“围护结构模板管理”命令管理围护结构模板。

4）设置建筑物房间类型，如图 4-7 所示。该对话框主要显示房间设计参数模板信息。在设置工程中的房间设计参数时，设计人员可以自定义需要的参数。如果大多房间都是相同的类型，则可以通过房间设计参数模板来定义房间参数。在此可以通过单击[添加...]按钮定义工程中用到的参数模板，以便在新建工程中使用。也可以在新建工程完成后，通过“编辑”菜单下的“房间设计参数模板管理”命令管理参数模板。

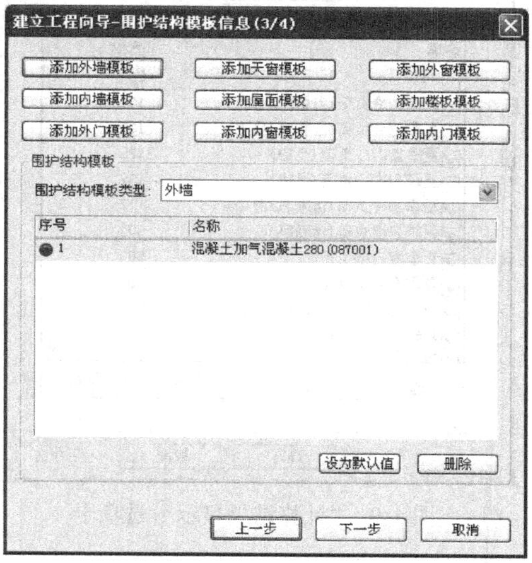

图4-6 “建立工程向导-围护结构模板信息”对话框

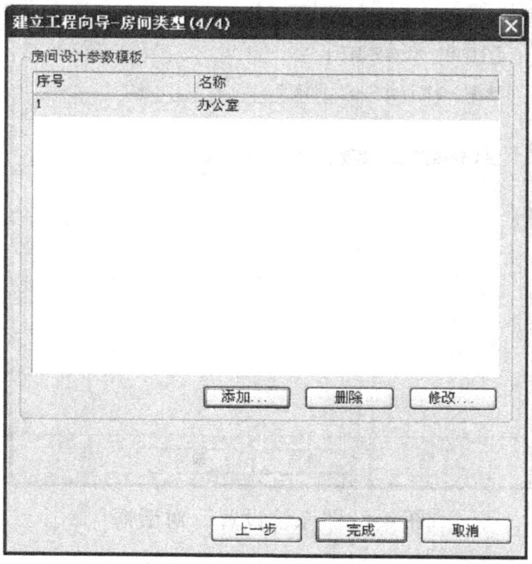

图4-7 “建立工程向导-房间类型”对话框

房间类型设置好后，在新建房间的时候，可以在房间的基本信息中选择房间设计参数模板。单击“完成”按钮即可创建新的工程。

4.2.2 系统设置

【功能】 设置负荷计算系统相关的信息和计算结果显示。

【菜单】 “工程”→“系统设置”。

【用法】 选择上述菜单项，弹出“系统设置”对话框，如图4-8所示。该对话框有“系统相关”和“计算结果显示”两个选项卡。

(1)“系统相关”选项卡 在该选项卡中选择“自动汇总求和”复选框，可以设置软件是否有自动计算功能。选择“自动保存时间间隔”复选框，可以设置软件是否有自动保存功能并可设置保存间隔时长。若选择该复选框，软件会自动保存在工作路径下的Backup文件夹中，方便用户恢复数据。选择“使用5.0经典界面”复选框，可以使软件在下次启动后采用5.0版本的经典界面。在选择“冷负荷计算核心”下拉列表框中可以选择负荷计算方法。

(2)“计算结果显示”选项卡 “计算结果显示”选项卡如图4-9所示。在该选项卡中可以设置计算结果项的表头显示内容。

4.2.3 构建建筑模型

1. 添加新建筑物

【功能】 为当前工程添加名称为“建筑物”。

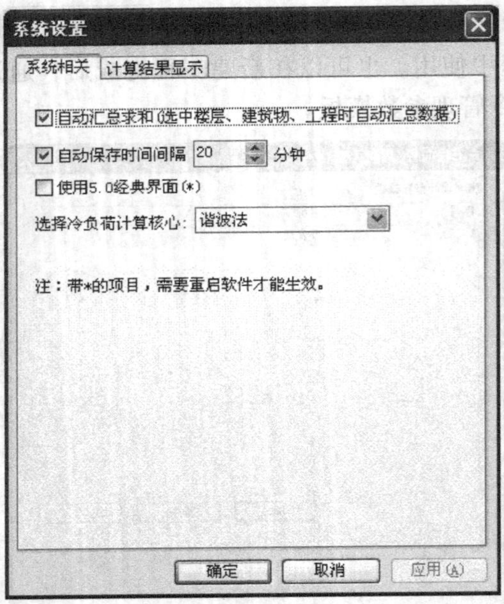

图 4-8 “系统设置”对话框

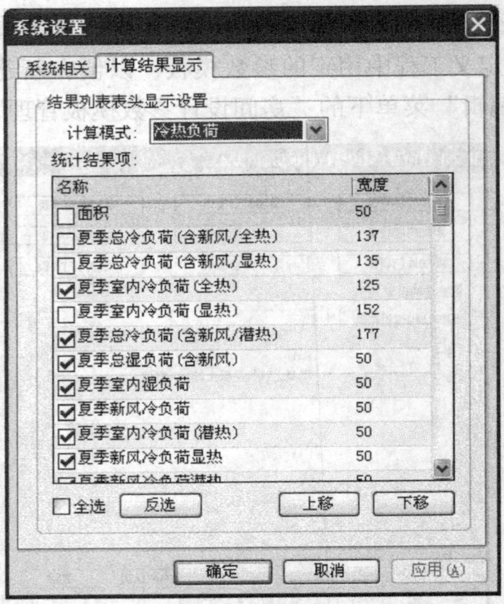

图 4-9 “计算结果显示”选项卡

【菜单】“编辑”→“添加新建筑物”。

【用法】选择上述菜单项，在负荷对象区产生一个新的建筑物，名称为“建筑物”，单击该建筑物名称，在负荷计算的数据区出现如图 4-10 所示的数据中心界面。在此可以进行该建筑物负荷计算基本数据的设置。对于“参数设置”组合框中的“建筑物体积”需要手动输入，以便进行能效分析。参数设置设置完成后单击 刷新数据 按钮或按〈Enter〉键，软件自动生成楼层。在“楼层设置”组合框中可以单击楼层号进行楼层信息修改，也可通过下面的“设置层高”和“设置窗高”文本框进行修改，软件自动计算楼层标高信息。

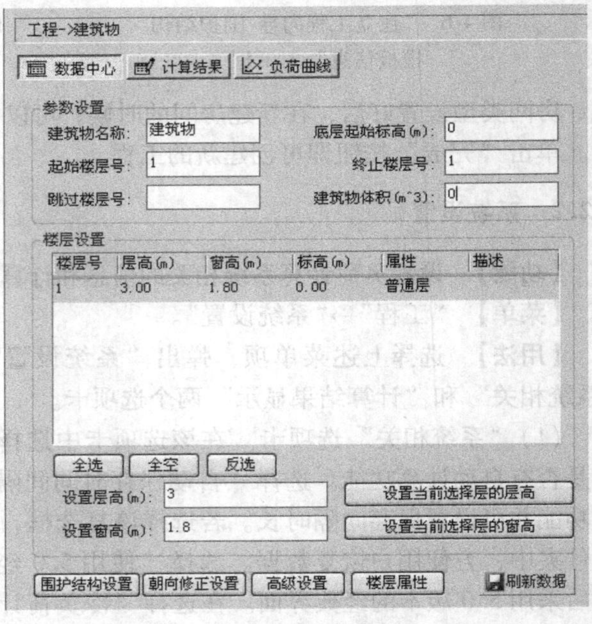

图 4-10 新建建筑物数据中心界面

界面下部的 4 个按钮 围护结构设置 朝向修正设置 高级设置 楼层属性 用于针对建筑物更详细的特性数据进行设置，分别用以设置建筑物默认围护结构、各朝向在计算采暖负荷时的修正系数、建筑物的表面传热特性和冷风渗透特性，以及关键层相同层的设置等。

（1）围护结构设置 单击 围护结构设置 按钮，弹出“围护结构模板管理器”对话框，如图 4-11 所示。该对话框用于管理建筑物的默认围护结构（也可以为整个工程添加新的围护结构模板）。建筑物默认围护结构决定了在该建筑物的房间中添加新的围护结构负荷对象（如添加外墙、外窗）时，软件默认给出的围护结构构造数据。具体内容见 4.3.5 围护结构管理器。

（2）朝向修正设置　单击 朝向修正设置 按钮，弹出“朝向修正设置”对话框，如图4-12所示。在该对话框中可以统一设置建筑物计算采暖负荷时围护结构负荷的朝向修正系数。热负荷计算中，各个朝向的朝向默认修正值是按照《实用供热空调设计手册》（第 2 版）中的相关数据设定的。

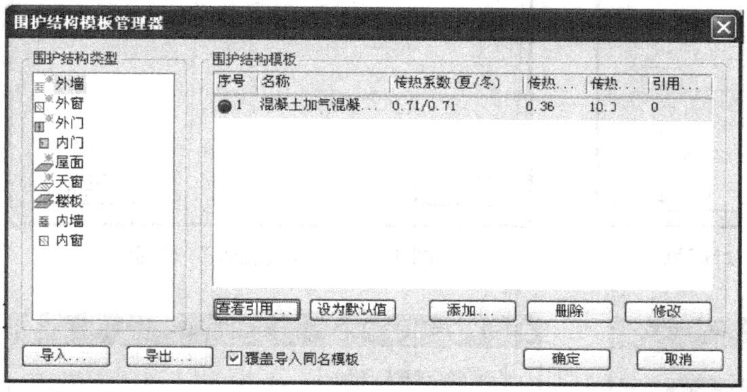

图 4-11　“围护结构模板管理器”对话框

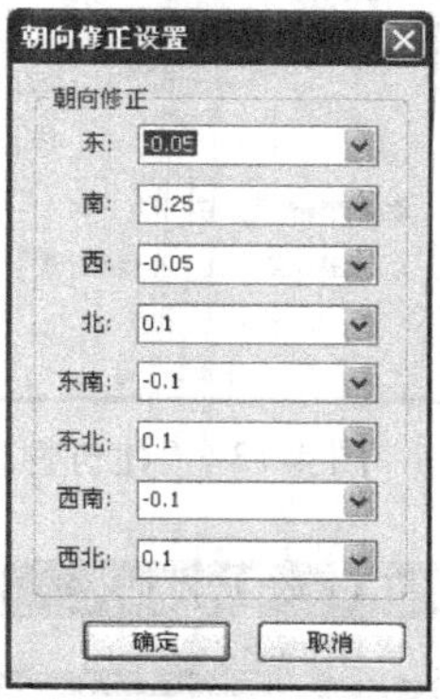

图 4-12　“朝向修正设置”对话框

（3）高级设置　单击 高级设置 按钮，弹出“建筑物高级设置”对话框，如图 4-13 所示。在该对话框中可以进行建筑物的表面换热特性和冷风渗透特性数据设置，它会影响围护结构传热特性以及门窗等进行冷风渗透计算时的计算结果。单击传热特性以及冷风渗透特性的设置项后面的 ... 按钮，弹出参考数据库，在该数据库中可以进行参数选择设置。在“建筑物高级设置”对话框中还可以设置冬季空调新风热负荷的计算方式：温差计算和焓差计算。

（4）楼层属性　单击 楼层属性 按钮，弹出“楼层属性”对话框，如图 4-14 所示。大部分建筑物中，除了少数楼层的几何形状、功能分区不相同外，大部分楼层都是相同的，尤其是住宅建筑。因此，负荷计算中引入了关键层、相同层和普通层的概念，关键层中所有房间的改变都会反映在相同层中。采用向导的方式添加关键层，单击 添加... 按钮，弹出如图 4-15 所示的“选择要设置为关键层的楼层”对话框，在“选择关键层”下拉列表框中选择所要设置的关键层，单击“下一步”按钮，弹出如图 4-16 所示的“选择与关键层相同的相同层”对话框，从中选择所有与上一步设置的关键层相同的相同层。该对话框中列出了所有既不是关键层也不是相同层的楼层供选择。选择后单击“完成”按钮即可完成相同层的设置。如果还需要设置，可继续单击“添加”按钮，重复上述步骤。这时会注意到左边的负荷对象树发生了一些变化。关键层图标加上了标识，相同层图标则加上了标识，此时相同层将不能被展开，也不能添加或者删除房间。这时返回到建筑物的数据中心界面，可以看到建筑物楼层属性有所变化，“属性”列中给出了关键层、相同层信息，如图 4-17

所示。其中，尖括号（〈〉）中给出的是该相同层对应的关键层。

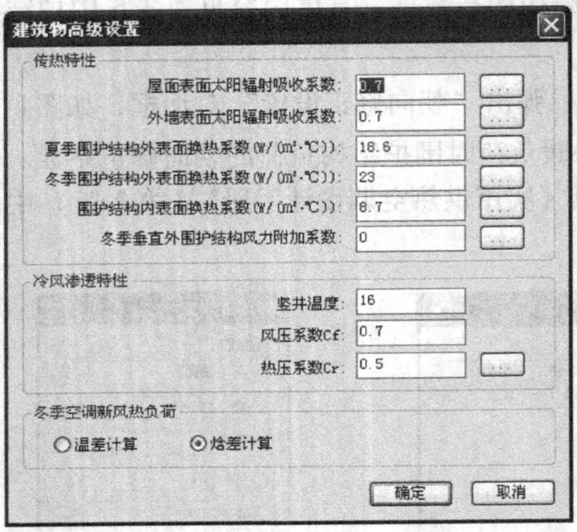

图 4-13 “建筑物高级设置”对话框

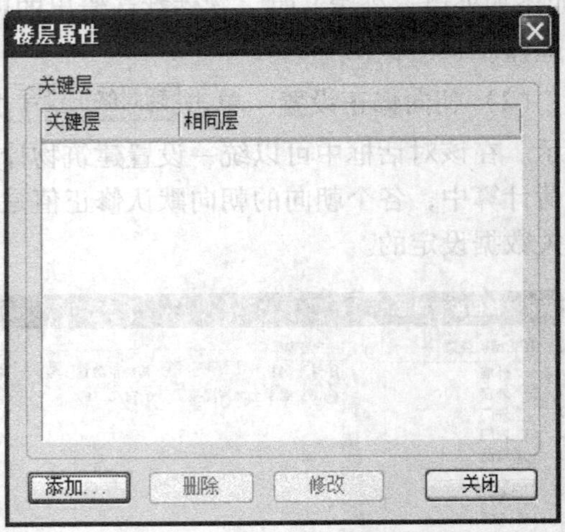

图 4-14 “楼层属性”对话框

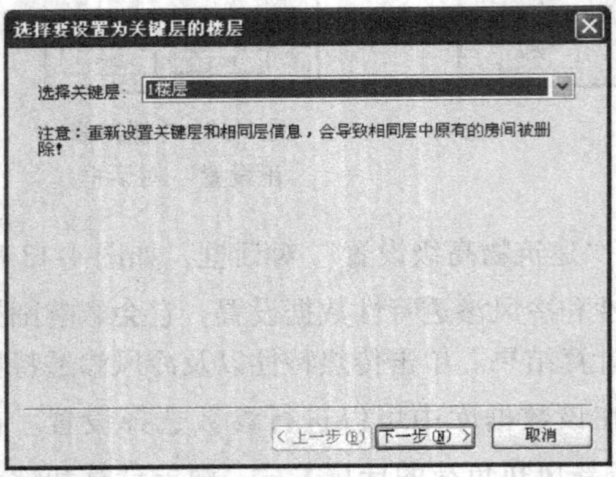

图 4-15 “选择要设置为关键层的楼层”对话框

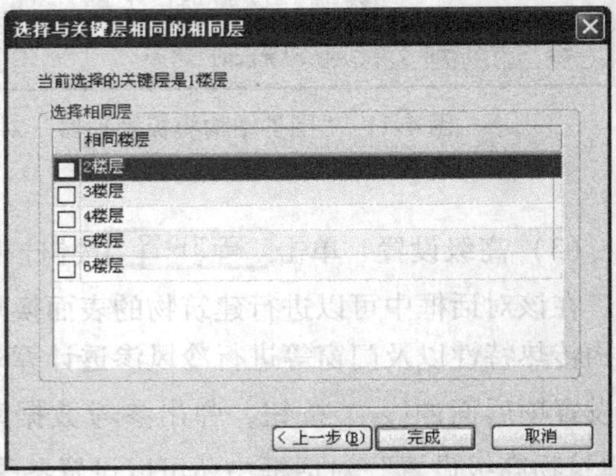

图 4-16 “选择与关键层相同的相同层”对话框

对于相同层的负荷数据，可以单击“计算结果”按钮进行查看，这里同时给出了关键层、相同层中所有的房间及其详细负荷项的信息，如图 4-18 所示。

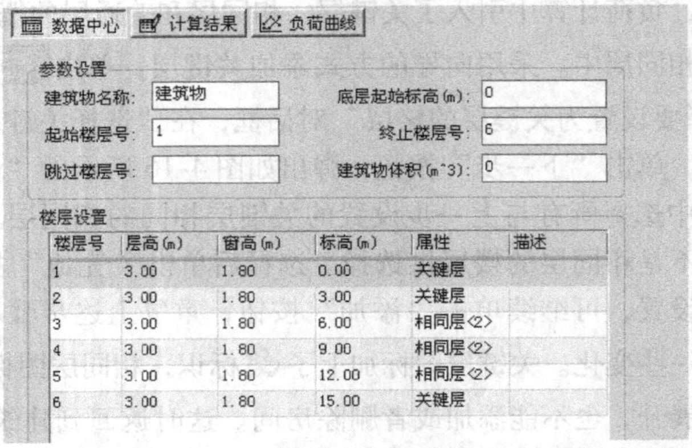

图 4-17 楼层属性设置完成后的结果显示

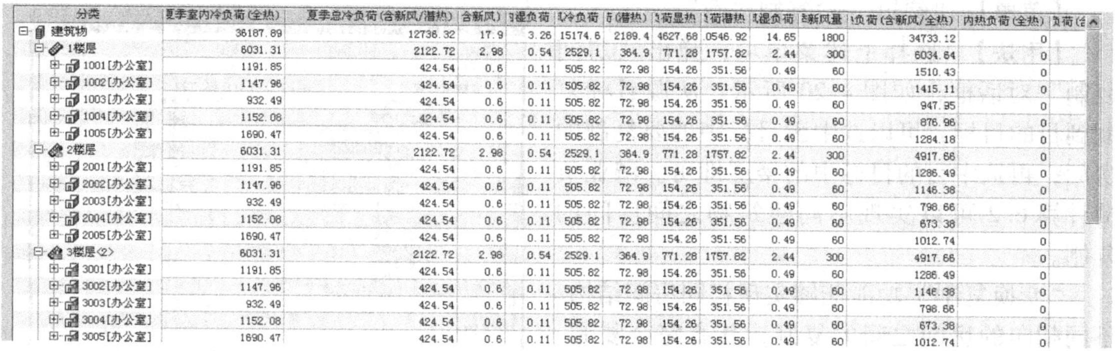

分类	夏季室内冷负荷(全热)	夏季总冷负荷(含新风/潜热)	含新风)	湿负荷	冷负荷	(潜热)	荷显热	荷潜热	湿负荷	新风量	负荷(含新风/全热)	内热负荷(全热)	负荷(含
建筑物	36187.89	12736.32	17.9	3.26	15174.6	2189.4	4627.68	0546.92	14.65	1800	34733.12	0	
1楼层	6031.31	2122.72	2.98	0.54	2529.1	364.9	771.28	1757.82	2.44	300	6034.64	0	
1001[办公室]	1191.85	424.54	0.6	0.11	505.82	72.98	154.26	351.56	0.49	60	1510.43	0	
1002[办公室]	1147.96	424.54	0.6	0.11	505.82	72.98	154.26	351.56	0.49	60	1415.11	0	
1003[办公室]	932.49	424.54	0.6	0.11	505.82	72.98	154.26	351.56	0.49	60	947.95	0	
1004[办公室]	1152.08	424.54	0.6	0.11	505.82	72.98	154.26	351.56	0.49	60	876.96	0	
1005[办公室]	1690.47	424.54	0.6	0.11	505.82	72.98	154.26	351.56	0.49	60	1284.18	0	
2楼层	6031.31	2122.72	2.98	0.54	2529.1	364.9	771.28	1757.82	2.44	300	4917.66	0	
2001[办公室]	1191.85	424.54	0.6	0.11	505.82	72.98	154.26	351.56	0.49	60	1286.49	0	
2002[办公室]	1147.96	424.54	0.6	0.11	505.82	72.98	154.26	351.56	0.49	60	1146.38	0	
2003[办公室]	932.49	424.54	0.6	0.11	505.82	72.98	154.26	351.56	0.49	60	798.66	0	
2004[办公室]	1152.08	424.54	0.6	0.11	505.82	72.98	154.26	351.56	0.49	60	673.38	0	
2005[办公室]	1690.47	424.54	0.6	0.11	505.82	72.98	154.26	351.56	0.49	60	1012.74	0	
3楼层<2>	6031.31	2122.72	2.98	0.54	2529.1	364.9	771.28	1757.82	2.44	300	4917.66	0	
3001[办公室]	1191.85	424.54	0.6	0.11	505.82	72.98	154.26	351.56	0.49	60	1286.49	0	
3002[办公室]	1147.96	424.54	0.6	0.11	505.82	72.98	154.26	351.56	0.49	60	1146.38	0	
3003[办公室]	932.49	424.54	0.6	0.11	505.82	72.98	154.26	351.56	0.49	60	798.66	0	
3004[办公室]	1152.08	424.54	0.6	0.11	505.82	72.98	154.26	351.56	0.49	60	673.38	0	
3005[办公室]	1690.47	424.54	0.6	0.11	505.82	72.98	154.26	351.56	0.49	60	1012.74	0	

图 4-18　关键层、相同层负荷计算结果显示

2. 添加新楼层

【功能】 为当前工程中的某一建筑物添加新的楼层。

【菜单】 “编辑”→“添加新楼层”。

【用法】 选择上述菜单项，在负荷对象区将为该建筑物添加顶层楼层，并且软件将自动为该楼层添加一个新房间，如图 4-19 所示（图中 7 楼层即为新添加楼层）。也可以通过如下方式添加新楼层：在负荷对象区用鼠标右键单击要添加新楼层的建筑物，在弹出的快捷菜单中选择“添加新楼层”命令，即可为该建筑物添加新楼层。

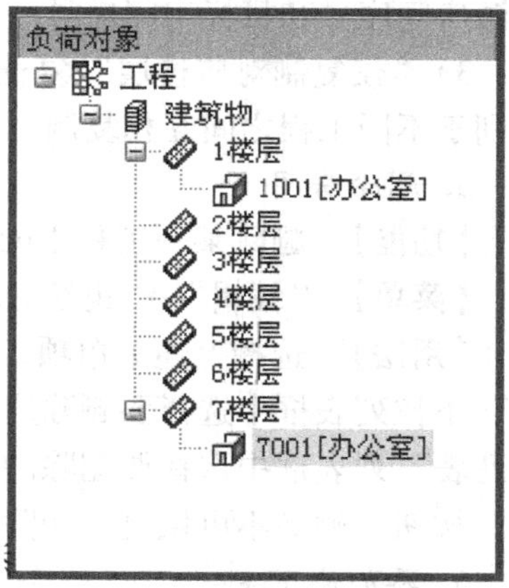

图 4-19　添加新楼层结果显示

3. 添加新房间

【功能】 为当前工程中的某一建筑物的某一楼层添加新的房间。

【菜单】 “编辑”→“添加新房间”。

【用法】 选择上述菜单项，在负荷对象区将为选中的建筑物的楼层添加新的房间。也可以在负荷对象区用鼠标右键单击要添加新房间的楼层或房间，在弹出的快捷菜单中选择“添加新房间”命令，来为建筑物楼层添加新房间。

房间添加完成后，可以进入该房间的数据中心（单击 数据中心 按钮），进行房间基本参数的设置。房间的数据中心有“基本信息”和“详细负荷”两个选项卡。“基本信息”选项卡主要用于设置房间的室内设计参数，包括冬、夏季的设计温度、新风量、照明功率、设备功率以及人数信息等。此外，还可以设置房间分区。“详细负荷”选项卡主要用于为房间添加负荷对象，如各种围护结构、外墙、外窗等，以及其他（包括新风、人体、照明、设备、食物等）类型的负荷。

【注意】

“添加新房间”功能只有在负荷对象树中选中特定楼层或房间才能生效。

4. 复制房间

【功能】 实现房间与房间之间参数数据、计算结果等的复制。

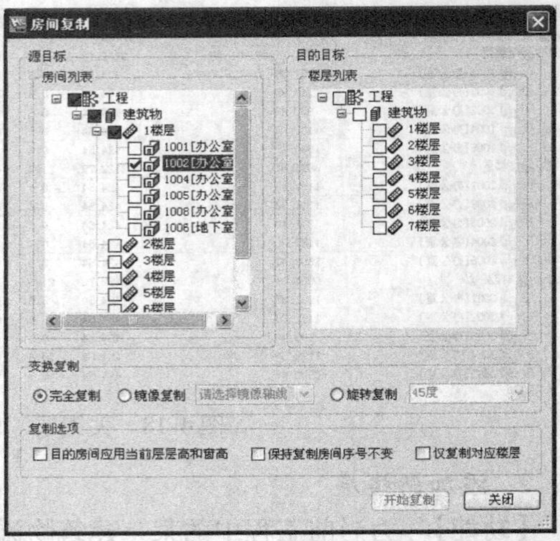

图 4-20 “房间复制”对话框

【菜单】“编辑”→“复制房间”。

【用法】选择上述菜单项，弹出“房间复制”对话框，如图 4-20 所示。从源目标复制到目的目标，可以选中源目标中的要复制的房间，再选中目的目标中的楼层即可。鸿业负荷计算 6.2 可以实现不同建筑物之间房间的复制。

“变换复制”功能能够实现相同房间结构、不同朝向的房间之间的复制，其有完全复制、镜像复制和旋转复制 3 种方式。其中，镜像复制需要选择镜像轴线；旋转复制需要选择旋转角度。

“复制选项”组合框中有以下 3 个复选框：

1）“目的房间应用当前层层高和窗高”复选框。选择该复选框，表示在复制过程中会根据目的楼层的层高和窗高，修改复制房间的墙体高度和窗体高度。

2）“保持复制房间序号不变”复选框。选择该复选框，表示在不同楼层间复制时，保持源房间序号和目标房间序号一一对应的关系，其他房间编号不变。

3）“仅复制对应楼层”复选框。选择该复选框，表示在复制过程中，仅复制对应楼层，有利于不同工程之间互相复制。

5. 删除房间

【功能】删除某一工程中的一个或多个房间。

【菜单】“编辑”→“删除房间”。

【用法】选择上述菜单项，弹出“房间删除”对话框，如图 4-21 所示。在“工程名列表”下拉列表框中选择要删除房间的工程名，然后在“房间列表”列表框中选择要删除的房间。然后单击“开始删除”按钮。删除不可恢复，删除时程序会提示确认信息。

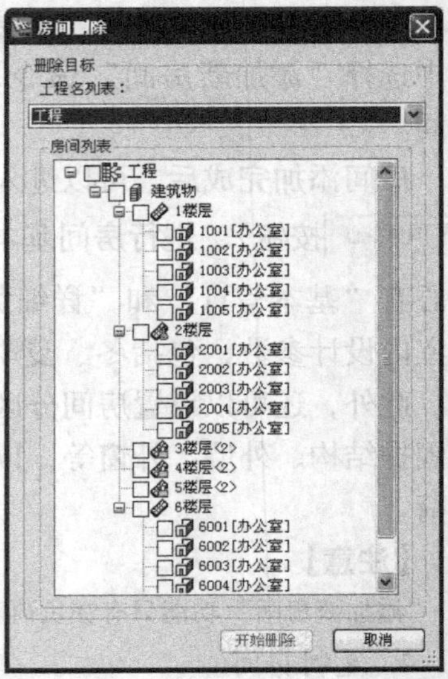

图 4-21 “房间删除”对话框

6. 添加地下室

【功能】为建筑物添加地下室，以便进行负荷计算。

【菜单】“编辑”→“添加地下室”。

【用法】选择上述菜单项，在负荷对象区将为选中的建筑物的楼层添加地下室。也可以在负荷对象区用鼠标右键单击要添加地下室的楼层或房间，在弹出的快捷菜单中选择“添加地下室”命令，来为建筑物楼层添加地下室。

（1）计算依据与功能 鸿业负荷计算 6.2 地下室计算模型，主要参照《防空地下室设计手册——暖通、给排水、电气分册》（中国建筑标准设计研究院出版，2006 年 1 月版，以下简称防空手册）第 3 章空气调节与防潮除湿中的3.1热湿负荷计算，同时也参阅了（GB 50038—2005）《人民防空地下室设计规范》（以下简称防空规范）附录G和附录H的数据表中的相关计算理论和算法。支持深埋和浅埋地下室，也支持恒温防空地下室和一般通风防空地下室的计算。目前实现的主要是进行地下室壁面传热的计算，不支持对地下室进行新风人体等方面的计算。

（2）参数设置　地下室房间信息设置界面如图4-22所示。可以设置地下室的埋深类型、室温类型、地下室尺寸、地下室围护结构等。对于浅埋地下室需要设置其上部地面建筑的温度属性，即单击 地面参数设置... 按钮，因为浅埋地下室与地上建筑存在温差传热。对于地下室的围护结构，包括衬砌和浅埋地下室的楼板和侧墙等的热工参数，可以通过单击 防空地下室围护结构设置... 按钮来设置。目前这部分内容没有数据库支持，需要手动输入。也可以与普通房间一样，设置同层相同房间个数。但是软件目前默认地下室的四周墙壁均是接到土壤或岩体的，不支持地下室的内隔墙计算。

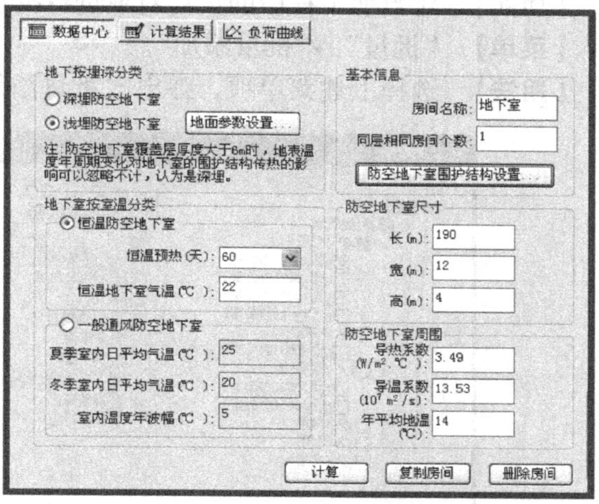

图4-22　地下室房间信息设置界面

（3）计算　鸿业负荷计算6.2是自动实时计算的，用户也可以在工程负荷对象树中选中该地下室，单击鼠标右键，在弹出的快捷菜单中选择“计算”命令来进行计算。还可以直接单击地下室房间信息设置界面中的 计算 按钮完成计算。单击负荷计算主界面数据区中的 计算结果 按钮可以查看地下室计算结果，表中列出的是总的负荷汇总数据。选中负荷树中的某个地下室，或者在主界面中单击 计算 按钮时，可以在主界面的输出窗口看到详细的计算数据，如图4-23所示。

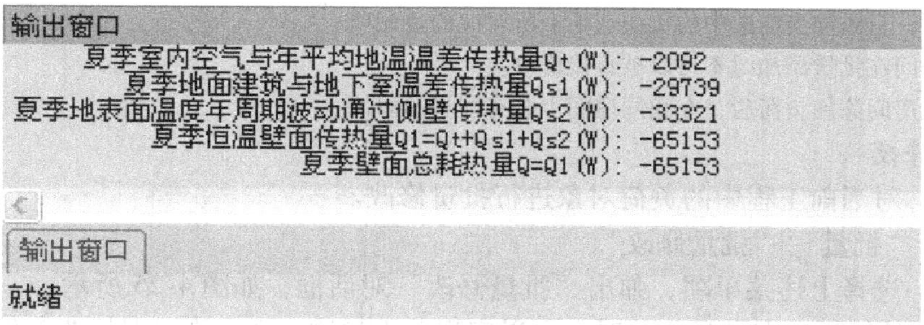

图4-23　地下室负荷计算输出结果

【注意】

1）在计算冷负荷时，较多情况会出现负值，这是因为地温低于室内设计温度的缘故，导致室内处于实质需要加热而非制冷的状态，从而导致冷负荷是负值。

2）在计算过程中，鸿业ACS8.2软件对个别需要查表的系数采用了精确的插值方法，因此，计算结果有较高的精确度。

4.2.4 负荷批量编辑

1. 批量添加

【功能】 对当前工程中的负荷对象进行批量添加。

【菜单】 "批量"→"批量添加"。

【用法】 选择上述菜单项，弹出"批量添加"对话框，如图4-24所示。

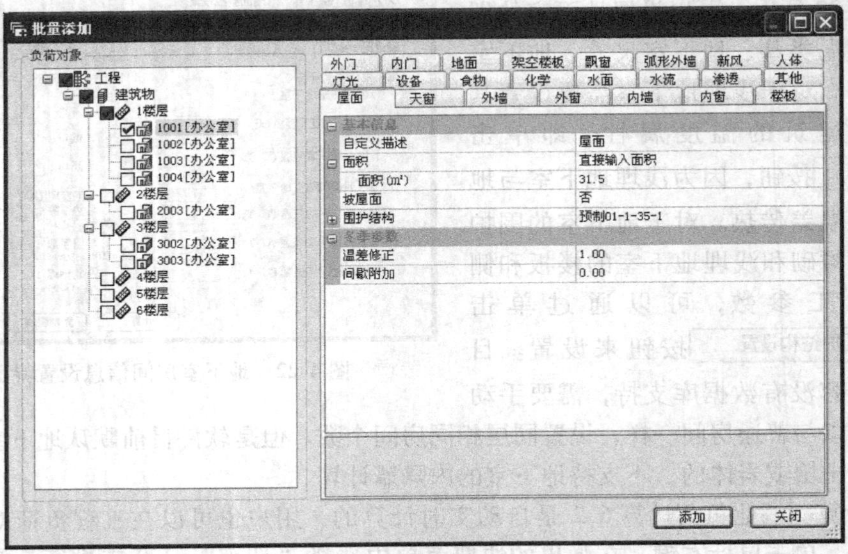

图4-24 "批量添加"对话框

在该对话框左侧的"负荷对象"列表框中选中多个（或一个）房间后，再从对话框右侧选中某一详细负荷选项卡，从中设置好参数后单击 添加 按钮，则各设置好的数据将自动加入到选定的房间负荷项中。

【注意】

1）添加时，只添加当前选中的负荷选项卡所对应的负荷项。

2）相同房间在批量添加时不可以被直接修改。

3）对模板房间添加负荷后，在相同房间也会有同步的添加。

2. 批量修改

【功能】 对当前工程中的负荷对象进行批量修改。

【菜单】 "批量"→"批量修改"。

【用法】 选择上述菜单项，弹出"批量修改"对话框，如图4-25所示。

鸿业负荷计算6.2在批量修改时，可以实现条件过滤，即允许设置修改条件。只有符合条件的负荷项才被修改。例如，要修改某些房间的北向外墙时，可以选择"外墙"选项卡，从中设置朝向过滤条件，如图4-26所示。在左侧的"负荷对象"列表框中选中的多个（或一个）房间，所有自定义描述包含"墙"并且朝向是"北"的外墙将都被修改。"自定义描述"的过滤有两种情况：一种是"等于"，就是严格匹配，在这种情况下，只有负荷项的自定义描述和输入的自定义描述完全一致的才能被修改；另一种是"包含"，就是模糊匹配，在这种情况下，只要负荷项的自定义描述包含输入的自定义描述，就可能被修改。"朝

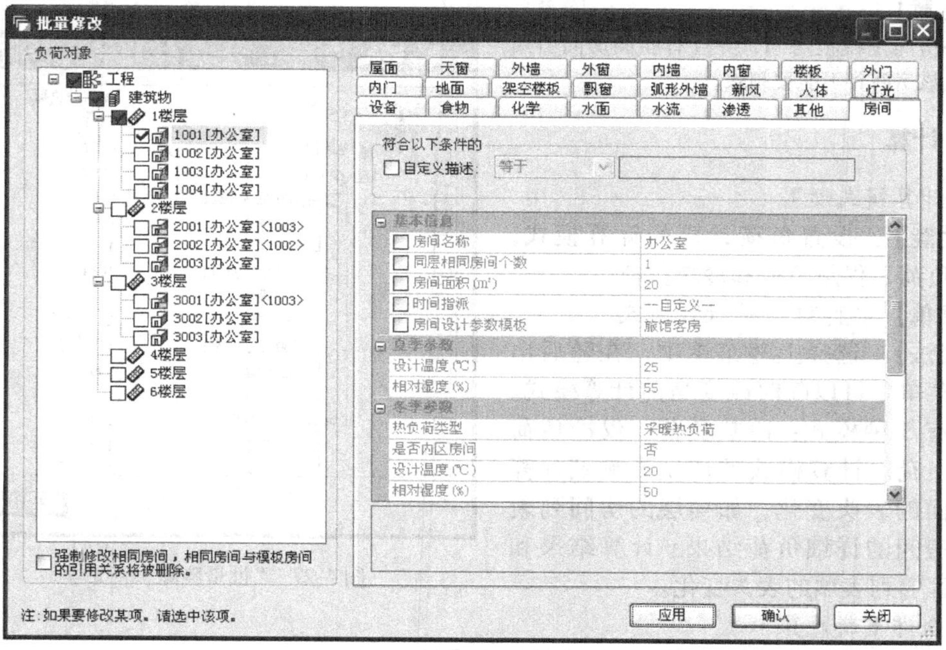

图 4-25 “批量修改”对话框

向”的过滤是负荷项的朝向等于设置情况时，才可能被修改。两个过滤条件如果同时被选中，表示同时符合条件的时候，才被修改；如果只选中一个，表示只要符合一个条件就可以被修改；如果都不选中，表示无论描述是什么，朝向如何都不能被修改。

图 4-26 朝向过滤条件设置

对于属性的修改，包括基本信息、夏季参数、冬季参数和室内其他参数的修改，在所选择的选项卡中，只有选中的选项才会被修改，没有选中的选项不被修改。如果要修改多个负荷项的属性，则可以分别选中相应的选项卡，从中选择修改项，并编辑需要修改的属性。当所有需要修改的负荷项的属性值都设置完成以后，单击 应用 按钮，则所有选项卡中负荷过滤条件的负荷项全部被修改。

若选择“强制修改相同房间，相同房间与模板房间的引用关系将被删除”复选框，修改时，如有相同房间被选中，则选中的相同房间将强制修改为普通房间。如果一个相同房间被修改为普通房间，那么模板房间的修改将不会再对它造成影响。

3. 批量删除

【功能】 对当前工程中的负荷对象进行批量删除。

【菜单】 “批量”→“批量删除”。

【用法】 选择上述菜单项，弹出“批量删除”对话框，如图 4-27 所示。“分类”列显示了当前工程中所有计算的负荷内容以及它们之间的等级关系。“最大冷负荷”列出了最大冷负荷值，这只是作为删除时的一个参考，可以初步确定删除负荷项以后对整个工程计算结果的影响大小。选中要删除的负荷项，单击 删除(D) 按钮，左侧打勾选中的负荷项即被删除。

【注意】

如果房间是模板房间，并且有相同房间引用它，那么该房间将不能被删除。

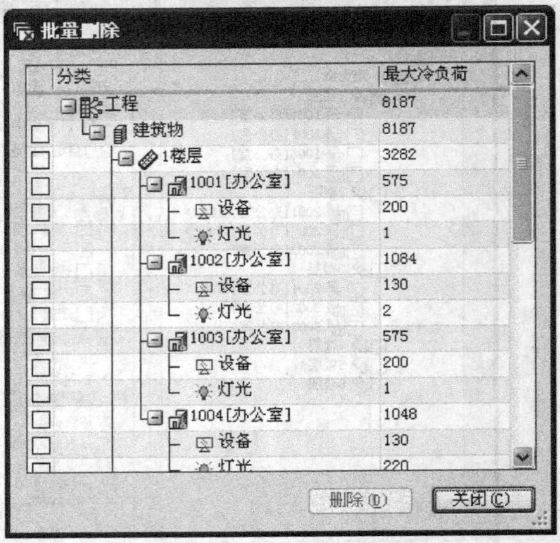

图 4-27 “批量删除”对话框

4.2.5 计算

1. 计算模式设置

【功能】 设置负荷计算的计算模式，即仅冷负荷、仅热负荷和冷热负荷。

【菜单】 “计算”→“计算模式”。

【用法】 选择上述菜单项，在随后出现的子菜单中可以随时改变当前计算模式。软件中有3种模式：冷热负荷、仅冷负荷和仅热负荷。计算模式的切换影响到计算结果页面的表头变化，如楼层的房间列表结果、房间的详细负荷结果、计算结果和系统分区等列表项的表头变化。

2. 全部重新计算

【功能】 全部重新计算当前工程中的所有房间。

【菜单】 “计算”→“全部重新计算”。

【用法】 选择上述菜单项，软件将计算当前工程中的所有房间，并将结果按级汇总。同时，软件将会在输出窗口提示计算完成，如图4-28所示。一般工程房间有较大的变化时，或者在查看计算结果之前、生成计算书之前都应该全部重新计算。

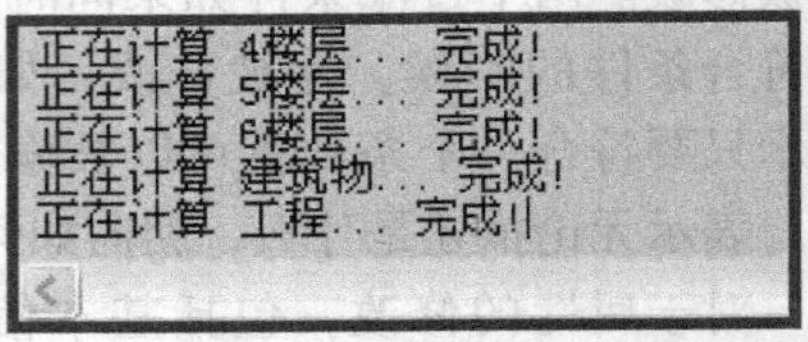

图 4-28 全部重新计算结果显示

4.2.6 计算结果

1. 生成4.0计算书

【功能】 生成负荷计算文件。

【菜单】 “计算书”→“生成4.0计算书”。

【用法】 选择上述菜单项，在随后出现的子菜单中可以选择生成4.0格式冷负荷计算书或热负荷计算书，格式简单明了。如果选择“4.0冷负荷计算书”命令，则打开“选择需要生成报表的房间”对话框，如图4-29所示。在“建筑物列表”列表框中选择需要生成报表的房间，生成之前也可以设置出计算书的时间段。单击 时间段设置 按钮，打开“设置生成报表时间段”对话框，如图4-30所示。在“出表时间段设置”组合框中有两种选择：按时间段和最大负荷附近小时数，二者任选其一。对于出表“时间间隔”小时设置，其最小值为1，最大值为24。设置完毕单击 确定 按钮，即可生成冷负荷计算书，如图4-31所示。热负荷计算书的生成类同于冷负荷计算书的生成，但只有生成报表的房间设置而没有生成报表时间段设置。生成的热负荷计算书如图4-32所示。

2. 生成计算书

【功能】 设置生成用户定制内容的计算书。

【菜单】 “计算书”→“生成计算书”。

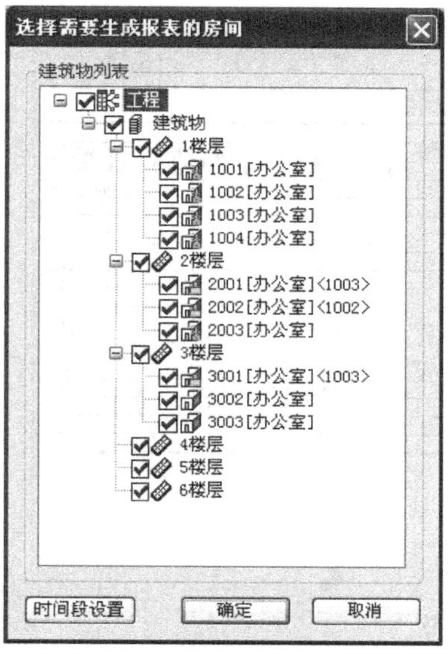

图4-29 “选择需要生成报表的房间”对话框

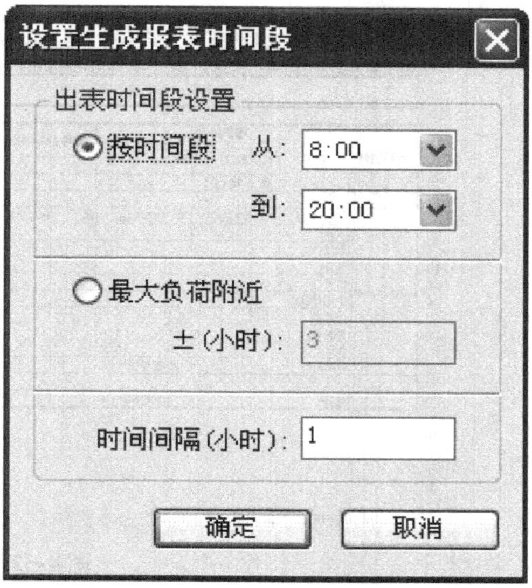

图4-30 “设置生成报表时间段”对话框

图4-31 冷负荷计算书

【**用法**】 选择上述菜单项，弹出“计算报表”对话框，如图4-33所示。在该对话框中可以修改或者增加新的计算书样式，增加或者修改用户想要输出的内容，进行各种详细负荷项的输出项设置，满足出各种计算书的要求。计算书的类型有简单型和综合型两种。

（1）添加计算书样式 单击[添加...]按钮，弹出如图4-34所示的“添加计算书样式”对话框。在该对话框中可以设置想要的输出内容，其中“计算书输出项设置”列表框控制各输出项内容。对于未被选择项，“计算书内容详细设置”列表框为灰显，表示计算书中该项内容不输出。设置完计算书输出项及计算书内容后需输入与已有样式不同的样式名。备注的内容不是区分样式的必要条件，可写也可不写，建议输入一些与计算书样式相关的提示内容，以方便记忆定义过的样式。用户也可以在执行该命令之前，在图4-33所示的对话框的“计算书样式”列表框中选择类似于用户想要的输出内容的已有样式，然后单击[添加...]按钮，这样可以快速添加用户想要的样式。

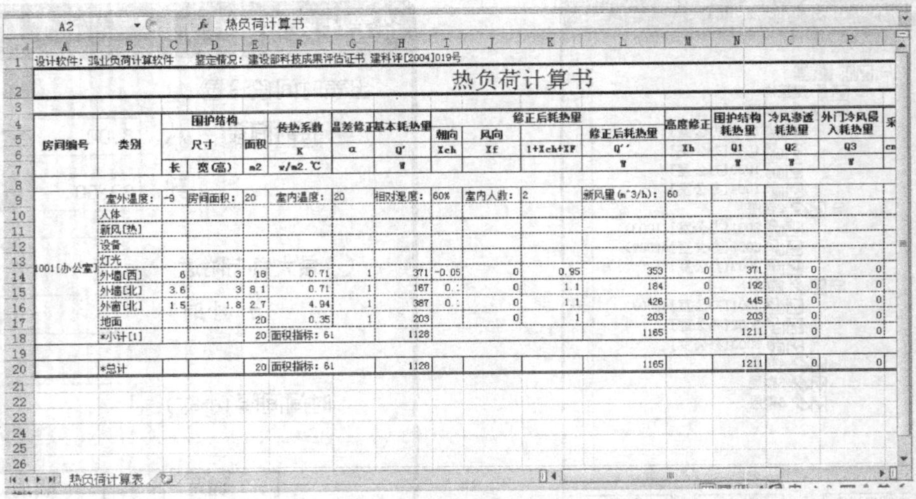

图 4-32　热负荷计算书

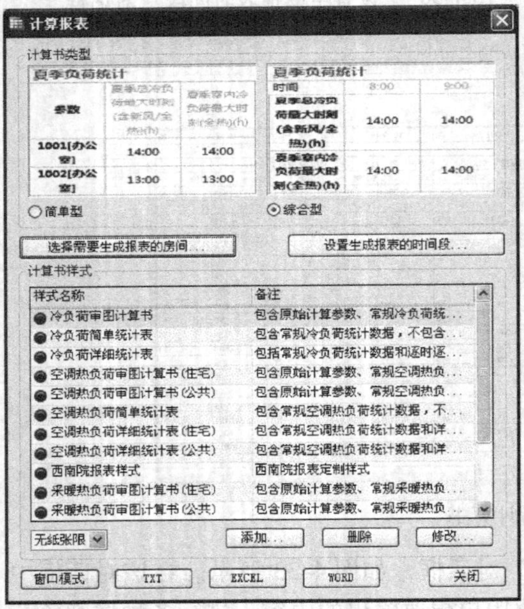

图 4-33　“计算报表”对话框

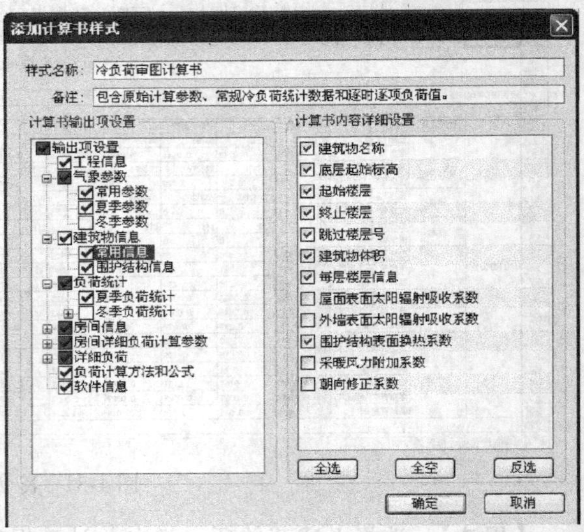

图 4-34　“添加计算书样式”对话框

(2) 修改计算书样式　在“计算书样式”列表框中选择要修改的样式，单击 修改... 按钮，弹出类似于图 4-34 所示的“修改计算书样式”对话框。修改样式和添加样式类似，但修改样式不可以更改样式名称。修改内容设置完成后单击“确定”按钮，即可完成计算书样式的修改。

(3) 删除计算书样式　在“计算书样式”列表框中选择要删除的样式，单击 删除 按钮，软件将提示删除不可恢复，需要用户确认是否删除。

“生成计算书”命令同样可以设置生成报表的房间和时间段，方法同生成 4.0 计算书。该命令也可以设置打印纸张大小或方向，在 无纸张限 下拉列表框中选择即可。图 4-33 所示的对话框下方的4个按钮 窗口模式 TXT EXCEL WORD 可供用户选择输出计算书的格式。单击要输出的格式按钮，软件将显示生成计算书的进度，完成后自动打开计算书。

3. Word 节能报告

【功能】 直接生成 Word 节能报告格式计算书，包括建筑概况、工程概况、围护结构规定指标检查内容和计算依据等内容。

【菜单】 “计算书”→“Word 节能报告”。

【用法】 选择上述菜单项，软件将显示节能报告书生成的进度，随后以 Word 格式打开节能报告书。报告书根据 GB 50189—2005《公共建筑节能设计标准》，对各城市进行建筑气候分区，根据不同地区的判定条件规则，判断建筑物是否进行权衡计算。软件按照标准 GB 50189—2005 中的表 4.2.1 进行分区，分区原则为：表中已有的城市按照表中分区确定，表中没有的城市按照距离相近原则确定（根据经纬度计算确定）。

4.3 负荷计算工具

4.3.1 CAD 建模

【功能】 进行 CAD 构建建筑建模或模型转换，通过房间识别快速计算负荷，并进行负荷标注。

【菜单】 “常用工具”→“CAD 建模”。

【用法】 选择上述菜单项，软件将会自动捕获当前正在使用的 AutoCAD 程序（目前支持 AutoCAD 2000～2012）。如果当前没有打开的 AutoCAD 程序，软件会自动启动 AutoCAD，然后加载负荷计算 CAD 建模工具栏：CAD 建筑建模工具栏  和负荷计算工具栏 。

（1）CAD 建筑建模工具栏

1）2D 条件图转换。单击按钮，弹出“2D 条件图转换”对话框，如图 4-35 所示。对于天正建筑 3.0、理正建筑和 AutoCAD 绘制的建筑图，可以根据原图绘制的规范度和繁简度，用该命令进行识别并转换为鸿业建筑模型。转换时按照墙线、门窗、轴线和柱子所在的不同图层进行过滤识别。由于该命令是整图转换，因此对原图的质量要求较高，图样质量关系到该命令的成功率。单击该对话框中的按钮，根据命令行提示，分别用鼠标在图面中

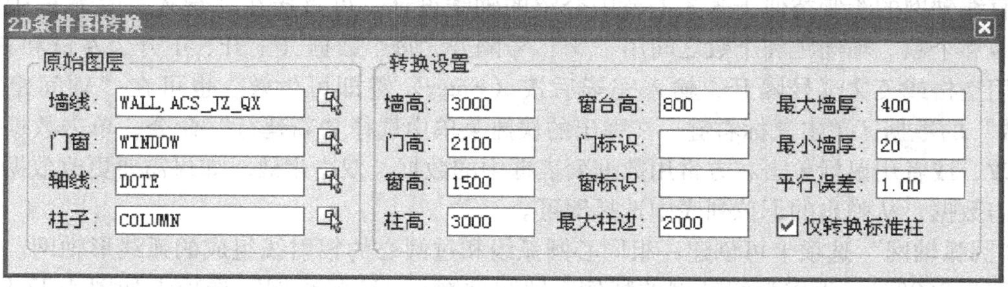

图 4-35 “2D 条件图转换”对话框

选取墙线、门窗（包括门窗号）、轴线和柱子，选取结束后，它们所在的图层名自动提取到相应的文本框中，也可以手动输入图层名。同时，还需设置“转换设置”组合框中的各项数据，框选欲转换的图形。一套工程图有很多个标准层图形，一次转换多少取决于图形的复杂度和绘制的规范度，最少一次要转换一层标准图，最多支持全图一次转换。

2）天正或斯维尔建筑转换。单击按钮，命令行提示如下：

请选择构成墙体的房间及要更新的房间：

框选所要转换的图形后，即可完成转换。该命令能将天正 5 以上版本的建筑图样或者斯维尔建筑软件绘制的建筑图样转换成鸿业负荷计算用的建筑模型。天正和斯维尔软件运用了 AutoCAD 自定义实体技术，要正常显示图样内容，需要安装各软件的插件，插件的安装程序可以在天正或斯维尔的官方网站上下载。

3）绘制轴网。单击按钮，弹出“绘制轴网”对话框，如图 4-36 所示。在该对话框中可以创建单向直线正交轴网或非正交轴网的轴线，可以同时完成开间和进深尺寸数据的设置。

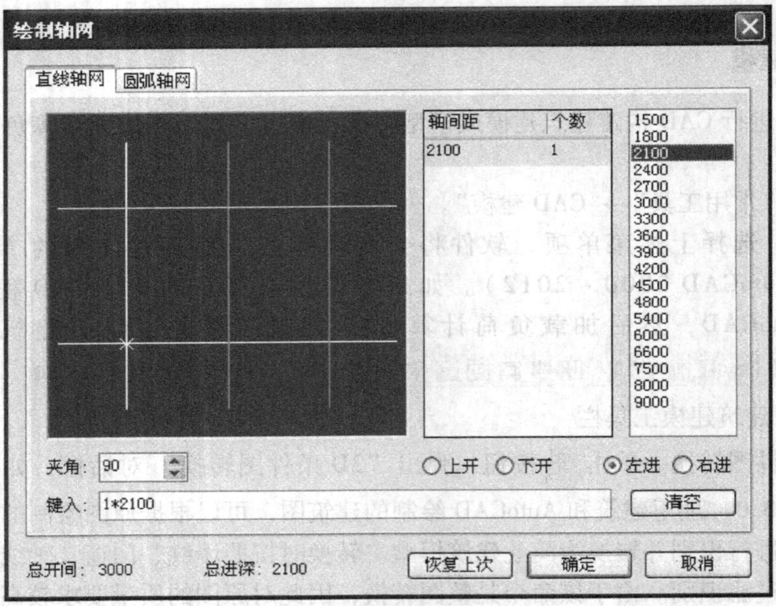

图 4-36 “绘制轴网”对话框

直线轴网的绘制类似于 3.3.1 节中介绍的轴线设计，可直接在“键入”文本框中输入轴间距和个数。轴间距和个数之间用“＊”号隔开，每个数据（上开、下开、左进和右进）之间用空格或英文逗号隔开，输入完毕后按〈Enter〉键即可生效。也可在“轴间距”和“个数”的数据区单击鼠标右键，在弹出的快捷菜单中选择“新建行”命令，单击数据可进行修改，或者用鼠标单击右方常用数据列表框中的数据，双击生效。如果需要更改数据，直接单击数据，从弹出的下拉列表中选择即可。

“圆弧轴网”选项卡可创建一组同心圆弧线和过圆心的辐射线组成的弧线形轴网。开间的总和为360°时，生成弧线轴网的特例，即圆轴网。“圆弧轴网”选项卡如图 4-37 所示。圆弧轴网的开间是由旋转方向决定的房间的划分序列，用角度表示，以度（°）为单位；其

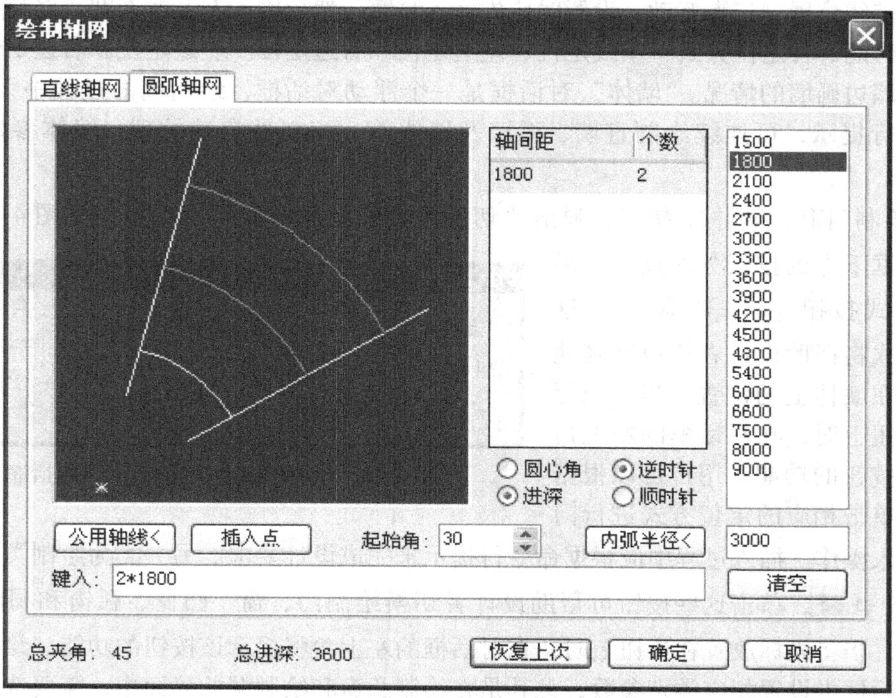

图 4-37 “圆弧轴网”选项卡

进深是指半径方向上由内向外的房间划分尺寸；内弧半径是指最内侧环向轴线的半径。单击 内弧半径< 按钮，可以在命令行中直接输入内弧半径长度，也可从图面中点取内弧半径长度，按〈Enter〉键即可，同时返回“绘制轴网”对话框。当圆弧轴网与直线轴网相连时，不绘制公用轴线，以免重合。单击 公用轴线< 按钮，可直接从图面中点取公用轴线。

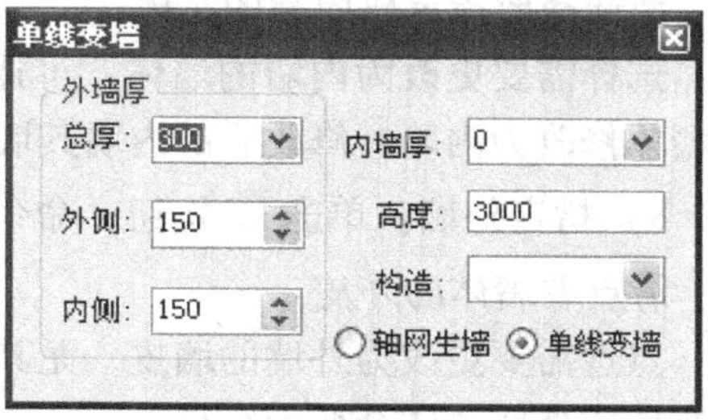

图 4-38 “单线变墙”对话框

4）单线变墙。单击按钮，弹出“单线变墙”对话框，如图 4-38 所示。选择“单线变墙”单选按钮，则将 AutoCAD 中用“LINE”、“ARC”命令绘制的单线转为墙体对象，并删除选中的单线，生成的墙体为单线墙，其基线与对应的单线相重合。选择“轴网生墙”单选按钮，即在设计好的轴网上成批生成墙体，然后再编辑墙体参数。轴线生墙与单线变墙的差别在于前者不删除原来的轴线。轴线生墙在圆弧轴网绘制中特别有用，因为直接绘制弧墙比较麻烦，批量生成弧墙后再删除无用墙体更方便。

图 4-39 “墙体”对话框

5）绘制墙体。单击按钮，弹出“墙体”对话框，如图 4-39 所示。在该对话框中可以直接创建墙体，创建方式有 3 种：连续放置、矩形放置和等分加墙。墙体参数中，总宽、左宽和右宽用来指定墙的宽度和基线位置，三者互动，设置时应先输入总宽，然后输入左宽或右宽。对话框右侧是创建墙体时的3种定位方式：基线定位、左边定位和右边定位。左边定位和右边定位适合于描图时描墙边画墙的情况。“墙体”对话框是一个浮动对话框，绘制墙的过程中无需关闭，根据命令行提示，可连续绘制直墙、弧墙及墙线等，相交处自动处理，墙体参数可随时改变。

6）绘制门窗。单击按钮，弹出“切换为创建门的界面”对话框，如图4-40所示。位于对话框下方的按钮分两类，一类为定位方式按钮，这些定位方式将帮助设计者快速准确地确定门窗在墙体上的位置。当将光标放置在按钮上时，在对话框的左上角将提示该按钮的功能。用户可以根据设计要求单击相应的定位方式进行门窗等的插入操作。插入过程中应根据命令行提示来完成设计要求。另一类为绘制类别切换按钮，单击这些按钮可帮助设计者切换绘制门、窗、凸窗、弧窗和洞的绘制界面。同样，当将光标放置在按钮上时，在对话框的左上角将提示该按钮的功能。绘制过程中需要在对话框中设置相应类别参数，尤其是在绘制凸窗和绘制洞的界面中，需要选择所要绘制的类型。凸窗的类型有梯形凸窗、三角形凸窗、弧形凸窗和矩形凸窗4种；洞的类型有穿透｜剖到｜落地、穿透｜剖到｜实线、穿透｜剖到｜虚线、穿透｜未剖到｜虚线、未穿透｜剖到｜实线、未穿透｜未剖到｜虚线。

图4-40 “切换为创建门的界面”对话框

7）指定内墙。单击按钮，命令行提示如下：

请选择要指定成内墙的实体：

选择需要更改为内墙的墙体，可连续点选，也可框选，按〈Enter〉键确认，即可将所选墙体修改为内墙，修改后的内墙其墙体变为灰色。

8）指定外墙。单击按钮，命令行提示如下：

请点取墙体的外皮：

点选需要更改为外墙的墙皮，尤其注意选择外侧墙皮，这样软件才能识别墙体内外侧，修改后的外墙墙体会变为绿色。

9）删门窗名。单击按钮，命令行提示如下：

请选择要删除的门或者窗的实体：

在图面中点选（也可框选）要删除的门或窗，按〈Enter〉键确认，将删除所选门或窗的名称，但门或窗的实体仍然存在。该命令主要用于转换图，因为转换的门或窗一般都带有门窗编号，此命令可以使门窗编号隐藏。

10）改高度。单击按钮，命令行提示如下：

请选择墙体或者柱子：

在图面中点选（也可框选）要修改高度的墙体或柱子，命令行提示输入新的高度和新的底标高，输入完成后按〈Enter〉键确认，修改操作即可完成。

11）房间识别。房间识别是建筑模型处理中一个重要命令和步骤，能够快速地划分室内空间和室外空间，创建或更新一系列房间对象和建筑轮廓，同时自动将墙体区分为内墙和外墙。需要注意的是，建筑总图上如果有多个区域要分别搜索，也就是一个闭合区域搜索一次，需要建立多个建筑轮廓。如果某房间区域已经有一个（且只有一个）房间对象，本命令不会将其删除，只是更新其边界和编号。房间搜索后系统记录了围成房间的所有墙体信息，在负荷计算中采用。若更改了墙体，则必须重新搜索房间。

单击按钮，弹出“房间”对话框，如图4-41所示，同时命令行提示如下：

请选择构成墙体的房间及要更新的房间：

框选后按〈Enter〉键即可完成房间识别。在该对话框中可以设置房间生成参数，包括结果显示。在进行负荷计算时若以“显示房间名称”方式搜索生成房间，则房间对象的默认名称为“房间”。

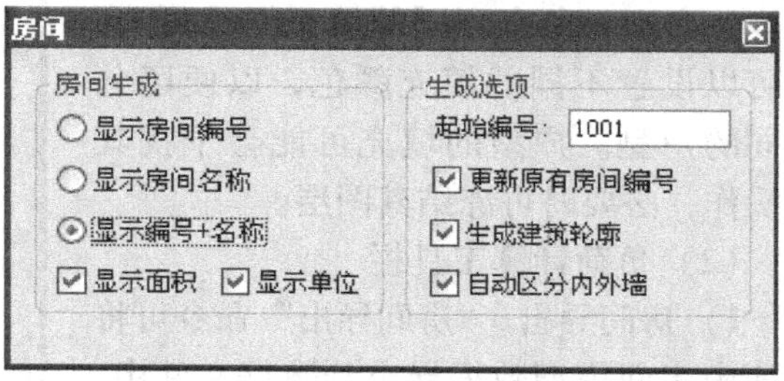

图4-41 “房间”对话框

12）房间排序。房间的表示有名称和编号两种方式，二者一一对应，采用什么方式取决于用户的习惯和设计需要。当用编号表示时，如果进行多次房间搜索，得到的编号可能会杂乱无章，这时可以使用“房间排序”命令，把选中的房间按照位置排序，系统即可给出有规律的编号。

13）天井设置。“天井设置”命令需在“房间识别”命令后再操作，即需先完成天井空间的划分和设置，否则天井的边界墙体内外属性不对。房间识别时，天井内会生成一个房间对象，同时删除该区域内已有房间和天井对象。

14）房间合并。若有多个房间需要合并为一个房间，则可单击“房间合并”按钮，命令行提示如下：

请选择要合并的房间：

在图面中选择需要合并的多个房间，选择完成后按〈Enter〉键确认，系统将多个房间的外包区域作为一个新的房间，并将原有的房间删除，房间编号和名称取选择的多个房间中编号最小的。

15）分户识别。“分户识别”命令可以搜索并建立单元套房对象。该命令也应当在搜索房间之后使用，即内外墙已经识别完成，系统在搜索户型的同时把户与户之间的边界内墙变为分户墙。单击该命令按钮，弹出“套房”对话框，如图4-42所示。搜索套房时选择

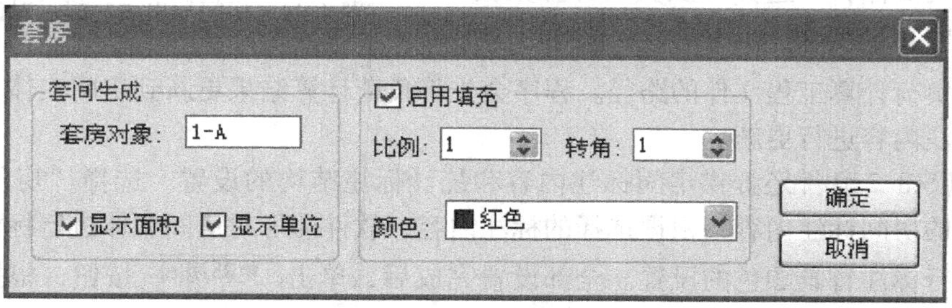

图4-42 “套房”对话框

的范围与搜索房间类似，命令行提示如下：

请选择所属同一户的房间：

在图面中选择属于一户的多个房间，按〈Enter〉键确认生成分户实体，并将房间实体内相应的内墙变成户墙。在该对话框中可以修改填充比例，以调整填充的疏密程度。户型对象有不同的填充样式可选，也可以设置不同的填充颜色，以便区分不同的户型。户型的填充可能会干扰其他操作，必要时可冻结其图层。

（2）负荷计算工具栏

1）房间导出。“房间导出”命令可将图面中房间模型数据导出到数据文件中，用于负荷计算提取。单击按钮，弹出“房间导出”对话框，如图 4-43 所示。

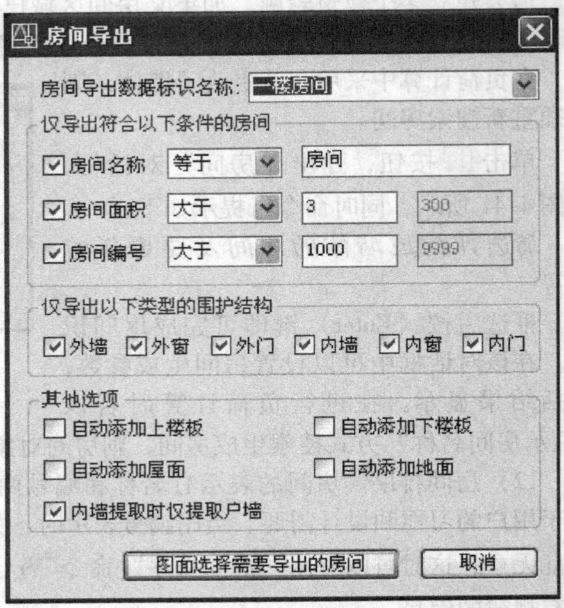

图 4-43 “房间导出”对话框

上述对话框中的“房间导出数据标识名称”指的是用于保存数据文件的文件名，数据文件自动保存在工作目录下。导出房间的选择可以单击对话框中的 图面选择需要导出的房间 按钮，然后在图面中框选要导出的房间实体，确认后，选择数据文件保存路径进行保存。也可以根据过滤条件和围护结构类型进行房间的导出。导出完成后软件会给出导出成功的提示，如图 4-44 所示。房间数据导出后，在负荷计算程序中导入时，允许在负荷计算中再次修改房间名称和编号，修改后的名称和编号仍然可以更新到图面中。

2）房间更新。“房间更新”命令可以更新房间的负荷计算结果和图面标注内容。单击按钮，弹出“房间更新”对话框，如图 4-45 所示。该对话框中提供两种房间结果数据更新方式：一种是从负荷计算数据文件中更新房间实体，另一种是从房间实体自身数据更新。如果需要从数据文件中将负荷计算结果更新到图面中的房间实体，可选择“从负荷计算数据文件中更新”单选按钮，并单击 ... 按钮，指定要更新的负荷计算工程文件的路径。程序会先将负荷计算结果更新到房间实体，然后才对房间实体标注内容进行更新。

图 4-44 房间导出成功提示对话框

鸿业 ACS 8.2 软件还提供房间标注内容和统计标注结构的设置。选择“房间更新”对话框中相应的房间标注内容，根据选择的标注内容，软件即可对房间实体进行标注更新。同时还可以进行标注背景颜色的设置。全部设置完成后，单击 更新房间 按钮，根据命令行的提示选择需要更新的房间即可完成更新操作。也可以直接在图面中单击鼠标右键进行手动更新。单击鼠标右键后弹出“手动更新”对话框，如图4-46所示。在“需要手动更新的房间列表”列表框中选择所要更新的房间，单击 更新 按钮，命令行根据所选择的要更新的房间的编号和名称提示在图面中点选进行更新。

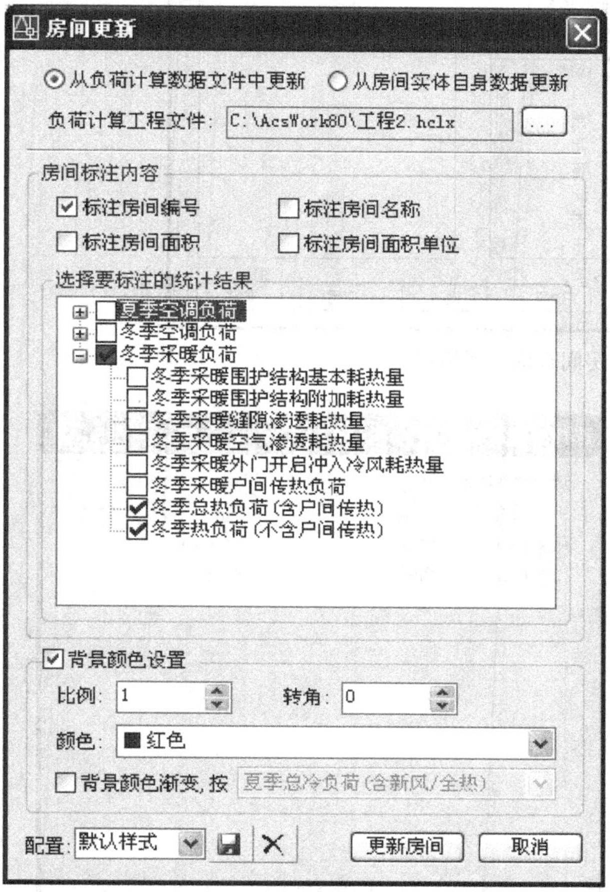

图4-45 “房间更新”对话框

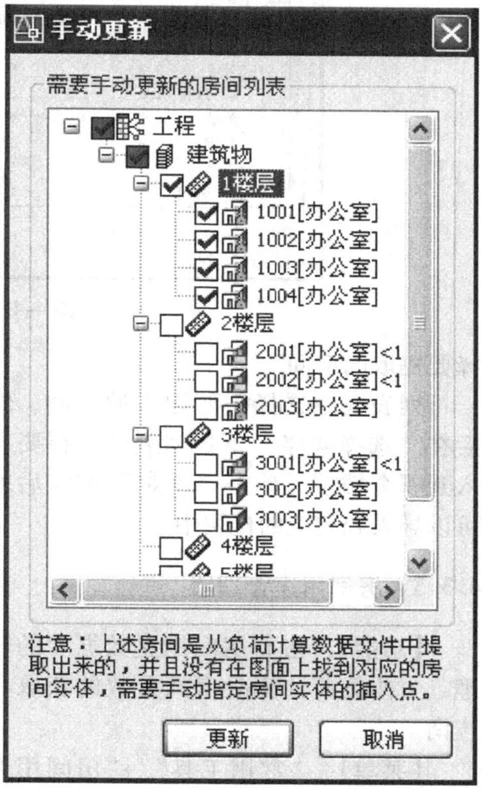

图4-46 “手动更新”对话框

3）房间查询。“房间查询”命令可以查询房间围护结构信息。单击按钮，命令行提示如下：

请选择需要查询的房间：

在图面中点选房间后，弹出“房间查询”对话框，如图4-47所示。在该对话框中可以查看房间实体的围护结构信息，并能修改房间名称、房间编号和同层相同房间个数。修改完成后单击 应用 按钮即可。单击某项围护结构名称，软件即可在图面中作出相应的标示。

4.3.2 CAD建模数据导入

【功能】 进行CAD建筑建模数据的导入。

【菜单】 “常用工具”→“CAD建模数据导入”。

【用法】 选择上述菜单项，在随后弹出的对话框中确定建模数据路径，选择相应数据文件后，单击“打开”按钮，弹出“选择要提取的房间”对话框，如图4-48所示。再“选

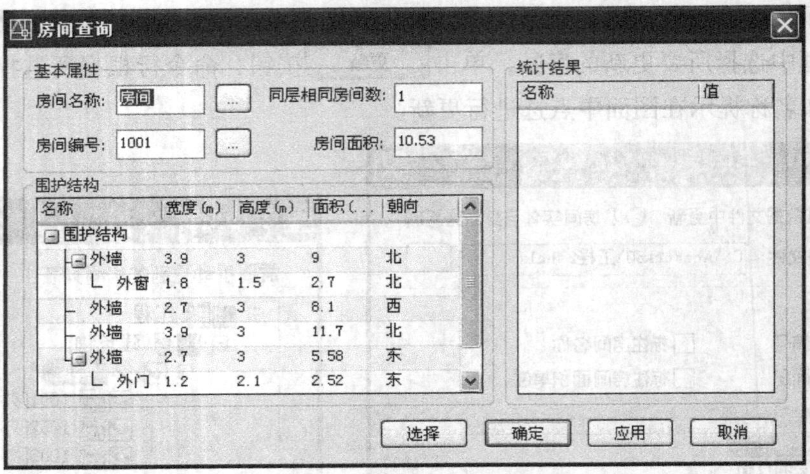

图 4-47 “房间查询”对话框

择要提取的房间”。

列表框中选择需要导入的房间，然后在“选择楼层”下拉列表中选择要导入到哪个楼层，单击“确定”按钮后就可以导入到相应的楼层中。

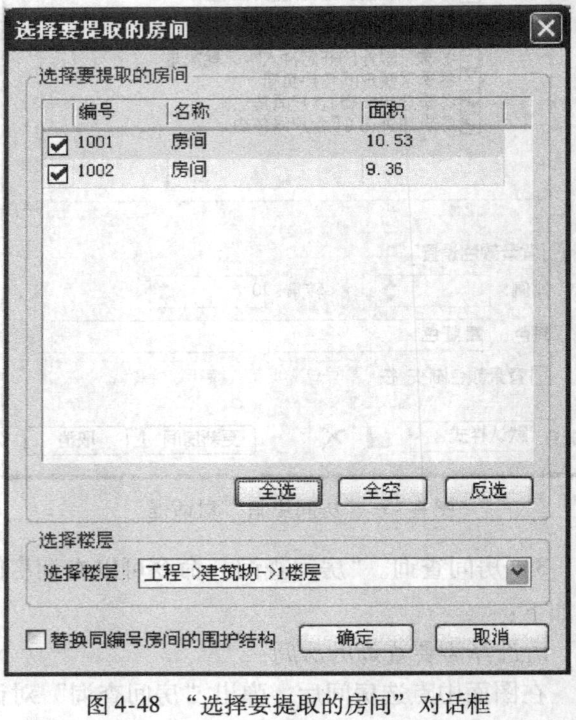

图 4-48 “选择要提取的房间”对话框

4.3.3 房间用途管理器

【功能】 进行房间用途数据库的管理，方便负荷计算时房间参数的获取和查询。

【菜单】 “常用工具”→“房间用途管理器”。

【用法】 选择上述菜单项，弹出“房间用途管理器”对话框，如图 4-49 所示。在该对话框中，单击“房间用途分类”列表框中的房间名称，可在对话框右侧的“房间参数”列表框中列出该房间的参数，也可以进行房间用途参数的添加、修改和删除。

1）添加房间用途参数。单击按钮，弹出“添加房间用途参数”对话框，如图 4-50 所示。在该对话框中，可以输入相应房间的用途参数，添加完成后单击 添加 按钮，即可完成添加房间用途参数的操作。

2）修改房间用途参数。在“房间用途分类”列表框中单击需要修改的房间类型，然后单击按钮，弹出“修改房间用途参数”的对话框，如图 4-51 所示。在该对话框中修改相应的参数后单击 修改 按钮，即可完成修改房间用途参数的操作。

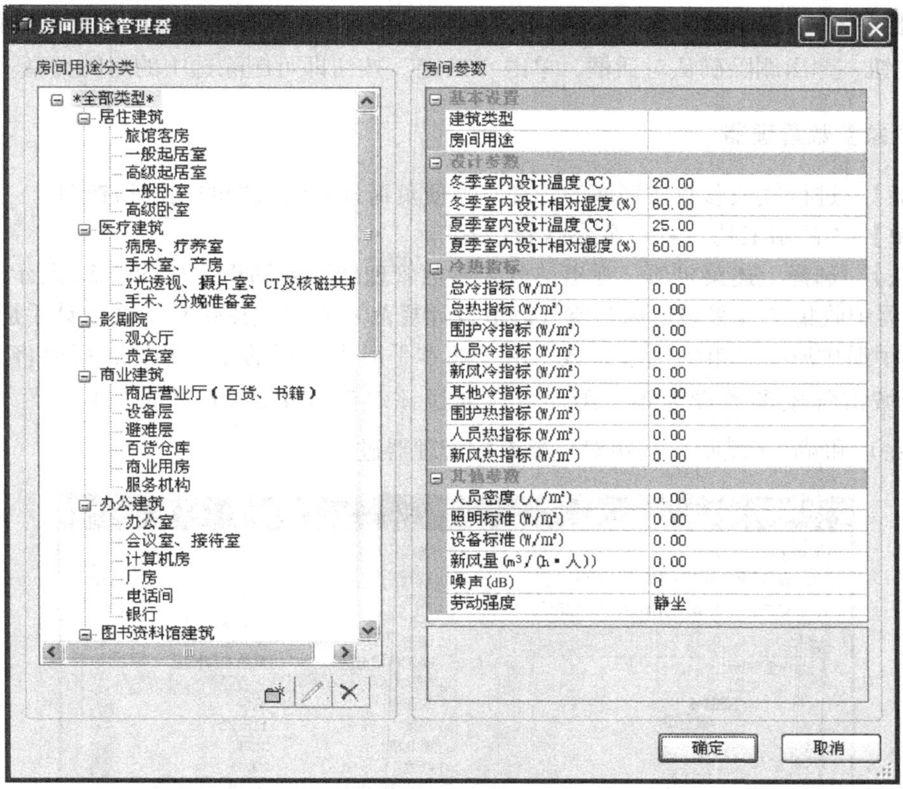

图 4-49 “房间用途管理器”对话框

图 4-50 “添加房间用途参数”对话框

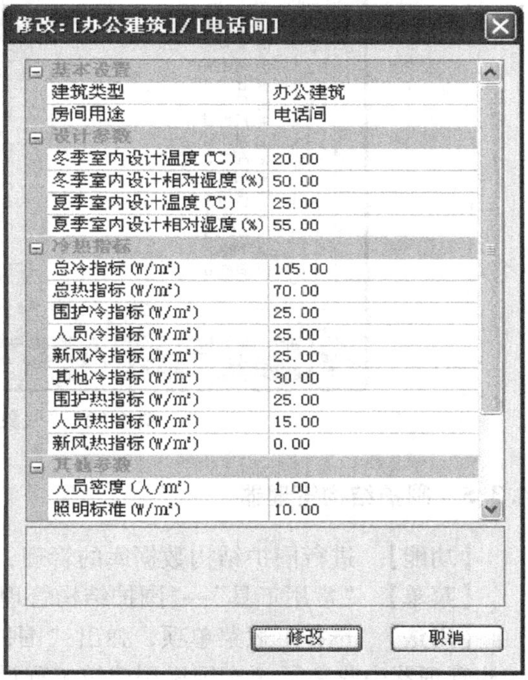

图 4-51 “修改房间用途参数”对话框

3）删除房间用途参数。在“房间用途分类”列表框中单击需要删除的房间类型，然后单击✕按钮，弹出删除确认对话框，单击“确定”按钮即可删除选中的房间类型。

4.3.4 气象参数管理器

【功能】 进行气象参数数据库的管理，方便负荷计算时数据的获取和查询。

【菜单】 “常用工具”→“气象参数管理器”。

【用法】 选择上述菜单项，弹出“气象参数管理器”对话框，如图4-52所示。在气象参数管理器中收集了《采暖通风与空气调节设计规范》和《实用供热空调设计手册》（第2版）两本手册中所有城市的气象参数，由于两本手册中收录的城市不同，所以将所选手册中没有的城市气象参数设为零，用户可以通过该对话框中的（添加）、（修改）、✕（删除）和（复制）按钮对气象参数管理器进行完善。

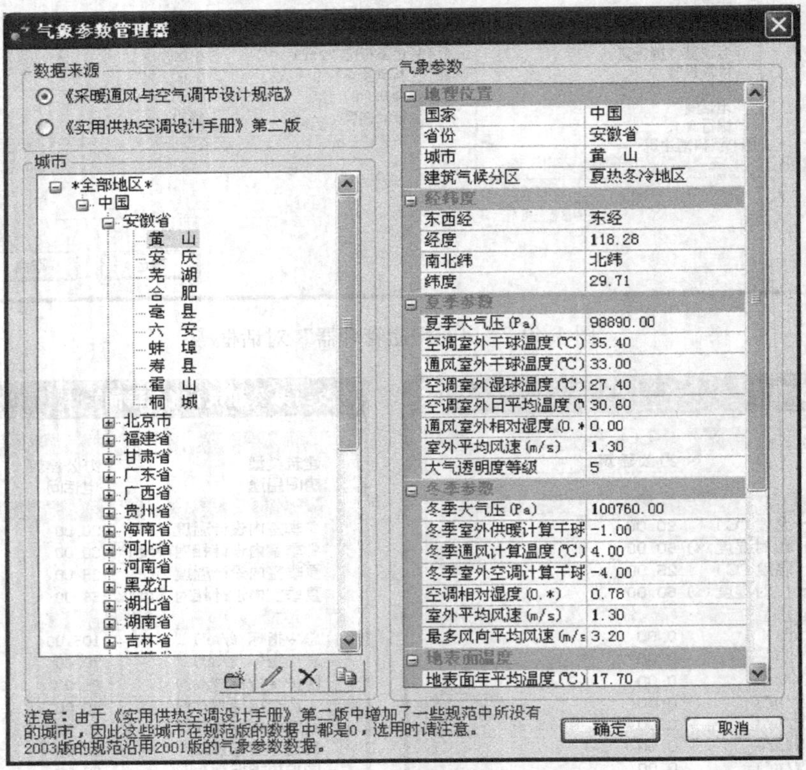

图4-52 “气象参数管理器”对话框

4.3.5 围护结构管理器

【功能】 进行围护结构数据库的管理，方便负荷计算时数据的获取和查询。

【菜单】 “常用工具”→“围护结构管理器”。

【用法】 选择上述菜单项，弹出“围护结构管理器”对话框，如图4-53所示。在围护结构管理器中收集了《全国民用建筑工程设计技术措施　暖通空调·动力》以及一些地方的居住/公共建筑节能技术措施中的围护结构。在“围护结构分类”列表框中选择任意一个分

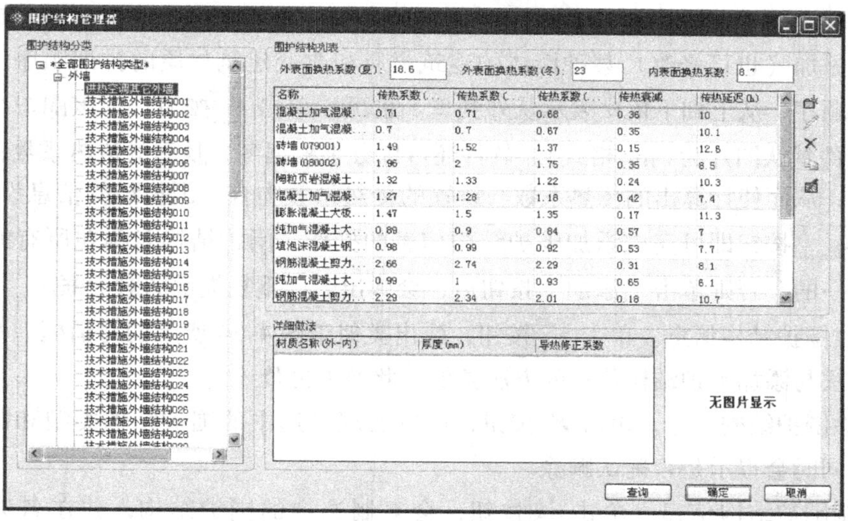

图 4-53 “围护结构管理器”对话框

类，即可在“围护结构列表”列表框中列出该类围护结构的类型。在“围护结构列表”列表框中选择任意一个围护结构，即可在“详细做法”列表框中看到该围护结构的组成以及具体参数。在“围护结构管理器”对话框中也可以对围护结构进行添加、修改、删除等操作。

1）添加围护结构信息。单击 按钮，弹出“添加围护结构信息”对话框，如图 4-54 所示。在该对话框中，可以在“围护结构参数”列表框中定义围护结构的类型和名称，但

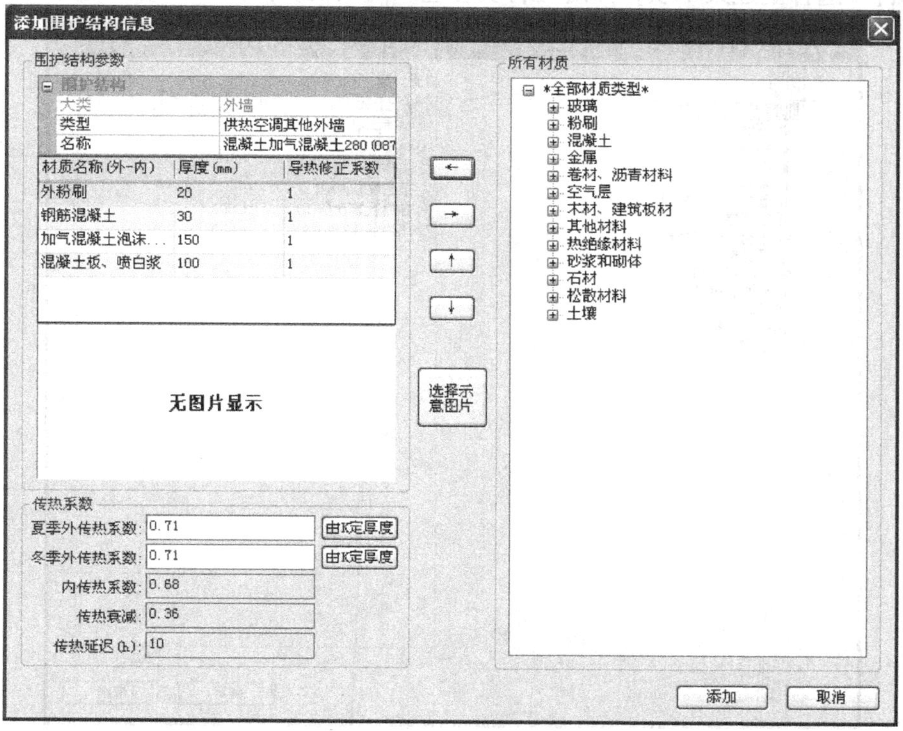

图 4-54 “添加围护结构信息”对话框

是不可修改“大类”（即外墙或内墙等）。通过该对话框中的 4 个方向键按钮，可以从右侧的材质库中添加（也可修改）某种墙体的建筑材质和改变建筑材质的排列顺序。墙体建筑材质的排列顺序，从上到下依次表示从外到里。也可以单击按钮，为该围护结构选择示意图片（软件默认图片为 . jpg 格式）。软件还可以分别根据冬、夏季的传热系数，反算保温材料的厚度，从而使计算出的传热系数与设置的传热系数吻合。围护结构信息设置完成后，单击添加按钮即可完成添加围护结构信息的操作。围护结构名称在所有的围护结构中要求是唯一的，否则单击“添加”按钮后，会弹出名称重复提示的对话框。

2）修改围护结构信息。单击按钮，弹出类似于图 4-54 所示的对话框。修改围护结构信息的方法与添加围护结构信息的方法类似，此处不再赘述。

3）删除围护结构信息。单击 × 按钮，可以实现对选中的围护结构类型和围护结构的删除。软件同时会提示是否确认删除。

4）复制围护结构信息。单击按钮，会复制选中的围护结构，并在名称的前面加“复件”字样，可多次对同一围护结构进行多次复制。

5）材质管理。单击按钮，弹出“材质管理”对话框，其详细用法。参见 4. 3. 6 节。

4. 3. 6 材质管理器

【功能】 进行围护结构材质的管理，方便负荷计算时数据的获取和查询。

【菜单】 “常用工具”→“材质管理器”。

【用法】 选择上述菜单项，弹出“材质管理”对话框，如图 4-55 所示。在该对话框中

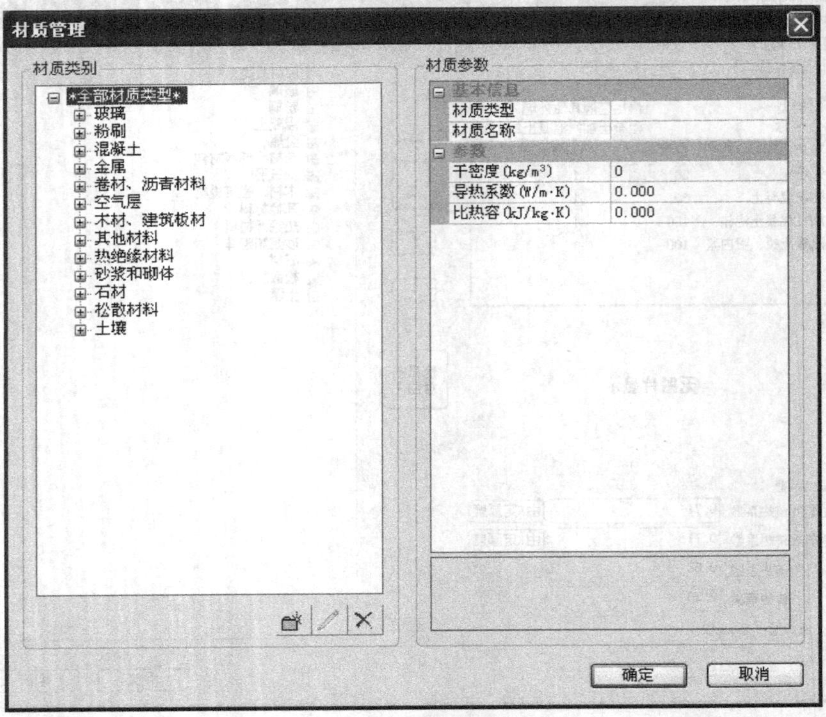

图 4-55 “材质管理”对话框

可以对建筑材质进行添加、修改和删除操作。操作方法类似于前述命令，此处不再赘述。

4.3.7 参考数据管理器

【功能】 进行参考数据的管理，方便负荷计算时数据的获取和查询。

【菜单】 “常用工具”→“参考数据管理器”。

【用法】 选择上述菜单项，弹出“参考数据管理器”对话框，如图 4-56 所示。参考数据管理器从各种手册收录了大量设计中用到的数据，以方便设计者直接查看，免除了翻阅书籍的麻烦。在“表数据”列表框的下面注明了该数据在手册中的位置。

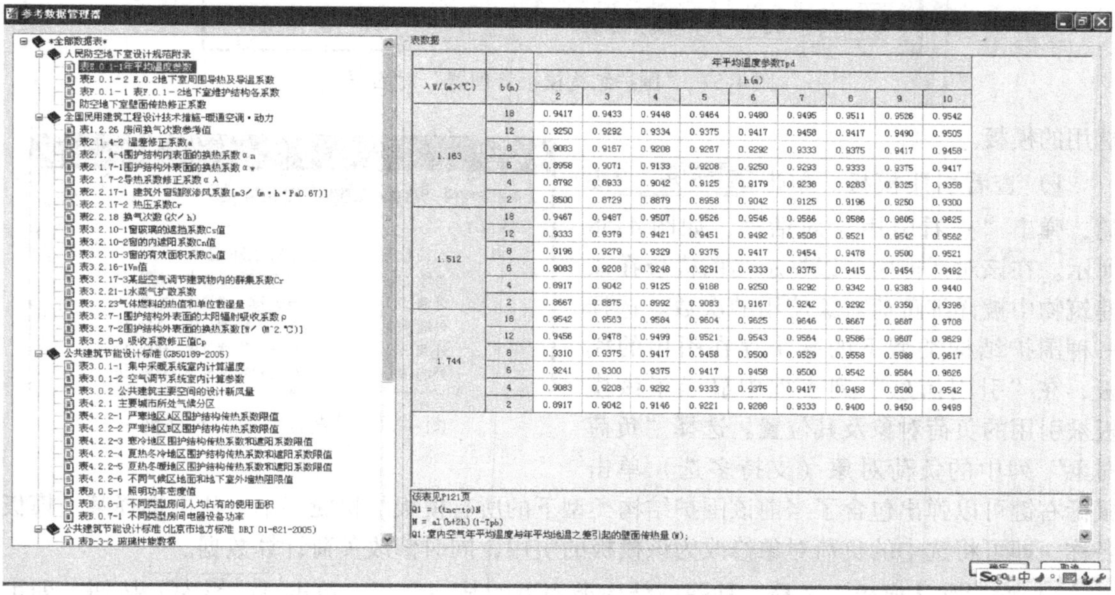

图 4-56 “参考数据管理器”对话框

4.4 模板管理

4.4.1 围护结构模板管理

【功能】 进行围护结构的模板操作。

【菜单】 “编辑”→“围护结构模板管理”。

【用法】 选择上述菜单项，弹出“围护结构模板管理器”对话框，如图 4-57 所示。建筑物围护结构的做法一般由于朝向或者其他因素而有所不同，例如，某建筑物的外墙，北朝向外墙做法和其他朝向外墙做法不相同，因此外墙需要设置两种做法模板，在添加外墙对象时可以分别选用做法模板。

单击“围护结构类型”列表框中的任一围护结构类型，在右边的“围护结构模板”列表框中可以显示出当前围护结构类型下的所有已定义的模板，默认工程中已经为各种围护结构定义了一种默认的模板。其中，围护结构模板前边的●图标表示该模板是当前工程默认

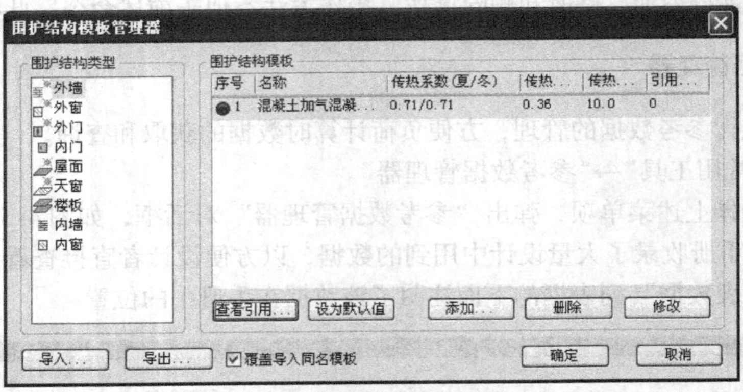

图 4-57 “围护结构模板管理器”对话框

选用的模板。

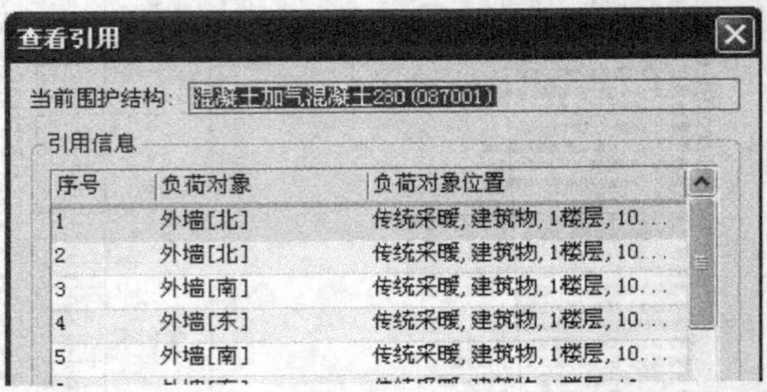

图 4-58 “查看引用”对话框

1）查看引用模板。单击查看引用...按钮，弹出“查看引用”对话框，如图 4-58 所示。在该对话框中可以显示当前模板在该建筑物中被详细负荷对象使用的次数。选择一种围护结构类型下的某个存在引用的模板，在“引用信息”列表框中显示了该模板被引用的负荷对象及其位置。选择“负荷对象”列中的负荷对象（支持多选）单击鼠标右键可以弹出包含了当前该围护结构类型下的所有模板的快捷菜单，从中选择某一模板名称，即可将选中的负荷对象修改为该模板的引用，同时修改负荷计算数据。

2）设置默认模板。选择一种围护结构类型下的某一模板，单击设为默认值按钮，即可将该模板设置为当前建筑物下该类型围护结构的默认模板。

3）添加模板。这里以外墙模板的添加为例介绍添加模板的方法。单击添加...按钮，弹出“外墙围护结构模板”对话框，如图 4-59 所示。在该对话框中，单击“添加”按钮，可以打开“围护结构管理器”对话框来添加传热面；单击“删除”按钮，可以删除所选择的传热面。每添加或删除一种传热面后，软件都能计算出当前模板的平均传热系数、平均传热衰减及平均传热延迟数值，并显示在该对话框中。如果选择了。“根据夏季围护结构构成自动计算出来”复选框，则会同时更新该模板的冬季传热系数；若未选中，则可以通过“外墙传热系数”文本框手动设置该模板的冬季传热系数，单击“确定”按钮即可完成模板的添加操作。其他围护结构模板的添加与外墙模板的添加大同小异，此处不再赘述。

4）删除模板。选择一种围护结构类型下的模板（支持多选），单击删除按钮即可删除选中的未被引用的围护结构模板。如果该围护结构模板存在引用关系，是不允许被删除的。

5）修改模板。选择要修改的围护结构模板，单击修改按钮，即可进入修改对话框。各类型围护结构模板的修改对话框与添加对话框类似，操作方法也类似。

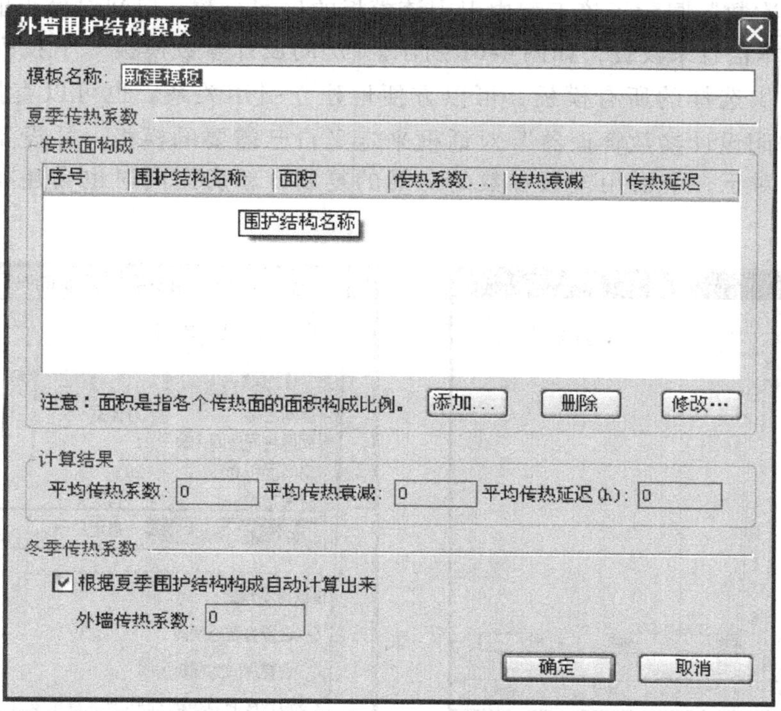

图 4-59 “外墙围护结构模板”对话框

6）导入模板。单击 导入... 按钮，在弹出的对话框中选择要导入的本地磁盘中已保存的模板文件，单击“打开”按钮，即可弹出供用户选择导入模板类型的对话框。在导入的过程中，软件会根据文件中模板的类型自动选择并添加到该类型的围护结构下。如果选择了“覆盖导入同名模板”复选框，在导入过程中，若当前工程中已经存在了模板文件中的模板（模板名称相同），则软件会覆盖当前工程中的模板。围护结构模板文件可以在不同的工程之间使用。

7）导出模板。选择要导出的围护结构模板，单击 导出... 按钮，弹出导出模板类型选择对话框，从中选择模板类型，单击“确定”按钮后，进行模板命名与保存，即可完成导出该模板文件的操作，同时软件给出导出成功的提示信息。

【注意】

1）围护结构模板对应的是某一工程，即在当前工程下围护结构的设置只应用于当前工程，若更换工程，则需重新进行围护结构的设置。

2）在添加、修改围护结构模板过程中，不允许相同的模板名称存在。

4.4.2 房间设计参数模板管理

【功能】 进行建筑物房间设计参数的模板操作。

【菜单】 “编辑”→“房间设计参数模板管理”。

【用法】 选择上述菜单项，弹出“房间设计参数管理器”对话框，如图 4-60 所示。

在该对话框的“房间设计参数模板”列表框中显示了当前工程中已经定义的模板，

模板的“引用次数”显示了该工程中引用该模板的房间个数。房间对模板的引用关系可以通过房间基本信息来设置，如图4-61所示。“房间设计参数模板”下拉列表框中显示当前工程中可供选择的所有模板，可以方便地建立引用关系。也可以直接单击[...]按钮，弹出“房间设计参数管理器”对话框来定义自己需要的模板，并设置为当前房间的引用模板。对于一个引用模板参数的房间的复制，新房间同时也会建立对该模板参数的引用。

图4-60 “房间设计参数管理器”对话框

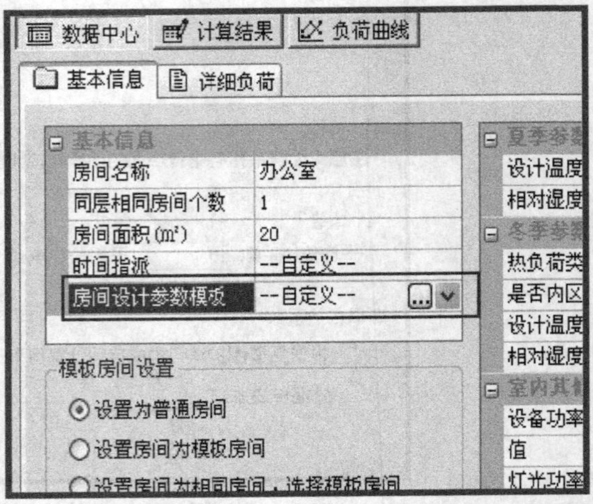

图4-61 房间设计参数模板的设置界面

1）查看引用模板。在“房间设计参数模板”列表框中选择任一模板，单击[查看引用]按钮，即可弹出该模板的引用信息对话框，选中房间对象（支持多选）后单击鼠标右键，弹出包含当前工程中所有房间模板名称的快捷菜单，从中可以选择模板来改变当前所选房间对象引用的模板。

2）添加模板。单击[添加...]按钮，打开添加模板的对话框。在该对话框中可以设置要定义模板的各项参数，也可以单击[从房间用途管理器中导入...]按钮，从软件数据库中导入数据，添加完成后在图4-60所示的对话框中显示新建的模板。

3）删除模板。选择要删除的模板（支持多选），单击[删除]按钮即可删除模板，但是存在引用关系的模板是不允许被删除的。

4）修改模板。选择要修改的模板，单击[修改...]按钮，即可进入修改模板的对话框。模板的修改操作与添加操作类似，此处不再赘述。在模板的添加、修改过程中，如果该工程中已经存在该名称的模板，则会给出名称重复提示。

5）导入模板。单击[导入...]按钮，可以将保存的房间模板参数文件导入到当前工程中。如果当前工程中已经存在与模板参数文件名称相同的房间模板，则在导入过程中软件会自动覆盖当前工程中的房间模板。房间模板参数文件可以在不同工程之间使用。

6）导出模板。单击[导出...]按钮，可以将当前定义的房间模板参数导出到模板参数文件中，在导出过程中不保存房间模板的引用信息。

4.4.3 房间模板管理

【功能】 进行建筑物房间的模板管理。

【菜单】 “编辑”→“房间模板管理”。

【用法】 选择上述菜单项，弹出“房间模板管理器”对话框，如图 4-62 所示。在该对话框的“模板房间”列表框中显示的是当前工程中各个建筑物中已经定义的模板房间，在“相同房间”列表框中显示的是引用模板房间的相同房间的信息。模板房间的设置和模板房间的引用设置可以通过模板房间的基本信息界面设置，如图 4-63 所示。在修改房间类型时，如果原房间是模板房间，并且已经被相同房间所引用，则在修改为相同房间或者普通房间时，软件会给出是否强制修改的提示。若是，则引用该模板房间的相同房间都将改变为普通房间。同样，在对模板房间进行删除时，软件也会给出是否强制删除的提示。

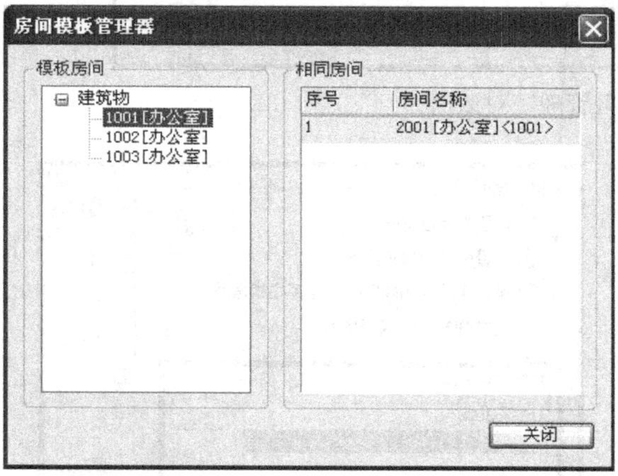

图 4-62 “房间模板管理器”对话框

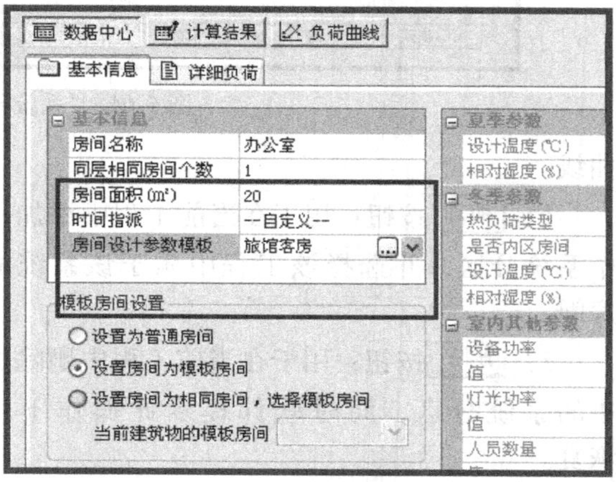

图 4-63 模板房间的基本信息设置界面

在“房间模板管理器”对话框中，如果选择一种模板下的相同房间（支持多选），单击鼠标右键，会弹出包含了当前房间模板所在建筑物的所有房间模板的快捷菜单，选择其中的一个模板房间，则选中的相同房间会修改为对新房间模板的引用。在退出“房间模板管理器”对话框时，软件会自动更新在管理器中修改过的房间。

4.5 系统分区管理

【功能】 进行建筑物房间系统分区归属的设置。

【菜单】 “编辑”→“系统分区管理”。

【用法】 选择上述菜单项，弹出“系统分区管理”对话框，如图 4-64 所示。

鸿业负荷计算 6.2 系统分区管理支持房间属于多个分区。房间基本信息参数中的系统分区信息显示部分，显示了当前房间所属的分区，如图 4-65 所示。单击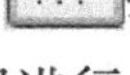按钮，即可进入“系统分区管理”对话框。在“系统分区管理”对话框中，可以对工程进行分区的增加、删除和修改操作，以及房间系统分区归属的设置等。对于系统分区，也可以在图 4-64 所示的对话框的 3 个选项卡中查看该系统分区的系统构成、计算数据统计结果以及计算结果的负荷

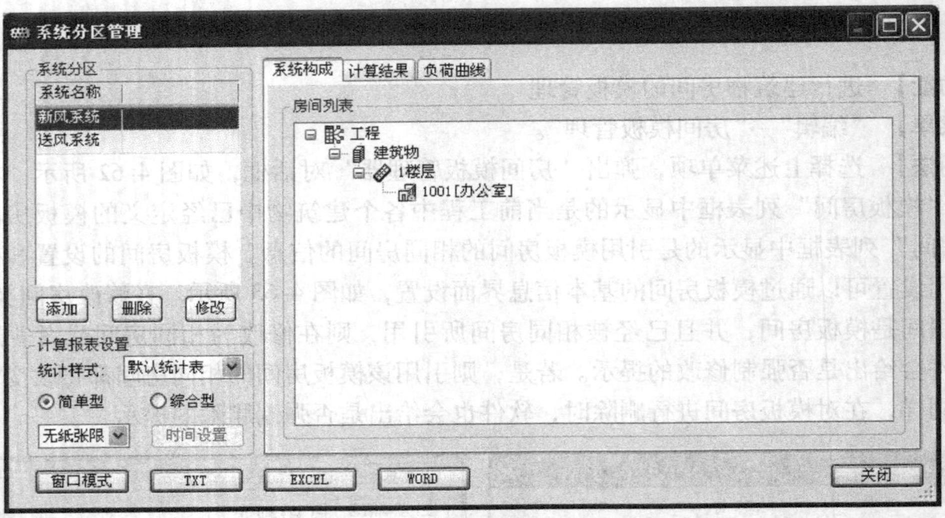

图 4-64 “系统分区管理”对话框

曲线。

1）添加按钮：用于在当前工程中添加一个系统分区，并选择该工程中属于该系统的房间。

2）删除按钮：用于在当前工程中删除选中的系统分区，同时软件提示此操作不可恢复。

3）修改按钮：用于修改选中的系统分区，主要是进行下属房间的编辑，其操作界面与添加系统分区的界面一致。

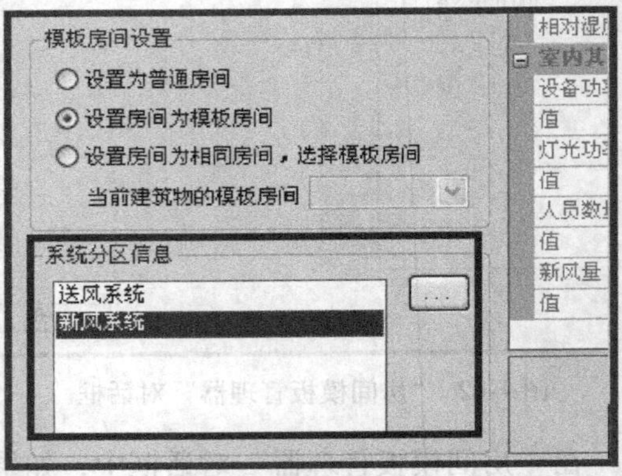

图 4-65 房间所属系统分区信息显示

4）“计算报表设置”组合框：主要用于设置分区报表的格式和显示内容。其中，在“统计样式”下拉列表框中可以选择软件提供的报表样式，也可以单击“更多样式…”，在随后弹出的分区计算报表界面中进行具体的报表样式的添加、删除、修改等操作。“简单型”与“综合型”样式的区别是后者可以设置报表生成的时间段。

软件还为系统分区的计算书的输出提供了窗口模式、TXT、Excel、Word 格式，用户可以根据实际需要进行选择。

第 5 章

5

采暖工程设计

采暖工程设计是建筑环境与设备工程专业（又称暖通空调专业）工程设计的重要组成部分之一，鸿业 ACS 8.2 软件将传统的采暖设计和分户计量设计用单独的模块罗列出来。

5.1 传统采暖系统设计

本章主要介绍传统采暖系统的设计，包括系统默认参数设置、采暖设备和管线的平面布置、采暖平面图和系统图的生成、水力计算、材料统计等几方面内容。

传统采暖的单管系统、双管系统、水平串联、水平跨越等形式的设计，一般可以通过平面设计、定义负荷、数据处理、平面生成、绘制系统图、水力计算、返回材料等步骤来完成。传统采暖设计流程如图 5-1 所示。

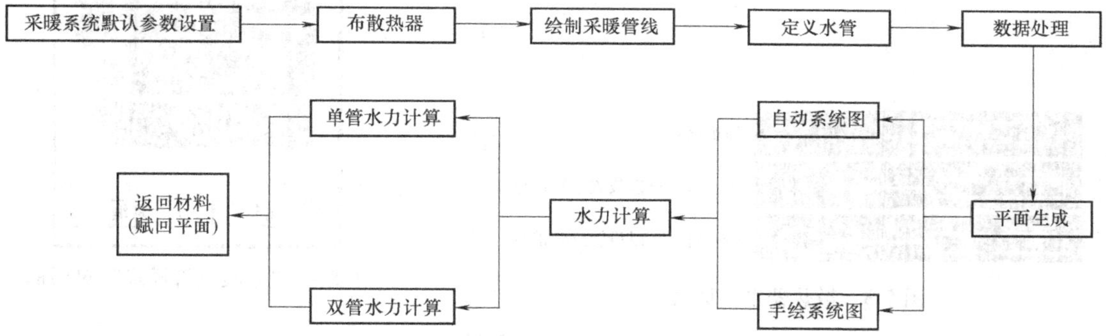

图 5-1 传统采暖设计流程

下面对鸿业 ACS 8.2 软件中传统采暖设计的常用命令进行介绍，其中建筑信息设置和负荷计算参考前述相关内容，材料及图例表参考后续的表类部分。

5.1.1 设置系统默认参数

采暖系统要求绘制完整的系统图，因此，首先应设置建筑信息以及系统形式。建筑信息和采暖系统默认参数的设置在本书的 2.5 节中已作详细介绍，此处不再赘述。

5.1.2 散热器

1. 布散热器

【功能】 用于布置散热器，其中包括外部参照、靠窗、沿线、任意布置等方式，可根据具体情况选择使用。

【菜单】 “采暖”→“散热器”→“布散热器”。

【用法】 选择上述菜单项，弹出“布置散热器”对话框，如图5-2所示。

(1) 散热器平面形式　在“散热器平面形式”下拉列表框中有3种散热器平面形式，如图5-3所示。用户可根据具体情况选择使用。

(2) 绘制参数　不同的散热器平面形式对应不同的绘制参数。绘制参数包括两部分内容，即绘图参数设置和立管信息设置。若选择带立管的散热器平面形式，单击“立管样式”后面的...按钮，弹出“采暖立管样式”对话框，如图5-4所示。采暖立管样式说明见表5-1，设计时用户可根据需要选择其中的一种立管样式。

(3) 布置方式　散热器布置方式有外部参照布置、靠窗布置、沿线布置和任意布置4种，一般多采用后3种方式。

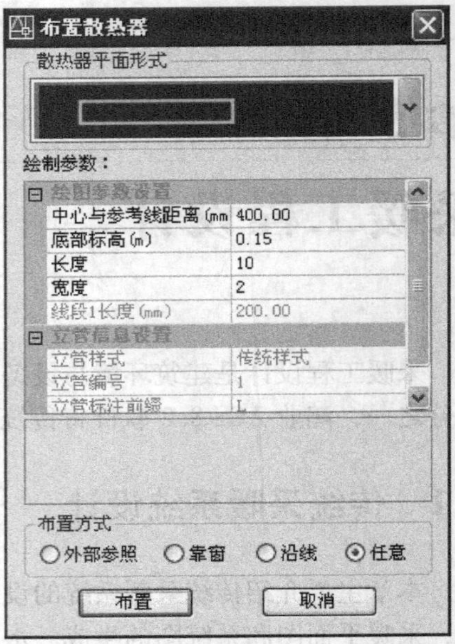

图5-2 “布置散热器”对话框

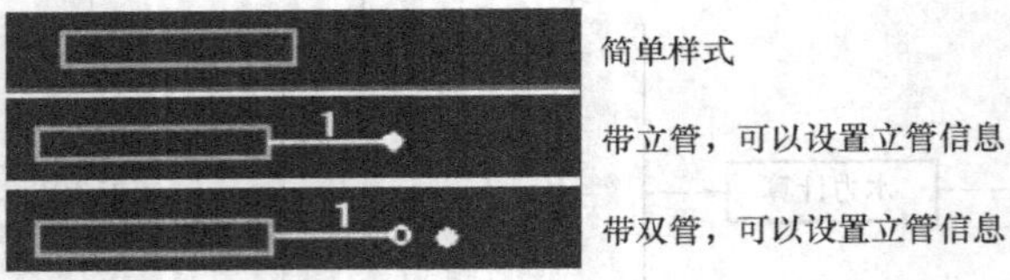

图5-3 散热器平面形式

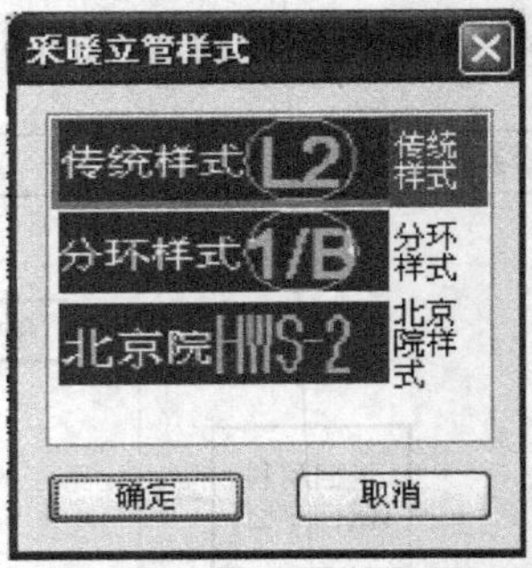

图5-4 “采暖立管样式”对话框

表5-1 采暖立管样式

立管样式	图示	特　点	影响功能
传统样式		设置前缀和立管编号	散热器布置、绘制立管、立管编号标注、立管编号修改等
分环样式		设置环号和立管编号	
北京院样式		设置立管编号(前缀根据图层得到)	

1) 靠窗布置。选择“布置方式”组合框中的“靠窗”单选按钮，根据命令行提示在图

面中选择窗户实体，选中的窗户实体全部虚显，再根据命令行提示选择一种对齐方式，在窗户内侧点取任一点，即可完成散热器的靠窗布置操作。散热器中心与窗户的位置距离由“中心与参考线距离”确定。如果是其他软件绘制的建筑条件图，应先用建筑设计中的“窗户识别”功能确认窗户。

2）沿线布置。选择“布置方式”组合框中的“沿线”单选按钮，根据命令行提示选择墙线并点取散热器布置点，此点决定散热器布置在墙线内侧还是外侧，即与墙垂直方向的位置。然后继续按照命令行提示在图样中点选立管布置方向，即可完成散热器的沿线布置操作。

3）任意布置。选择“布置方式”组合框中的“任意”单选按钮，在图面中任意点取一点作为散热器布置点，输入旋转角度，即可完成散热器的任意布置操作。

【注意】

1）若选择的散热器平面形式是带立管的，在布置散热器时，则命令行提示需指定立管方向。

2）鸿业 ACS 8.2 软件默认散热器的插入点是散热器的中心，在指定方向或输入旋转角度时，输入“I”可修改散热器的插入点，若选择的散热器平面形式是带立管的，则散热器的插入点改为立管中心。

2. 散热器负荷

【功能】 对散热器的负荷进行定义、编辑和修改。定义后的负荷用于后面的散热器片数计算和水力计算。如果不做这两项计算，则无需定义散热器负荷，而且可以直接在系统图中定义散热器的负荷。

【菜单】 “采暖”→“散热器”→“散热器负荷”。

【用法】 选择上述菜单项，弹出“修改散热器负荷”对话框，如图5-5所示。

若前期已完成采暖负荷计算，并且计算结果的负荷块已插入图面的房间中，单击 负荷提取 < 按钮，可以直接在图面中选择负荷块，将负荷数据提取到对话框的“负荷”列中。用户可以设置“启始层”和“终止层”来定义负荷所属楼层，若“启始层”和“终止层”楼层数字一致，则表示该负荷为单层负荷，这种方法适合设置没有相同层的关键层负荷；若“启始层”和“终止层”楼层数字不一致，则表示从“启始层”至“终止层”的所有楼层的每层负荷均为该负荷值，这一方法适合设置有相同层的关键层负荷。设置完成后单击 选散热器<(P) 按钮，返回图面中选择承担该负荷的散热器，选择完成后单击鼠标右键确认或按〈Enter〉键，返回“修改散热器负荷”对话框，单击 确定(O) 按钮，完成选定散热器的负荷定义。如果从图面中提取的负荷是由多组散热器承担，则在图样中选择所有承担该负荷的散热器，并在对话框中选择“负荷均分给选定散热器”复选框，将提取的负荷按照散热器的个数均分给每个散热器。散热器的负荷也可直接在“负荷”列中手动输入。

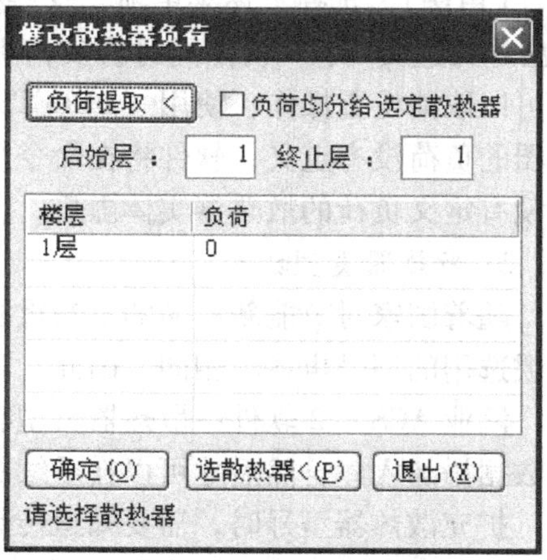

图5-5 “修改散热器负荷”对话框

所有散热器负荷定义完成后，在生成系统图时，软件自动将平面图上定义的散热器负荷附加到系统图中，以用于水力计算。

3. 散热器属性编辑

【功能】 用于修改散热器的类型、负荷、片数和标高等。

【菜单】 “采暖”→“散热器”→“散热器属性编辑”。

【用法】 选择上述菜单项，命令行提示如下：

选择实体：

在图面中点选需要编辑的散热器后按〈Enter〉键弹出“散热器属性查询”对话框，如图5-6所示。在“名称”列中选择要修改的属性选项，并在相应的“数据”列中输入修改值，单击 修改 按钮，即可修改选中的散热器属性。单击 查询< 按钮返回图面，依据命令行提示选择要查询的散热器按〈Enter〉键，返回“散热器属性查询”对话框，在对话框中显示选中散热器的参数。

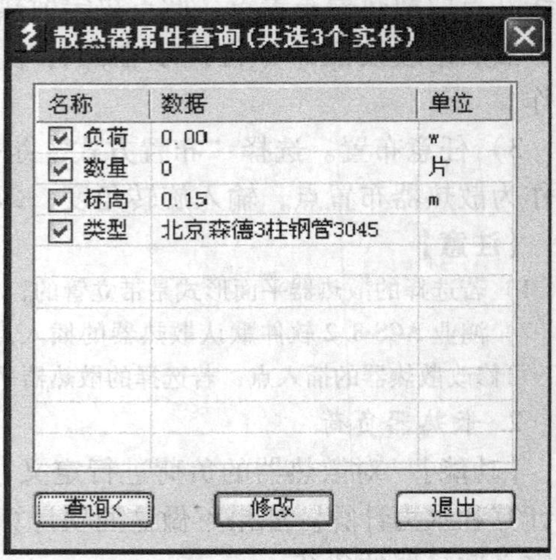

图5-6 “散热器属性查询”对话框

4. 检查散热器负荷

【功能】 用于检查是否定义过散热器的负荷。

【菜单】 “采暖”→“散热器”→“检查散热器负荷”。

【用法】 选择上述菜单项，软件执行检查操作，并在命令行中提示“*图中所有散热器都已定义过负荷!*”软件同时将负荷标注在相应的散热器上。使用“Undo”或“Back”命令可以取消检查操作，使用“DELETE”命令可以快速删除标注的散热器负荷。如果有些散热器的负荷没有定义，软件将在命令行中提示图中没有定义负荷的散热器个数，并在图面中将没有定义负荷的散热器实体虚显。

5. 散热器类型扩充

随着国家对节能新产品的不断重视，市场上新型散热器种类越来越多，而且各设计单位习惯选用的型号也各不相同，因此，鸿业ACS 8.2软件设置了“散热器类型扩充”命令。

鸿业ACS 8.2软件中散热器类型有限，要增加新的型号，首先要在此处将散热器样本中的数据添加入库，然后才可以在后续的水力计算程序中选用，以用于散热器片数计算。

扩充散热器型号时，需要知道传热系数计算公式或散热量计算公式。根据传热系数计算公式扩充时，需要输入单位散热器（每片或每米）的散热面积；根据散热量计算公式扩充时，无需输入此项数据。

【功能】 扩充散热器的类型，使设计人员能够按照自己的意愿选用散热器种类。

【菜单】 “采暖”→“散热器”→“散热器类型扩充”。

【用法】 选择上述菜单项，弹出“散热器类型管理”对话框，如图5-7所示。在该对话框中可以添加、修改和删除散热器类型。

（1）添加散热器类型　单击 添加 按钮，弹出“散热器参数”对话框，如图5-8所示。在“散热器数据”栏中输入相应的数据（散热器名称不能出现重名），然后单击“添

图 5-7　“散热器类型管理”对话框

加”按钮，返回“散热器类型管理”对话框，单击按钮，即可完成散热器类型的添加操作。

（2）修改散热器类型　在“散热器类型管理”对话框中选择要修改的散热器，单击按钮，弹出“散热器参数”对话框，在该对话框中修改所要修改的散热器数据，单击按钮，返回“散热器类型管理”对话框，单击按钮即可完成散热器类型的修改操作。

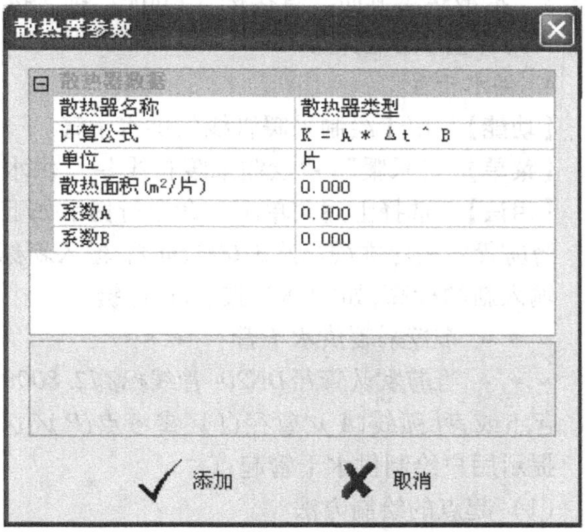

图 5-8　“散热器参数”对话框

（3）删除散热器类型　在“散热器类型管理”对话框中选择要删除的散热器类型，单击按钮，软件提示确认删除，确认后即可完成散热器类型的删除操作。

5.1.3　绘制采暖管线

1. 总供水立管

【功能】 用于绘制采暖管线的总供水立管。

【菜单】“采暖”→“绘制采暖管线”→“总供水立管”。

【用法】选择上述菜单项，依照命令行提示，依次在图面中点取立管插入点，设置立管标注前缀以及立管编号，并确定立管编号标注点（或者直接按〈Enter〉键选择不标注），即可完成总供水立管的绘制。

2. 总回水立管

【功能】用于绘制采暖管线的总回水立管。

【菜单】“采暖”→“绘制采暖管线”→“总回水立管”。

【用法】同总供水立管的用法。

3. 供水立管

【功能】用于绘制采暖管线的供水立管。

【菜单】“采暖”→“绘制采暖管线”→“供水立管”。

【用法】选择上述菜单项，命令行提示如下：

请选择插入点 或[成组布置(Z)/两散热器延伸交点(J)/回车沿散热器方向]:

用户可以直接在图面中点取要布置供水立管的位置，也可以输入命令行提示的插入方式的相应字母。确定插入方式后，软件同样提示设置立管标注前缀以及立管编号，并确定立管编号标注点（或者直接按〈Enter〉键选择不标注），即可完成供水立管的绘制。

1）成组布置（Z）。成组布置方式用于快速布置一组供水立管。对于方向相同的散热器，确定每一立管相对于散热器的位置，软件即可自动成组布置。

2）两散热器延伸交点（J）。该布置方式用于拐角处成90°的两散热器供水立管的布置。通过键盘输入“J”，按照命令行提示依次选择第一个、第二个散热器，即可布置供水立管。

3）沿散热器方向。直接按〈Enter〉键，按照命令行提示选择散热器，确定立管插入点，即可布置供水立管。

4. 供水干管

【功能】用于绘制采暖管线的供水干管。

【菜单】“采暖”→“绘制采暖管线”→“供水干管”。

【用法】选择上述菜单项，命令行提示如下：

当前管线相对本层标高3.000(m)，输入新标高〈3.0000〉:

输入新的标高，如“2.8”，按〈Enter〉键

**** 布置采暖供水干管 ****

**** 当前默认管径DN20 管线标高2.800m ****

起点或者[弧线(A)/管径(J)/参考点(P)/立管(竖管)(G)/管线(X)]:

提示用户绘制供水干管起点

（1）起点的绘制方法

1）用鼠标任意点取一点作为管线起点。

2）输入“P”，再输入“@x, y”或“@r<angle”，精确定位管线起点。

3）输入“G”，选择竖管或立管作为绘制干管的起点。

4）输入“X”，根据命令行提示选择参考线上一点作为管线起点，该点可以是在所选参考线上点取的当前点或近端点（C）、远端点（F）、垂直点（T）、也可以输入距近端点距离（S），点取后按〈Enter〉键，完成起点的绘制。

起点绘制完毕，命令行接着提示：

下一点或者[弧线(A)/回退(U)/管径(J)/改标高(H)/参考点(P)/立管(竖管)(G)/管线(X)]:

（2）终点的绘制方法

1）在图面中点取任一点作为管线终点。

2）输入“@x，y”或“@r<angle”，精确定位管线终点。

3）输入“G”，选择竖管或立管作为绘制干管的终点。

4）输入“X”，终点绘制方法同起点绘制。

绘制过程中，若要绘制弧形管线，可输入“A”；若要修改绘制管线的管径，可输入“J”。另外，输入“U”可回退到上一步绘制的管线；输入“H”可修改绘制管线的标高并自动插入竖管；按〈Enter〉键可结束管线的绘制。

5. 供水支管

【功能】 用于绘制采暖管线的供水支管。

【菜单】 “采暖”→“绘制采暖管线”→“供水支管”。

【用法】 选择上述菜单项，命令行提示如下：

当前管线相对本层标高3.000(m)，输入新标高〈3.0000〉:

输入新的标高，如“2.8”，按〈Enter〉键

**** 布置采暖供水支管 ****

**** 当前默认管径DN20 管线标高2.800m ****

起点或者[弧线(A)/管径(J)/参考点(P)/立管(G)/管线(X)]:

根据提示确定管线起点

下一点或者[弧线(A)/回退(U)/管径(J)/改标高(H)/参考点(P)/立管(G)/管线(X)]:

供水支管起点与终点的绘制方法同供水干管起点与终点的绘制。

6. 回水立管

【功能】 用于绘制采暖管线的回水立管。

【菜单】 “采暖”→“绘制采暖管线”→“回水立管”。

【用法】 同供水立管的用法。

7. 回水干管

【功能】 用于绘制采暖管线的回水干管。

【菜单】 “采暖”→“绘制采暖管线”→“回水干管”。

【用法】 同供水干管的用法。

8. 回水支管

【功能】 用于绘制采暖管线的回水支管。

【菜单】 “采暖”→“绘制采暖管线”→“回水支管”。

【用法】 同供水支管的用法。

9. 布双立管

【功能】 用于布置双管系统的供、回水立管。

【菜单】 “采暖”→“绘制采暖管线”→“布双立管”。

【用法】 选择上述菜单项，命令行提示如下：

＊＊＊ 本命令仅用于布置双管系统之立管 ＊＊＊

退出(E)/参考点(P)/两散热器延伸交点(J)/回车沿散热器方向/(布置点)：

提示选择布置方法

布置双立管的方法如下：

1）在图面中用鼠标任意点取一点作为布置点。

2）输入“P”，定位参考点；输入“@x，y”或“@r<angle”，精确定位。

3）两散热器延伸交点（J）。布置方法同供水立管。

4）沿散热器方向。布置方法同供水立管。

【注意】 双管系统中成组的供回水立管必须使用该菜单项来布置，成组的供回水立管是作为一个整体出现的，如果需要改变图中的供回水立管间距，可用“系统设置”命令进行调整。

10. 立管错位

【功能】 用于同编号立管上下楼层间平面位置的偏移。

【菜单】 “采暖”→“绘制采暖管线”→“立管错位”。

【用法】 设计中如果碰到立管错位的现象，则应先布置一根立管，另一根立管用“立管错位”命令来完成，它们之间的连接管线也由该命令完成，如图5-9所示。

1）先布置左（或右）边立管，调用“立管错位”命令，命令行提示如下：

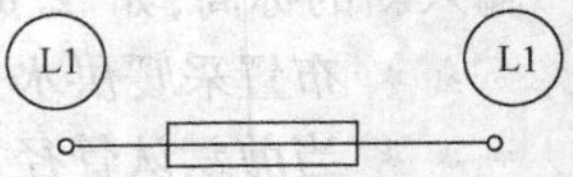

图5-9 立管错位

*退出(E)/错位立管间连线(L)/(立管错位)：*按〈Enter〉键

选择“立管错位”选项

*选择立管：*选择前面布置的立管，再用鼠标点取到点

立管错位：参考点定位 P/(到点)：

在图面中单击或采用参考点定位方式确定立管错位到点

*连接管标高(m)(3.000)：*输入数据后按〈Enter〉键或直接按〈Enter〉键

2）布置立管后，输入“L”并按〈Enter〉键，调用“改立管编号”命令修改立管编号，使两个立管编号相同，再用“错位立管间连线”命令连接两立管。

11. 绘补偿器

【功能】 用于给管线加补偿器。

【菜单】 “采暖”→“绘制采暖管线”→“绘补偿器”。

【用法】 选择上述菜单项，命令行提示选择要绘制补偿器的管线，在图面中点选后，命令行提示如下：

补偿器凸出位置(可用@r<a 精确输入)：

可用鼠标拖曳出长度，确定凸出距离；也可精确输入

补偿器起点：在管线上点取起点

补偿器到点：在管线上点取终点，完成绘制

12. 插入竖管

【功能】 用于在管线中间某处标高变化时插入竖管。

【菜单】 “采暖”→“绘制采暖管线”→“插入竖管”。

【用法】 选择上述菜单项，按照命令行提示选择采暖关系，并确定竖管插入位置，插

入点可以在管线上用鼠标任意点取，也可以选择近端距离定位（D）或管线中点（M）方式确定，输入相应方式的字母即可。

13. 改立管编号

【功能】 用于修改编号重复的立管，相应的标注内容也自动改变。

【菜单】 “采暖”→“绘制采暖管线”→“改立管编号”。

【用法】 选择上述菜单项，按照命令行提示在图面中选择要修改的立管，并确定修改后的立管标注前缀以及编号，按〈Enter〉键修改完成。

14. 批量改立管编号

【功能】 用于批量修改立管编号。

【菜单】 “采暖”→“绘制采暖管线”→“批量改立管编号”。

【用法】 选择上述菜单项，命令行提示选择要修改编号的立管，可以点选，也可以框选。按〈Enter〉键可结束选择，命令行继续提示指定立管编号的增减数，输入正值表示所有选中的立管编号在原来编号的基础上增大，输入负值表示所有选中的立管编号在原来编号的基础上减小。软件默认增减量为 1，输入欲增减的值，按〈Enter〉键后所有选中的立管编号均在原来编号的基础上增减相应的数值。

【注意】 “批量改立管编号”命令只修改立管的编号，编号有重复时，只是给出提示。

15. 采暖组合布管

【功能】 用于按指定间距同时绘制采暖平面供水干管和回水干管。

【菜单】 “采暖”→“绘制采暖管线”→“采暖组合布管”。

【用法】 选择上述菜单项，弹出“组合布管”对话框，如图 5-10 所示。在该对话框中，选择要绘制的管线类型，并输入各绘制管线的标高以及绘制管线之间的间距。在“管道分区”组合框中选择绘制管线的所属分区，单击 绘制 按钮，返回图面，依照命令行提示进行绘制即可。

【注意】 “组合布管”对话框中的“间距”是指所绘制的管线与用鼠标在屏幕上点取位置间的距离，沿绘制方向线，间距在左侧是正，在右侧是负。

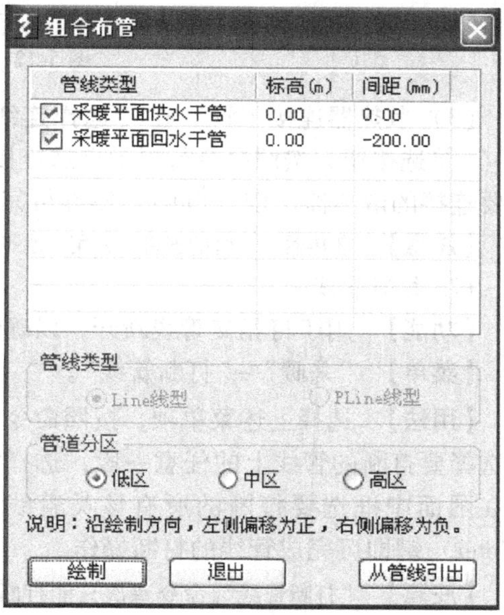

图 5-10 “组合布管”对话框

16. 自动连线

【功能】 快速地用管线连接干管与立管、散热器与立管、散热器与散热器以及散热器与干管。

【菜单】 “采暖”→“自动连线”。

【用法】 选择上述菜单项，弹出“采暖自动连线”对话框，如图 5-11 所示。

（1）干管连接立管 在“选择连线内容”组合框中选择“干管—立管”单选按钮，按照命令行提示选择一根供水或回水干管，然后点选或框选要连接的所有立管，图面中的立管和干管即用支管连接起来，同时对干管在交点处断线。

(2) 散热器连接立管或散热器　在“选择连线内容”组合框中选择“散热器—立管/散热器”单选按钮，命令行提示如果立管不沿散热器方向，则采用直线连接还是直角连接，软件默认为直角连接，确定连接方式后，在图面中点选或框选所要连接的散热器以及立管，按〈Enter〉键即可完成连接操作。

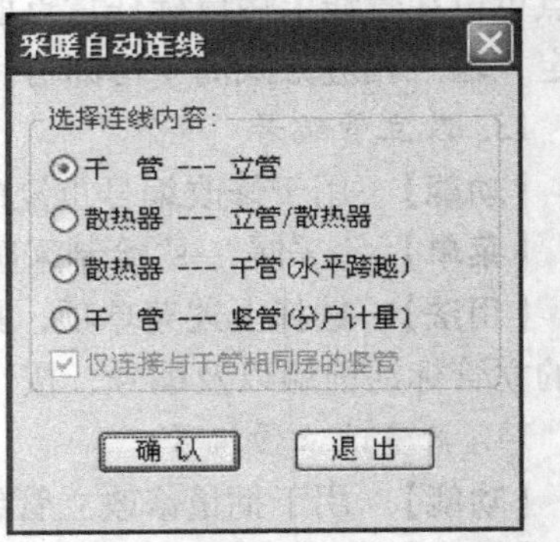

图 5-11 “采暖自动连线”对话框

【注意】

1) 选择散热器与立管连接时，散热器与最近的立管相连；若散热器和最近的立管之间有散热器时，则与该散热器相连。

2) 若遇到如图 5-12 所示的情况时，需注意备选时不能选中上供立管。

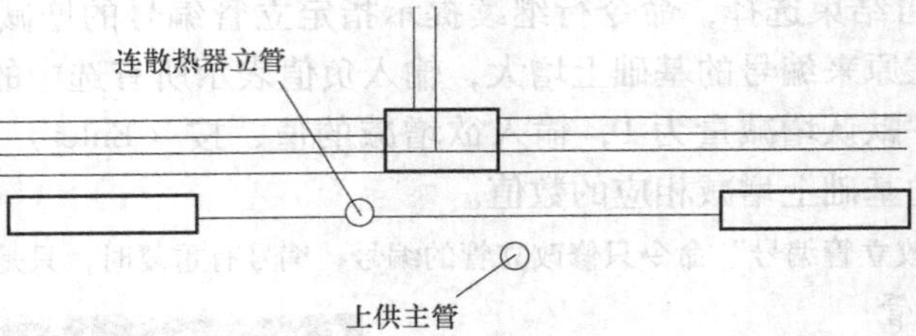

图 5-12　散热器连接立管

(3) 散热器连接干管　在“选择连线内容”组合框中选择“散热器—干管（水平跨越）”单选按钮，按照命令行提示点选连接散热器的供回水干管，然后在图面中点选或框选所要连接的散热器，按〈Enter〉键即可完成连接操作。

【注意】　散热器与干管的连接只适用于水平跨越式系统，干管与立管的连接只适用于分户计量系统。

17. 打断管线

【功能】　用于将相交管线断开，以确保正确提取管线信息。

【菜单】　“采暖”→“打断管线”。

【用法】　选择上述菜单项，按照命令行提示选择要打断的管线上的任意一段，选择完成后在图面中框选要打断的所有该类管线，按〈Enter〉键即可完成管线的打断操作。

【注意】　“打断管线”命令每次只能打断某一类管线，要打断不同类的管线，每类管线都必须分别执行此命令。选择管线时，程序会自动过滤管线。

5.1.4　定义水管

【功能】　用于定义水管的相关参数。

【菜单】　“采暖”→“定义水管”。

【用法】　选择上述菜单项，弹出“水管定义”对话框，如图 5-13 所示。单击 选管线<

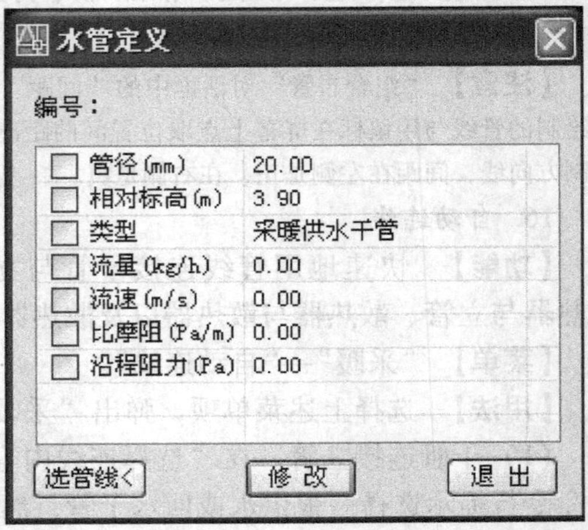

图 5-13 “水管定义”对话框

按钮，在图面中选择要定义的水管，按〈Enter〉键返回“水管定义”对话框，对话框中显示所选中水管的参数。根据需要，对选中水管的管径、相对标高、类型、流量、流速、比摩阻和沿程阻力等参数分别或同时定义。定义时需选中所要修改的参数项，同时在其后的文本框中输入修改值。这几项内容可以任意组合，其中修改管线类型项实际上是更改水管实体的图层。单击 修改 按钮，即可对选中的参数项进行修改。

5.1.5 生成平面图

1. 数据处理

【功能】 传统采暖系统中，所有管线均采用数据后处理的方法，即在平面设计完成后，需调用数据处理功能把管线信息输出到外部文件中，为绘制系统图和材料表做准备。

【菜单】 “采暖”→“数据处理”。

【用法】 选择上述菜单项，弹出“采暖数据处理”对话框，如图5-14所示。在该对话框中的“系统名称”文本框中可以输入系统名称，在“楼层号”下拉列表框中可以选择要处理的楼层，这里只显示关键层层号。“容错处理”组合框中的“做管线自动打断处理”复选框是为后续的水力计算做准备；“做平面图形检查校正”复选框是对图形中连接不准确的地方进行处理，也是为水力计算做准备。单击 处理< 按钮，命令行提示如下：

*选择01 层CN-01 系统数据处理内容：*在图面中框选要处理的数据内容

输入1 层基点：

点取一个位置点作为层基点，该基点的作用在于：绘制系统图时，确保上、下楼层的对齐。因此，不同楼层的层基点必须是平面图上的相同点。例如，可指定为共有的一个轴线交叉点。

输入CN-01 系统基点：

系统基点主要用来绘制系统图时起定位作用，它不是一个非常严格的位置点，一般可以取系统的几何重心点或主干管起点。

*数据处理，请稍候. . *

数据处理完成后返回“采暖数据处理”对话框。如果要继续处理，可以选择另一个关键层，否则单击 退出 按钮退出数据处理。

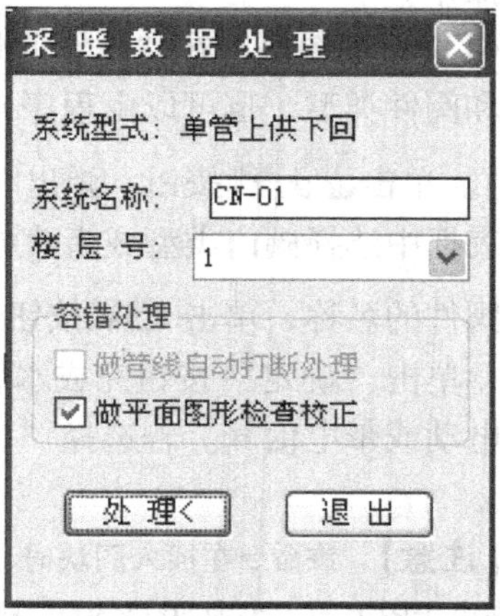

图5-14 “采暖数据处理”对话框

2. 平面生成

在平面设计时，如果上、下不同楼层的管线相差不多，重新设计将是一个费时而不必要的工作。可以把绘制好的相似层平面复制为另外层平面图，然后再修改。但当建筑平面相差较大而专业管线相差不大时，简单的AutoCAD复制命令将不能很好地完成此项工作，特别是当建筑条件图由专业建筑软件提供，并且不同层在不同图形中时，更是无法复制。为解决这个问题，在鸿业ACS 8.2软件包中设置了平面生成功能，用来把专业管线和设备自动绘制到另一个楼层上，平面生成可以不在同一个图形文件中进行。

【功能】 将已绘制好的专业管线和设备自动绘制到另一个楼层上。

【菜单】 “采暖”→“平面生成”。

【用法】 选择上述菜单项，弹出“采暖平面生成”对话框，如图5-15所示。在该对话框的“已有系统”列表框中选择要生成的已有系统名称，在“生成内容”组合框中选择要生成的内容，包括立管、立管编号、散热器、支管和干管等。如果“生成内容”选择了“干管”，则还需确定干管生成时是否供、回水类型相互转换，即是否选择“干管生成时供、回水类型相互转换”复选框，若选择还需输入生成干管标高值。在“原楼层号”下拉列表框中选择已作过数据处理的原始楼层号，在“生成楼层”下拉列表框中选择要生成的楼层号，单击“确定”按钮，命令行提示选择生成楼层号基点，确定生成楼层号基点后，程序自动将生成内容生成到生成楼层图上。在不同楼层的平面设计中，当立管穿过不同楼层时，相同立管必须处于所在层的同一相对位置，否则绘出的系统图中立管将会错位。因此，不同层立管应用“平面生成”命令生成。

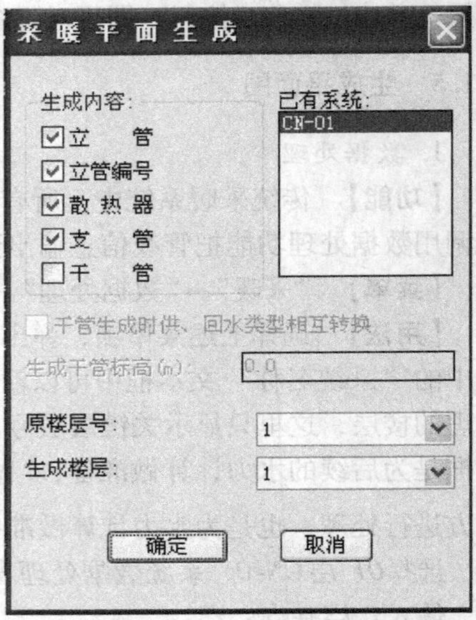

图5-15 “采暖平面生成”对话框

3. 布置阀类

【功能】 用于在采暖系统的水管管线上布置阀件。

【菜单】 “采暖”→“布置阀类”。

【用法】 选择上述菜单项，弹出“水管阀件”对话框，如图5-16所示。在该对话框中列出了软件数据库中所有的阀件图块，这些图块遵守最新的国家制图规范标准。用户可以自行扩充图库，支持UCS坐标系。同时，用户也可以进行阀件图块的布置、添加、删除和修改等操作。

(1) 添加图块　在“水管阀件”对话框中，用户可以添加自定义的图块文件、幻灯片文件和阀件类型，也可以由程序自动生成图块（只需用户在图面上手工选取要作为图块的实体）。单击“添加”按钮，弹出“添加阀门”对话框，如图5-17所示。在“阀门类型”下拉列表框中选择阀门类型或者直接输入新的阀门类型名称，并在“阀件名称”文本框中输入新阀件的名称，单击“选取”按钮返回图面，选择已制作完成的图块，按〈Enter〉键返回对话框，单击“确定”按钮完成水管阀门的添加操作。用户也可以设置所添加的阀门图块是否为电动或带电信号。若选择“电动或带电信号”复选框，则阀门插入时放置在单独的图层中。

【注意】 该命令在插入图块时，自动放大了出图比例，例如，比例为1∶100、图样上为4×3的图块，在电子图上的大小为400×300。所以在制作图块时，一定要以块的原始大小制作，如4×3，否则插入到图中将会放大。

(2) 删除图块　在“水管阀件”对话框中选择要删除的阀件图块，单击“删除”按钮，弹

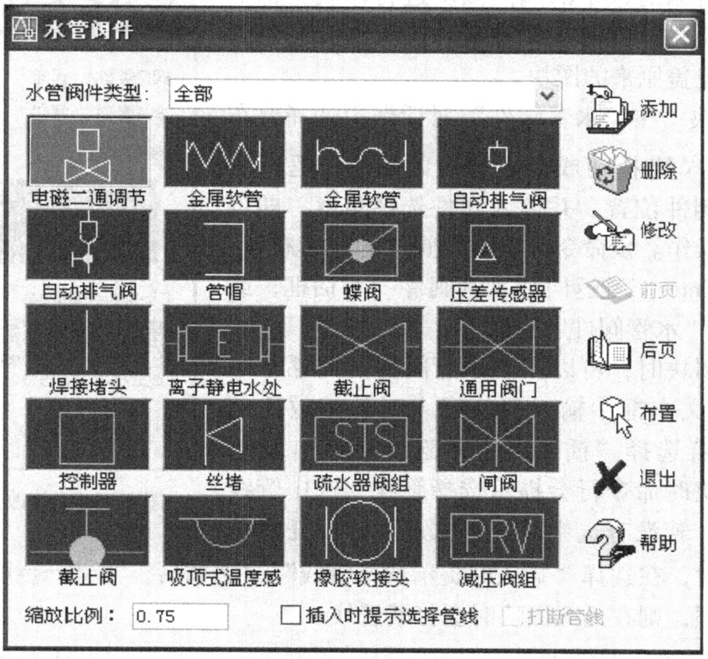

图 5-16 “水管阀件”对话框

出“删除确认提示”对话框，如图 5-18 所示。

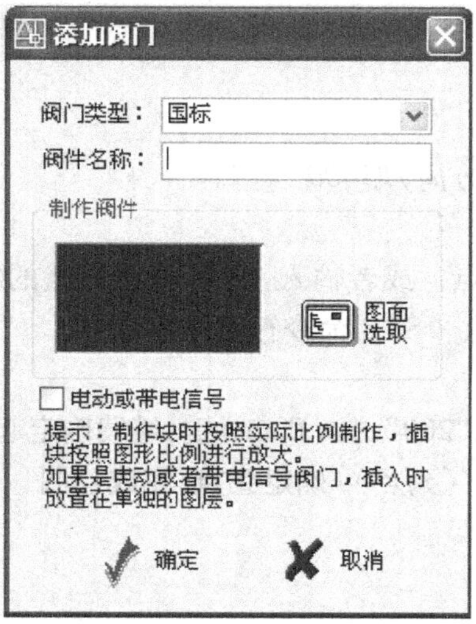

图 5-17 “添加阀门”对话框

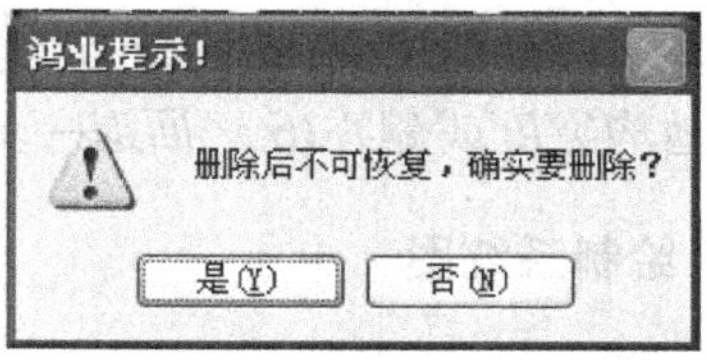

图 5-18 删除确认提示对话框

【注意】 删除图块时，仅删除数据库中的图块记录，图块文件和幻灯片文件并没有删除。当一个阀件类型里的阀件全部删除时，阀件类型也自动删除。

（3）修改图块 单击 

按钮，弹出“修改阀门”对话框，如图 5-19 所示。在该对话框中，用户可以对选中的阀门图块进行修改，也可以重新指定图块文件、幻灯片文件和阀门类型，还可以重新制作图块来覆盖原来的图块。

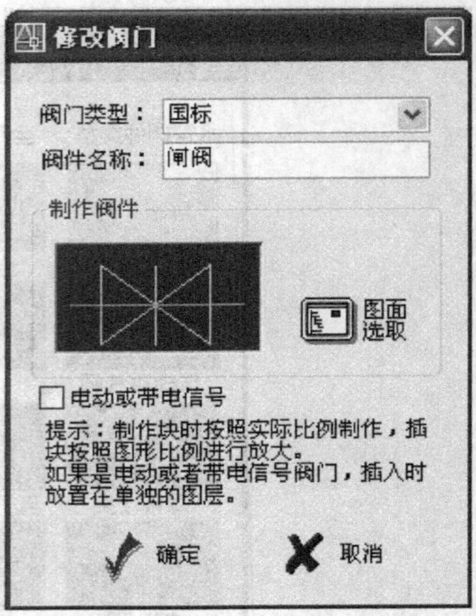

图5-19 “修改阀门”对话框

（4）布置图块　在“水管阀件”对话框中选择要布置的阀件，单击“布置”按钮或双击选中的图块，返回图面，用鼠标点选阀件位置，并输入阀件选择角度，即可完成阀件的布置操作。该命令可以实现阀件的连续布置。布置完成后按〈Enter〉键返回“水管阀件”对话框，或输入“E”，退出“水管阀件”命令。

用户在布置图块时，可以在“水管阀件”对话框中的“缩放比例”文本框中输入图块插入时的缩放比例值。另外，用户若选择“插入时提示选择管线”复选框，则在插入图块时命令行会提示选择管线，选中管线后即可插入成功；若没有选中此复选框，可以在任意位置插入图块。同时，在选择“插入时提示选择管线”复选框后，“打断管线”复选框变为可用，选中该复选框，则在插入图块时会打断管线。

【注意】 插入阀件到管线中时，最好不要选择“打断管线”复选框。如果打断管线，则会影响后面的水力计算功能。

用户在进行修改、删除、布置阀件操作时，可以单击“前页”、“后页”按钮进行翻页，以浏览阀件图库中的图块。

4. 平面地沟

【功能】 用于绘制平面图中的地沟。

【菜单】 “采暖”→“平面地沟”。

【用法】 选择上述菜单项，命令行提示如下：

****** 当前地沟宽度800，其中左侧（沿前进方向）厚400 ******

改地沟宽度或偏心（S）/参考点（P）/〈起点〉：

用户可以在图面中任意单击一点作为平面地沟起点，或者输入“P”进行起点的精确定位，也可以输入“S”修改地沟宽度或偏心。如果输入“S”，命令行继续提示：

*输入采暖地沟宽度〈800〉：*输入“500”

*输入采暖地沟左侧（沿前进方向）宽度〈250〉：*输入“200”，按〈Enter〉键，继续确定起点

*改地沟宽度或偏心（S）/回退一步（U）/参考点（P）/〈到点〉：*确定到点，完成绘制

5.1.6 绘制系统图

1. 自动系统图

自动系统图的绘制必须对相应的管道做过“数据处理”后才能进行。

【功能】 自动绘制采暖系统的系统图。

【菜单】 “采暖”→“自动系统图”。

【用法】 选择上述菜单项，在随后弹出的子菜单中选择相应的命令完成自动系统图的

绘制。

（1）绘系统图 在“自动系统图”菜单项的子菜单中选择“绘系统图”命令，弹出“采暖系统图生成”对话框，如图5-20所示。

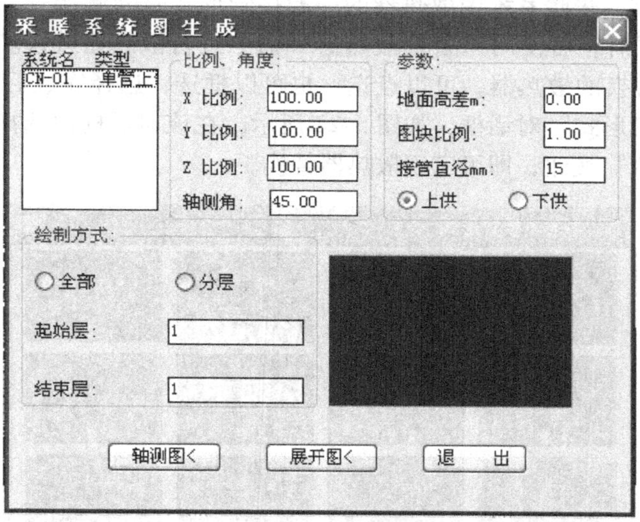

图5-20 “采暖系统图生成”对话框

在该对话框中的“系统名 类型”列表框中选择要绘制的系统（高亮显示为选中），此时，对话框右下角的幻灯区显示该系统的接管形式，单击幻灯区，弹出相应系统中“散热器接管方式”对话框，如图5-21所示，用户可以根据设计需要从中选择一种接管方式，单击“确定”按钮返回“采暖系统图生成”对话框。如果一个系统中有不止一种接管方式，可以选择总数较多的那种接管方式，其他的用下面的“替换散热器”命令替换一下即可。在“比例、角度”组合框中输入绘系统图时X、Y、Z方向的轴测角（一般可选择30°、45°和60°轴测角，应根据单位或个人绘系统图习惯而定）。在“参数”组合框中设置地面高差、图块比例、接管直径、散热器供水方式等。其中，“地面高差”指一层地平与±0.00的差值，如果设计的建筑物有地下室，则第一层为地下室，此值为负值；“图块比例”指系统图块绘制的大小，一般为1；“接管直径”指散热器连接支管的管径。

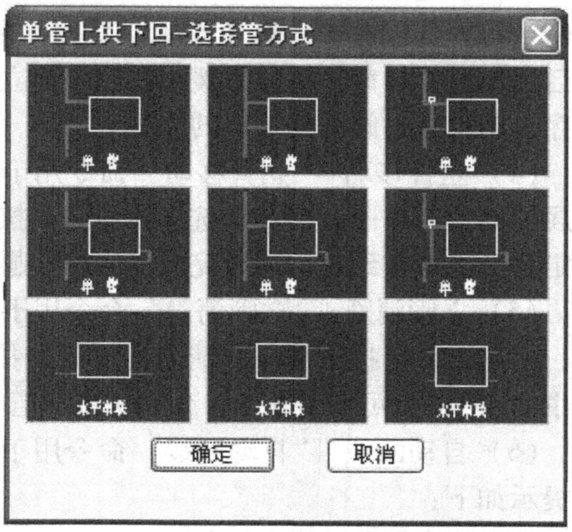

图5-21 散热器接管方式对话框

“绘制方式”组合框中的“起始层”和“结束层”指的是所绘系统图的起止层，“全部”和“分层”指的是用户要将所有层绘制在一起成为一个系统图还是各层分别绘制。选择“全部”单选按钮时，如果“起始层”和“结束层”均为1，仍然只绘制第一层系统图。以上各参数确定后，单击 轴测图< 按钮，再按照命令行提示输入系统图位置点，该位置点取决于前面数据处理时选取的“系统基点”在平面图形中的位置。位置点确定后即可由软件自动绘制出系统图，同时命令行给出相应提示。

（2）替换散热器　采暖系统中散热器的一般接管形式是同侧接管，如果在同一系统中出现不同的接管形式时，可使用“替换散热器”命令进行散热器替换。选择该命令，按照命令行提示选择要替换的散热器，可以点选，也可以框选，选择完成后按〈Enter〉键，弹出“选择散热器接管形式”对话框，如图5-22所示。在该对话框中选择要替换的散热器接管形式后单击“确认”按钮，即可实现散热器替换。

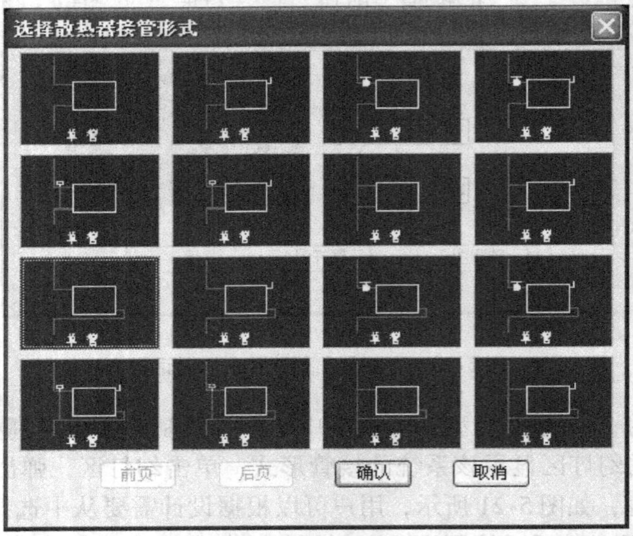

图5-22　“选择散热器接管形式”对话框

（3）立管加阀　“立管加阀”命令用于自动在系统图立管的顶端和底端加上截止阀。按照命令行提示依次输入截止阀距立管顶端距离、底端距离（输入“0”表示不加截止阀），然后选择需要加截止阀的采暖系统图中的立管，软件支持多选，选择完成后按〈Enter〉键，程序自动将截止阀加到选择的立管上。

（4）立管移动　“立管移动”命令用于把采暖系统图中的立管及自动生成时该立管上所附属的其他部分一起移动。选择该命令，按照命令行提示选择要移动的立管上的任一实体，指定移动基点与到点，即可完成立管移动操作。

（5）立管消隐　“立管消隐”命令用于将选中的立管及其连接的散热器消隐。选择该命令，按照命令行提示选择要消隐的立管，按〈Enter〉键后图面中的立管即可消失。在命令行中输入“S”可恢复显示，使消失的立管重现图面。

（6）自动断线　“自动断线”命令用于检查并断开所有交叉的管线。选择该命令，命令行提示如下：

输入该系统图的横向比例(50)：

该比例指的是系统图绘制时输入的X向比例，该处输入值必须与系统图绘制时输入值相同，否则可能出现错误。

输入断口处大小(2.0mm)：

断口指管线断开时应断开的距离，该距离可以任意调整（图样上的大小）。

*选择对象：*框选断线对象，即可完成自动断线

（7）立管修正 “立管修正”命令用于修正立管与供回水干管的连接。选择该命令，弹出“采暖立管修正”对话框，如图5-23所示。单击“确定”按钮，按照命令行提示在图面中点选或框选与供回水干管相连的立管，即可完成立管修正操作。

2. 手绘系统图

鸿业暖通 ACS 8.2 软件提供了手绘系统图功能，主要是因为传统采暖系统图样式多、图形较复杂，通过平面布置和数据处理自动生成的系统图有时候难以满足用户的需求。

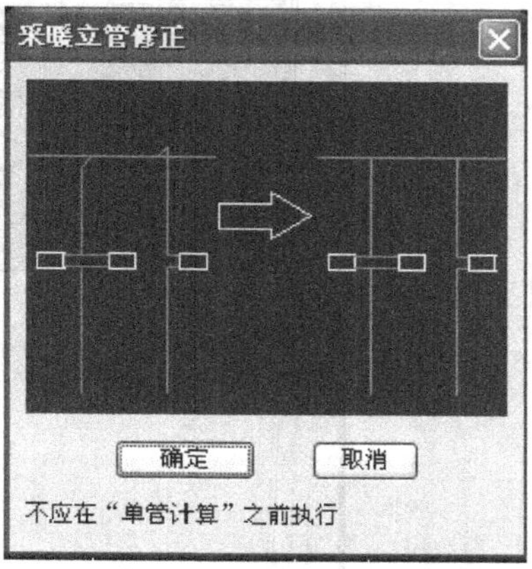

图5-23 “采暖立管修正”对话框

【功能】 利用软件提供的工具，快速手动绘制系统图，同时可在手绘系统图中提取相关信息，用于散热器的计算和标注，以及水力计算和材料统计。

【菜单】 “采暖”→“手绘系统图”。

【用法】 选择上述菜单项，在随后弹出的子菜单中选择相应的命令完成手动绘制系统图。

（1）生成干管系统图 “生成干管系统图”命令用于把平面图中的供回水干管生成为轴测图。按照命令行提示，依次在图面中框选要绘有干管的某层平面图实体，点取该层基点，输入该层底部的绝对标高单位为m，点选系统图的基点，即可完成该层干管系统图的绘制。

（2）手绘系统图干管 “手绘系统图干管”命令用于直接手动绘制系统图的供回水干管。选择该命令，弹出“布置系统图供回水干管”对话框，如图5-24所示。在该对话框中，至少要从“管线类型”中选择一种管线才能绘制。供回水干管的标高的差值应该按照建筑信息来设定。单击 绘制 按钮，命令行提示如下：

*请输入起点或[点定位(P)]：*在图面中任意点选绘制起点

*直线下一点[45°方向(S)/绘弧线(A)/回退(U)/点定位(P)]：*对照干管平面图，选择相应管线形式，如输入“S”，即沿轴测方向45°绘制

*下一点[0°方向(S)/回退(U)/点定位(P)]：*点取下一点，或者输入“S”改绘制方向为水平，或者输入“U”回退到上一步

对照平面图按照上述方法绘制至干管末端时，按〈Enter〉键结束绘制。

（3）绘制立管 “绘制立管”命令用于绘制干管系统图上的立管及散热器。选择该命令，弹出“手动绘制采暖系统图”对话框，如图5-25所示。在绘制之前应先进行设置，设置的内容有：

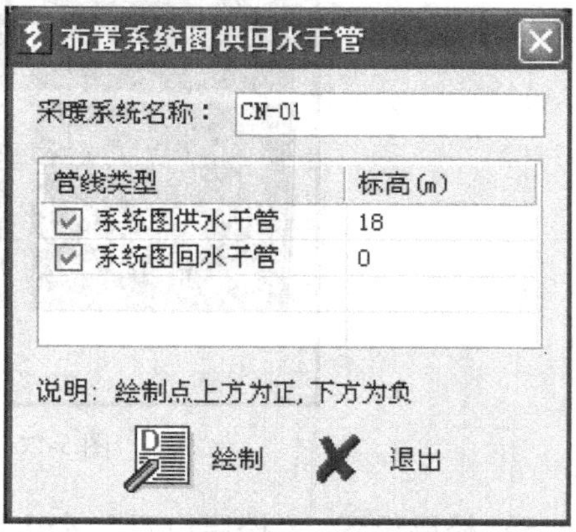

图5-24 “布置系统图供回水干管”对话框

1）系统基本形式。单击“系统基本形式”组合框中的幻灯片，弹出“系统基本形式”对话框，如图5-26所示。从中选择所要绘制系统的接管形

式，单击“确定”按钮，返回“手动绘制采暖系统图”对话框。

2）散热器连接方向。根据具体情况确定散热器的连接方向，一般选择0°、45°、135°、180°、225°和315°。

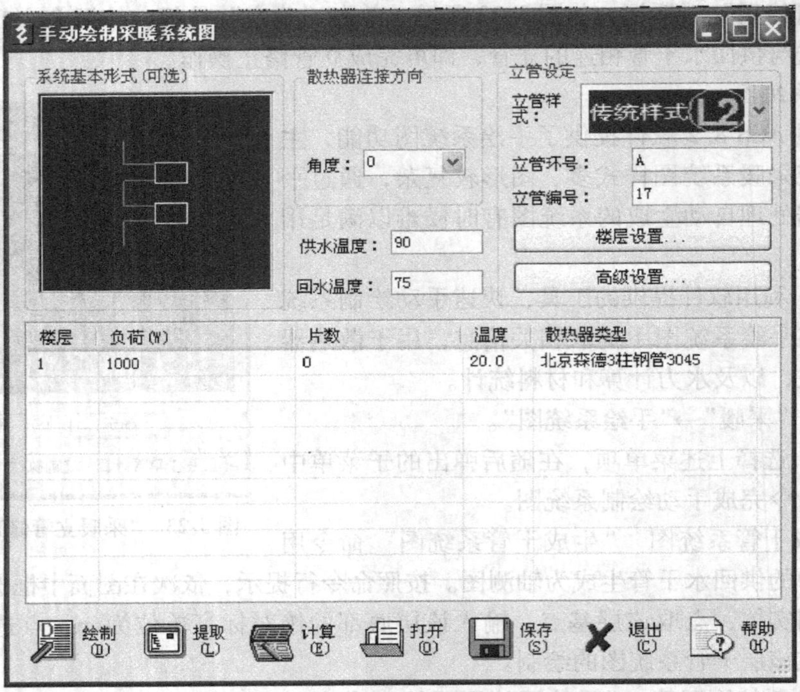

图5-25 “手动绘制采暖系统图”对话框

3）立管设定。包括立管样式、立管环号和立管编号，设定方法与前述内容相同。

4）供水温度和回水温度。在相应的文本框中输入立管的供水温度和回水温度。

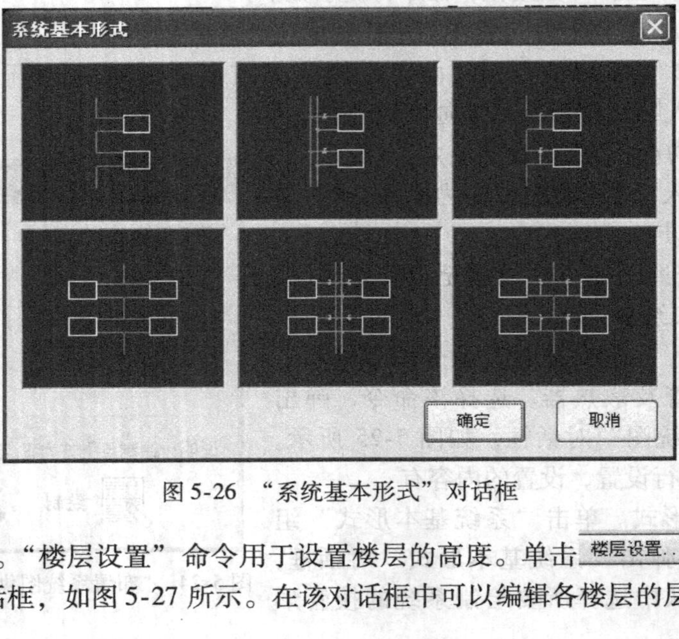

图5-26 “系统基本形式”对话框

5）楼层设置。“楼层设置”命令用于设置楼层的高度。单击 楼层设置... 按钮，弹出“建筑信息设置”对话框，如图5-27所示。在该对话框中可以编辑各楼层的层高。

6）高级设置。“高级设置”命令用于设置系统的高级参数，包括所有楼层散热器的类型、计算温度、各个计算系数等。单击 高级设置... 按钮，弹出“其他设定”对话框，如图 5-28 所示。其中“立管底部阀门安装位置”组合框中的两个选项对绘图效果有一定的影响，如图 5-29 所示。设置完成后单击“确定”按钮，返回“手动绘制采暖系统图”对话框。

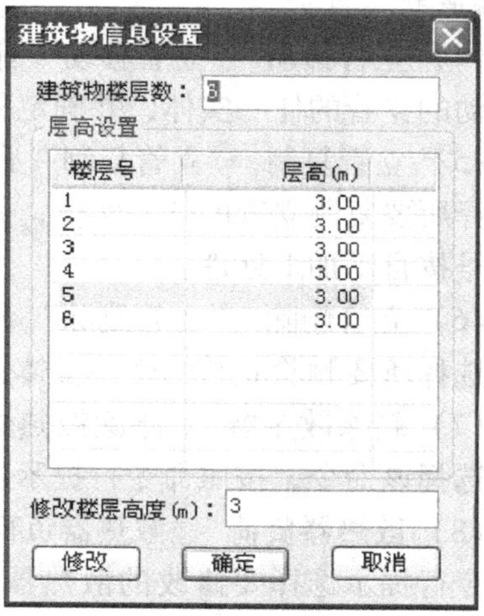

图 5-27 “建筑物信息设置”对话框

手动绘制采暖系统图参数设置完成后，单击 提取(L) 按钮，从图面提取一根立管的数据，立管数据将显示在“手动绘制采暖系统图”对话框的表格中，单击 计算(E) 按钮，提取立管数据散热器片数的计算，同时可修改楼层负荷、设计温度以及散热器类型。散热器数据库文件在软件目录中的 USER 子目录中，文件名为 SRQPSJS. DAT。单击 绘制(D) 按钮返回图面，按照命令行提示依次选择供水干管、回水干管，并设定插入方式及插入点，即可完成干管的绘制。

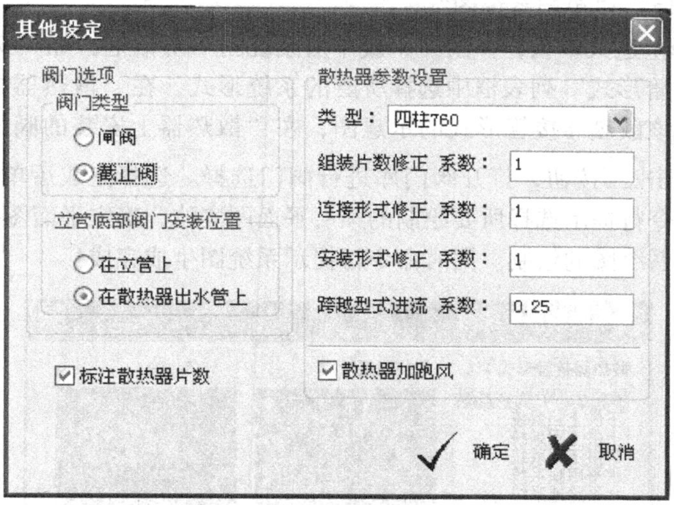

图 5-28 “其他设定”对话框

【注意】

1）当不选择供回水干管时，软件默认按上供下回方式绘制。

2）选择的干管必须是两条平行的直线，并不要求一定在供回水干管层。

3）当选择双管样式，并且选择的供回水干管的距离比较接近（如在 100mm 距离以内）时，根据提示将可绘制出上供上回或下供下回

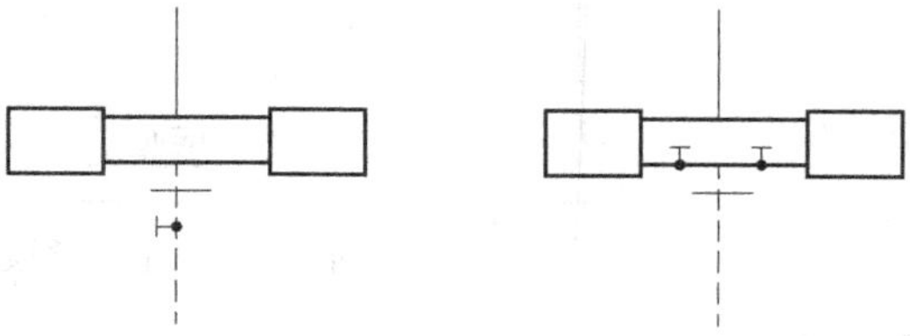

（阀门安装在立管上） （阀门安装在散热器出水管上）

图 5-29 立管底部阀门安装位置效果图

的系统形式。

（4）立管移动 “立管移动”命令用于移动立管。选择该命令，按照命令行提示选择所要移动的立管的任一实体，并确定移动基点和位移，即可完成立管的移动操作。

（5）立管复制 “立管复制”命令用于对整个立管的复制。选择该命令，按照命令行提示选择所要复制立管的任一实体，并确定复制基点和位移，即可实现立管的复制。复制时立管编号按自动加1处理。

（6）立管删除 “立管删除”命令可以对整个立管进行删除。选择该命令，按照命令行提示选择所要删除立管的任一实体，选择后命令行提示删除确认。

（7）删除散热器 “删除散热器”命令用于删除散热器以及相关的支管、标注和阀门等。选择该命令，按照命令行提示选择所要删除的散热器，选择后命令行提示删除确认。

（8）散热器负荷 “散热器负荷”命令用于修改、定义散热器的负荷。选择该命令，按照命令行提示选择要修改的散热器实体，可以点选，也可以框选，选择完成后按〈Enter〉键，弹出“散热器属性查询”对话框，如图5-7所示，选择所要修改的属性选项，单击“修改”按钮即可。

3. *单层系统图*

【功能】 对于平面只有一层的系统，不经过数据处理，直接按照系统形式生成单层系统图。

【菜单】 “采暖”→“单层系统图”。

【用法】 选择上述菜单项，弹出“采暖单层系统图”对话框，如图5-30所示。在该对话框的“散热器接管形式”列表框中选择所要的系统形式，在“散热器接管样式”组合框的幻灯区中将显示该散热器接管形式的示意图，在“散热器上安装的阀门”下拉列表框中选择阀门类型或单击[...]按钮，打开阀门库进行阀门选择。选择完成后单击“确定”按钮，返回图面，按照命令行提示选择所要绘制的某层平面图实体，确定平面图基点和系统图基点后，即可完成该层系统图的绘制。同时命令行提示系统图生成完成！

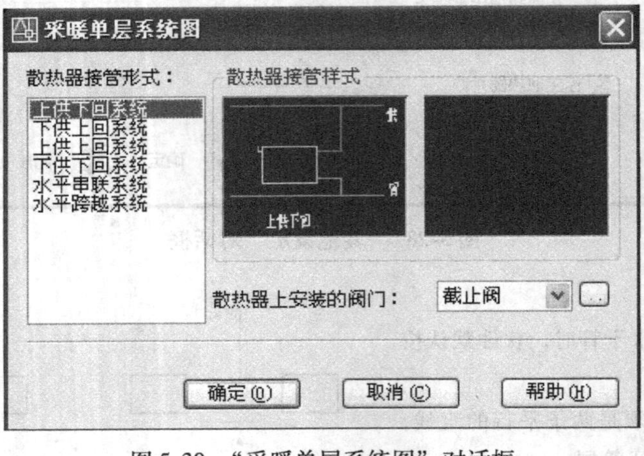

图5-30 “采暖单层系统图”对话框

【注意】

1）绘制平面图时，注意干管标高，程序会按照管线的标高来确定供回形式。

2）选择平面图时必须有干管。

3）若散热器连接的是立管，生成的系统图将有立管编号，如果继续进行后续的水力计算，立管的绘制样式可在系统默认参数处设定；若散热器没有立管，则不能进行水力计算。

4）多层系统按照传统采暖流程来处理，本程序只处理单层建筑采暖系统图。

5.1.7 水力计算

水力计算的目的是使系统中各管段的水流量符合设计要求，以保证流进各散热器的水流量符合要求，即按照已知流量确定各管段的管径，最后求出室内供暖系统的总压力损失。水力计算方法有等温降法、不等温降法和等压降法3种，其原理如下：

（1）等温降法　假设每根立管的温降都相同（系统的供回水温差），以此算出立管流量，再按流量确定管径，计算出环路阻力。

（2）不等温降法　假设每根立管的温降都不相同，计算时先确定管径，根据平衡要求的压力损失计算立管的流量，再根据流量来计算立管的实际温降。这种方法对于异程系统，优点较为突出。

（3）等压降法　以立管压力损失相等作为前提来确定立管流量，对于同程式系统，这种方法较合适。

鸿业ACS 8.2中提供等温降和不等温降两种水力计算方法。如果是同程系统，选择不等温降，程序内部是按照等压降方法计算的。水力计算相关知识可在相关文献中查阅，此处不做介绍。水力计算的基本流程如图5-31所示。

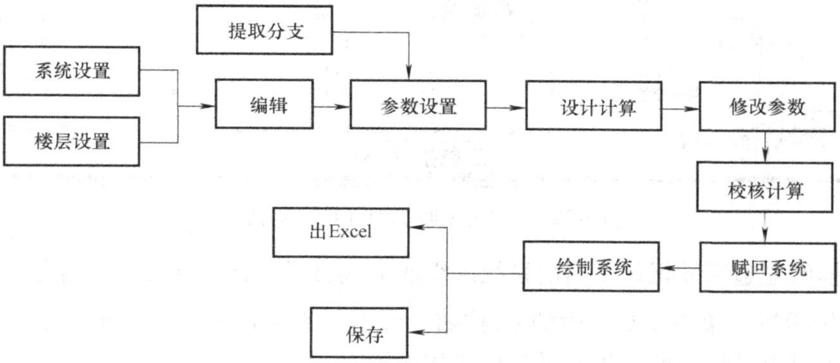

图5-31　水力计算流程图

1. 单管水力计算

【功能】 进行采暖单管系统的水力计算，用以确保系统中各管段的水流量符合设计要求，即按照已知流量和允许压降，确定各管段的管径，最后求出室内供暖系统的总压力损失。

【菜单】 “采暖”→“单管水力计算”。

【用法】 选择上述菜单项，弹出“单管采暖水力计算”对话框，如图5-32所示。如果在进行水力计算之前没有绘制系统图，则需进行楼层设置以及采暖系统设置，并对照平面图进行编辑，所有操作效果均可在图示区看到；如果在进行水力计算之前已经绘制好系统图，则“提取系统图”按钮变为“搜分支1…”按钮，单击“搜分支1…”按钮或选择“系统图”菜单项下的“搜分支1…”命令，返回图面，按照命令行提示依次在图面中点选供水干管起点、回水干管起点，按〈Enter〉键即可将该分支数据提取至“单管采暖水力计算”对话框。

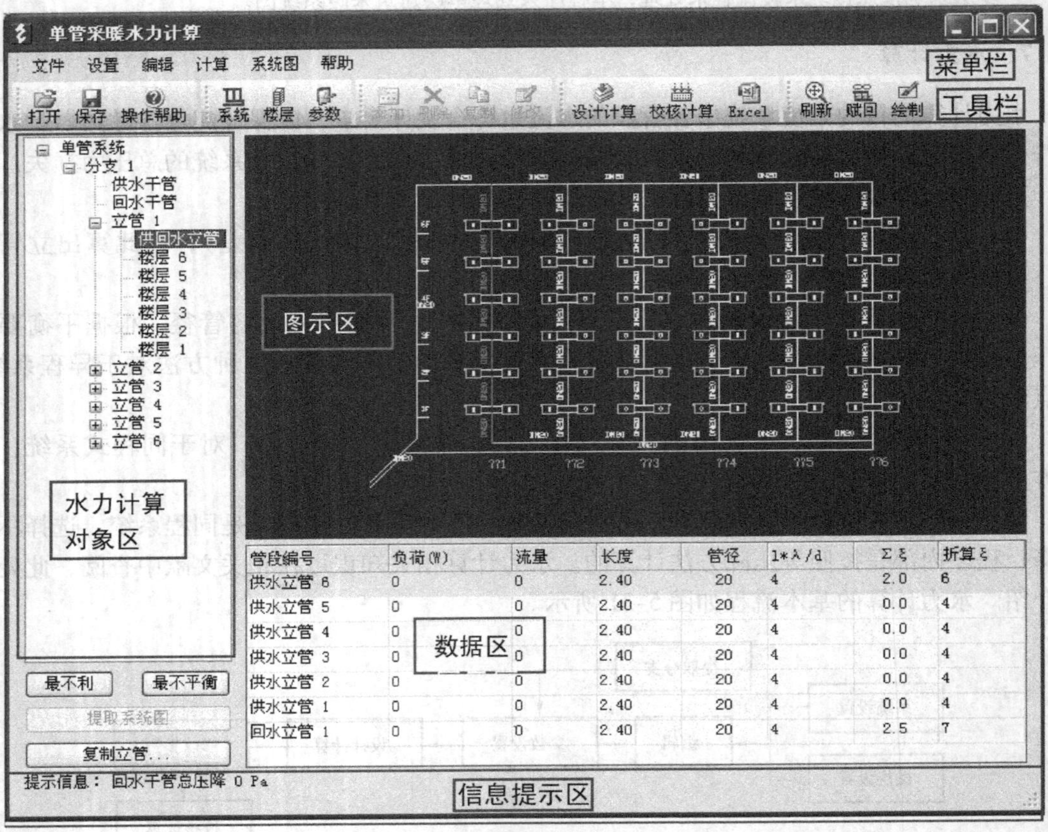

图 5-32 “单管采暖水力计算”对话框

该对话框的左边区域记录了当前系统的组成形式及所包含的分支立管信息。

(1) 系统设置 单击工具栏中的系统按钮，弹出“系统形式”对话框，如图 5-33 所示。在该对话框中可以进行当前工程的系统形式的设置。

(2) 楼层系统 单击工具栏中的楼层按钮，弹出“楼层系统”对话框，如图 5-34 所示。该对话框用于设置当前工程分支立管信息，其中“楼层立管长”是指楼层间的立管长度。

(3) 参数设置 单击工具栏中的参数按钮，弹出“参数设置”对话框，如图 5-35 所示。该对话框用于设置系统的默认参数。鸿业 ACS 8.2 软件提供了自动调整设计，即如果选择“设计计算自动调管管径”复选框，则在设计计算时就会自动改变管径，以使不平衡率达到规定范围。当系统形式为跨越形式时，需要在“单管跨越形式进流系数”文本框中输入进流系数值。

(4) 编辑 在图 5-32 所示对话框的水力计算对象区中选择任意一分支或立管，单击鼠标右键，在弹出的快捷菜单中均可进行分支或立管的添加、删除、复制和修改操作。也可以单击工具栏中的相应按钮（添加 删除 复制 修改），如单击“添加”或“删除”按钮，即可将所选对象添加或删除。单击“复制”按钮时，弹出“复制”对话框，如图 5-36 所示。通过该对话框可将选中对象复制到“目的楼层”的选中目标中。“复制选项”组合框中的“完全覆盖”是把原有信息全部覆盖，“左右镜像”是在完全覆盖的基础上将左右散热器对调。单击“修改”按钮时，弹出“批量修改”对话框，如图 5-37 所示。通过该对话框可以对选中对象做批量修改。选择要修改的对象并输入相应新值，单击“确定”按钮即可完成修改操作。单击水力计算对象区中的任意对象，均可在图示区看到所选对象以红色显示。

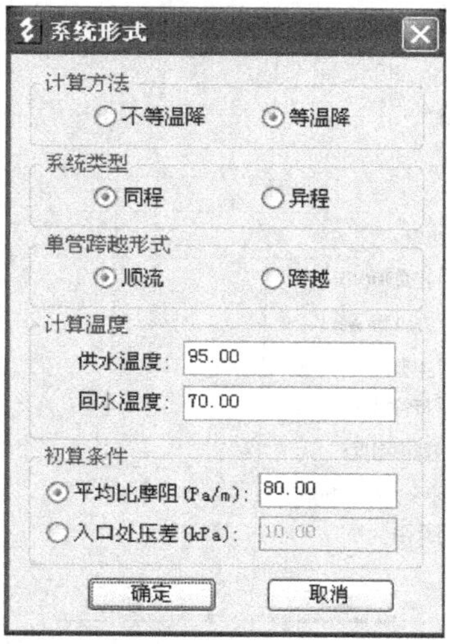

图 5-33 “系统形式”对话框图

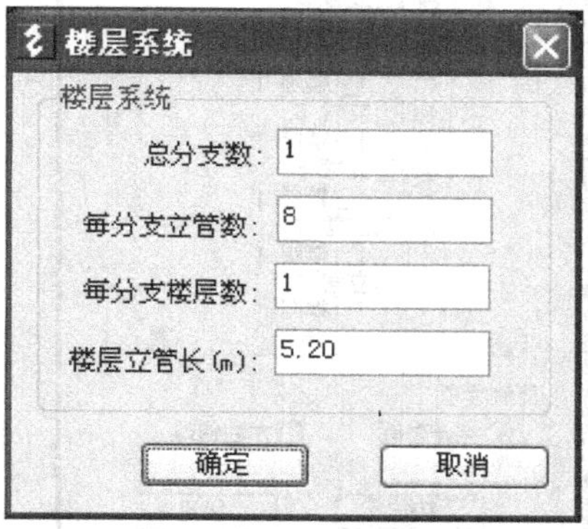

图 5-34 “楼层系统”对话框

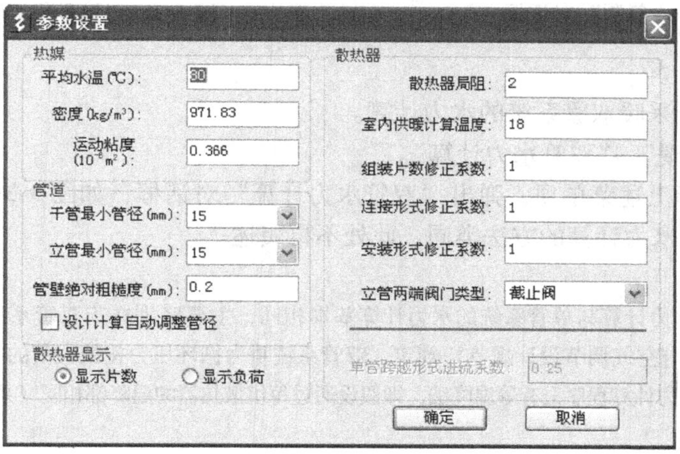

图 5-35 “参数设置”对话框

（5）计算 设置完成后，单击工具栏中的“设计计算”按钮，软件将根据已知负荷和比摩阻进行水力计算，计算完成后在图示区以红色显示出系统中的最不利环路和最不平衡环路，并在信息提示区显示计算结果。对于不平衡环路，可以在数据区进行环路中相应数据的修改编辑，在列出的管段详细信息中，颜色显示为黄色的，则表示该列数据可以单击进行修改。修改后单击“校核计算”按钮，软件将根据负荷和已知管径计算总阻力。同样在信息提示区显示计算结果，水力计算完成后单击“赋回”按钮，将从 AutoCAD 中提取的系统图信息经过修改计算后再赋回到原 AutoCAD 系统图中。单击“绘制”按钮，返回图面，在图面中任意点取一点作为系统图的插入点，即可将系统图绘制于图面中。单击按钮，输出 Excel 格式的计算书。单击按钮，可以将水力计算保存为数据文件（.xls）。

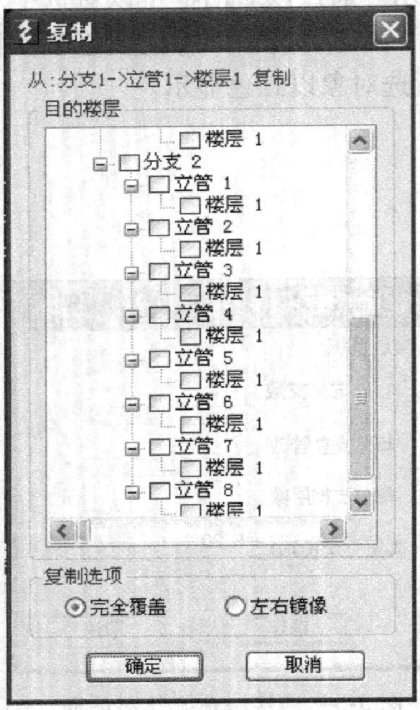

图 5-36 “复制”对话框

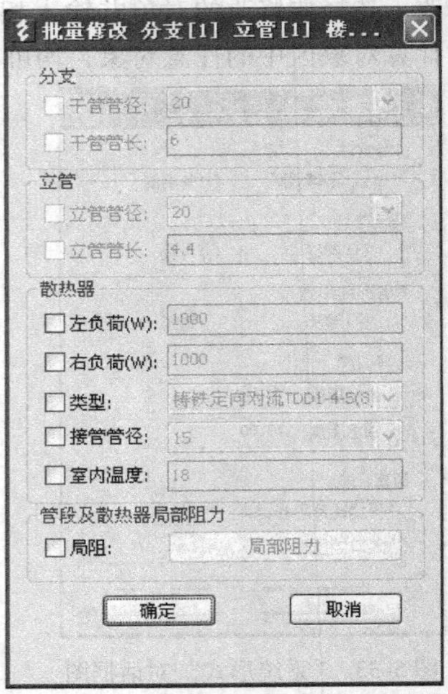

图 5-37 “批量修改”对话框

2. 双管水力计算

【功能】 进行采暖双管系统的水力计算。

【菜单】 “采暖”→“双管水力计算”。

【用法】 选择上述菜单项，弹出“双管水力计算”对话框，如图 5-38 所示。双管水力计算的方法与单管水力计算的方法类同，此处不再赘述。

【注意】

1）双管系统的水力计算与单管系统的水力计算基本相同，主要区别在于双管系统需考虑重力循环压力。按照《采暖通风与空气调节设计规范》规定，双管系统重力循环压力按最大值的 2/3 计算。

2）双管系统的水力计算程序只有等温降法，即假设通过每组散热器的温降都相同（系统的供回水温差）。

5.1.8 数据返回

1. 返回材料

返回材料是绘制材料表、统计管径及散热器片数等赋回平面的基础。当系统图上的管径定义或计算完成以后，如果想由程序形成完整的材料表，则选择要返回材料的系统；若要将系统图上的计算或定义内容赋回平面，做返回材料即可。

【功能】 将计算结果形成完成的材料表做准备。

【菜单】 “采暖”→“返回材料”。

【用法】 选择上述菜单项，按照命令行提示在图面中框选要返回材料的图样，按〈Enter〉键即可，完成返回材料操作。

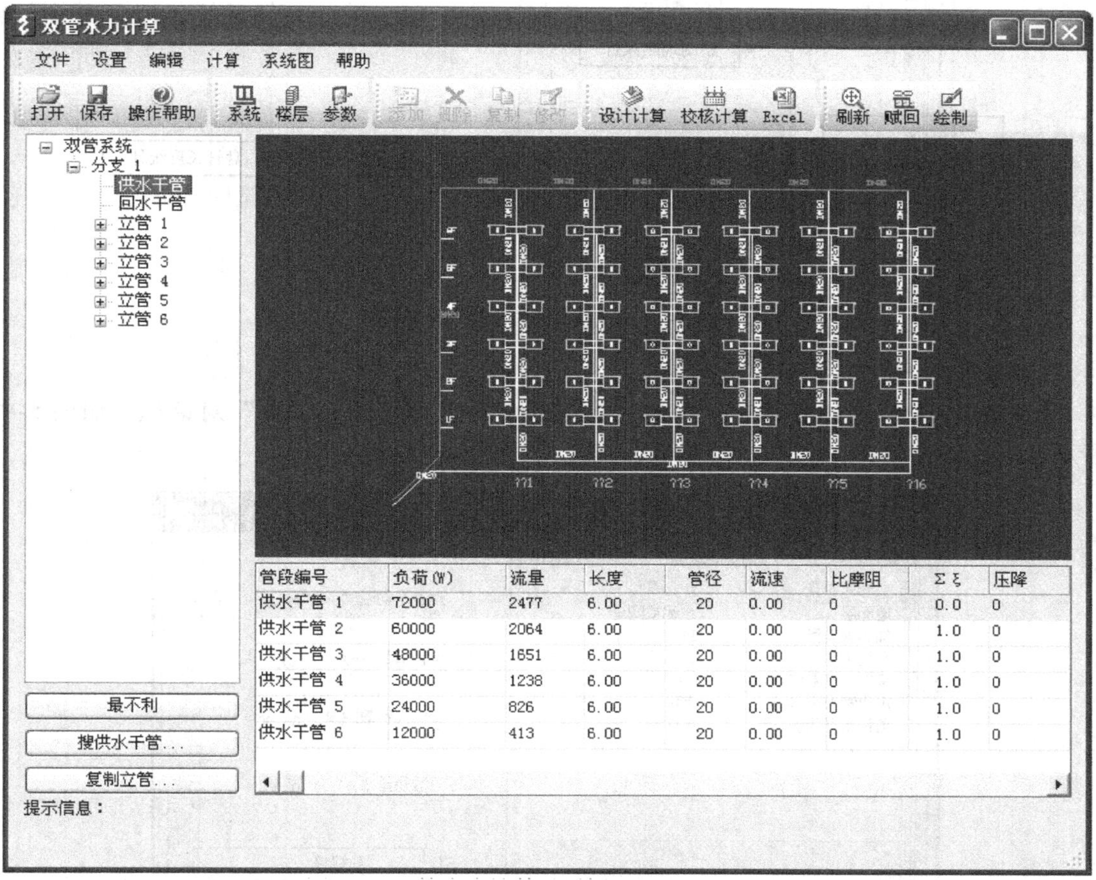

图5-38 “双管水力计算”对话框

2. 赋回平面

【功能】 用于把系统图中的管径及散热器片数等信息返回到平面中。

【菜单】 “采暖”→“赋回平面”。

【用法】 选择上述菜单项，按照命令行提示输入要赋回平面的楼层号（关键层），输入完成后在图面中框选所要赋回平面的对象，命令行提示正在写入数据，完成后继续提示输入要赋回平面的下一个关键层。使用同样的方法，完成其他赋回平面的操作。

5.2 分户计量采暖设计

本节主要介绍分户计量设计过程中的地热盘管计算和绘制，散热器布置、管道绘制、水力计算和户内系统图绘制等内容。地板辐射采暖设计流程如图5-39所示，其他分户计量散热器采暖设计流程同传统采暖。

5.2.1 地热盘管设计与计算

1. 计算散热量

【功能】 用于地热盘管散热量和间距的互算。

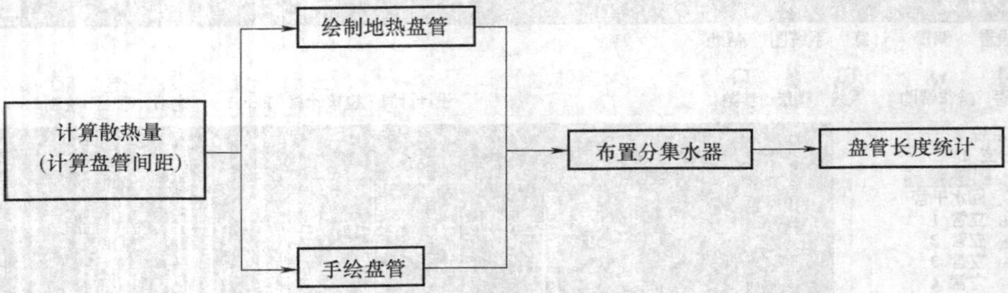

图 5-39　地板辐射采暖设计流程

【菜单】　“分户”→“计算散热量”。

【用法】　选择上述菜单项，弹出“地热盘管散热量—间距计算”对话框，如图 5-40 所示。

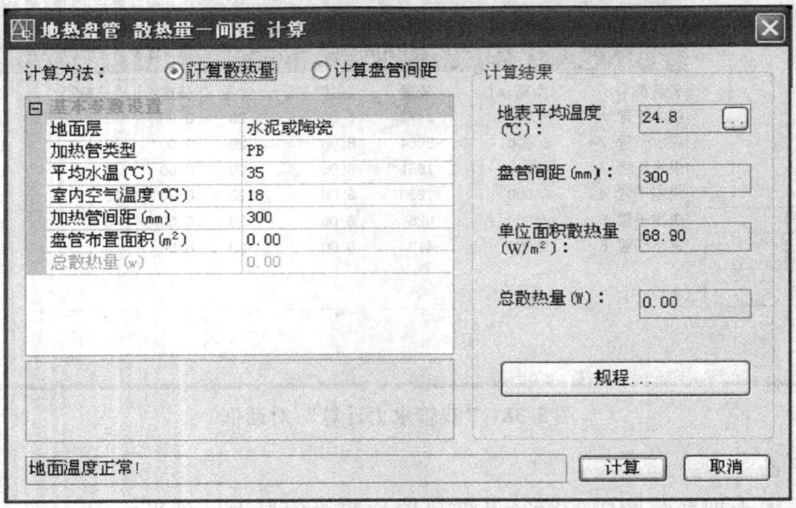

图 5-40　“地热盘管 散热量—间距 计算”对话框

(1) 通过盘管间距计算散热量　选择该对话框“计算方法”组合框中的“计算散热量”单选按钮，在“基本参数设置”栏中进行各项参数的设置，此时“总散热量”参数项不可用。基本参数中的“地面层”、“加热管类型”、“平均水温”和“室内空气温度”参数项可以分别单击各项后，在各自后面的下拉列表框中选择所要的参数。单击“加热管间距”参数项后，可在其后面的文本框中输入间距值，一般在 100 ~ 300 之间。单击“盘管布置面积”参数项后，在其对应的文本框后面出现 ⋯ 按钮，单击该按钮返回图面，在图面进行布置面积的框选。参数设置完成后单击 计算 按钮，软件即可将计算结果显示在“计算结果”组合框中，其中“地表平均温度”的计算值应符合《地面辐射供暖技术规程》中的 3.1.2 条。单击“地表平均温度”文本框后面的 … 按钮，弹出《地面辐射供暖技术规程》中的地表面平均温度限定表，如图 5-41 所示。同时软件将计算值与该限定表对比，并在对话框的下方提示地面温度正常、偏低或偏高。

(2) 通过散热量计算盘管间距　选择该对话框“计算方法”组合框中的“计算盘管间

距”单选按钮，此时“加热管间距”参数项不可用，其他参数项的设置同计算散热量的参数项设置。单击“总散热量”参数项，其文本框后面出现 ··· 按钮，单击该按钮返回图面，在图面中选择负荷块，进行散热量的提取。参数设置完成后同样单击 计算 按钮，软件便将计算结果显示在“计算结果”组合框中，同时在对话框的下方给出计算结果提示。

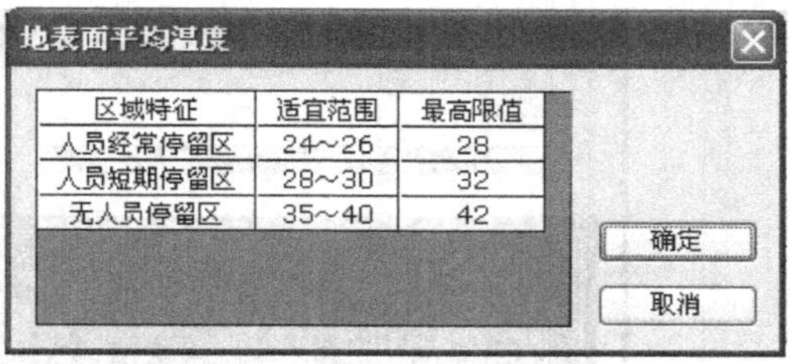

区域特征	适宜范围	最高限值
人员经常停留区	24～26	28
人员短期停留区	28～30	32
无人员停留区	35～40	42

图 5-41　地表面平均温度限定表

（3）规程　单击 规程... 按钮，弹出相应的加热管类型和地面层的单位面积的散热量和传热损失规程表（该规程源自《地面辐射供暖技术规程》的第 29 页），如图 5-42 所示。此规程为上述计算的依据。

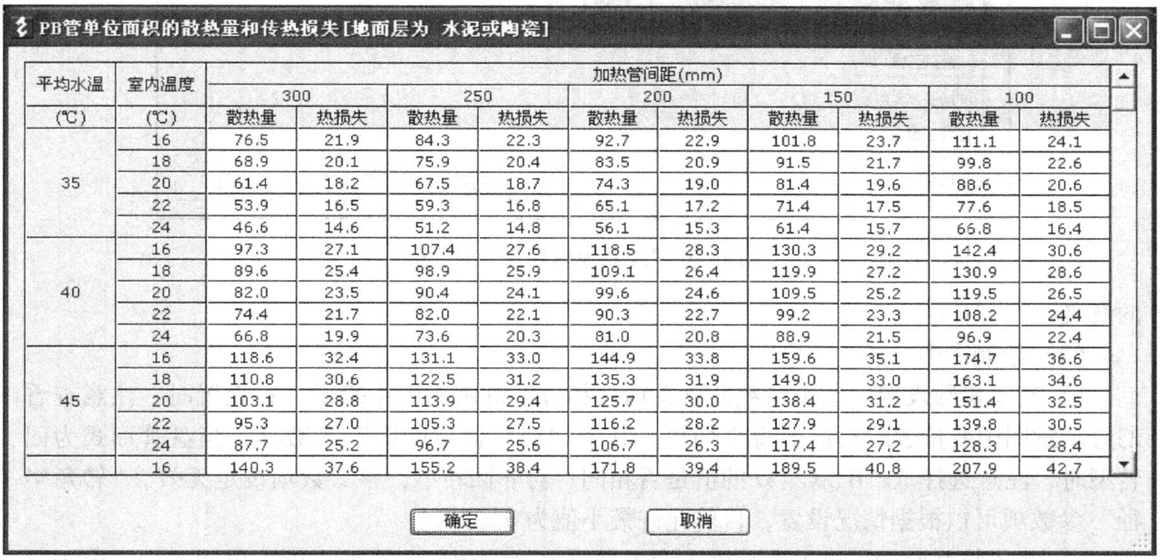

平均水温	室内温度	加热管间距(mm)									
		300		250		200		150		100	
(℃)	(℃)	散热量	热损失	散热量	热损失	散热量	热损失	散热量	热损失	散热量	热损失
35	16	76.5	21.9	84.3	22.3	92.7	22.9	101.8	23.7	111.1	24.1
	18	68.9	20.1	75.9	20.4	83.5	20.9	91.5	21.7	99.8	22.6
	20	61.4	18.2	67.5	18.7	74.3	19.0	81.4	19.6	88.6	20.6
	22	53.9	16.5	59.3	16.8	65.1	17.2	71.4	17.5	77.6	18.5
	24	46.6	14.6	51.2	14.8	56.1	15.3	61.4	15.7	66.8	16.4
40	16	97.3	27.1	107.4	27.6	118.5	28.3	130.3	29.2	142.4	30.6
	18	89.6	25.4	98.9	25.9	109.1	26.4	119.9	27.2	130.9	28.6
	20	82.0	23.5	90.4	24.1	99.6	24.6	109.5	25.2	119.5	26.5
	22	74.4	21.7	82.0	22.1	90.3	22.7	99.2	23.3	108.2	24.4
	24	66.8	19.9	73.6	20.3	81.0	20.8	88.9	21.5	96.9	22.4
45	16	118.6	32.4	131.1	33.0	144.9	33.8	159.6	35.1	174.7	36.6
	18	110.8	30.6	122.5	31.2	135.3	31.9	149.0	33.0	163.1	34.6
	20	103.1	28.8	113.9	29.4	125.7	30.0	138.4	31.2	151.4	32.5
	22	95.3	27.0	105.3	27.5	116.2	28.2	127.9	29.1	139.8	30.5
	24	87.7	25.2	96.7	25.6	106.7	26.3	117.4	27.2	128.3	28.4
	16	140.3	37.6	155.2	38.4	171.8	39.4	189.5	40.8	207.9	42.7

图 5-42　某类管材单位面积的散热量和传热损失

【注意】

1）计算散热量时，应根据盘管间距计算单位面积散热量，并根据布置面积计算总散热器量。

2）计算盘管间距时，应根据总散热器量和盘管的布置面积计算盘管间距。

3）当地表面的平均温度在 24～32℃范围时，提示温度正常；低于 24℃时，提示地面温度偏低；大于 32℃时，提示地面温度偏高。

2. 绘制地热盘管

【功能】 设置地热盘管绘制参数并绘制地热盘管。

【菜单】 “分户”→“绘制地热盘管”。

【用法】 选择上述菜单项，弹出“绘制地热盘管”对话框，如图 5-43 所示。

（1）盘管形式　该对话框中共有 5 种可以绘制的盘管形式，即回转型、直列型、往复型、跨越型和单回转型。在“盘管形式”下拉列表框中选择任意一种盘管形式，均可在下面的幻灯区中显示该形式的图示说明，即表明了“绘制参数”列表中对应的各个变量代表

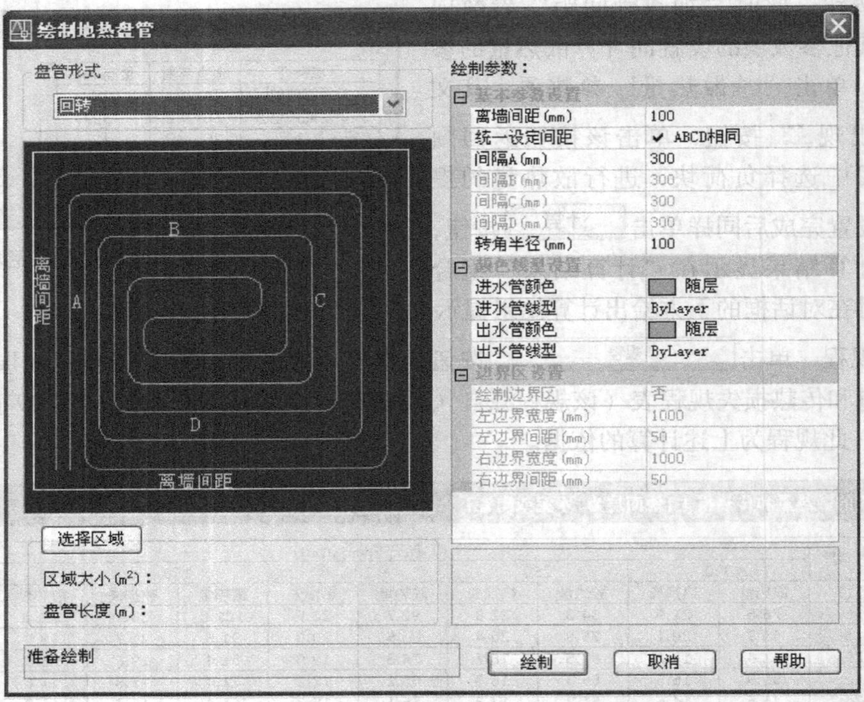

图 5-43 “绘制地热盘管”对话框

的意义。

（2）绘制参数

1）基本参数设置。该类参数的含义均在相应幻灯示意图中表示，在设置时，注意查看幻灯示意图中变量表示对应的意义即可。其中“统一设定间距”参数项，当盘管形式为回转型时，注意选择 A、B、C、D 的值是否相同；对非回转型，该参数项设定无效。“转角半径”参数项可以根据情况设置，目前允许最小值为 0。

2）颜色线型设置。该类参数用于设置进出水管的颜色和线型。对于单回转型，由于进出水管不好界定，因此都按进水管处理。

3）边界区设置。对于直列型、往复型和跨越型盘管形式，可以设置边界区；回转型和单回转型的绘制方法暂时不开放，如果需要可以用手工绘制盘管代替。

（3）选择区域。单击对话框中的 选择区域 按钮，进行区域预选，返回图面，命令行提示如下：

选择第一个角点：点取开始绘制的一个角点

请指定旋转角度〈0〉：输入旋转角度，开始拖动绘制

请指定另一个角点或[指定出口方向〈1～8〉]：

单击下一个角点，或者输入 1～8 之间的任意一个值，指定出口方向。拖动过程中软件可动态地提示区域大小和盘管总长度，如图 5-44 所示。选定区域后返回对话框。

【注意】 区域预选只是提示区域的大小和可能布置的盘管长度，并未在图面上布置盘管。

（4）绘制 各项参数设置完成后，单击 绘制 按钮返回图面。

若之前没有进行区域预选，则命令行的提示同“选择区域”命令，但与“选择区域”命令不同的是选择完成后直接在图面上布置盘管。

若之前已经进行区域预选，则命令行提示如下：

是否直接在选择区域绘制？［是（Y）/否（N）］〈Y〉：

如果输入“Y”，则按照最终设置的参数，在选择区域内布置盘管；如果输入“N”，则重新选定区域布置。

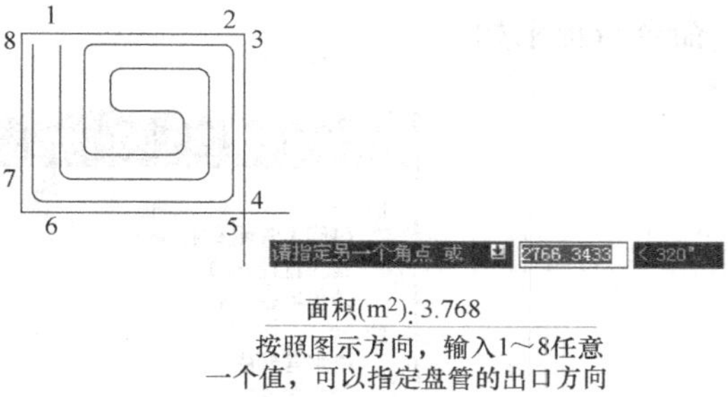

图5-44　选择区域过程的动态显示

【注意】 当前盘管可以在UCS坐标下进行绘制，绘制参数中设定的绘制角度是指当前UCS坐标系中X轴的旋转角度。

3. 长度统计标注

【功能】 统计地热盘管的长度。

【菜单】 “分户”→“长度统计标注”。

【用法】 选择上述菜单项，命令行提示如下：

请选择需要标注的地热盘管中任意一实体，或者［框选（F）］：

点取地热盘管中的任一管线，或者输入“F”框选统计的管线，按〈Enter〉键弹出“地热盘管标注”对话框，如图5-45所示。同时选择的盘管在图面中闪烁显示。该对话框中“长度”和“间距”文本框中显示所选盘管的长度和间距，单击 标注 按钮返回图面，按照命令行提示点选标注引出线的起点和终点，即可将统计的长度和间距标注在图形中。单击 盘管< 按钮返回图面，继续选择要统计的盘管。

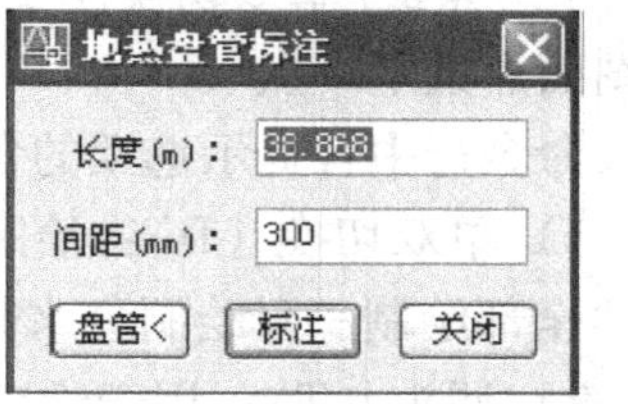

图5-45　“地热盘管标注”对话框

【注意】

1）若统计长度不正确，请执行一遍“重合线检查”命令，这可能是因为盘管中有管线重合。

2）如果盘管上已经记录了间距信息，标注时可直接提取出来。

4. 删除地热盘管

【功能】 快速删除选中的盘管。

【菜单】 “分户”→“删除地热盘管”。

【用法】 选择上述菜单项，按照命令行提示点选或框选要删除的地热盘管中任意一个实体，选择完毕后按〈Enter〉键，命令行提示确认删除信息，同时图面中选中的盘管闪烁显示。

5. 手绘盘管

【功能】 手动绘制地热盘管，对自动绘制的盘管进行补充和增强。

【菜单】 “分户”→“手绘盘管”。

【用法】 选择上述菜单项，弹出“手绘地热盘管”对话框，如图5-46所示。参数设置和颜色线型设置同“绘制地热盘管”命令，设置完成后单击“确定”按钮返回图面开始绘制，命令行提示如下：

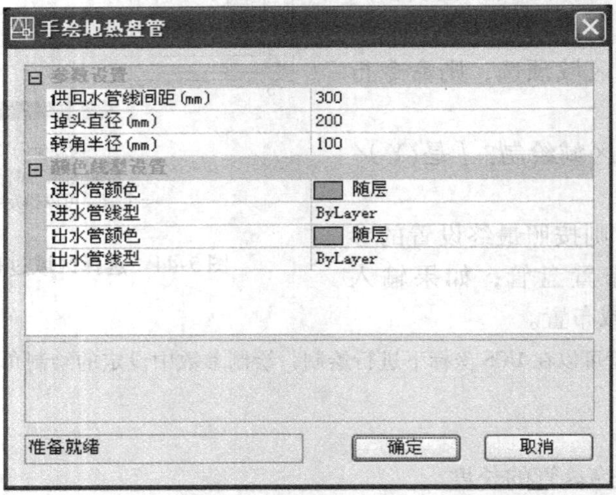

图 5-46 “手绘地热盘管”对话框

起点或[单双切换(D)/绘弧线(A)/定位点切换(S)/退出(E)]：在图面点选起点

下一点或[单双切换(D)/调头(T)/绘弧线(A)/定位点切换(S)/回退(U)/退出(E)]：在图面点选下一点

命令行中各提示选项的含义如下：

1）单双切换（D）：绘制时是进出水管一起绘制，还是只绘制进水管或出水管。软件按照“全部绘制—只绘制进水管—只绘制出水管—全部绘制”顺序循环切换。

2）调头（T）：用于绘制一段转角为180°的弧线管段。默认转角是180°。该选项一般适用于转角大于90°的情况。如果转角较小，建议不用此选项，直接绘制完后，用“直线倒圆角”命令进行倒角；也可以采用“FILLET”命令对两根管线做倒角，不影响长度统计。

3）绘弧线（A）：绘制弧线管段。

4）定位点切换（S）：软件按照“两管中间位置—进水管位置—出水管位置—两管中间位置”顺序循环切换定位点。

6. 直线倒圆角

【功能】 用于对首尾相接的直线盘管倒圆角，是对手绘盘管的后续处理。

【菜单】 “分户”→“直线倒圆角”。

【用法】 选择上述菜单项，命令行提示如下：

请指定圆角半径〈100.00〉：

输入倒角半径。这个值和绘制地热盘管时的转角半径意义相同。输入圆角半径后，在图面点选首尾相接的直线中的任意一条，即可实现直线倒圆角。

【注意】 所倒圆角的盘管必须为首位相连的直线段。

7. 布置分集水器

【功能】 用于绘制分集水器。

【菜单】 “分户”→“布置分集水器”。

【用法】 选择上述菜单项，弹出“分集水器”对话框，如图5-47所示。在该对话框的各参数文本框中输入设置值，其中“管线类型”有“地热盘管”和“干管”两种选项，如果选择“干管”选项，绘制出来的供水干管和回水干管位置交替；如果选择“绘制阀门”选项，则会加上阀门。

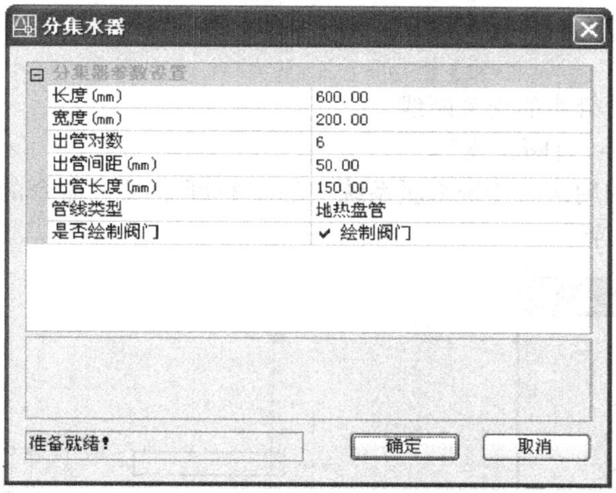

图5-47 “分集水器”对话框

5.2.2 布置散热器

【功能】 用于分户计量系统散热器的布置。

【菜单】 “分户”→“布散热器”。

【用法】 选择上述菜单项，弹出“布置散热器”对话框，如图5-48所示。其布置方法与传统采暖中散热器的布置方法类似（参见本书的5.1.2节），只是多了5种散热器平面布置形式，少了立管信息设置。绘制过程中可以根据需要进行平面形式的选择。

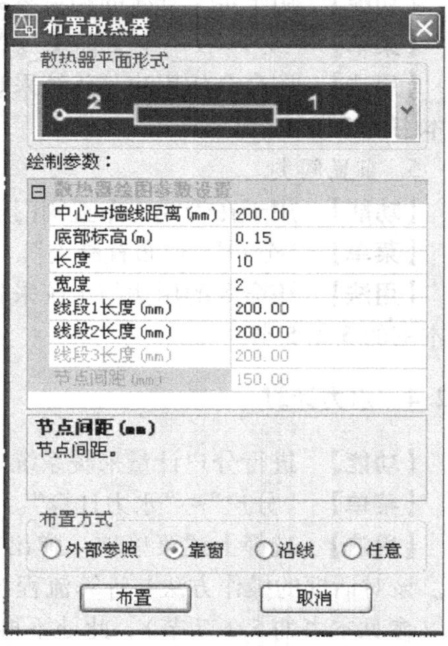

图5-48 “布置散热器”对话框

5.2.3 绘制采暖管线

1. 绘制采暖管线

【功能】 用于绘制分户计量系统的采暖管线。

【菜单】 “分户”→“供水立管/供水干管/回水立管/回水干管/采暖组合布管”。

【用法】 布置方法同传统采暖系统中相应管线的布置方法完全相同具体内容参见本书的5.1.3节。

2. 自动连线

【功能】 用于散热器和管线的自动连接。

【菜单】 “分户”→“自动连线”。

【用法】 选择上述菜单项，弹出“采暖自动连线”对话框，如图5-49所示。其中，干管—立管、散热器—立管/散热器和散热器—干管（水平跨越）的连接与传统采暖中的相同。干管—竖管（分户计量）主要用于分户计量系统。选择“干管—竖管（分户计量）”单选按钮，按照命令行提示选择连接竖管的供、回水干管，进而选择要连接的竖管，可框选竖管（布置散热器时，与散热器连接的也是竖管），即可实现干管与竖管的自动连线，连接效果如图5-50所示。

3. 打断管线

【功能】 用于同类管线的交叉断线。

【菜单】 “分户”→“打断管线”。

【用法】 该命令的用法与传统采暖系统中的“打断管线”命令的用法完全相同，具体内容参见本书的5.1.3节。

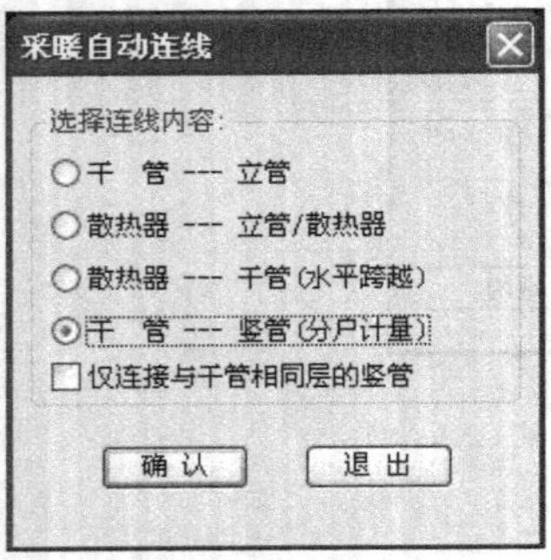

图5-49 “采暖自动连线”对话框

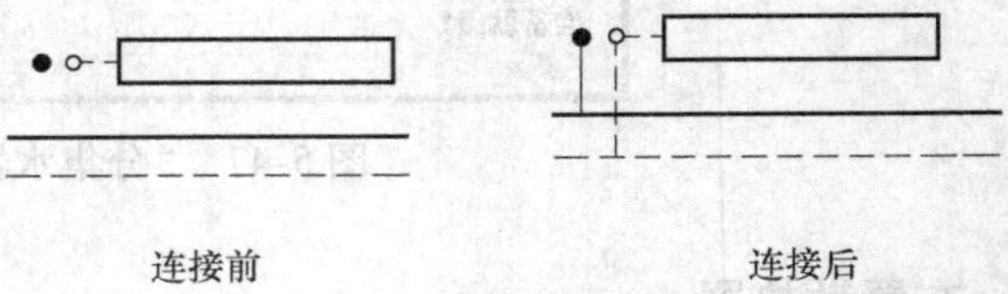

图5-50 干管—竖管（分户计量）连接效果图

4. 定义管线

【功能】 用于定义管线的相关参数。

【菜单】 “分户”→“定义管线”。

【用法】 该命令的用法与传统采暖系统中的“定义水管”命令完全相同，具体内容参见本书的5.1.4节。

5. 布置阀类

【功能】 用于在管线上布置阀门。

【菜单】 “分户”→“布置阀类”。

【用法】 该命令的用法与传统采暖系统中的“布置阀类”命令完全相同，具体内容参见本书的5.1.5节。

5.2.4 水力计算

【功能】 进行分户计量采暖系统的水力计算。

【菜单】 “分户”→“水力计算”。

【用法】 选择上述菜单项，弹出“供暖分户热计量水力计算”对话框，如图5-51所示。该对话框的操作方法与计算流程与传统采暖系统中的单管水力计算和双管水力计算相类似（参见本书的5.1.7节），此处不再介绍，这里仅对与传统采暖操作不同之处作出说明。

（1）系统设置 单击按钮，弹出“系统形式”对话框，如图5-52所示。该对话框

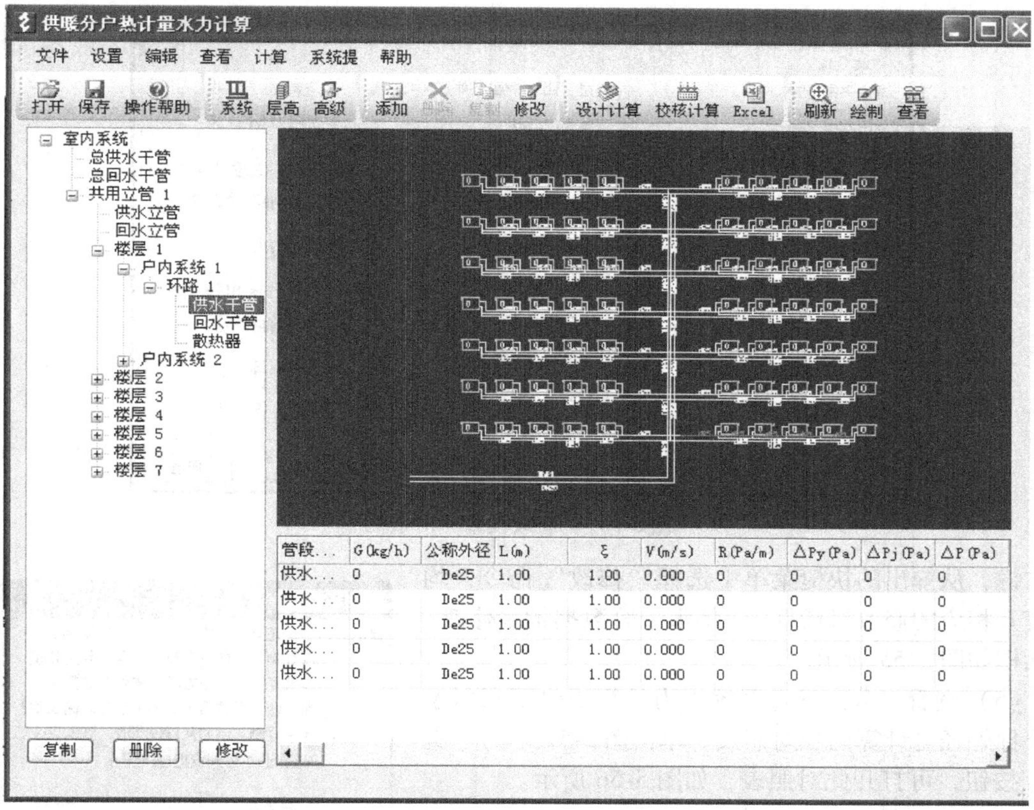

图5-51 “供暖分户热计量水力计算”对话框

主要用于设置分户计量系统的形式。其中，“室内供回水干管”、“室内公用立管”有“同程”和“异程”两个选项，在相应的下拉列表框中选择即可；“户内系统形式”有“双管同程”、“双管异程”、“放射双管”、“单管跨越”和“单管串联”5个选项，用户可根据设计要求进行选择。同时，在该对话框中可以设置分户计量系统的供回水温度。

（2）高级设置　单击按钮，弹出“高级设置”对话框，如图5-53所示。该对话框用于设置当前系统计算时的信息以及空间显示，其主要设置内容有散热器、入户装置、控制阀安装位置等。

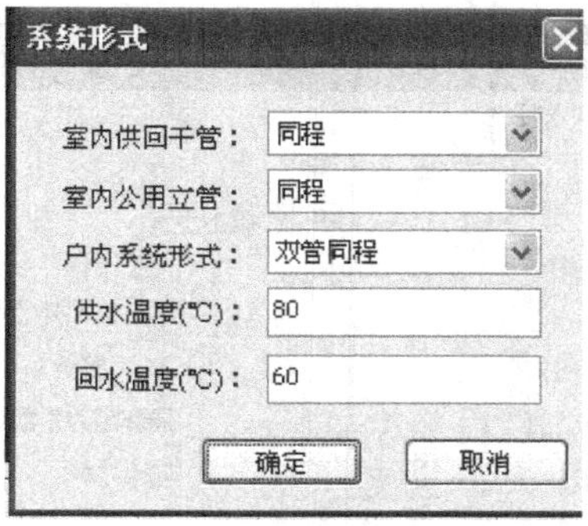

图5-52 “系统形式”对话框

（3）复制　将选定对象复制到目标中，从而覆盖原有数据。单击选中水力计算对象区中的复制对象，再单击按钮，或者单击鼠标右键，从弹出的快捷菜单中选择“复制”命令，均可打开相应的复制对话框。分户计量系统可以共用立管、楼层、户内系统和环路，“复制环路”对话框如图5-54所示。复制过程中，注意相应复制对话框中的提示内容。

（4）修改　单击选中水力计算对象区中的任意一个对象，再单击按钮，或者单击鼠

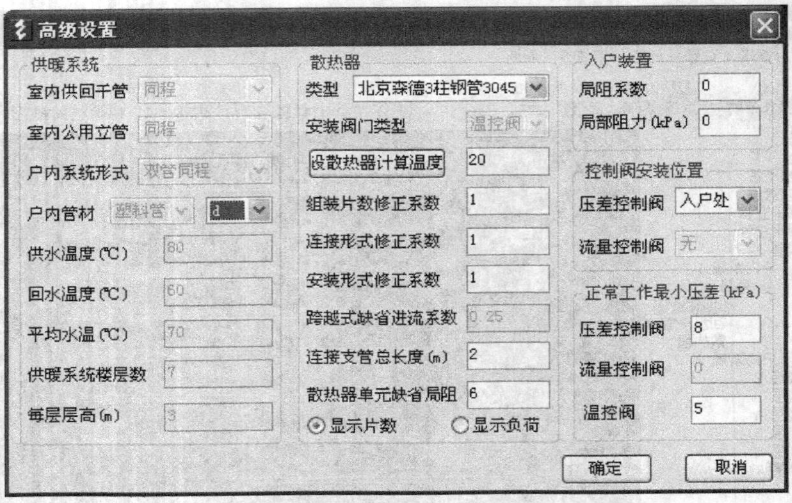

图 5-53 “高级设置”对话框

标右键，从弹出的快捷菜单中选择“修改”命令，均可打开相应的修改对话框。“供水干管数据批量修改”对话框如图 5-55 所示。

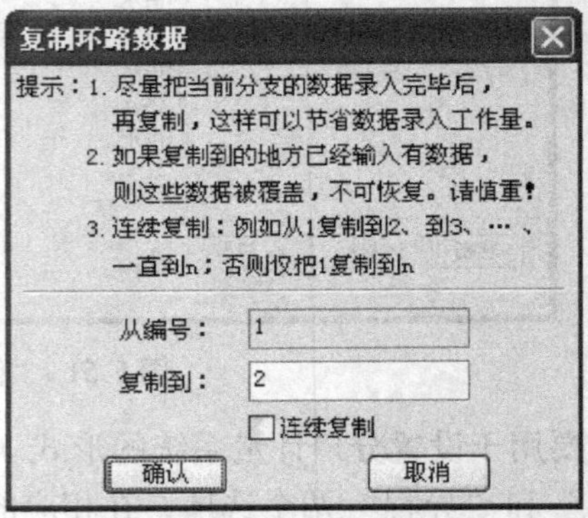

图 5-54 “复制环路数据”对话框

（5）查看 分户计量系统水力计算提供了塑料水管公称外径与计算内径对照表，单击图 5-51 中的“查看”按钮，可打开此对照表，如图 5-56 所示。

（6）单击 查看 按钮查看系统图 将计算界面隐藏，利于查看 CAD 中的视图。

【注意】

1）“供暖分户计量水力计算”对话框中没有分支提取功能，也没有将水力计算数据赋回平面的功能。

2）在控件列名上单击鼠标右键，会弹出快捷菜单，可以从中选择设置需要显示的内容，如图 5-57 所示。

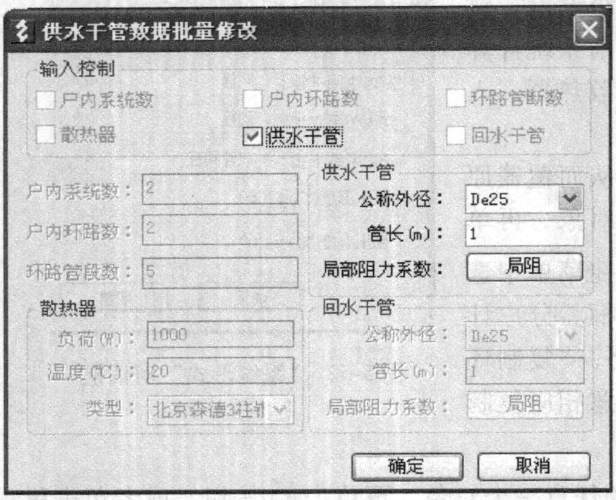

图 5-55 “供水干管数据批量修改”对话框

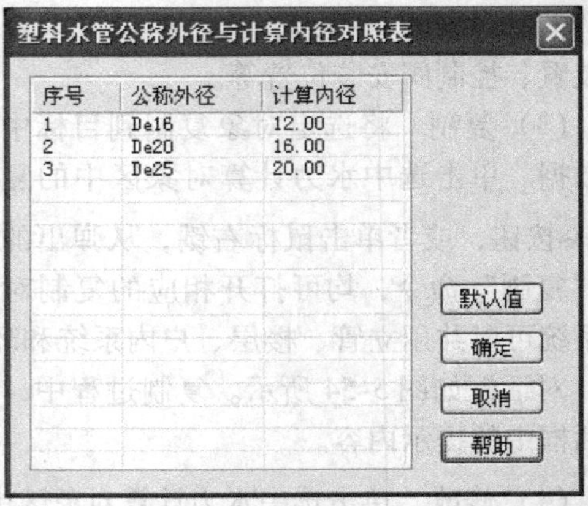

图 5-56 塑料水管公称外径与计算内径对照表

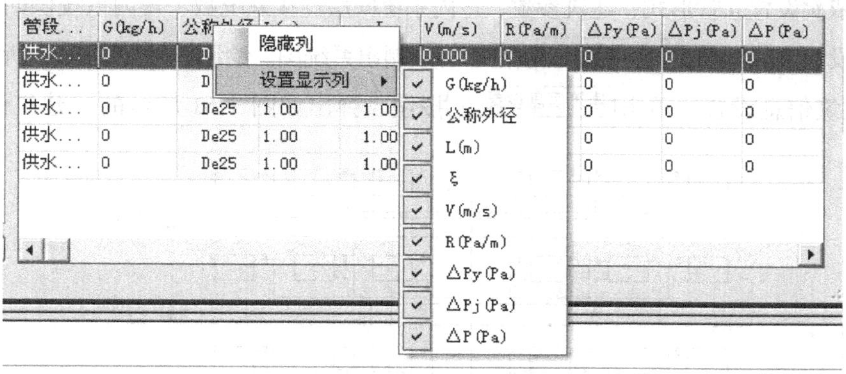

图 5-57 管段详细信息列表

5.2.5 绘制系统图

1. 立管系统图

【功能】 用于绘制分户计量系统的立管展开图和系统图。

【菜单】 “分户”→“立管系统图”。

【用法】 选择上述菜单项，弹出“分户计量立管系统图”对话框，如图 5-58 所示。

(1) 说明

1）软件默认绘制内容为展开图，此时“户内系统 1”和“户内系统 2”组合框中的信息，除“散热器组数”可用（亮显）外，其他参数项均为不可用（灰显）。选择“系统图”单选按钮时，“户内系统”组合框中的“形式”下拉列表框，以及“户内系统 1”和“户内系统 2”组合框中的“散热器组数”不可用外，其他参数项均可用。

2）供水管的高度为相对于本层的高，展开图为示意图，没有此项数据，但系统图可能需要标注，所以按实际绘制。

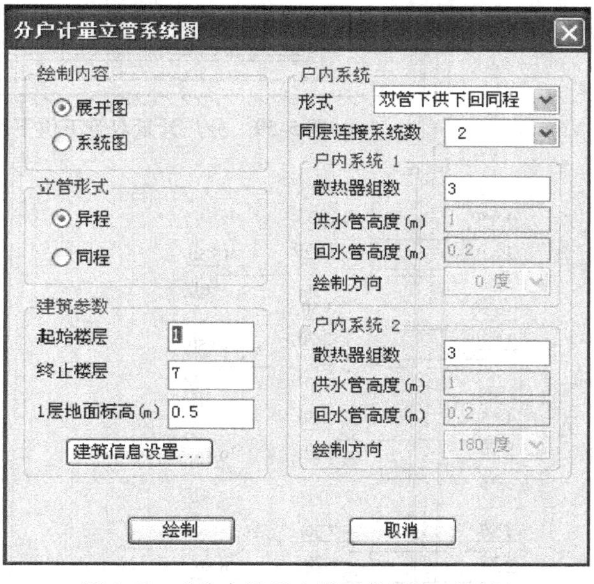

图 5-58 “分户计量立管系统图”对话框

3）建筑参数。起始楼层和终止楼层数依照“建筑信息设置”对话框中的“起始层”和“终止层”设置。例如，“建筑信息设置”对话框的起止层为 1 ~ 7，则“建筑参数”组合框中的起止楼层可为 2 ~ 3，也可为 1 ~ 7。

(2) 绘制展开图　选择图 5-58 所示的对话框中“绘制内容”组合框下的“展开图”单选按钮，然后依次设置立管形式、建筑参数、户内系统形式、同层连接系统数、户内系统散热器组数等，设置完成后单击 绘制 按钮即可绘制出展开图。绘制效果如图 5-59 所示。

(3) 绘制系统图　选择图 5-58 所示的对话框中“绘制内容”组合框下的“系统图”单选

按钮，然后依次设置立管形式、建筑参数、户内系统同层连接系统数、户内系统供回水管高度和绘制方向，设置完成后单击 绘制 按钮即可绘制出系统图。绘制效果如图5-60所示。

（4）建筑信息设置　单击 建筑信息设置... 按钮，弹出如图5-61所示的“建筑信息设置”

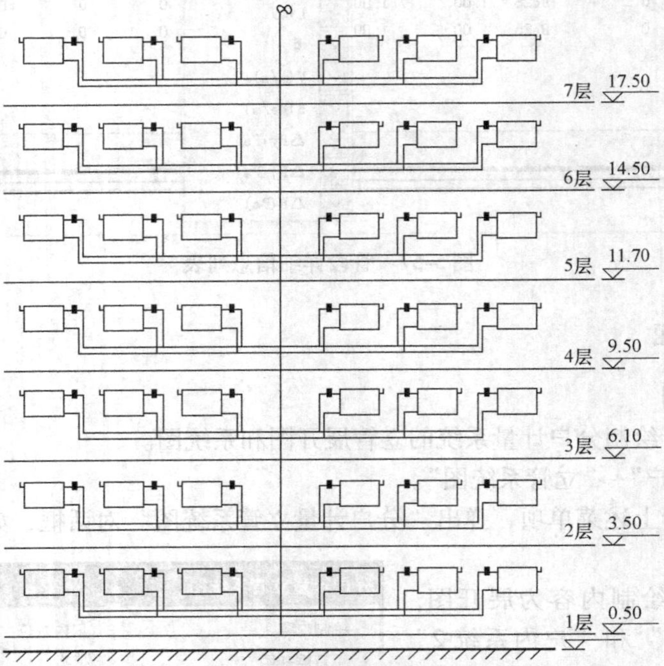

图5-59　分户计量双管下供下回异程式系统展开图

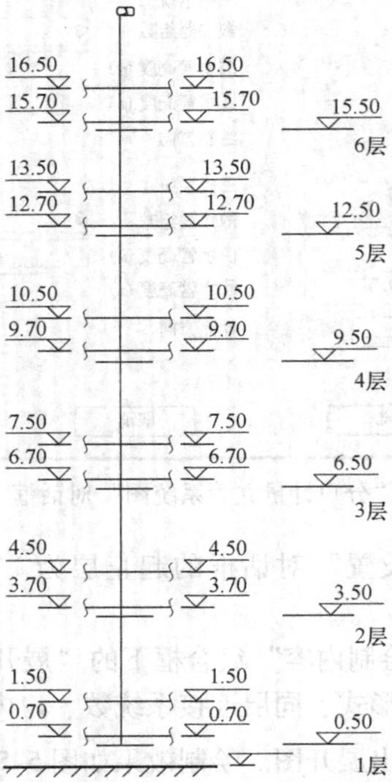

图5-60　分户计量系统图

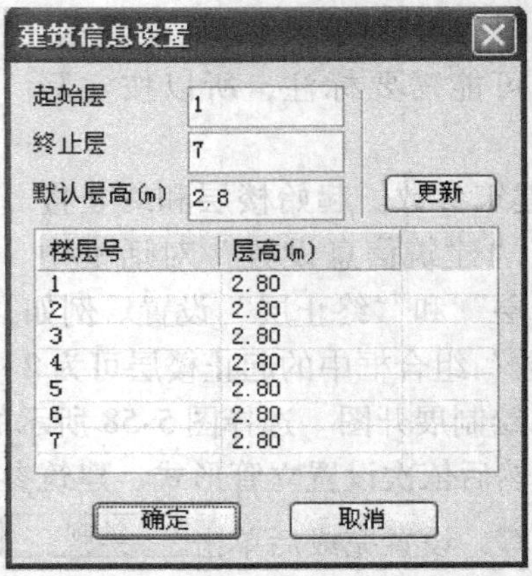

图5-61　“建筑信息设置”对话框

对话框。在该对话框中输入起始层、终止层数和默认层高，单击“更新”按钮，其下方列表中的数据即可更新。如果某一层的层高不等于默认层高，可在列表中双击与该楼层对应的层高值，然后输入新的层高值，单击“确定”按钮即可。

2. 户内系统图

【功能】 由平面图生成对应的户内系统图。

【菜单】 “分户”→“户内系统图”。

【用法】 选择上述菜单项，弹出“户内系统图”对话框，如图 5-62 所示。在该对话框中可以进行户内系统图的参数设定。其中“系统形式”有“下供下回”和“上供上回”两种选择。单击“散热器上安装的阀门”文本框后面的...按钮，弹出“选择散热器上安装的阀门类型”对话框，如图 5-63 所示。在该对话框中可以选择相应的阀门。

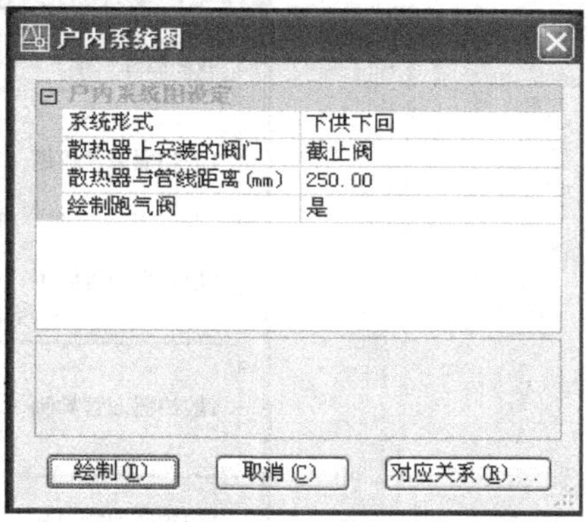

图 5-62 “户内系统图”对话框

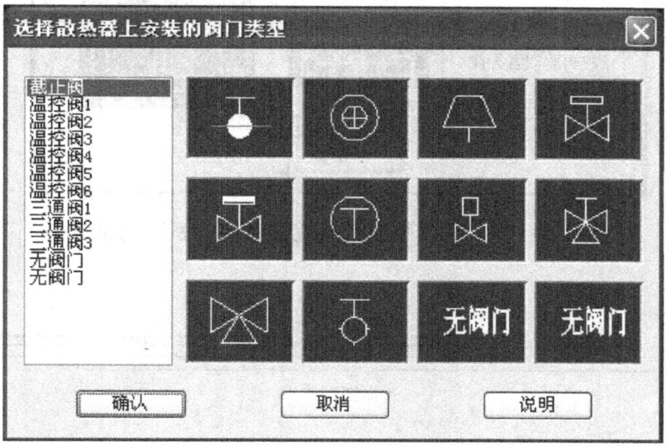

图 5-63 “选择散热器上安装的阀门类型”对话框

单击“对应关系(R)...”按钮，弹出“散热器平面图系统图对应关系”对话框，如图 5-64 所示。平面图形式与对应的系统图形式的对照图如图 5-65 所示。

3. 手绘系统图

【功能】 手工绘制分户计量采暖系统的系统图。

【菜单】 “分户”→“手绘系统图”。

【用法】 选择上述菜单项，在随后弹出的子菜单中选择相应的命令进行手绘系统图。

(1) 布置系统图散热器　选择“布置系统图散热器”命令，弹出“布置系统图散热器”对话框，如图 5-66 所示。该对话框中散热器系统图形式总共有 7 种，用户设计时，从“散热器系统图形式”下拉列表框中进行选择即可。散热器绘制参数设置同前所述，设置完成后单击“布置”按钮，返回图面，命令行提示如下：

布置散热器或[修改插入点(I)/修改轴测角度(S)/退出(E)]:

在图面中点选散热器布置点

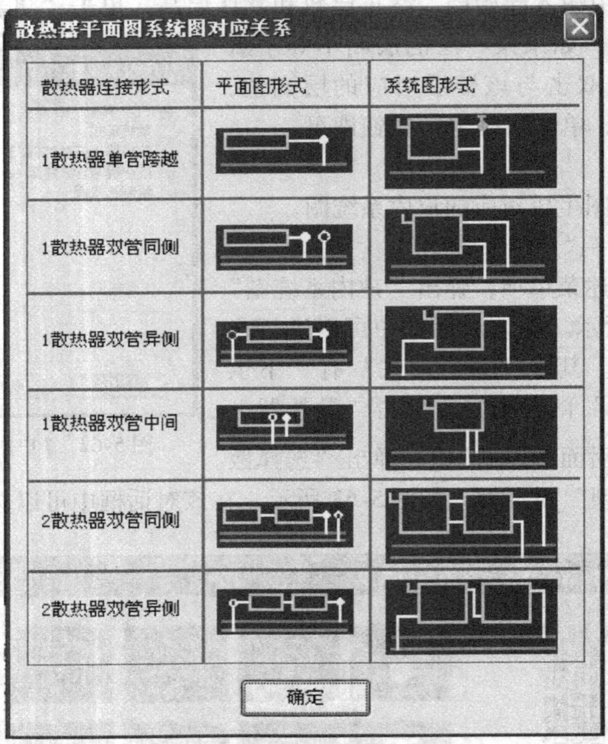

图 5-64 “散热器平面图系统图对应关系”对话框

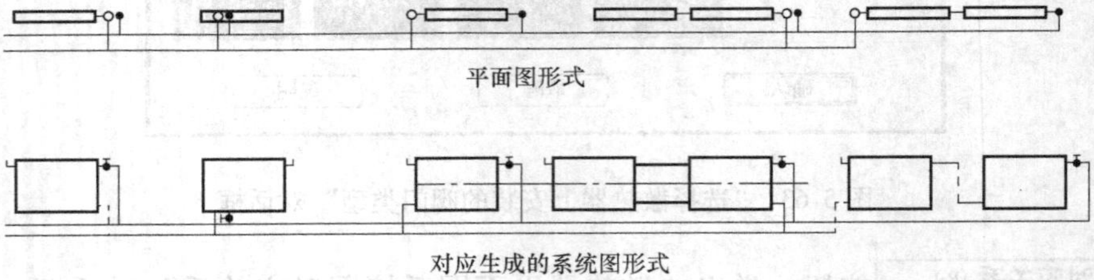

图 5-65 平面图形式与对应系统图形式对照图

输入旋转角度或[修改插入点(I)]〈0〉：输入散热器旋转角度，按〈Enter〉键完成布置

命令行中各提示选项的含义如下：

1）修改插入点（I）：依次按照散热器底部中点、供水管底部接入点和回水管底部接入点的顺序循环改变。

2）修改轴测角度（S）：每修改一次，系统都会将当前的轴测角度增加 45°。45°轴测角的双管同侧散热器布置在图面上，如图 5-67 所示。

（2）生成干管系统图 选择“生成干管系统图”命令，按照命令行提示依次框选平面图干管、点选平面图基点、点选系统图基点，即可从平面图自动生成系统图干管。

（3）绘制系统图干管 系统图干管的绘制方法同 5.1.6 节中的手绘系统图。

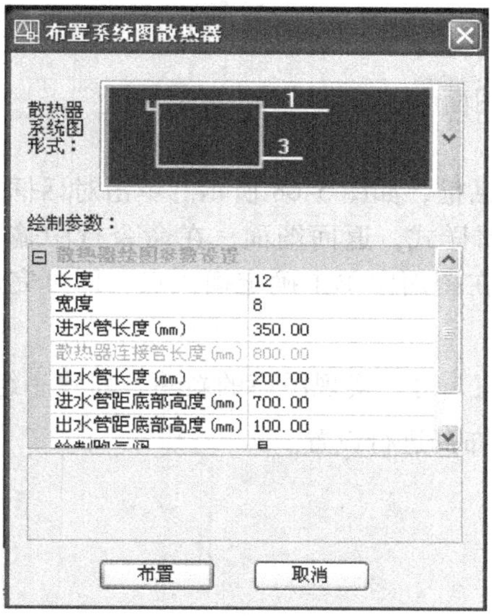

图 5-66 “布置系统图散热器”对话框

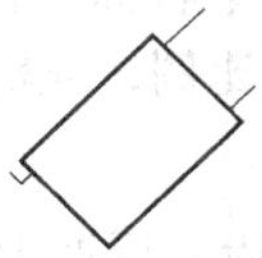

图 5-67 45°轴测角双管同侧散热器布置图示

（4）自动连线 选择“自动连线”命令，按照命令行提示依次点选或框选供水干管、回水干管（可以跳过）、散热器，按〈Enter〉键即可实现手绘系统图中系统散热器和干管的自动连接。

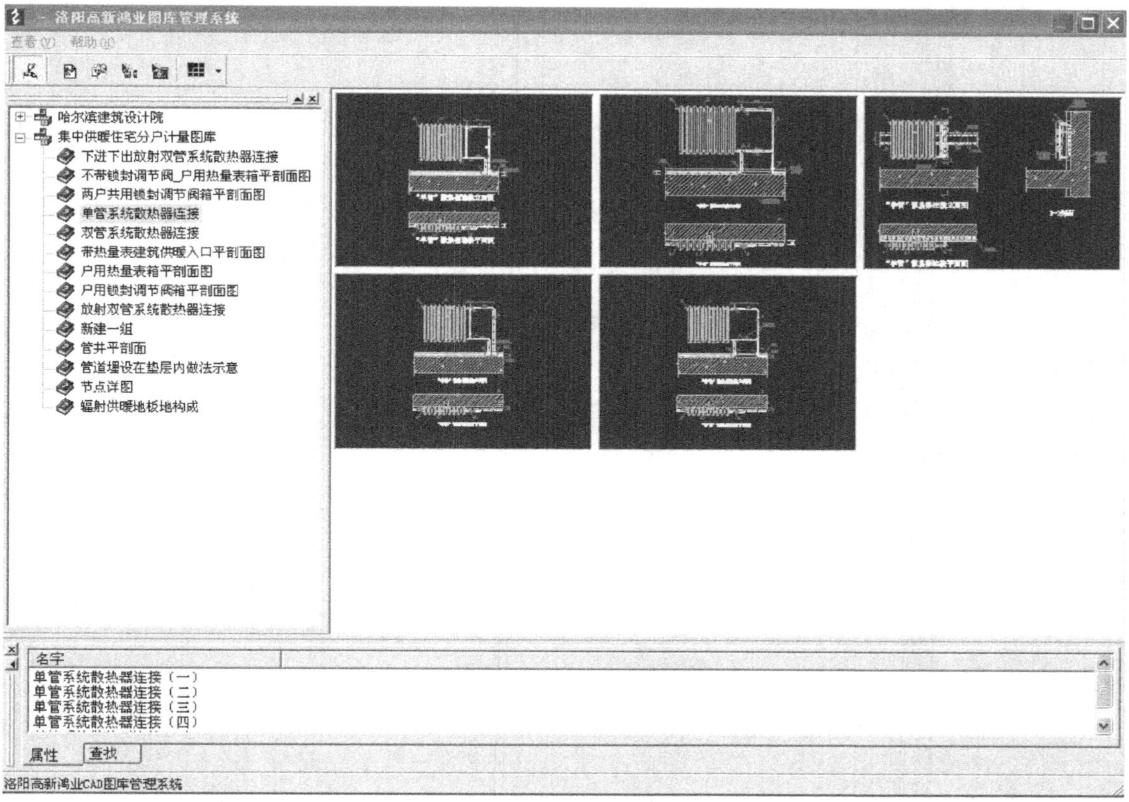

图 5-68 “大样图库”对话框

5.2.6 大样图库

【功能】 从大样图库中选择大样图，然后绘制在图面中。

【菜单】 “分户”→“大样图库”。

【用法】 选择上述菜单项，弹出“大样图库”对话框，如图5-68所示。单击对话框左侧窗格中的图库名称，在右侧幻灯区双击一种大样图样式，返回图面，在命令行中输入“S”确定缩放比例，或输入“D”确定旋转角度，或在图面中单击确定插入点，即可完成大样图的绘制。

在大样图库对话框中单击、、和按钮，可以实现图库的新建、新建一组、插入新图和批量入库操作；单击按钮，可以对幻灯布局进行设置。

6

第 6 章 空调与通风工程设计

6.1 焓湿图

6.1.1 绘制设置

焓湿图是反映湿空气状态参数及其变化过程的湿空气性质图，利用它可以方便地分析空调系统的空气处理过程。

【功能】 设置焓湿图模块系统。

【菜单】 “焓湿图”→“绘制设置”。

【用法】 选择上述菜单项，弹出“焓湿图绘制设置”对话框，如图 6-1 所示。

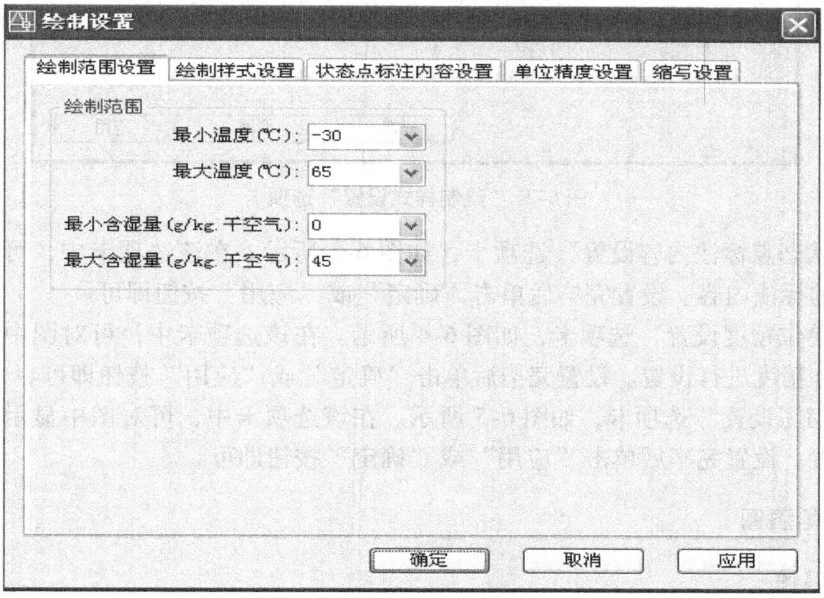

图 6-1 “焓湿图绘制设置”对话框

在该对话框中，选择“绘制范围设置”选项卡，在其中可对最小温度与最大温度范围进行设置。最小温度可在 -80 ~ 20℃任意选择，最大温度可在 20 ~ 90℃任意选择。同时，该命令也包括对含湿量的范围进行设置，在其下拉菜单中可根据需要选取最大含湿量与最小含湿量值。但在暖通空调工程设计中，最低温度一般取 -30℃，最高温度一般取 65℃；最小含湿量一般取0g/kg干空气，最大含湿量一般取45g/kg干空气，即可满足需要。设置完毕单击“确定”或“应用”按钮即可。

选择“绘制样式设置”选项卡，如图6-2所示。在该选项卡中，用鼠标左键单击“颜色”、“线型”或“线宽”选项，弹出下拉菜单，可对各参考线、过程线的颜色、线型以及线宽进行设置。使用同样的方法可对状态点的颜色和大小进行设置。设置完毕后单击“确定”或“应用”按钮即可。

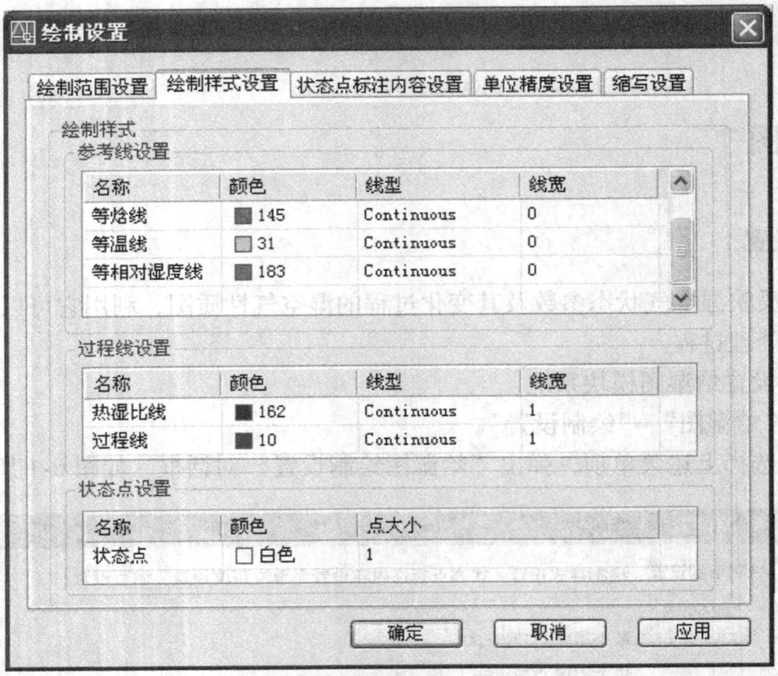

图6-2 “绘制样式设置”选项卡

选择“状态点标注内容设置”选项卡，如图6-3所示。在该选项卡中，可以设置焓湿图上状态点的标注内容。设置完毕后单击“确定”或“应用”按钮即可。

选择“单位精度设置”选项卡，如图6-4所示。在该选项卡中，可对图中显示的各个变量的单位和精度进行设置。设置完毕后单击“确定”或“应用”按钮即可。

选择“缩写设置”选项卡，如图6-5所示。在该选项卡中，可对图中显示的各个参数进行缩写设置。设置完毕后单击“应用”或“确定”按钮即可。

6.1.2 绘制焓湿图

1. 绘焓湿图

【功能】 绘制焓湿图。

【菜单】 “焓湿图”→“绘焓湿图”。

【用法】 选择上述菜单项，弹出“绘制焓湿图”对话框，如图6-6所示。在该对话框中，首先要确定所绘制的焓湿图的大气压，大气压的有效范围为50000～110000Pa。可以直接输入大气压值。也可以单击“大气压”下拉列表框右侧的[…]按钮，进入“气象参数管

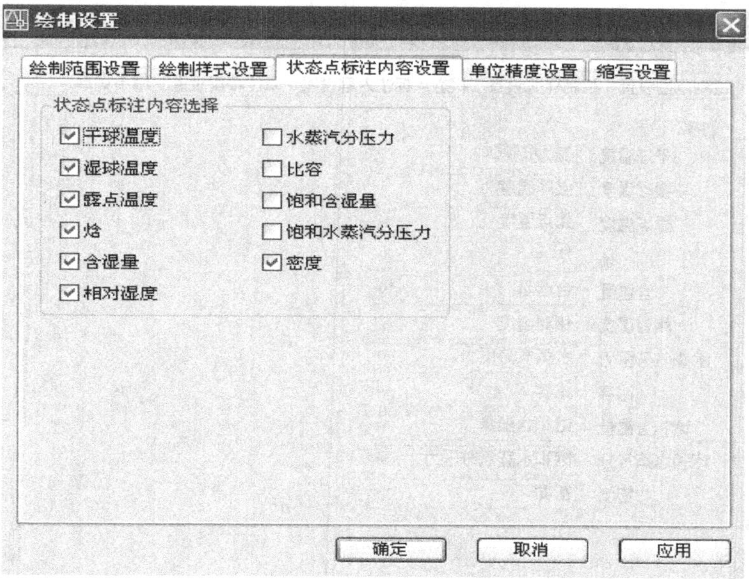

图 6-3 “状态点标注内容设置”选项卡

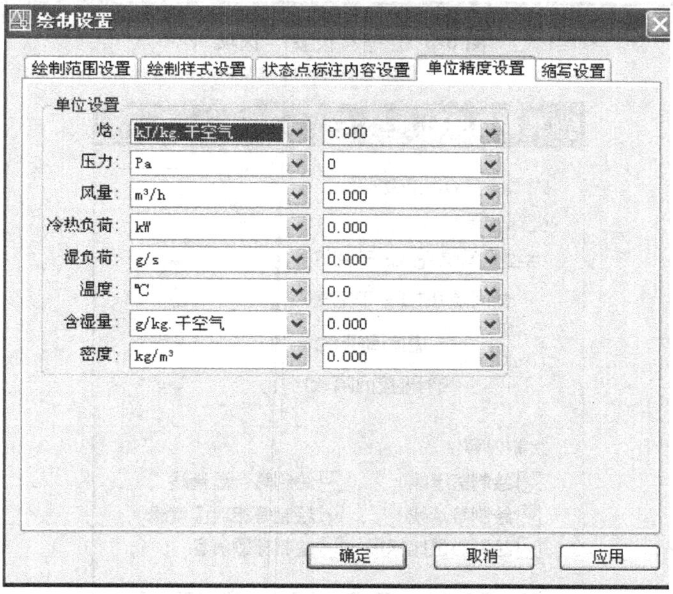

图 6-4 “单位精度设置”对话框

理器”对话框，如图 6-7 所示。在“气象参数管理器”中，单击“城市”列表框中的任意城市，在右侧的“气象参数”组合框中就相应地给出了该城市的气象参数，单击“确定”按钮即可。接下来设置焓湿图坐标尺以及绘制内容。单击 绘制设置... 按钮，可以启动“绘制设置”命令。单击“绘制”按钮，程序自动关闭“绘制焓”对话框，在图面中点取焓湿图的左下角点后，即可在图面中进行焓湿图的绘制，绘制结果如图 6-8 所示。

度、焓、含湿量等参数值。

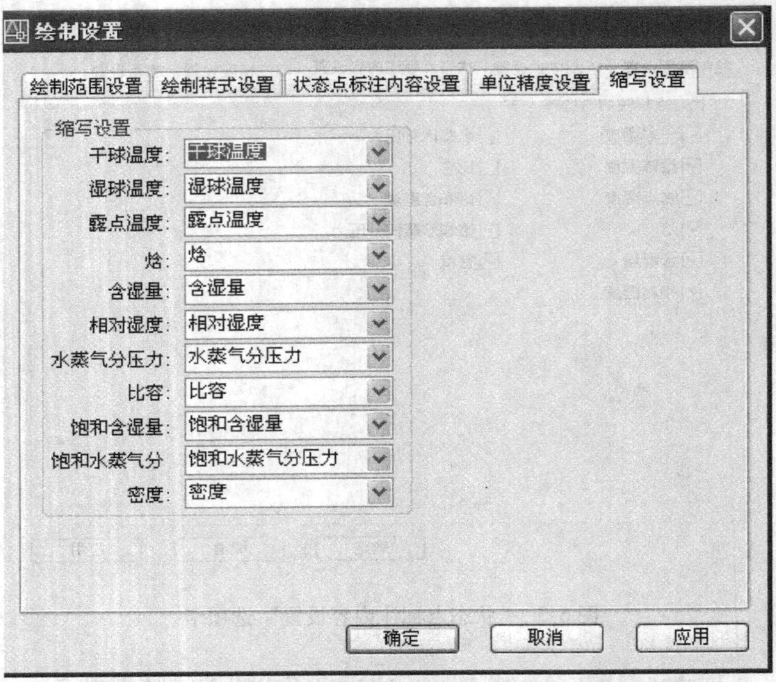

图 6-5 “缩写设置”选项卡

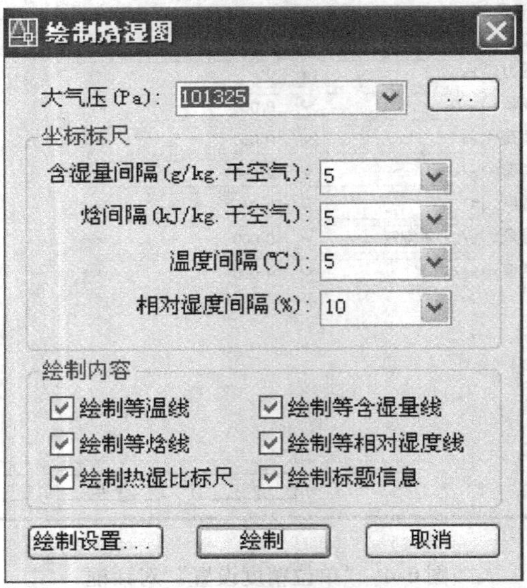

图 6-6 “绘制焓湿图”对话框

2. 空气状态点

在空调方案设计阶段，需要在焓湿图上绘制空气的状态点，并计算该点的温度、相对湿度、焓、含湿量等参数值。

【功能】 空气状态点参数的计算、管理、选择与标注。

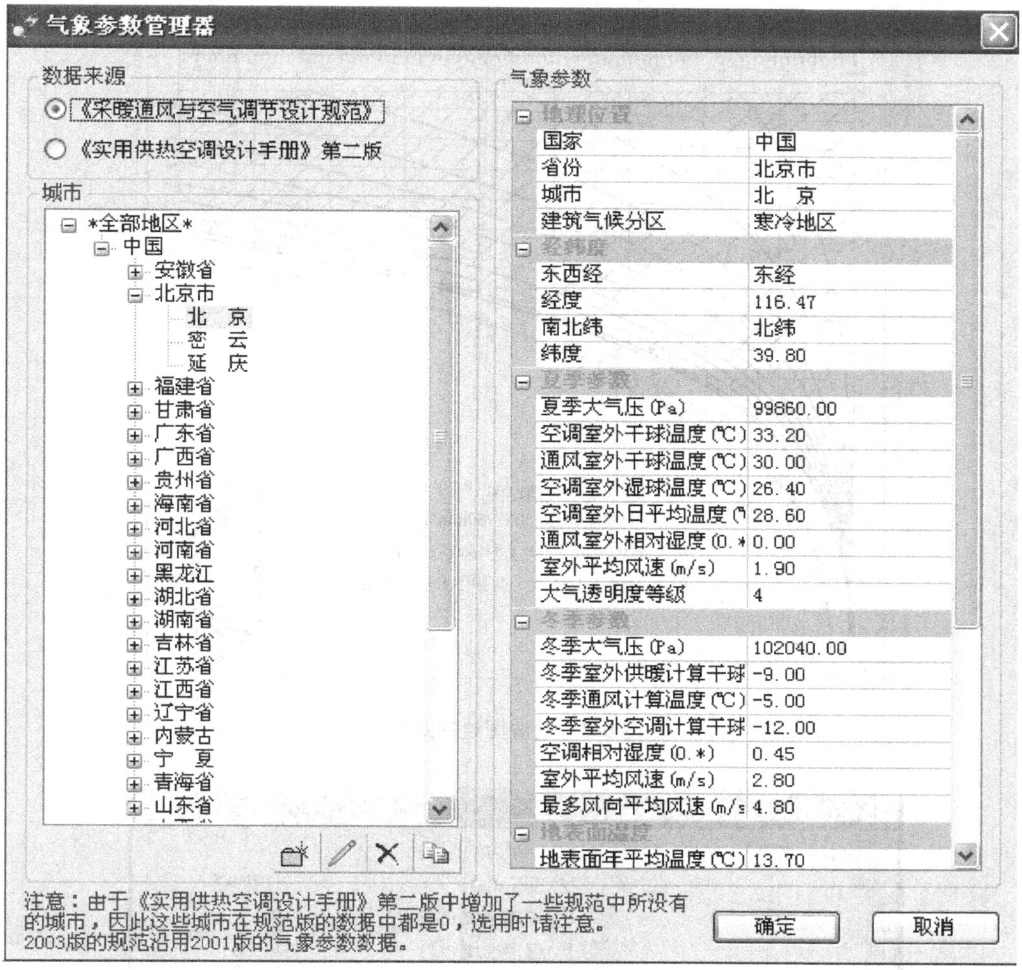

图 6-7 “气象参数管理器”

【菜单】 “焓湿图”→“空气状态点”。

【用法】 选择上述菜单项，弹出“空气状态参数”对话框，如图 6-9 所示。该命令的执行需在焓湿图绘制完成以后。由于任何两个独立参数的等值线的交点都可以在焓湿图上确定一个具体的状态点，所以在“空气状态参数”对话框的前七个复选框中任选两个并在其后的文本框中输入参数值，单击 计算 按钮，即可计算出此状态点其他参数。单击 标注... 按钮，返回图面，在图面中单击标注引线后按〈Enter〉键确定，该状态点及其参数即可显示在焓湿图上。如图 6-10 所示，标注的内容、单位、精度等可使用“绘制设置”命令进行修改。

当任意两个复选框呈选中（亮显）状态时，其余 5 个复选框均呈不可选（灰显）状态，此时要改变参数选择，可先去掉选中的复选框，重新进行选择。但并不是任何两个参数都可在焓湿图上确定一个状态点，若确定的状态点不在焓湿图内，则显示计算无效。

为了应用方便，可添加状态点。例如，要添加一个室内状态点，可在图 6-9 所示的对话

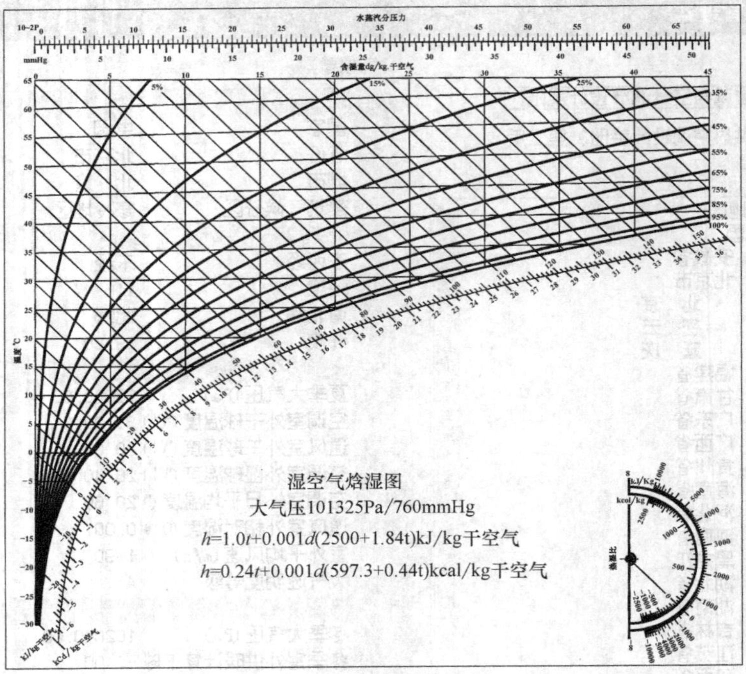

图 6-8 焓湿图绘制效果

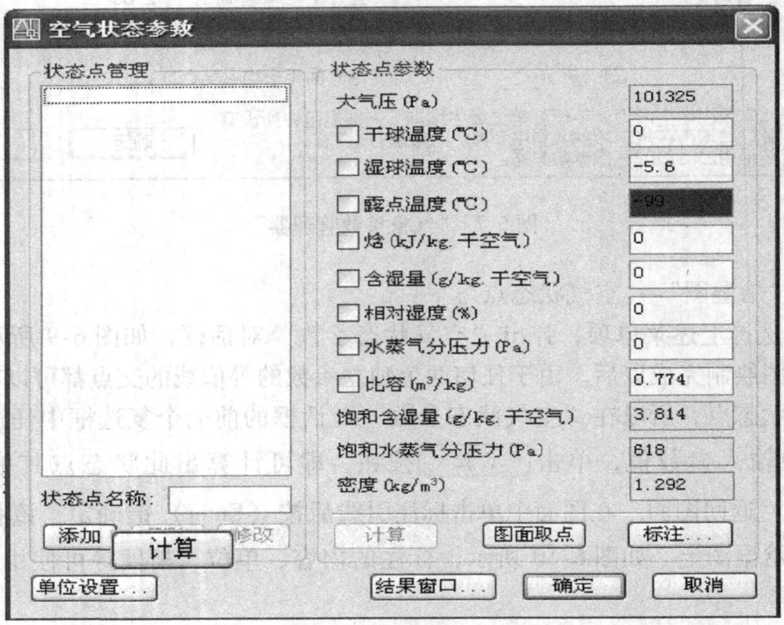

图 6-9 “空气状态参数”对话框

框的“状态点名称”文本框中输入室内状态点的名称，并在“状态点参数”组合框中选择任意两个能够唯一确定该状态点的参数，依次单击 计算 、 添加 按钮即可。如果不需

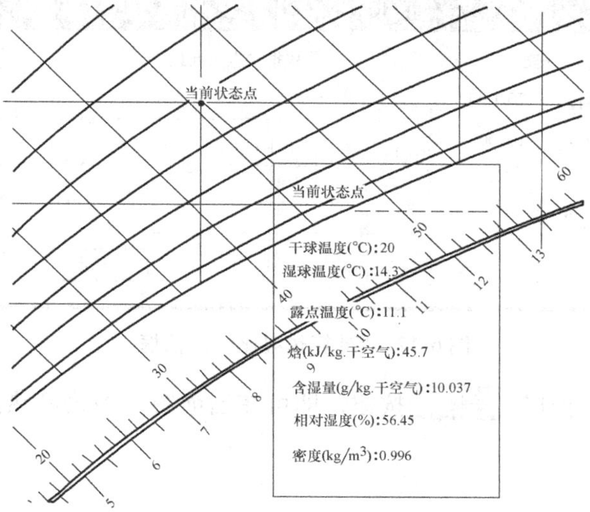

图 6-10　空气状态点标注效果图

要该点或要进行修改，则点取该点后，单击“删除”或“修改”按钮即可。

如果要显示所绘状态点的参数，则单击对话框中的[结果窗口...]按钮，在随后弹出的窗口中即可显示状态点的参数。

单击[图面取点]按钮，可以在图面中拾取点，并进行参数的查询和修改操作。单击[单位设置...]按钮，可以打开“绘制设置”命令的“单位精度设置”选项卡进行单位和精度的设置。

3. 绘热湿比线

【功能】 绘制热湿比线。

【菜单】 “焓湿图”→“绘热湿比线”。

【用法】 选择上述菜单项，弹出“绘制热湿比线”对话框，如图 6-11 所示。该命令需在焓湿图绘制完成后执行。

要绘制热湿比线，首先要确定热湿比值。热湿比值的确定方法有以下两种。

方法 1：在“绘制热湿比线”对话框中直接输入热湿比值。

方法 2：通过计算求得热湿比值。计算时单击“绘制热湿比线”对话框中的[...]按钮，弹出“计算热湿比”对话框，如图 6-12 所示。热湿比的计算有两种方式，一种是根据余热余湿计算，另一种是根据状态点计算。根据余热余湿计算需输入冷负荷和湿负荷值，再单击□按钮（图 6-12 中标记为“1”的按钮），即可计算出热湿比值；根据状态点计算需确定热湿比线所经过的任意两个状态点，选择状态点后单击□按钮（图 6-12 中标记为“2”的按钮），即可计算出热湿比值。

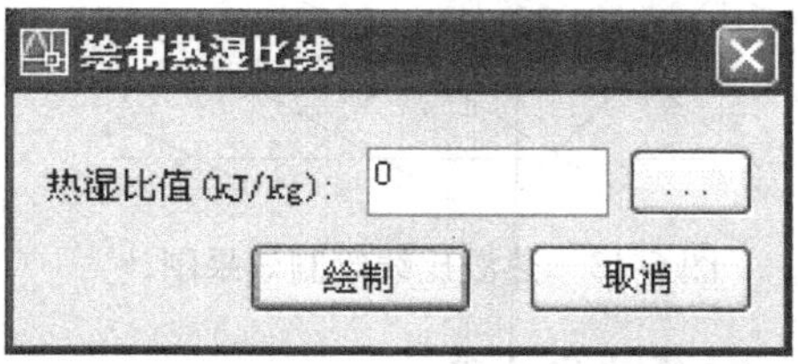

图 6-11　“绘制热湿比线”对话框

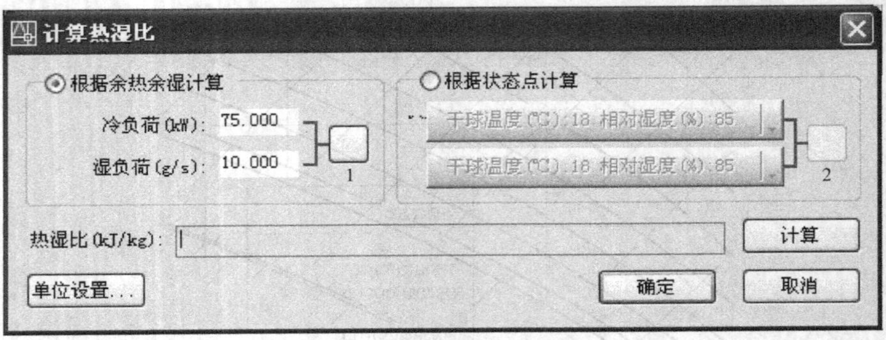

图 6-12 “计算热湿比”对话框

热湿比值确定后，单击 绘制 按钮，即可在当前图面中绘制热湿比线。热湿比线绘制效果如图 6-13 所示。

4. 等值参考线

【功能】 绘制等温线、等焓线、等含湿量线和等相对湿度线。

【菜单】 “焓湿图”→“等值参考线”。

【用法】 选择上述菜单项，弹出“绘制等值参考线”对话框，如图 6-14 所示。在该对话框中选择等值线类型，并在相应的文本框中输入等值线数值，单击 绘制 按钮即可绘制等值线。单击等值线类型后面的 ... 按钮，可以打开“空气状态参数”对话框。单击 单位设置... 按钮，可以打开“绘制设置”对话框。

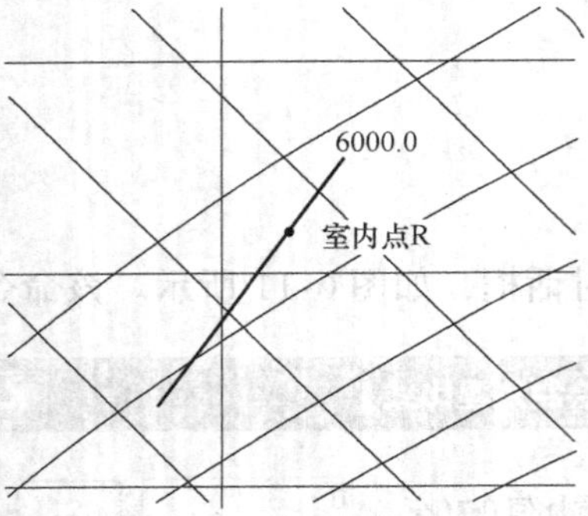

图 6-13 热湿比线绘制效果图

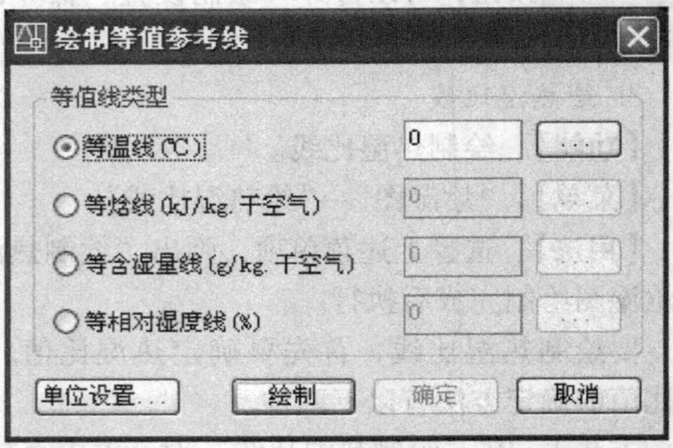

图 6-14 “绘制等值参考线”对话框

5. 等值线过程

【功能】 绘制等值线过程。

【菜单】 “焓湿图”→“等值线过程”。

【用法】 选择上述菜单项，弹出“等值线过程”对话框，如图 6-15 所示。在该对话框的“等含湿量过程”选项卡中，可以直接输入初、终状态点参数；或者点击对话框右侧 ... 按钮，在随后打开的“空气状态参数”对话框中选取初、终状态点，然后单击“等值线过程”对话框中的 计算 按钮，即可根据初、终状态点参数值计算出状态点的其他

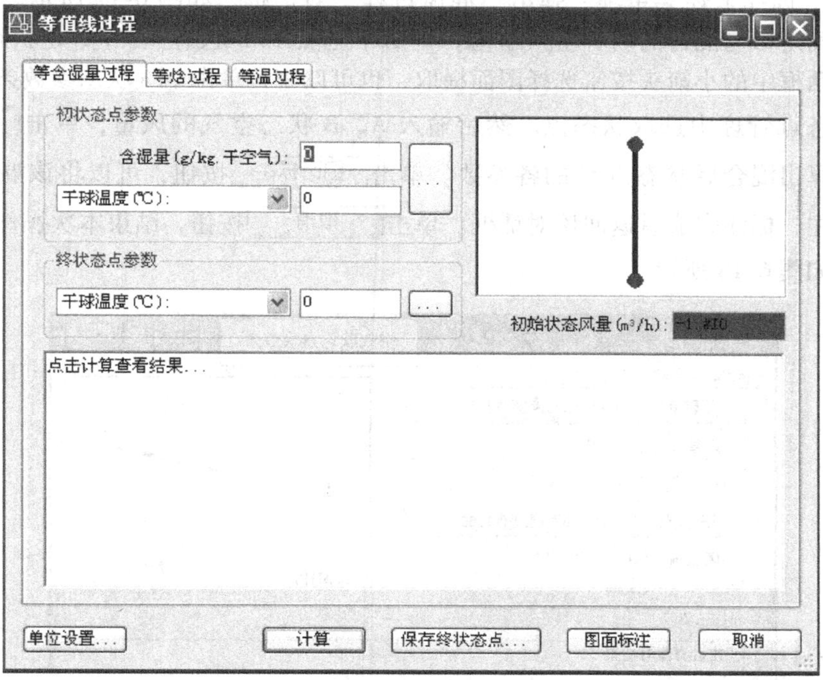

图 6-15 “等值线过程”对话框

参数。计算后得到的初、终状态点信息，可在图面中进行标注。单击 图面标注 按钮，关闭“等值线过程”对话框，在图面中点取标注引线终点即可完成绘制。单击 取消 按钮，结束本次操作。等焓过程、等温过程的绘制与等含湿量过程的绘制相似，此处不再赘述。等值线过程的绘制效果如图 6-16 所示。

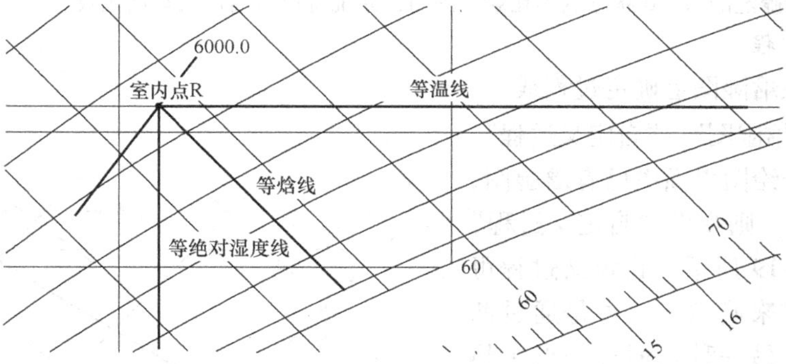

图 6-16 等值线过程绘制效果图

6. 混风过程

【功能】 绘制两种不同状态的空气的混合过程。

【菜单】 “焓湿图”→“混风过程”。

【用法】 选择上述菜单项，弹出“混风过程”对话框，如图6-17所示。在该对话框中，首先要确定参与混合的两种空气状态，即A状态点和B状态点。A、B状态点的确定，可以单击对话框中的小箭头按钮选择图面提取，也可以直接单击空气状态参数条，在随后打开的空气状态点管理中选取状态点。然后输入A、B状态空气的风量，单击 计算 按钮，即可计算出混合后状态点C的各参数。单击 图面标注 按钮，可以将该混风过程在图面上进行标注，标注完成后返回该对话框。单击 取消 按钮，结束本次操作。混风过程的绘制效果如图6-18所示。

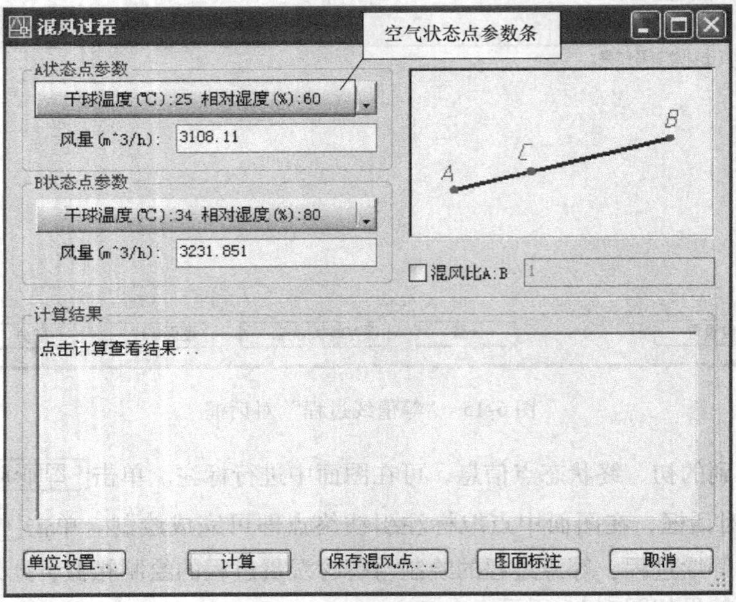

图6-17 “混风过程”对话框

【注意】 若确定的A、B状态点不在焓湿图内，系统将提示用户状态点无效。

7. 自定义过程

【功能】 在焓湿图上确定过程线

【菜单】 “焓湿图”→“自定义过程”。

【用法】 若绘图界面中已有焓湿图，选择上述菜单项，则弹出“自定义过程”对话框，如图6-19所示。自定义过程可以通过两种方式来确定，一种是通过两点确定过程线，另一种是通过一点+热湿比线确定过程线。对于第一种方式，可在空气状态点参数条的下拉列表中选择已绘制的状态点，也可点击□按钮在图面中直接点取。对于第二种方式，其中的“一点”可在下拉列表中选取已绘

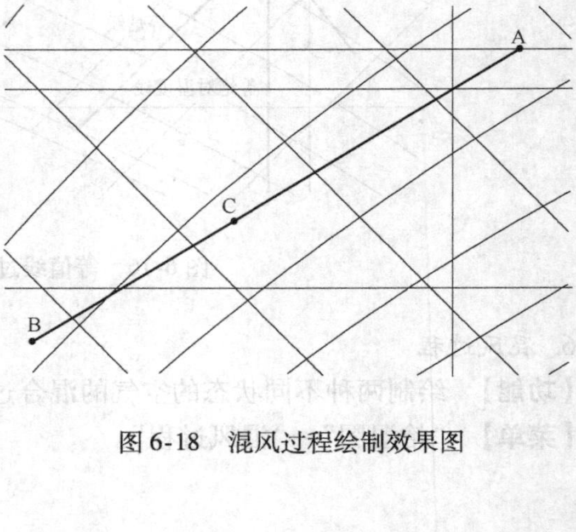

图6-18 混风过程绘制效果图

制的状态点来确定；“热湿比”可以在“热湿比”文本框中直接输入，也可以单击[...]按钮，在打开的“计算热湿比”对话框中通过计算求得。然后再单击[请选择等值参考线...]按钮，弹出如图 6-20 所示的“绘制等值参考线”对话框。在该对话框中，可以任意选择一种等值线，并输入相应的值来确定与热湿比线相交的等值参考线。此时单击“自定义过程”对话框中的[计算]按钮，该过程线的计算结果就显示在“过程结果”列表框中。如果要在焓湿图上进行标注，可单击[图面标注]按钮。如果操作过程中有一个状态点无效，在标注

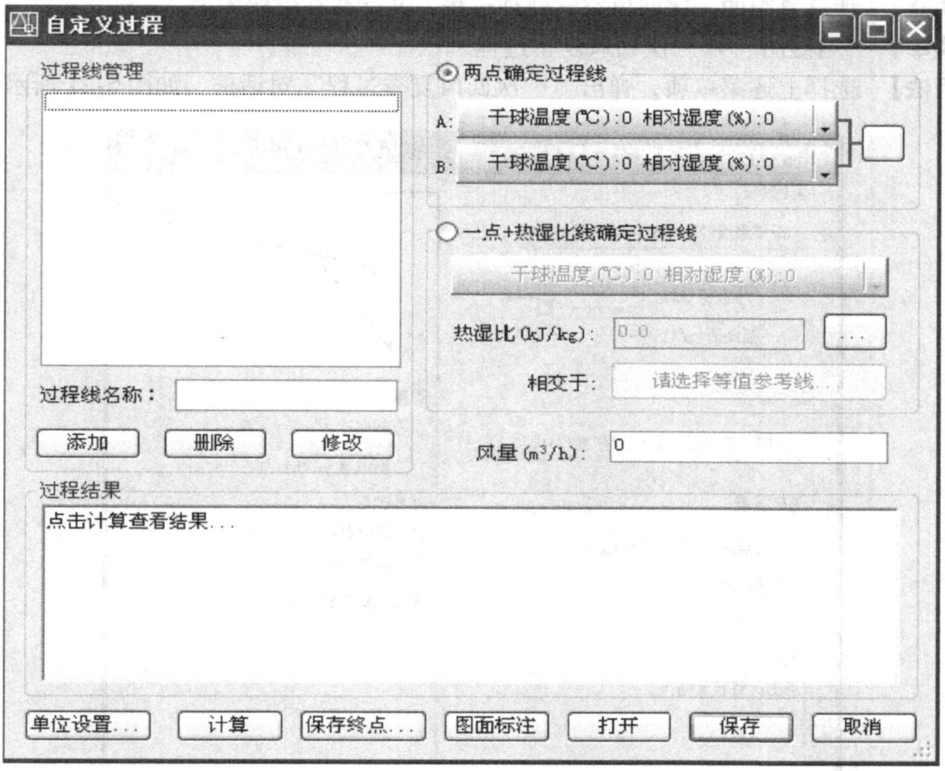

图 6-19　“自定义过程”对话框

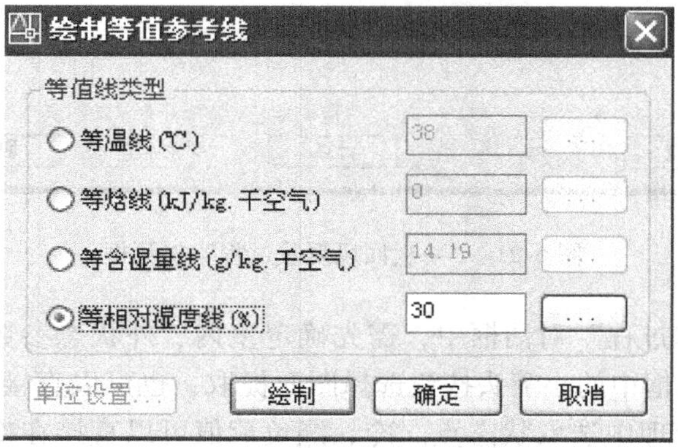

图 6-20　绘制等值参考线对话框

时系统就会提示“处理过程状态点无效”。此时，应返回“自定义过程”对话框重新确定状态点。

6.1.3 空气处理过程焓湿图的绘制与计算

1. 一次回风夏季过程

在空调方案设计阶段，需要在焓湿图上表示空气的各种处理过程，并计算各个空气处理过程所需的设备容量。

【功能】 计算夏季的一次回风空气处理过程，并标注在焓湿图上。

【菜单】 “焓湿图”→“一次回风夏季过程”。

【用法】 选择上述菜单项，弹出“一次回风夏季过程”对话框，如图6-21所示。

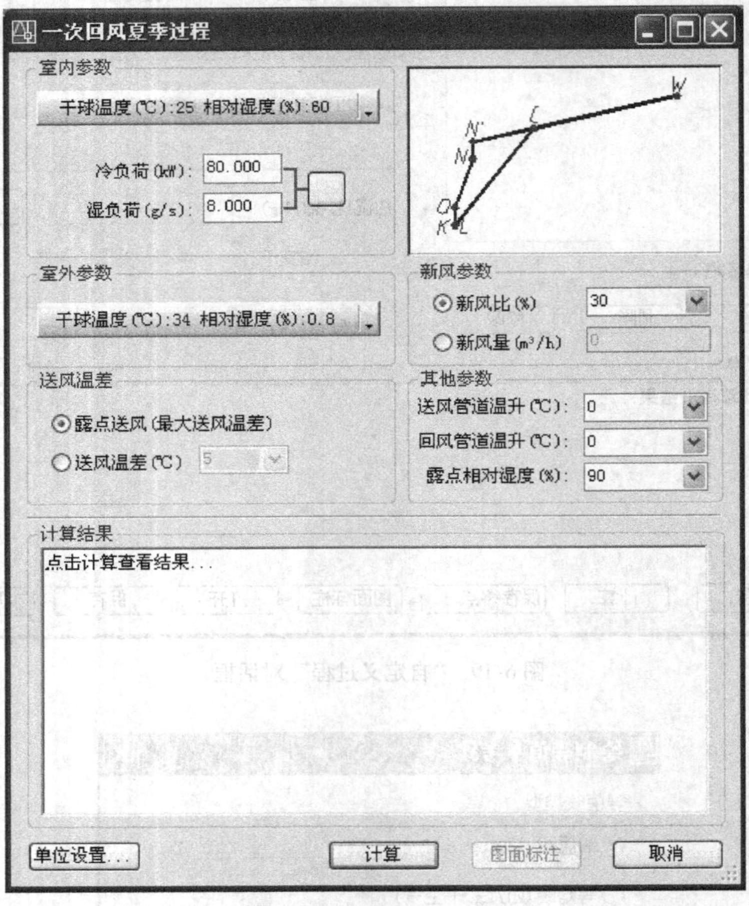

图6-21 “一次回风夏季过程”对话框

在“一次回风夏季过程”对话框中，需先确定室内、外状态参数。室内、外状态参数的确定，可以单击对话框中的小箭头按钮选择图面提取，也可以直接单击空气状态参数条，在打开的空气状态点管理中选取状态点。冷、湿负荷值可以直接在冷、湿负荷文本框中输入，也可以单击□按钮，从图面房间中（负荷参数块在此之前必须已计算）提取。若选中多个负荷参数模块，则将它们的余热、余湿相加，单击鼠标右键或按〈Enter〉键确认。若选中的参数块包含余热、余湿这两个信息，将返回“一次回风夏季过程”对话框，并在相应的文本框中显示其值；否则，系统将提示“没有选中负荷”。接下来确定送风温差、新风参数及其他参数。如果采用温差送风，可直接输入空调房间要求的送风温差；如果采用露点送风，即采用最大的送风温差（优先采用），直接在对话框中选择“露点送风”单选按钮即可。各空气处理方案在该对话框右上角的预览框中均可预览。另外，确定新风参数时，可以输入新风百分比，或者直接输入房间的新风量。其他参数的确定可根据实际情况而定。

各参数设置完成后，单击 计算 按钮，即可计算出系统负荷及一次回风各状态点的参数值。计算得到的结果信息，可单击 图面标注 按钮，在图上进行标注。一次回风夏季计算过程的效果图如图 6-22 和图 6-23 所示。

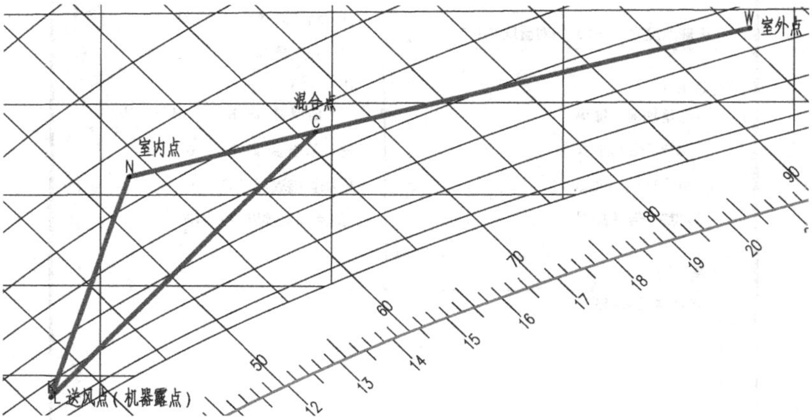

图 6-22 一次回风夏季过程——露点送风焓湿图绘制效果图

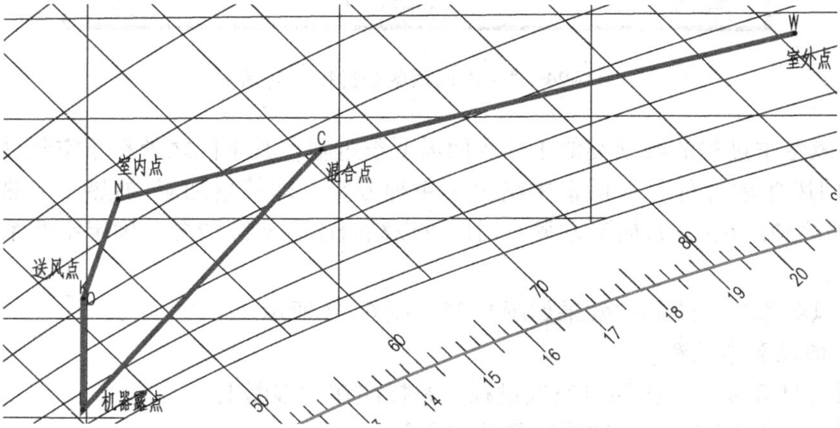

图 6-23 一次回风夏季过程——温差送风焓湿图绘制效果图

【注意】 若确定的某一状态点不在焓湿图内，系统将给出状态点无效的提示。另外，以上焓湿图没考虑管道温升，如要考虑，在“一次回风夏季过程”对话框的“其他参数”组合框中输入管道温升即可。

2. 一次回风冬季过程

【功能】 计算冬季的一次回风空调过程，并标注在焓湿图上。

【菜单】 “焓湿图”→“一次回风冬季过程”。

【用法】 选择上述菜单项，弹出“一次回风冬季过程”对话框，如图 6-24 所示。

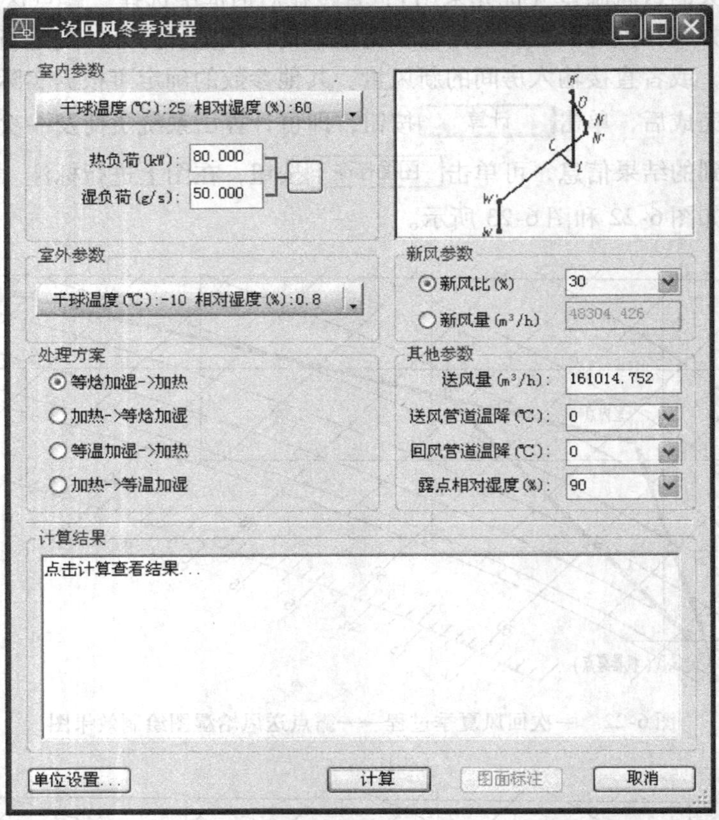

图 6-24 “一次回风冬季过程”对话框

一次回风冬季过程的绘制类似于一次回风夏季过程，其不同之处在于空气处理方案的不同。“一次回风冬季过程”对话框中给出了 4 种方案，即等焓加湿-加热、加热-等焓加湿、等温加湿-加热和加热-等温加湿方案。用户可以结合工程实际情况，确定空调系统冬季的空气处理方案。

一次回风冬季过程绘制的效果如图 6-25 ~ 图 6-28 所示。

3. 二次回风夏季过程

【功能】 计算夏季二次回风空气过程，并标注在焓湿图上。

【菜单】 “焓湿图”→“二次回风夏季过程”。

【用法】 选择上述菜单项，弹出“二次回风夏季过程”对话框，如图 6-29 所示。二次回风夏季过程的绘制类似于一次回风夏季过程，其不同之处在于空气处理方案的不同。二次回风夏季过程只有一种空气处理方案，即温差送风。二次回风夏季过程绘制的效果如图6-30 所示。

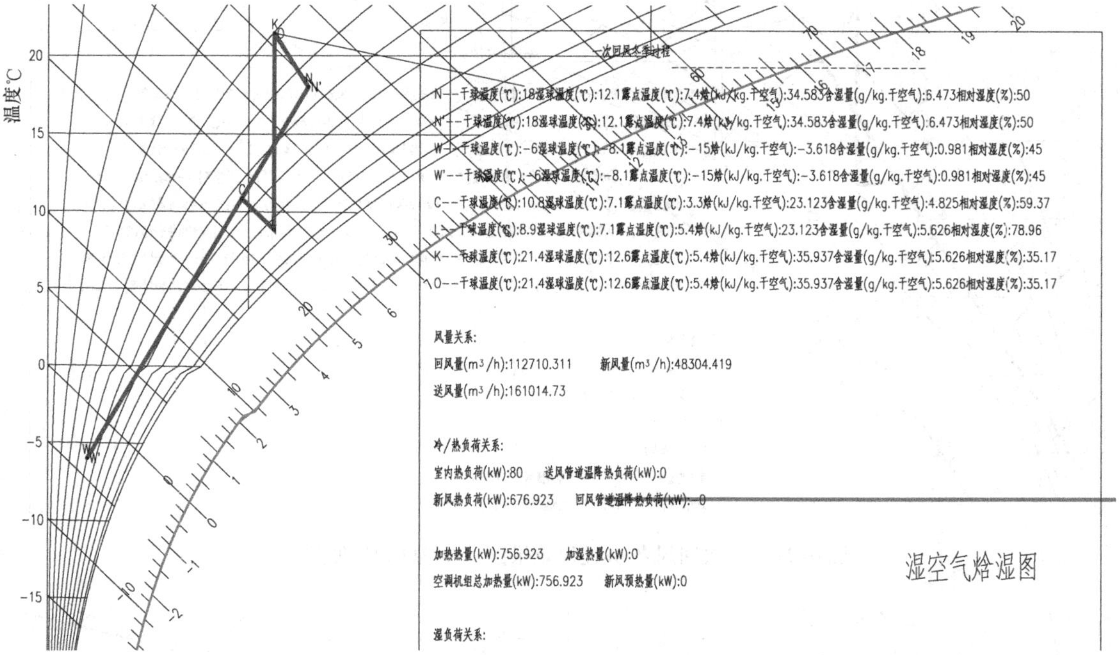

图 6-25 一次回风冬季过程效果图（等焓加湿-加热）

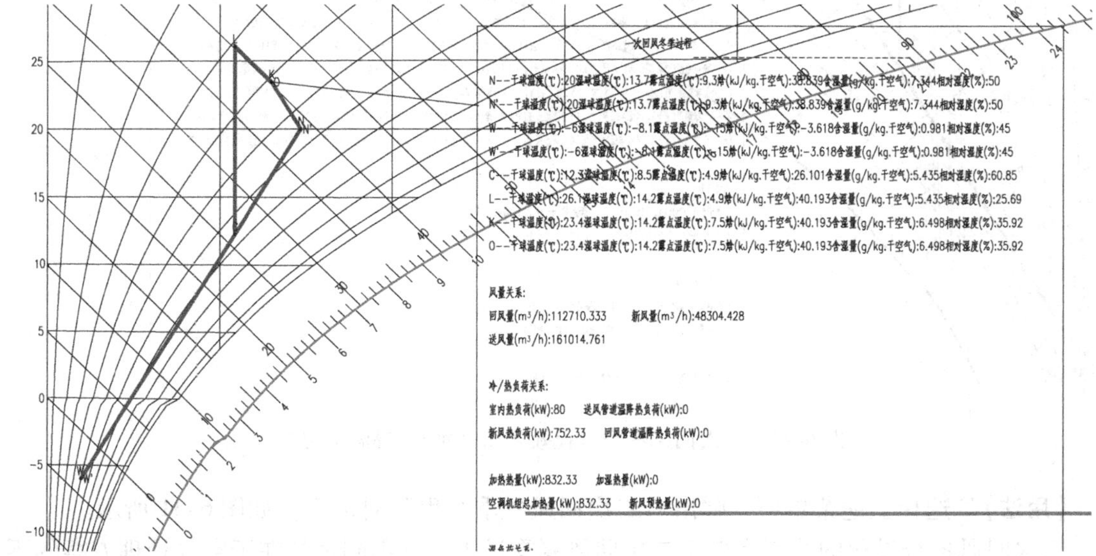

图 6-26 一次回风冬季过程效果图（加热-等焓加湿方案）

4. 二次回风冬季过程

【功能】 计算冬季的二次回风空气处理过程，并标注在焓湿图上。

【菜单】 “焓湿图”→“二次回风冬季过程”。

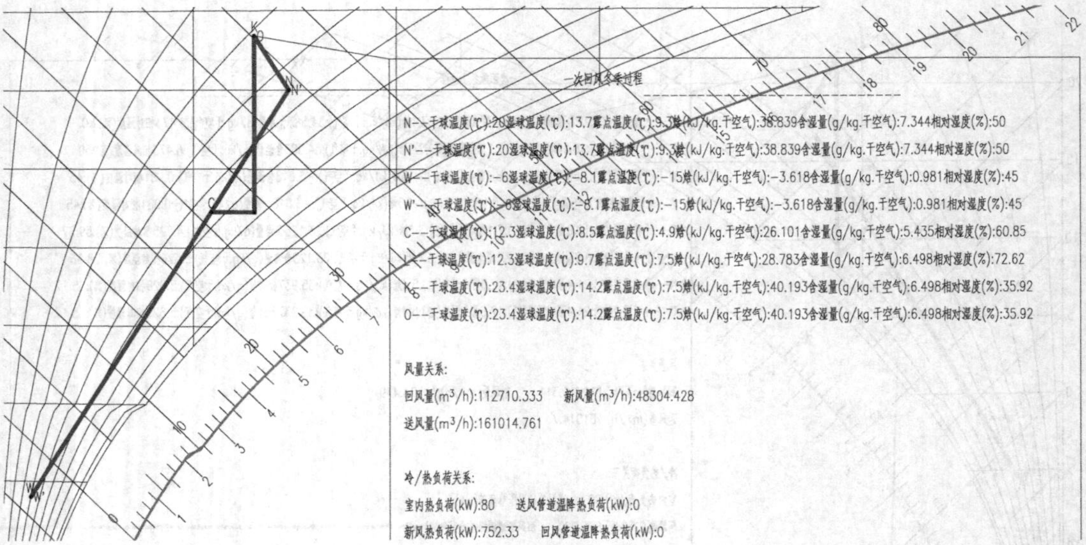

图 6-27 一次回风冬季过程效果图（等温加湿-加热）

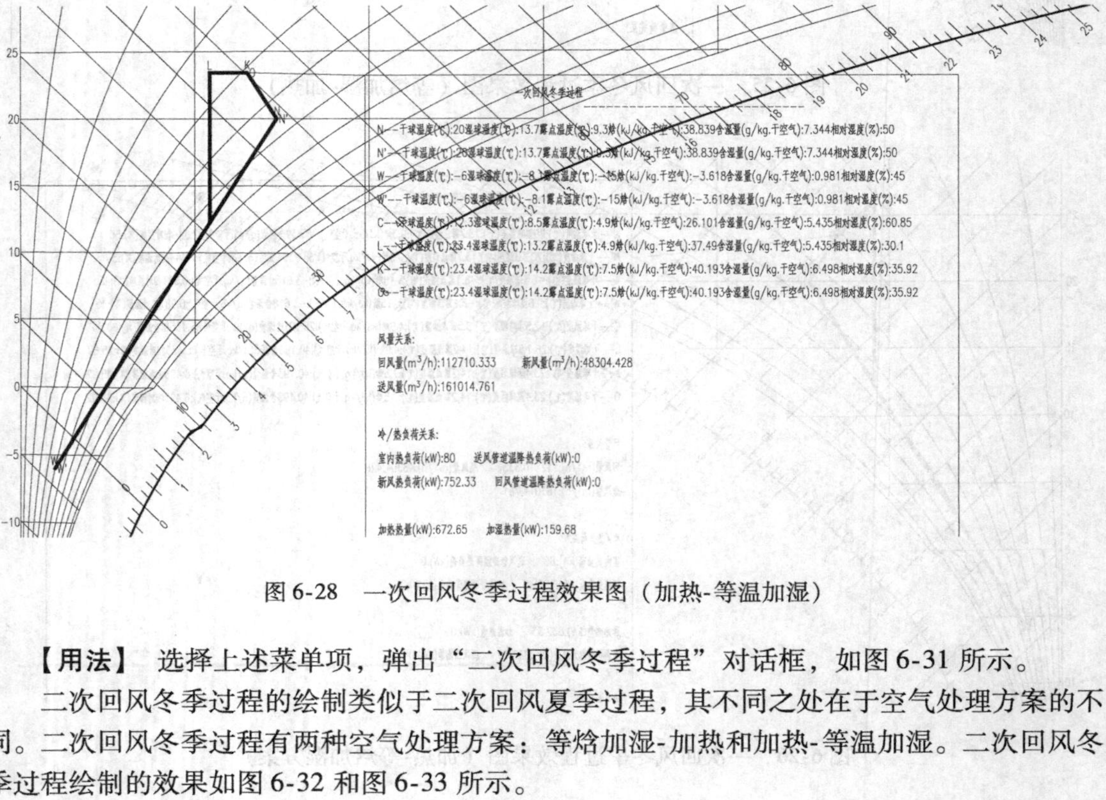

图 6-28 一次回风冬季过程效果图（加热-等温加湿）

【用法】 选择上述菜单项，弹出“二次回风冬季过程”对话框，如图 6-31 所示。

二次回风冬季过程的绘制类似于二次回风夏季过程，其不同之处在于空气处理方案的不同。二次回风冬季过程有两种空气处理方案：等焓加湿-加热和加热-等温加湿。二次回风冬季过程绘制的效果如图 6-32 和图 6-33 所示。

5. 风机盘管处理过程

【功能】 计算风机盘管加独立新风系统的空气处理过程，并标注在焓湿图上。

【菜单】 “焓湿图”→“风机盘管处理过程”。

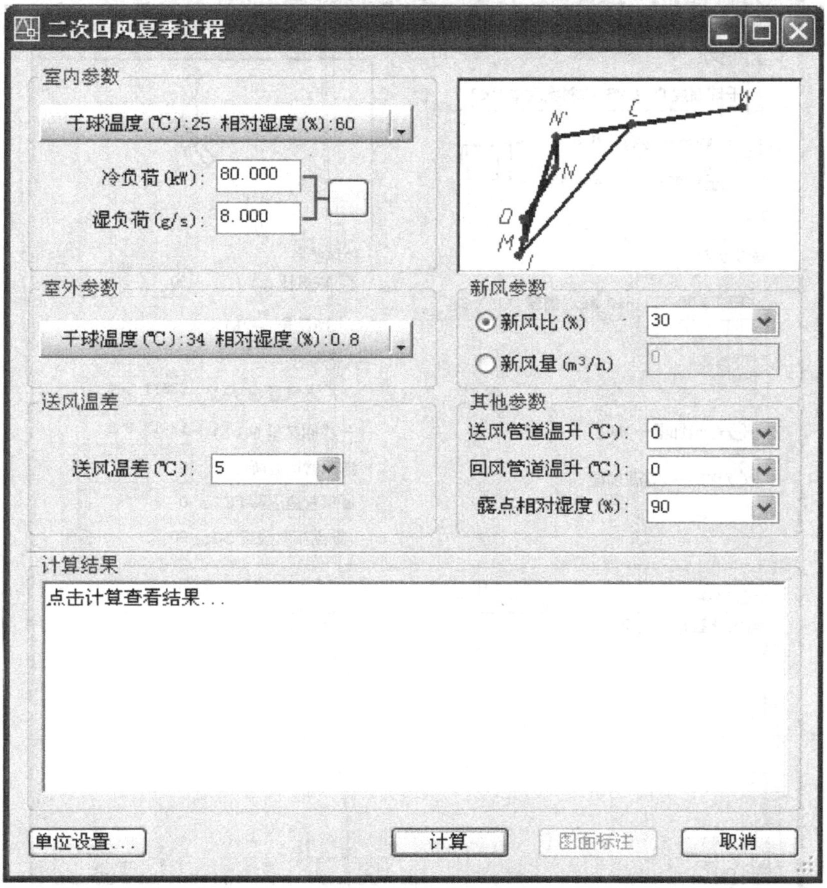

图 6-29　“二次回风夏季过程”对话框

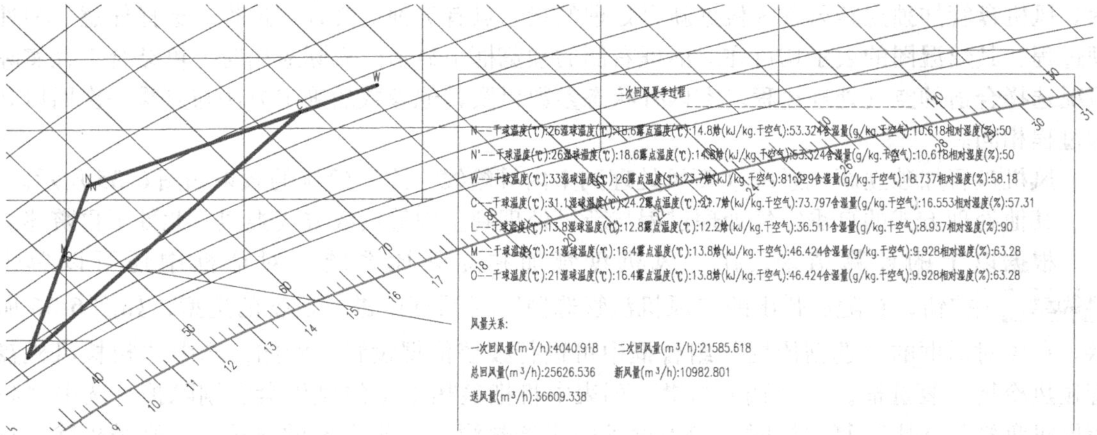

图 6-30　二次回风夏季过程效果图

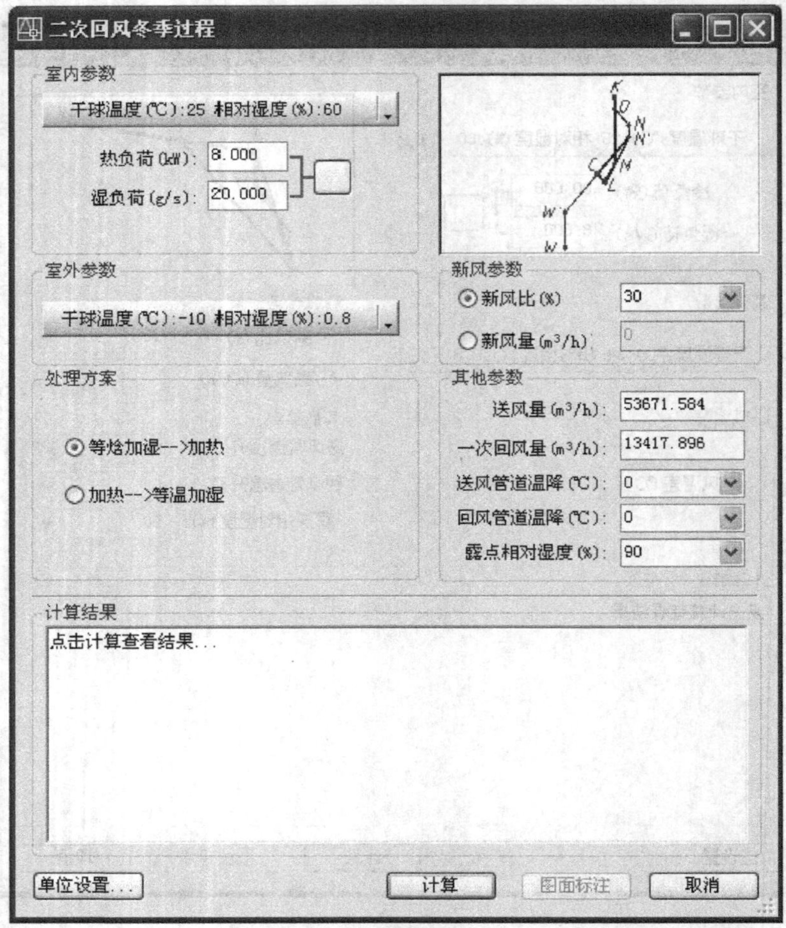

图 6-31 “二次回风冬季过程”对话框

【用法】 选择上述菜单项，弹出“风机盘管加独立新风系统”对话框，如图 6-34 所示。风机盘管加独立新风系统根据新风处理的状态点有 7 种空气处理过程。选择任意一种处理过程，其焓湿图的表示均可在对话框右侧的预览框中显示。实际应用时，可结合工程实际情况选择合适的空气处理过程。室内外状态参数以及其他参数的确定方法与夏季一次回风处理过程相同。

风机盘管加独立新风系统（新风处理到室内等焓线方式）绘制的效果如图 6-35 所示。

其他处理方式的夏季空气处理过程与新风处理到室内等焓线方式类似，此处不再赘述。

根据以上的计算结果，在“风机盘管加独立新风系统”对话框中还可以单击 风盘选型... 按钮，在随后弹出的“风机盘管选型”对话框中进行设备的选型，如图 6-36 所示。在该对话框的“选型依据”组合框中可进行校核依据设置。例如，选中“校核风机盘管显热冷量”复选框，在“选型结果”列表中将把显热不足的风机盘管剔除掉；选中“校核风机盘管热湿比”复选框时，如果设备的机器热湿比大于需要的热湿比，则被剔除；选中“校核风机盘管冬季供热量”复选框时，需在其下方的文本框中输入冬季室内设计温度值和冬季室内热负荷值。

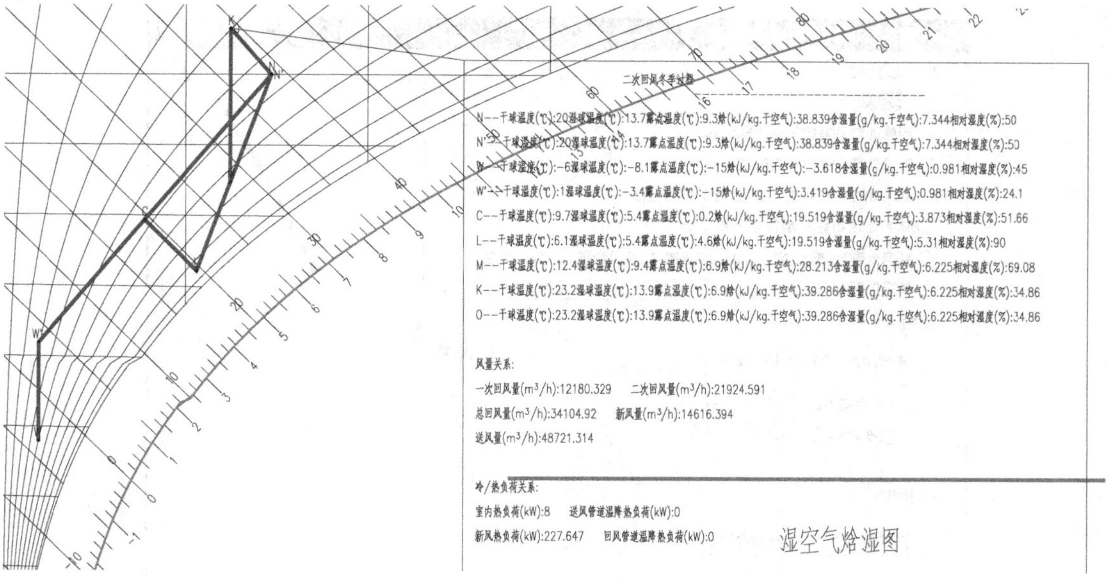

图6-32 二次回风冬季过程效果图（等焓加湿-加热）

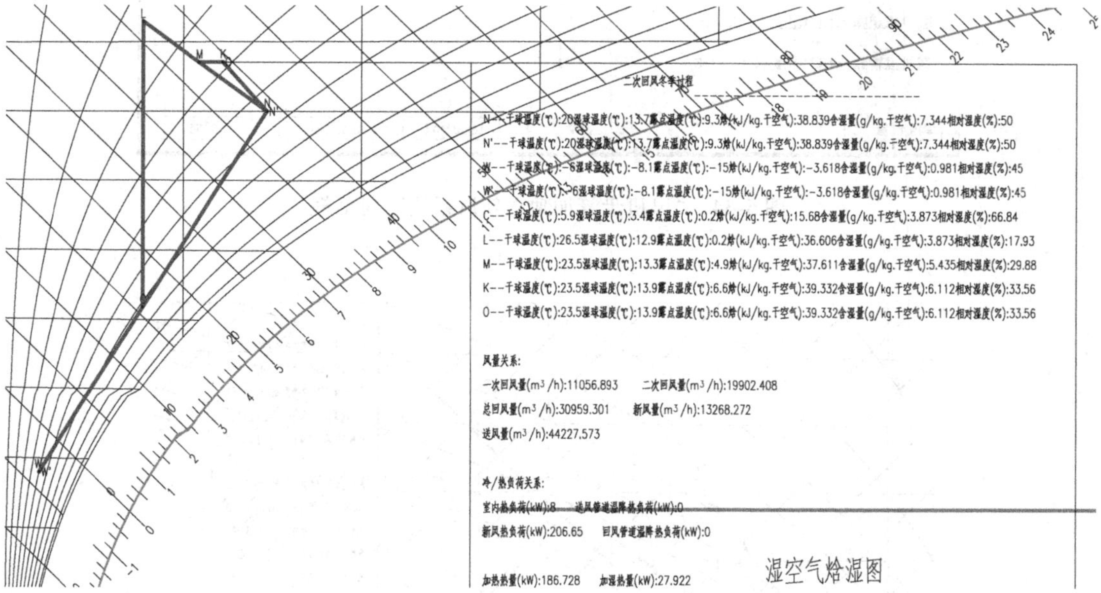

图6-33 二次回风冬季过程效果图（加热-等温加湿）

在“风机盘管选型”对话框中还可确定设备过滤条件，即通过“设备过滤条件”组合框中的下拉列表框选择生产厂家，同时确定风机盘管的结构形式、安装形式及选择台数。设置完成后单击 选型 按钮，满足条件的设备就显示在“选型结果”组合框中。如果要显示选型计算过程，可单击对话框中的 导出结果... 按钮，选型计算结果就显示在Word文档中。

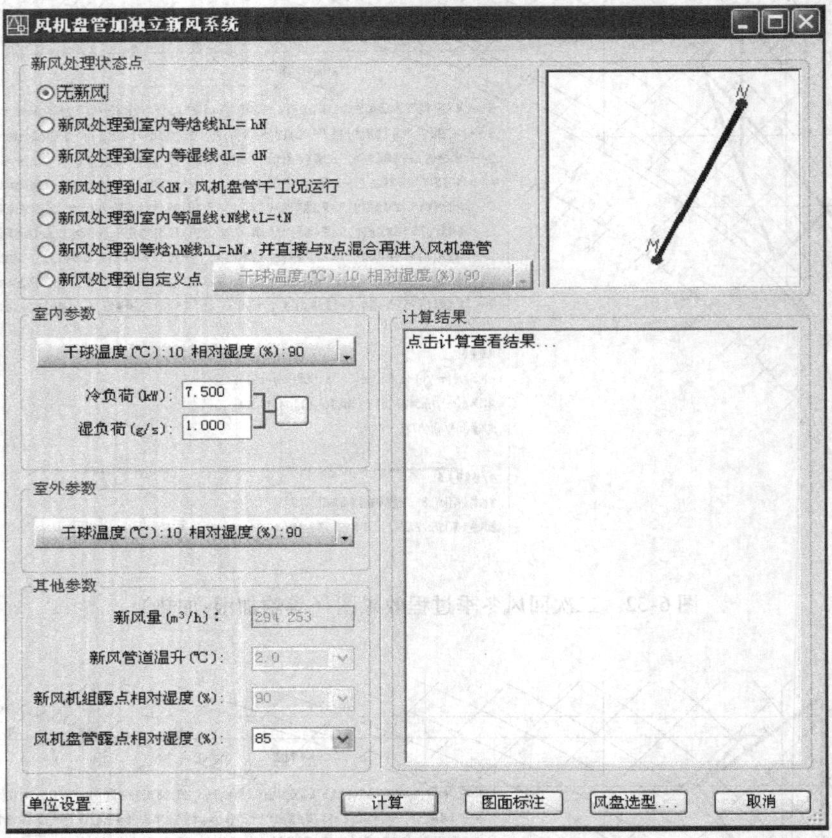

图 6-34 “风机盘管加独立新风系统”对话框

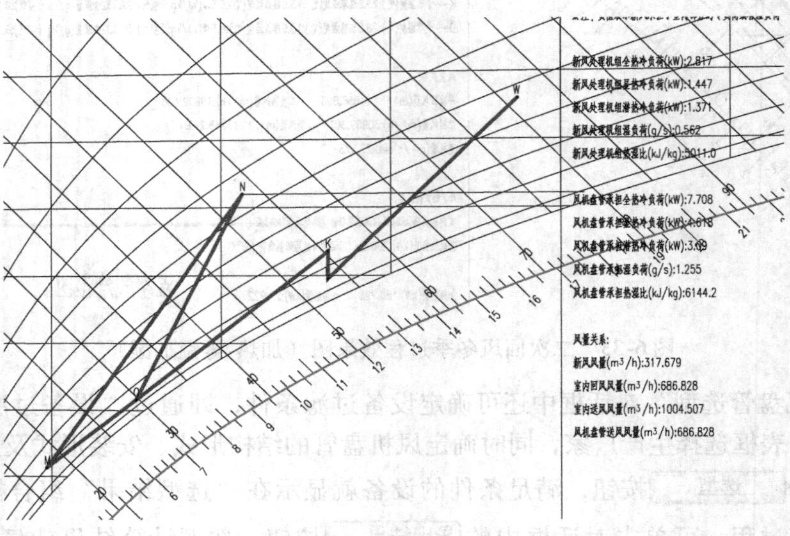

图 6-35 风机盘管加独立新风系统（新风处理到室内等焓线方式）效果图

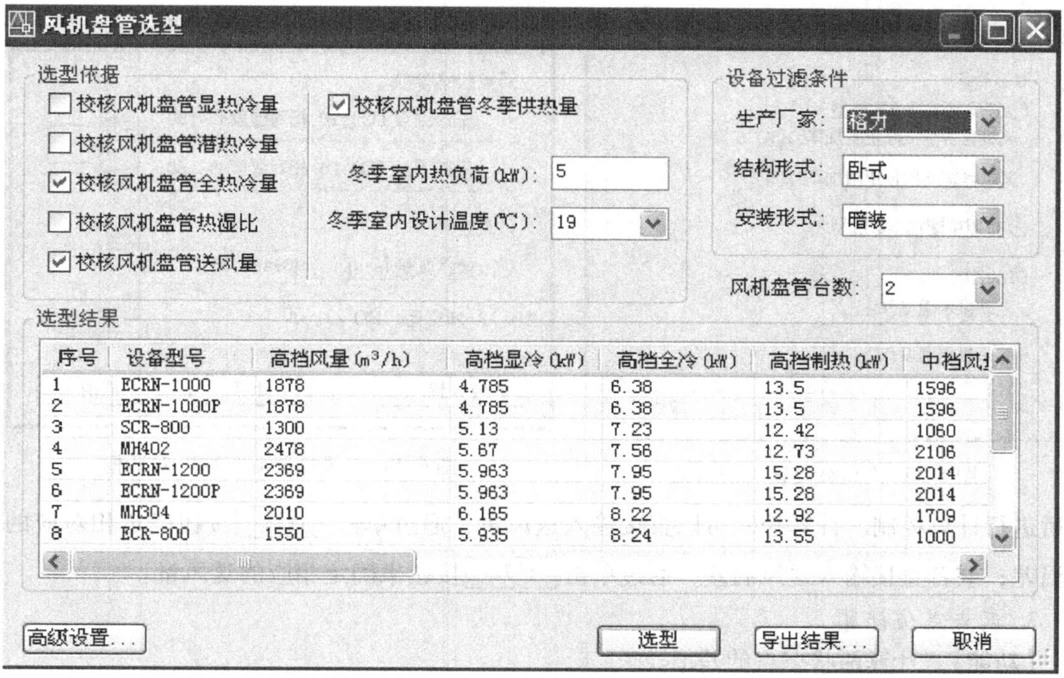

图 6-36　“风机盘管选型”对话框

单击 高级设置... 按钮，弹出“高级设置”对话框，如图 6-37 所示。在该对话框中，可以设置校核档次，即按照高档参数选型或按照中档参数选型。按照高档参数选型时，房间室内的负荷将要考虑附加率：风机盘管积灰修正附加率和风机盘管间歇使用附加率，在相应的下拉列表框中选择即可。另外，在该对话框中也可以设置供水温度，这个参数用来进行风机盘管名义工况向设计工况的转换。

6.1.4　焓湿图计算

1. 风量负荷互算

【功能】　进行风量与负荷之间的互算。

【菜单】　“焓湿图”→“风量负荷互算”。

【用法】　选择上述菜单项（已进行焓湿图绘制），弹出“风量负荷互算”对话框，如图 6-38 所示。在该对话框中，利用 6.1.2 节中介绍的方法，通过两状态点确定空气处理过程线。计算控制可以直接输入其中某一状态点的风量，单击 计算 按钮来确定 A→B 所对应的负荷值；或者直接输入负荷值，单击 计算 按钮来确定 A 状态风量值。

2. 温差送风量互算

【功能】　进行送风量与送风温差之间的互算。

【菜单】　“焓湿图”→“温差送风量互算”。

【用法】　选择上述菜单项（已进行焓湿图绘制），弹出“温差送风量互算”对话框，如图 6-39 所示。在该对话框中，首先设定室内参数，输入冷、湿负荷值或通过房间选取，

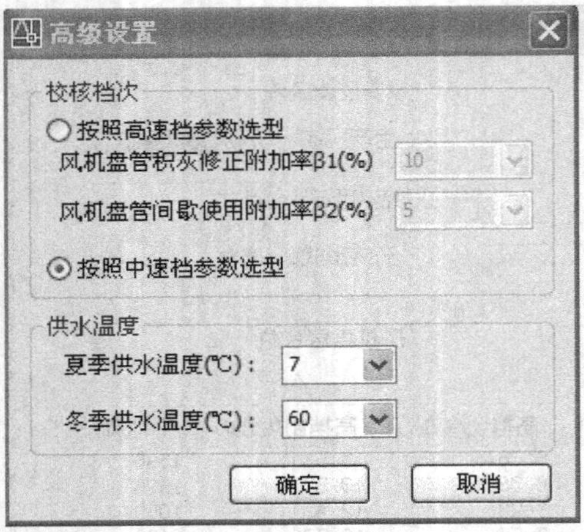

图 6-37 “高级设置”对话框

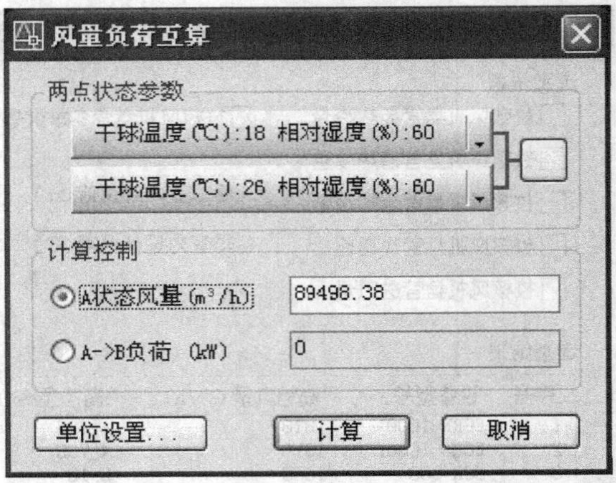

图 6-38 “风量负荷互算”对话框

而后进行计算控制。计算控制可以直接输入送风量，通过单击 计算 按钮确定相对应的送风温差；或者直接输入送风温差，通过单击 计算 按钮来确定相应的送风量。

3. 两点差值计算

【功能】 计算两状态点的差值。

【菜单】 “焓湿图”→“两点差值计算”。

【用法】 选择上述菜单项（已进行焓湿图绘制），弹出“两点差值计算”对话框，如图6-40所示。在该对话框中，利用6.1.2节中介绍的方法确定A、B两状态点，然后输入A状态风量值，单击 计算 按钮，则A、B两状态点的差值就显示在“计算结果”列表框中。

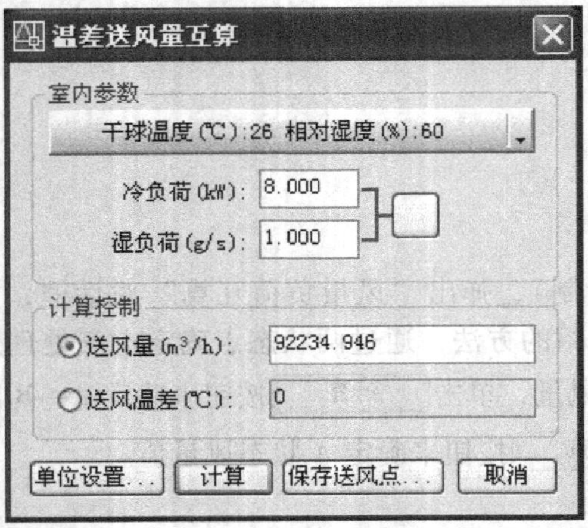

图 6-39 “温差送风量互算”对话框

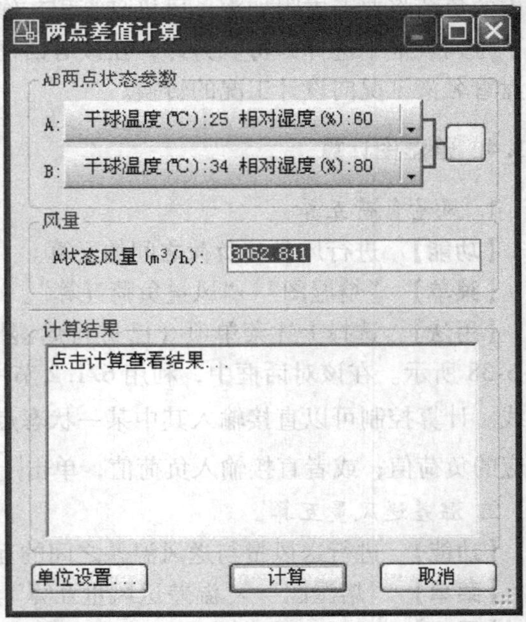

图 6-40 “两点差值计算”对话框

6.2 设备

6.2.1 风口

1. 风口辅助线

【功能】 绘制风口的辅助线，便于布置风口。

【菜单】 “设备”→“风口辅助线”。

【用法】 选择上述菜单项，在随后弹出的子菜单中选择相应的命令进行风口辅助线的绘制。

(1) 绘制辅助线　选择“绘制辅助线”命令，按照命令行提示依次在图面中点选第一个角点、旋转角度和另一个角点，并继续输入 *X/Y* 方向辅助线间的距离，即可将辅助线绘制于图面中。辅助线绘制效果如图 6-41 所示。

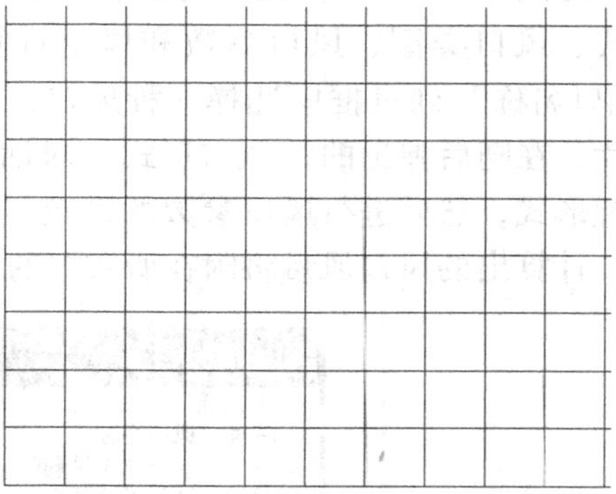

图 6-41　辅助线绘制效果图

【注意】 第一条参考线直接从第一个角点开始绘制。

(2) 定义辅助线　选择“定义辅助线”命令，可将图面上任意直线、多段线和圆弧等曲线定义为辅助线。根据命令行提示，在图面中点选要定义的线，按〈Enter〉键确定即可。

【注意】 定义为辅助线（也就是参考线）的曲线被修改了图层。

(3) 删除辅助线　选择“删除辅助线”命令，按照命令行提示，在图面中点选要删除的辅助线，按〈Enter〉键即可删除。删除前后的效果如图 6-42 所示。

【注意】 可以按照图层来判断是否是辅助线（或参考线）。

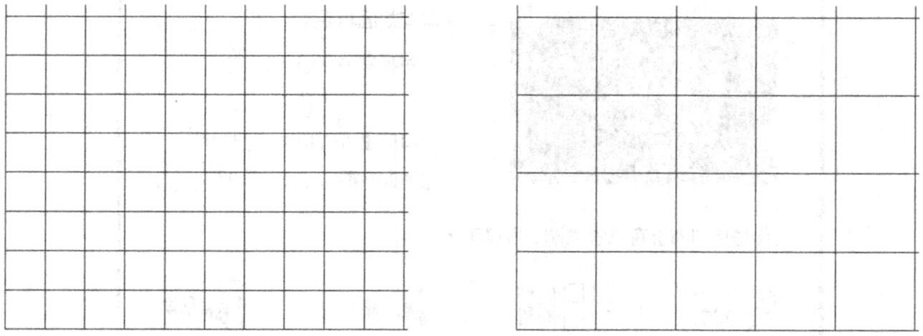

删除前　　　　删除后

图 6-42　删除辅助线效果图

2. 绘特征线

特征线是指单个房间内布置风口的特征位置连接线，它是距离矩形房间四边 1/4 边长的闭合线。绘制此线后，布置风口时，可用特征线来定位，风口可自动布置在特征线端点或中点位置。

【功能】 绘制特征线，方便布置风口。

【菜单】 “设备”→“绘特征线”。

【用法】 选择上述菜单项，按照命令提示依次点取第一点、第二点和第三点，按〈Enter〉键完成绘制，绘制效果如图6-43所示。

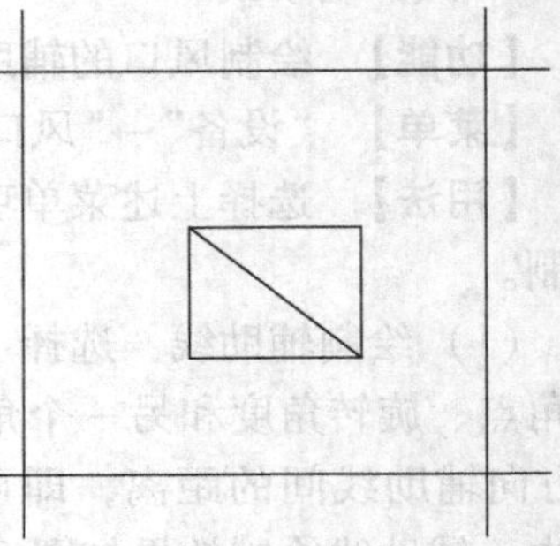

图6-43 特征线绘制效果图

3. 布置风口

【功能】 选择各种风口进行布置，并对风口进行简单的计算。也可以自行添加和修改风口。

【菜单】 “设备”→“布置风口”。

【用法】 选择上述菜单项，弹出“布置风口”对话框，如图6-44所示。在该对话框中，有风口名称、风口形式、风口类型、风口参数和风量计算等选项，首先在“风口名称”列表框中选择一种风口，再单击风口形式幻灯片，在随后弹出的“风口形式”对话框中选择一种风口布置形式，然后进行风口参数的设定。输入风量和风口个数，计算出的风口风量将附在所布置的风口上，作为风管水力计算的数据。

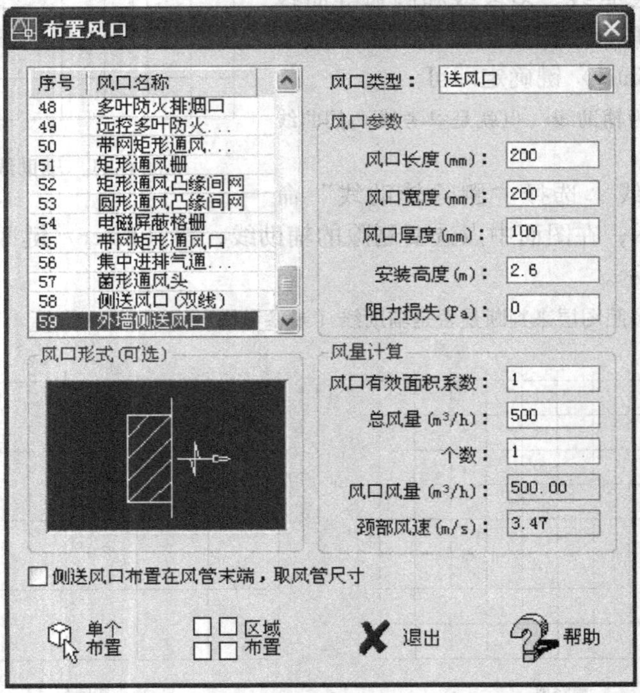

图6-44 “布置风口”对话框

(1) 风口形式　单击对话框中的风口形式幻灯片，弹出“风口形式”对话框，如图6-45所示。在“风口形式”对话框中可自行添加、删除或修改风口形式。

1) 添加。在“风口形式”对话框中，单击 添加 按钮，弹出“添加风口”对话框，如

图 6-46 所示。在“添加风口”对话框中，可以添加自定义图块文件和幻灯片文件，也可以由程序自动生成图块（只需用户在图面上手工选取要作为图块的实体）。具体方法是：单击图面选取按钮，从图面上直接生成图块，同时选择相应的风口参数，并在“风口名称”文本框中输入风口名称，单击“确定”按钮即可完成风口添加的操作。

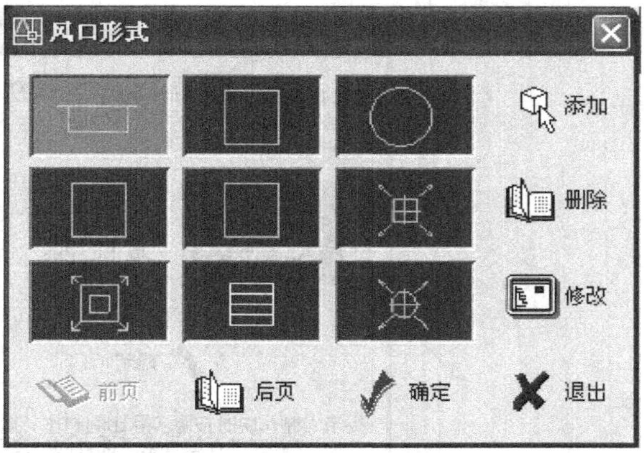

图 6-45 “风口形式”对话框

2）删除风口。在“风口形式”对话框中，选择一种风口形式，单击删除按钮，即可删除所选的风口形式。此操作仅对图块记录进行删除，图块文件和幻灯片文件并没有删除。

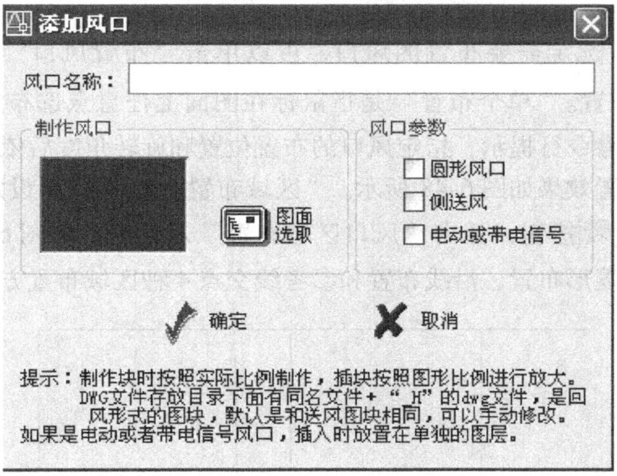

图 6-46 “添加风口”对话框

3）修改风口。在“风口形式”对话框中，选择一种风口形式，单击修改按钮，弹出“修改风口”对话框，如图 6-47 所示。在“修改风口”对话框中，可以对指定的图块进行修改，也可以重新指定图块文件和幻灯片文件，还可以重新制作图块来覆盖原来的图块。修改风口的方法同添加风口。

在“风口形式”对话框中，单击前页和后页按钮，可以浏览图库中所有的图块。

选中一种风口形式后，单击确定按钮，即可完成风口形式的选择。

（2）风量计算　在“布置风口”对话框中，输入总风量，程序将根据风口的尺寸和个数，计算单个风口的风量和颈部风速。当改变总风量、风口的尺寸和个数时，程序会自动计算单个风口的风量和颈部风速。计算结果附在风口图块中，用于后续的风管水力计算（如果不做水力计算，该处可计算，也可不计算）。该结果可以用“工具”菜单中的“通用查询编辑”命令查询、修改，也可以用“标注”菜单中的“风口标注”命令标注在图面中。

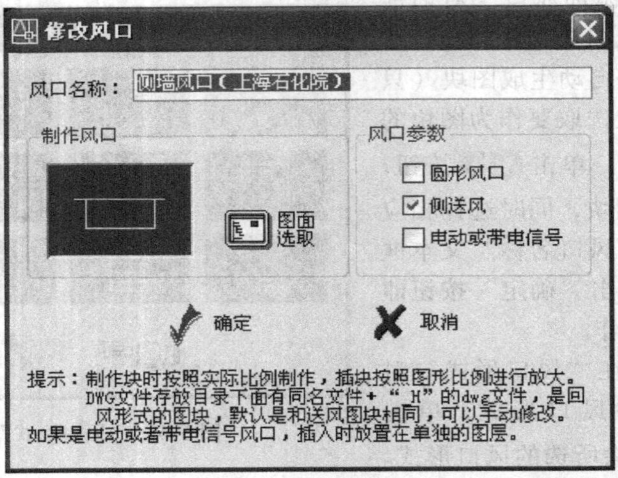

图 6-47 “修改风口”对话框

(3) 风口布置　选定需要布置的风口，可以单击“布置风口”对话框中的单个布置或区域布置按钮进行风口布置。“单个布置”是指鼠标在图面上任意点选布置位置，选一个位置布置一个风口，根据命令行提示，指定风口的布置位置和旋转角度后依次进行即可完成风口的单个布置。单个布置效果如图 6-48 所示。“区域布置”是指按照设定好的区域自动进行风口的布置。单击区域布置按钮，弹出“风口区域布置”对话框，如图 6-49 所示。在该对话框中，有矩形布置、菱形布置、沿线布置和参考线交点 4 种区域布置方式。

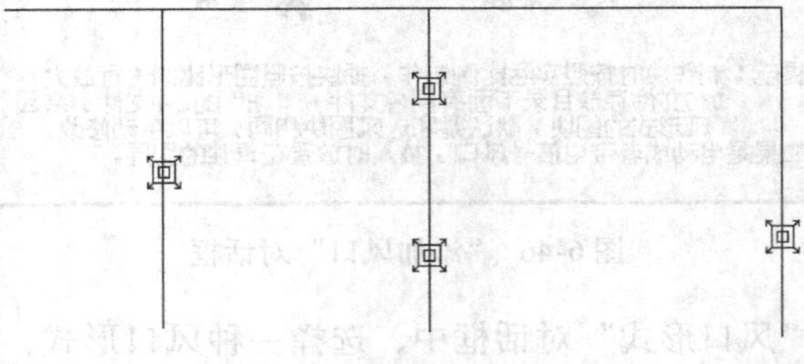

图 6-48 风口布置（单个布置）

1）矩形布置。选择“矩形布置”单选按钮后，参数设置区域将更换为矩形布置参数设置区域，如图 6-49 所示。在该参数设置区域中，可以按照限定个数布置，即选中“限定个数”单选按钮。“限定个数”指不管布置区域的大小如何，风口个数是一定的，在指定的矩形区域内均匀布置，各风口之间的间距随着布置区域的增大而增大。同时，“第一个风口与边的距离”必须为“边距比”。然后在“和风口间距的比值”文本框中输入边距比。也可以按照限定间距布置，即选中“限定间距”单选按钮。“限定间距”指各个风口的间距是固定的，布置的风口个数随着布置区域的增大而增大。同时“第一个风口与边的距离”必须为“固定距离”。在“行距”和“列距”文本框中直接输入行距和列距后，单击“布置”按钮返回图面，按照命令行提示完成风口的布置操作。矩形布置效果如图 6-50 所示。

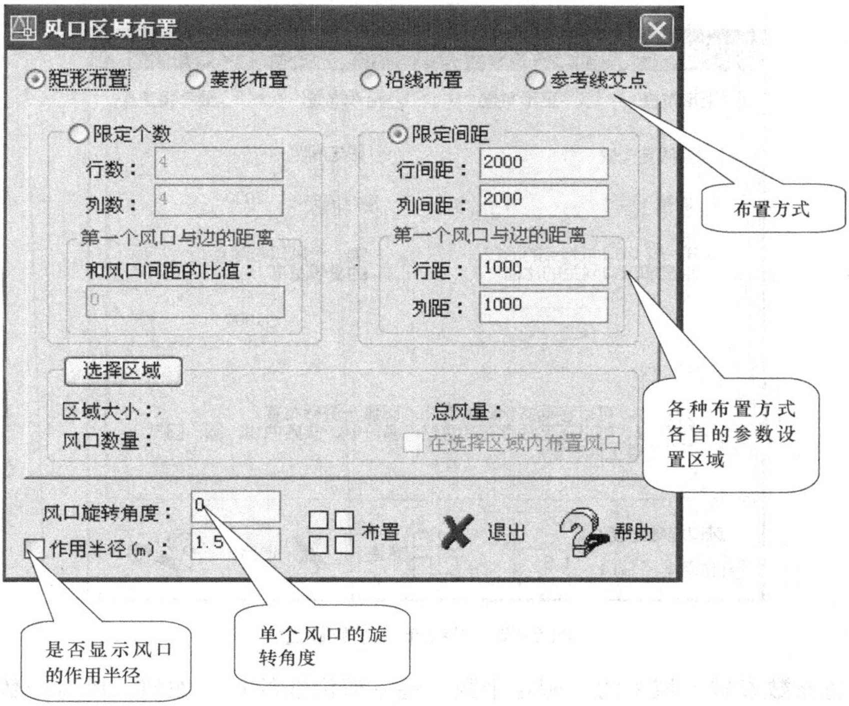

图 6-49　“风口区域布置”对话框

【注意】

1）每次最多允许布置 500 个风口。

2）当布置区域的面积为 0.0m^2 时，不布置风口。

3）如果在“风口区域布置”对话框中单击“选择区域”按钮，选择了区域，并且“在选择区域内布置风口”复选框为选中状态，则进行风口布置时会直接按设定的参数在选择的区域内布置风口，而不会出现命令行提示。

2）菱形布置。菱形布置的参数设置同矩形布置一样，操作方法也相同。菱形布置的效果如图 6-51 所示。

图 6-50　矩形布置效果图

图 6-51　菱形布置效果图

【注意】　菱形布置偶数行的风口个数比奇数行少一个，并且交错布置，从而形成菱形。

3）沿线布置。单击“沿线布置”按钮后，参数设置区域将更换为沿线布置参数区域，如图 6-52 所示。沿线布置可以在动态拖动的直线、圆弧上进行布置，也可以在已经存在的直线、多段线、样条曲线、圆、圆弧等上布置。

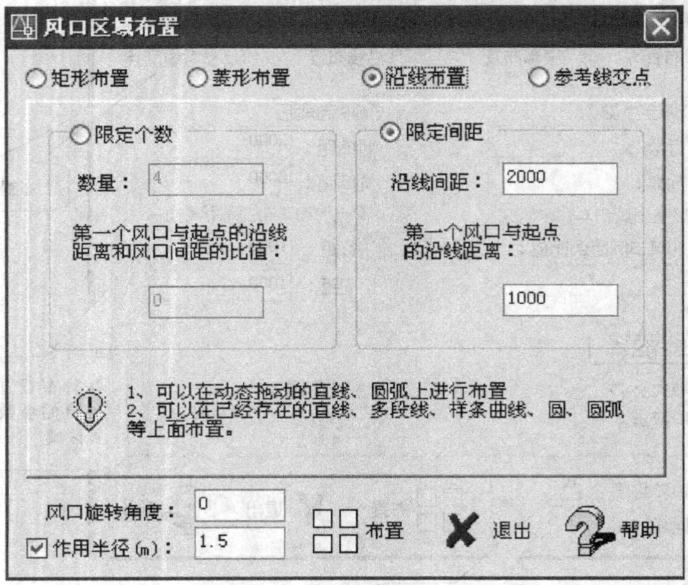

图 6-52　沿线布置参数设置

沿线布置参数设置区域中的“限定个数”指不管沿线的长度如何，风口个数是一定的，风口沿线均匀布置，各风口之间的沿线间距随着沿线长度的增大而增大。同时，“第一个风口与起点的沿线距离”必须为“与风口间距的比值”。“限定间距”指各个风口的沿线间距是固定的，布置的风口个数随着沿线长度的增大而增大。同时，“第一个风口与起点的沿线距离”必须为“固定距离”。各项参数设置完成后，单击按钮即可进行风口布置。沿线布置效果如图 6-52 所示。

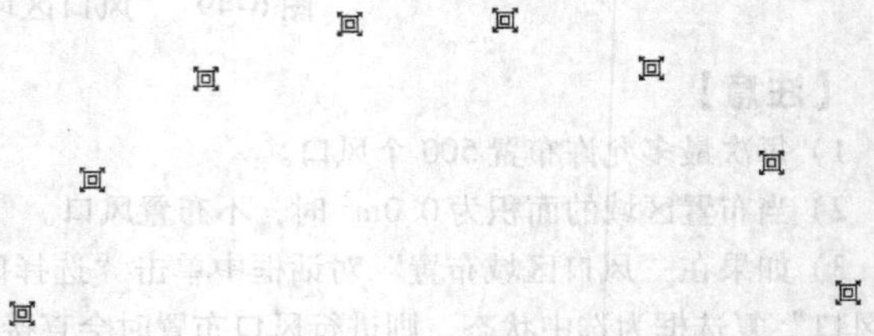

图 6-53　沿线布置效果图（沿弧线布置）

4）参考线交点。参考线交点参数设置区域如图 6-54 所示。选择辅助定位线（位于辅助定位线层的直线、圆弧、多段线、样条曲线等），风口将布置在它们的交点上。“参考线交点”布置方式没有单独的设置参数，单击按钮，选择辅助线即可进行风口布置。参考线交点布置效果如图 6-55 所示。

“风口区域布置”对话框（见图 6-49）中的“风口旋转角度”和“作用半径”是各种布置方式所共有的设置参数。“作用半径”指的是每个风口的作用半径。如果选中“作用半径”复选框，在布置过程中动态拖放时，将会在每个风口处显示以每个风口的插入点为圆心、以此处设置的作用半径为半径的圆，但这里的圆最终是不会绘制到图面上的，如图6-56 所示。

6.2.2　风机盘管

1. 风机盘管

【功能】　布置风机盘管和扩充风机盘管数据库。

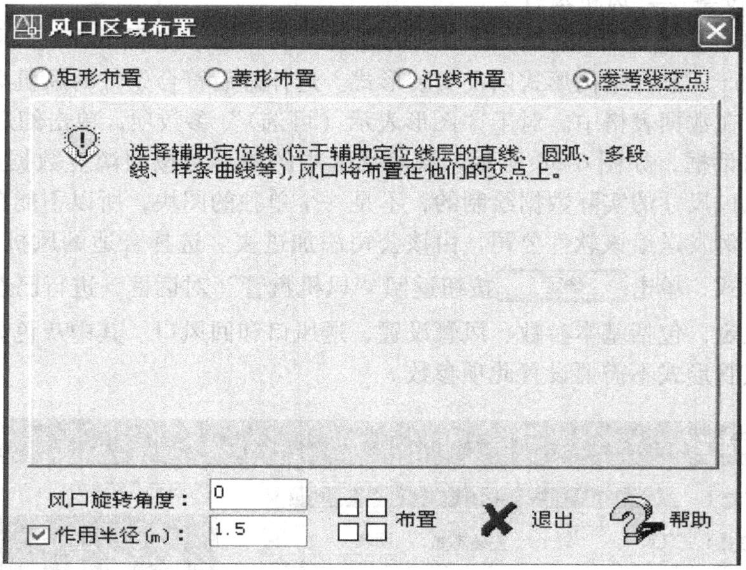

图6-54 参考线交点布置

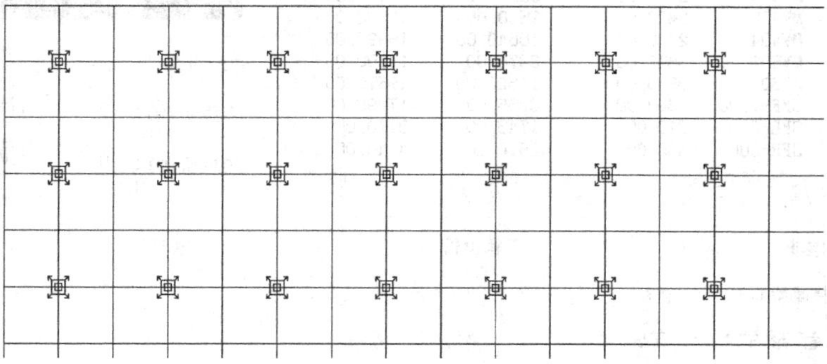

图6-55 参考线交点布置效果图

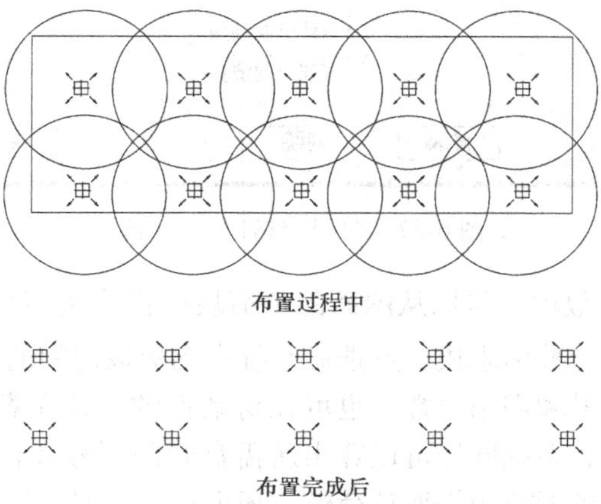

图6-56 风口区域布置（按作用半径布置效果图）

【菜单】 “设备”→“风机盘管”。

【用法】 选择上述菜单项，弹出“风机盘管”对话框，如图 6-57 所示。在该对话框中，可以选择生产厂家、结构形式以及安装形式。选择好后符合条件的风机盘管型号以及相应的参数就显示在数据表格中。对于“图形表示（可选）”参数项，单击幻灯片，弹出“设备图形表示”对话框，如图 6-58 所示。该对话框中的图形是按照鸿业数据库中录入的长、宽、高以及出风口尺寸的实际数据绘制的，不是一个单独的图块，所以不能自行扩充。如果需要，可以把图例发送给该软件公司，由该公司添加进去。选择合适的风机盘管与送风管、回风管的连接形式，单击 确定 按钮返回“风机盘管”对话框，进行已选定风机盘管接管形式的参数设定，包括基本参数、风管设置、送风口和回风口。其中灰色显示的参数项表示该风机盘管接管形式不需要设置此项参数。

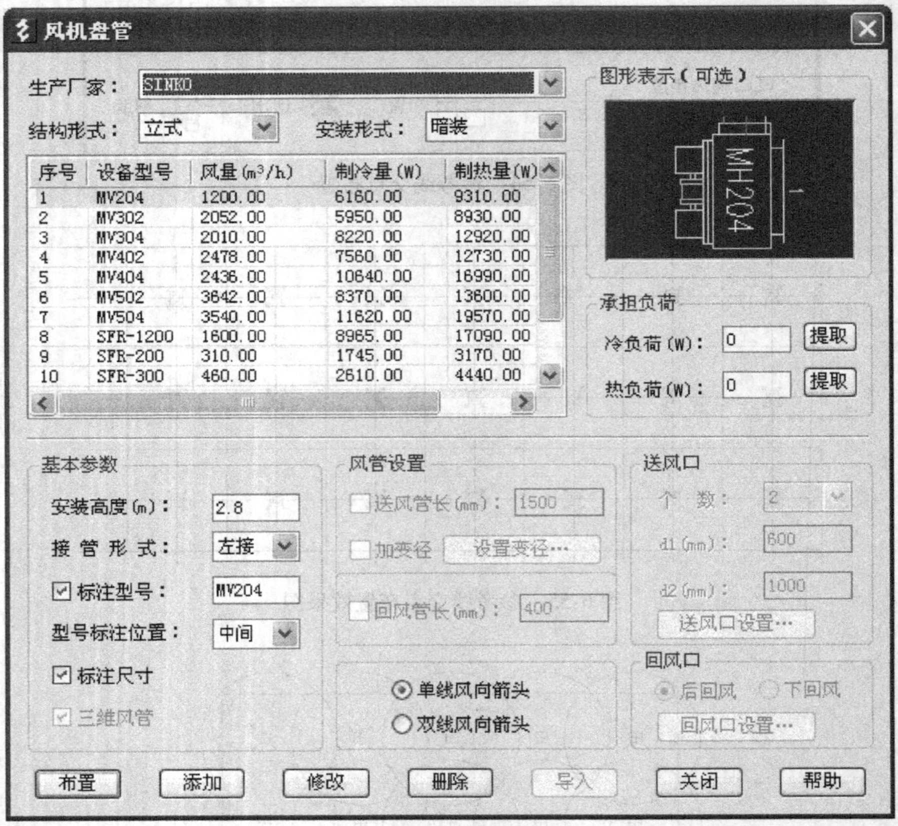

图 6-57 “风机盘管”对话框

对于“承担负荷”参数项，可以从图面的负荷块中提取负荷数据。单击 提取 按钮，命令行将提示用户选择房间参数标志块，点选后系统自动提取房间的冷负荷和热负荷值，并由此算出合适的风机盘管型号和需用台数。也可在对话框的“冷负荷”和“热负荷”文本框中直接输入冷、热负荷值，系统同样可以算出所需盘管的型号和台数。在这里须注意的是，后续的水力计算，将从设备图块中提取负荷值，根据供回水温差计算水量，确定管径、阻力等。直接选择设备型号、布置方式，图块中记录的是设备样本中的制冷量、制热量。通过负

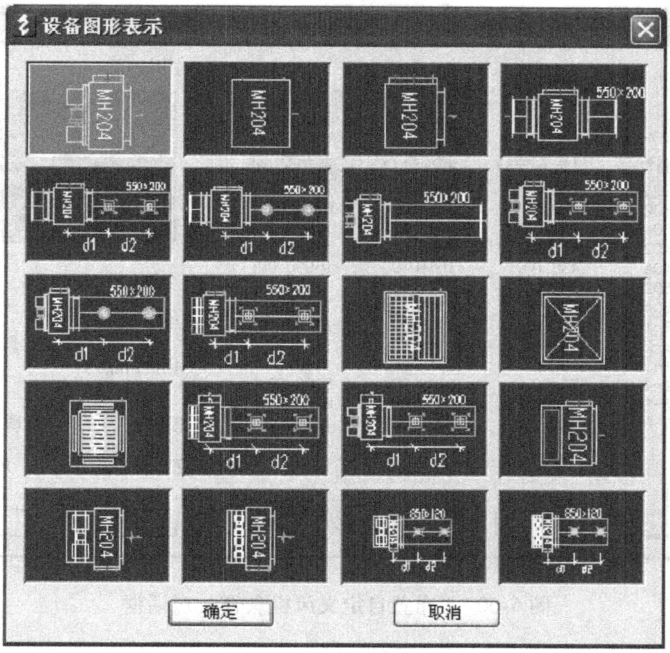

图 6-58　“设备图形表示”对话框

荷选择或直接在冷、热负荷的文本框中输入负荷值，这些值将会替代设备样本中的制冷量、制热量，水力计算将会以此值为准。

单击“风机盘管”对话框中的[添加]、[修改]或[删除]按钮，可以实现对风机盘管数据库的添加、修改或删除设备数据库的操作，以满足各种需求。

参数设置完毕后单击[布置]按钮，根据命令行提示选取合适的插入点后，插入设备图块。按<ESC>键、〈Enter〉或单击鼠标右键，均可退出该命令。风机盘管布置效果如图 6-59 所示。

2. 自定义风机盘管

【功能】　实现自定义风机盘管的绘制和布置。

【菜单】　“设备”→“自定义风机盘管”。

【用法】　选择上述菜单项，弹出“布置自定义风机盘管”对话框，如图 6-60 所示。

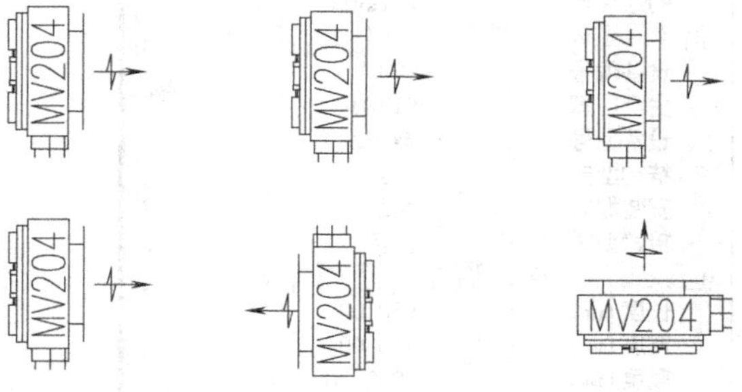

图 6-59　风机盘管布置效果图

该命令与“风机盘管”命令使用同一个数据库，区别在于“风机盘管”命令中的风机盘管的图块绘制使用鸿业软件自带的绘制方法，而“自定义风机盘管”命令可以自行定义绘制图块，其他功能二者基本相类似。

在图 6-60 所示的对话框中单击[修改]按钮，弹出“风机盘管参数”对话框，如图 6-61 所示。在该对话框的下拉列表框中可以选择现有的图块，系统默认只有一个名为

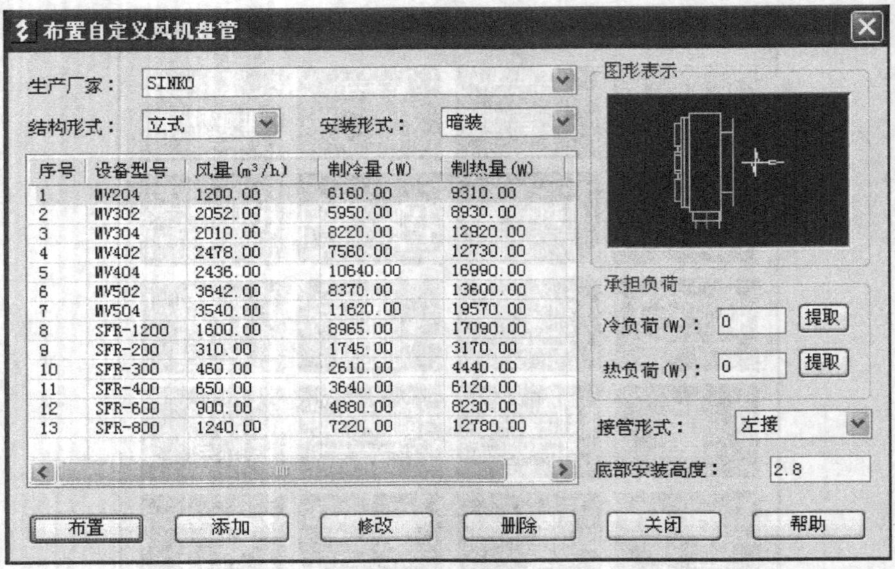

图 6-60 “布置自定义风机盘管”对话框

“Default”的图块，用户可以扩充这部分内容。单击“自定义图块”选项组中的 ... 按钮，打开“风机盘管图块”对话框，如图 6-62 所示。在该对话框中单击 定义图块 按钮，进入“制作风机盘管图块”对话框（见图 6-63），然后通过选择图面上的图形实体来进行块定义。依次单击“风机盘管图块”对话框中的“确定”按钮和“风机盘管参数”对话框中的“修改”按钮，完成对数据库的修改，单击“布置自定义风机盘管”对话框中的 布置 按钮，即

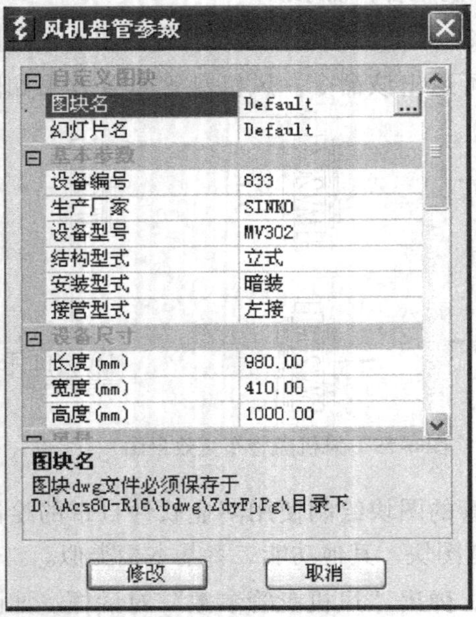

图 6-61 “风机盘管参数”对话框

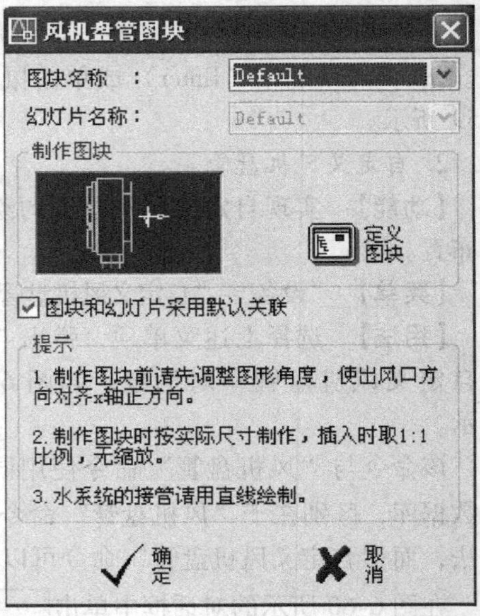

图 6-62 “风机盘管图块”对话框

可实现自定义风机盘管的布置。同样，该命令也可以添加、删除风机盘管的数据项，操作方法类似于“风机盘管”命令。

【注意】“布置自定义风机盘管”对话框中的 接管形式：左接 ，它并不与图形发生关系，左接、右接完全是用户自己决定的，这里只是对材料统计有作用，无论选择哪种接管形式，绘制效果都不变。

3. 制作风机盘管图块

【功能】 制作风机盘管并对风机盘管图块资源进行定义。

【菜单】“设备”→“制作风机盘管图块”。

【用法】 选择上述菜单项，弹出“制作风机盘管图块”对话框，如图 6-63 所示。

在该对话框的“图块名称”下拉列表框中可以输入图块名，也可以选择现有图块名，进行图块的重新定义，软件会对此作出提示，询问是否覆盖。单击 图面定义 按钮，选择图面上的图形，软件会依次提示拾取插入点，并要求用户选择用以表示系统接管的直线实体，依次选择冷凝管、冷供、冷回、热供（可选）和热回（可选），按〈Enter〉键，命令行提示“制作图块成功”。

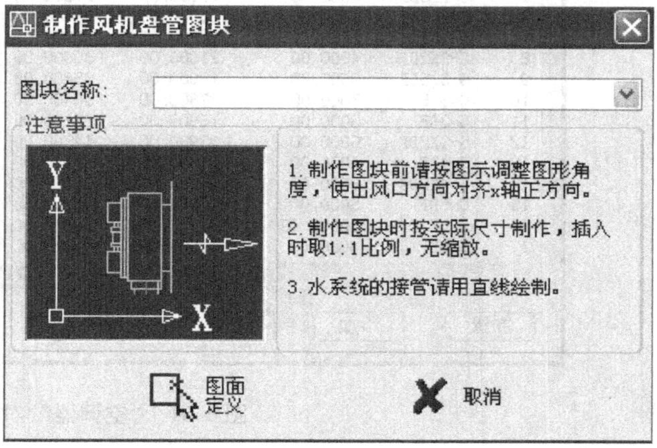

图 6-63　“制作风机盘管图块”对话框

【注意】 在制作图块时，请按照“制作风机盘管图块”对话框中的提示进行预先处理，使出风口的方向正对 X 轴正方向，这样是为了保证使用如“绘制系统”等命令时，可以正常处理方向。

6.2.3　空调

1. 空调器

【功能】 进行空调器的绘制和布置。

【菜单】“设备”→“空调器”。

【用法】 选择上述菜单项，弹出“空调器”对话框，如图 6-64 所示。该命令与“风机盘管”命令类似，其用法此处不再赘述。

2. 组合机组

【功能】 设置组合式空调器的订货格式并绘制图形。

【菜单】“设备”→“组合机组”。

【用法】 选择上述菜单项，弹出“组合机组”对话框，如图 6-65 所示。在该对话框中，首先在“选择功能段”组合框中，根据需求选择不同模板下的功能段，单击 添加->> 按钮，可将所选择的功能段添加到右侧的“机组”列表框中；单击 <<-删除 按钮，可对选定的功能段进行删除；单击 <<-左移 或 右移->> 按钮，可调整功能段的顺序；单击 清空 按钮，可清空“机组”列表框中所有的功能段。同时可以控制机组总长。

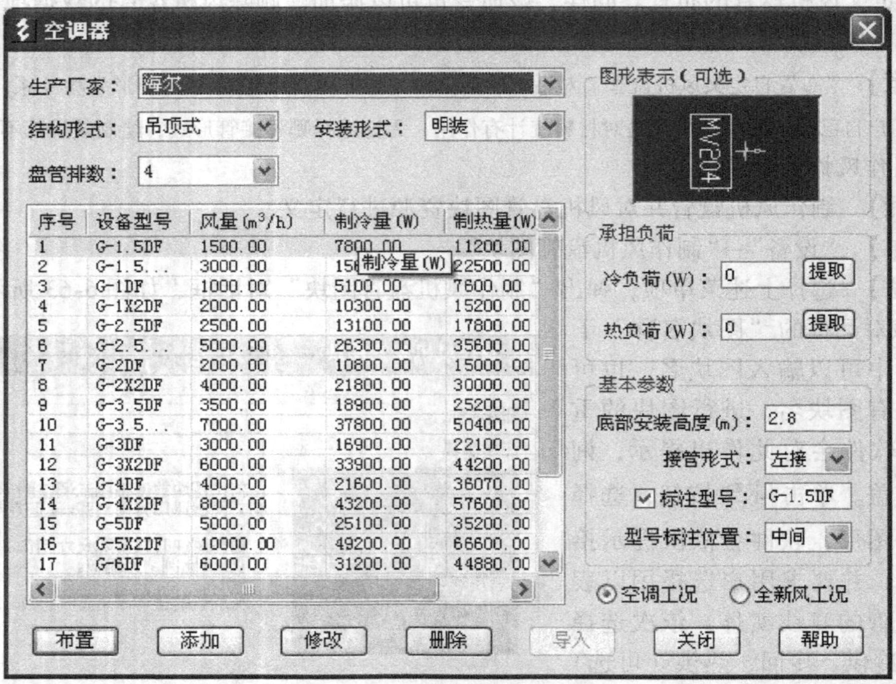

图 6-64 “空调器”对话框

“机组单元参数”组合框显示选定功能段的参数及俯视图和立面图，用户可以对该组合框中的参数进行修改。“订货参数描述”列表框是对空调器订货参数的描述，列表框中有总风量、额定冷量、额定热量、送回风余压、电动机功率、噪声分贝、回风温度、回风相对湿度、新风比、使用地点等参数，用户可自行编辑。

在“基本绘制设置”和“附加绘制设置”组合框中可以选择是否绘制俯视图、立面图、标注尺寸以及订货信息。

“组合机组”对话框的最下方列出了4个组合机组的机箱功能按钮。单击打开按钮，可以从已有文件（.xml格式）中读取数据；单击另存为按钮，可以将界面设置信息另存为.xml格式的文件；单击绘制按钮，即可开始图面绘制；单击取消按钮，可以结束操作。组合机组绘制效果如图6-66所示。

3. 通风空调设备

【功能】 布置通风空调设备。

【菜单】 “设备”→“通风空调设备”。

【用法】 选择上述菜单项，弹出“通风空调设备”对话框，如图6-67所示。在该对话框中，在“设备列表”列表框中选定设备，相应的图块表示就显示在右侧的幻灯片预览框中，同时在下方显示出尺寸及标注文本，该数值也可根据需求进行修改。单击 布置(I) 按钮即可对所选设备进行布置。

4. 分体空调

【功能】 布置分体空调。

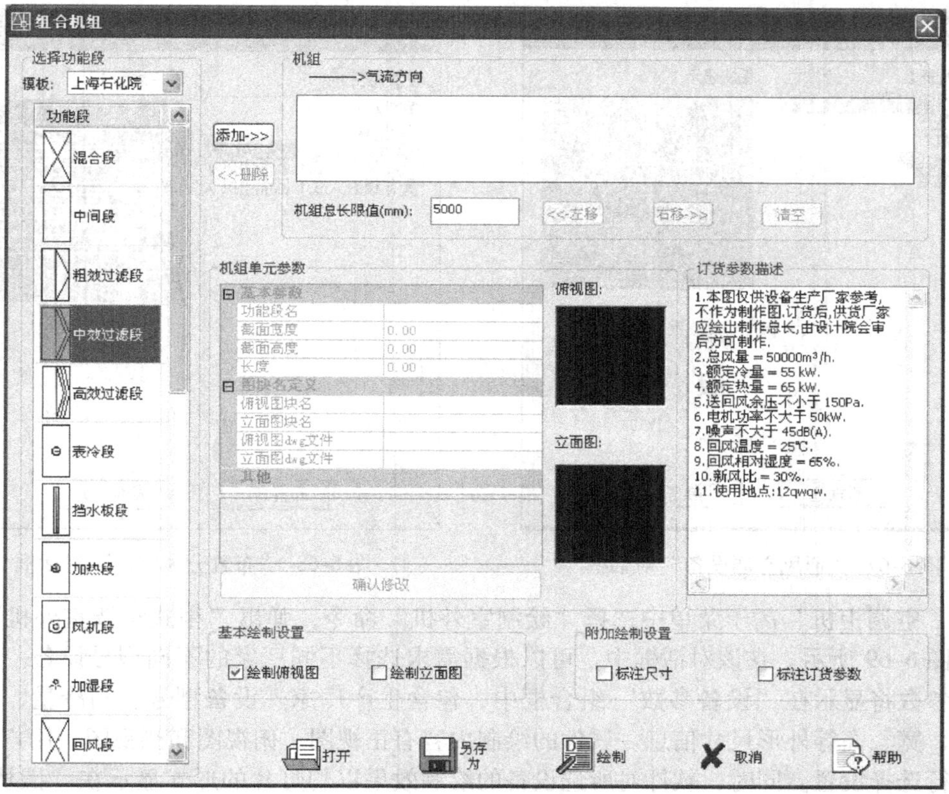

图 6-65 “组合机组”对话框

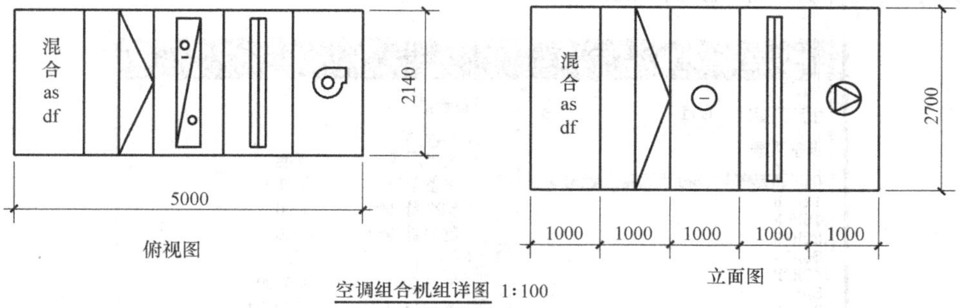

图 6-66 组合机组绘制效果图

【菜单】 “设备”→“分体空调”。

【用法】 选择上述菜单项，弹出“布置分体空调”对话框，如图 6-68 所示。该命令与“通风空调设备”命令类似，其用法此处不再赘述。

5. 空调柜机

【功能】 绘制空调柜机正视图、俯视图和侧视图并进行布置。

【菜单】 “设备”→“空调柜机”。

【用法】 空调柜机有室外机、室内机之分，但室外机与室内机的绘制方法类似，因此这里仅以室外机的绘制为例进行介绍。

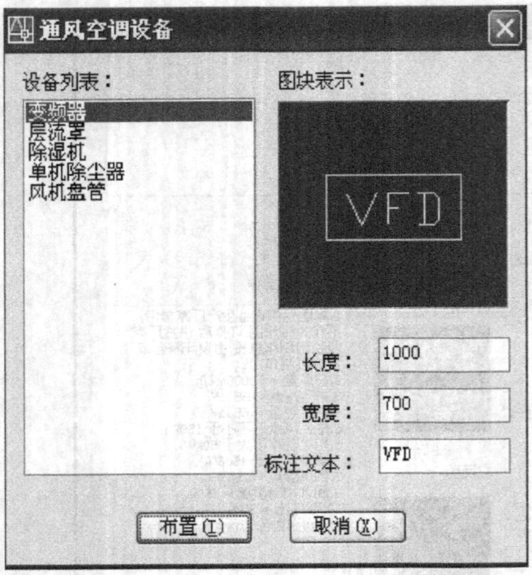

图 6-67 “通风空调设备”对话框

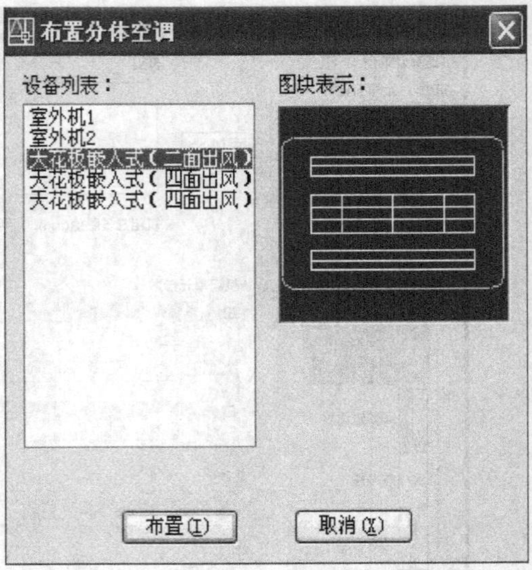

图 6-68 “布置分体空调”对话框

在“空调柜机”的子菜单中选择“绘制室外机”命令，弹出“柜式空调室外机”对话框，如图 6-69 所示。在该对话框中，可以根据需求选择不同厂家的不同型号设备。选定的设备的参数将显示在“设备参数”组合框中，包含生产厂家、设备型号、制冷量、制热量以及长、宽、高等外形尺寸信息。软件的绘制内容有正视图、俯视图和侧视图，用户可根据需求进行选择设置。同时，软件对所选设备的绘制效果以幻灯片的形式显示在“图块表示”组合框中。参数设置完毕后单击 布置 按钮，按照命令行提示对选中的设备进行布置即可。柜式空调室外机的布置效果如图 6-70 所示。

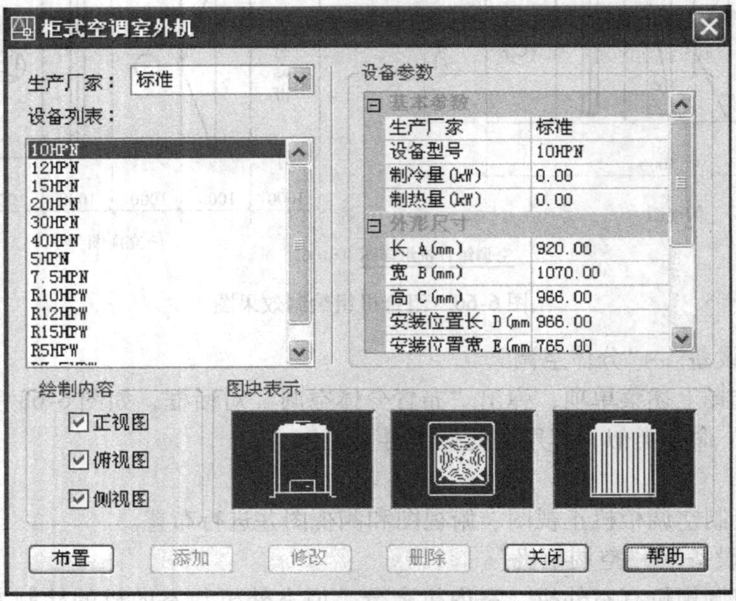

图 6-69 “柜式空调室外机”对话框

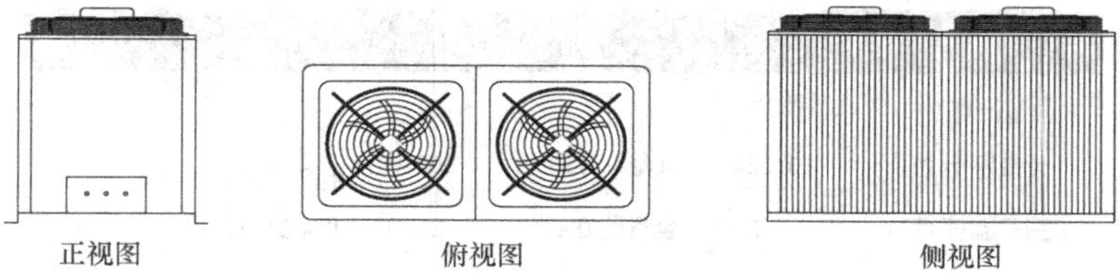

图6-70 柜式空调室外机布置效果图

6.2.4 静压箱

【功能】 在图面中布置静压箱。

【菜单】 “设备”→“布置静压箱”。

【用法】 选择上述菜单项，弹出“布置静压箱”对话框，如图6-71所示。在该对话框中，输入欲布置的静压箱的长度、宽度、高度以及底部安装高度，然后单击 确定 按钮，即可完成布置静压箱的操作。

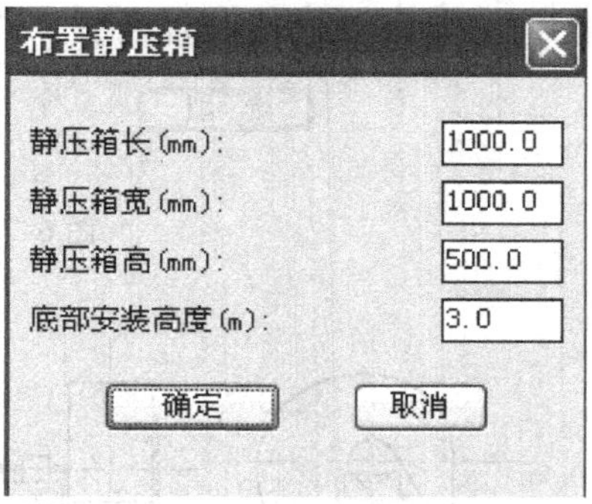

图6-71 “布置静压箱”对话框

6.2.5 风幕

【功能】 自动布置选定规格的风幕。

【菜单】 “设备”→“布风幕”。

【用法】 选择上述菜单项，命令行提示选择风幕规格。鸿业暖通ACS 8.2软件中的风幕分为3种规格：600mm、900mm和1200mm。需要哪种规格，输入其代号“1”、“2”或“3”即可。输入规格后，根据命令行提示确定第一点和第二点，程序即可根据两点间距离自动确定风幕数量并进行布置。

6.2.6 风机

1. 离心风机

【功能】 可以自动搜索离心风机产品数据库，并进行离心风机的选择计算、绘制以及出设备表，还可以进行数据维护。

【菜单】 “设备”→“离心风机”。

【用法】 选择上述菜单项，弹出“离心风机电子样本”对话框，如图6-72所示。在“选型计算”组合框中输入大气压力（Pa）、空气温度（℃）、风量（m^3/h）和全气压（Pa），该4个参数必须是数字。然后选择生产厂家，单击 选型 按钮，将在“绘制选择”列表框中出现符合选项条件的风机型号及数据。根据所需要的风机传动方式选择一种风机，对话框中将出现要选择的风机机号、配用电动机和该型号所能提供的出口角度。选定出口角度、视图及设备表后，单击 绘制 按钮，将会在Autocad软件的绘图区中绘制出视图及设备表。在绘制视图及设备表时，要用鼠标点取绘制位置。离心风机绘制效果如图6-73所示。

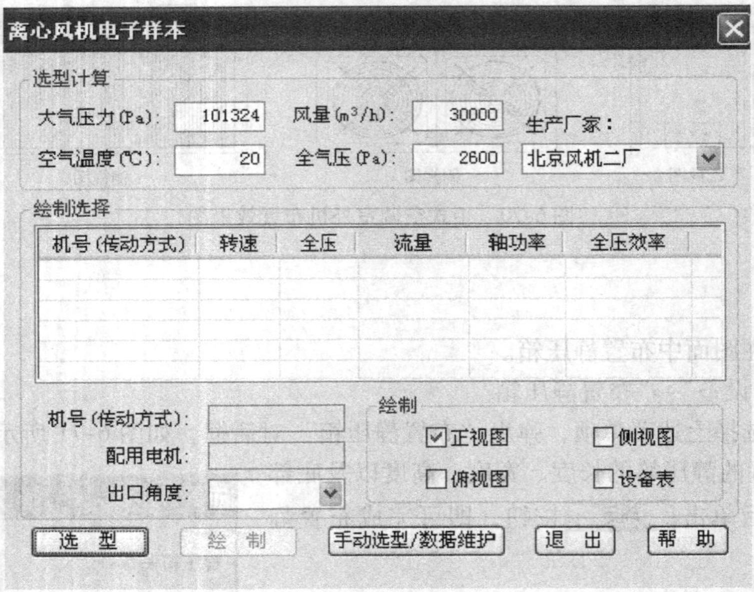

图 6-72 “离心风机电子样本”对话框

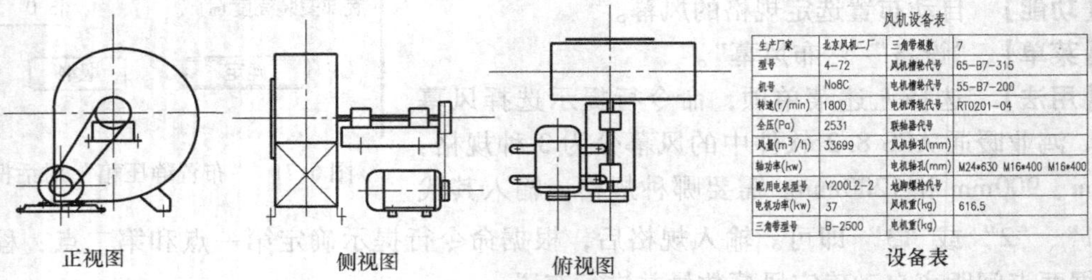

图 6-73 离心风机绘制效果图

单击[手动选型/数据维护]按钮，弹出“设备数据库”对话框，如图 6-74 所示。在该对话框中，可以浏览整个数据库，并进行修改和添加数据操作。在“设备数据库”对话框中，单击[风机性能表]、[风机安装表]、[电机安装表]、[滑轨安装表]按钮，分别弹出对话框，在相应的对话框中可以进行添加、删除和修改操作。若对风机安装表、电机安装表和滑轨安装表各项目名称有疑问，可单击[幻灯图示]按钮，显示各项目名称的具体含义。

2. 轴流风机

【功能】 绘制轴流风机平面图和剖面图。

【菜单】 “设备”→“轴流风机”。

【用法】 选择上述菜单项，弹出“轴流通风机”对话框，如图 6-75 所示。在该对话框中，用户可根据需求选择不同厂家的不同型号设备。选定的设备的参数将显示在“设备参数”组合框中，包含设备类型、生产厂家、设备型号、直径、长度和重量等信息。轴流通风机的绘制分平面和剖面两种，用户可根据需求进行选择。另外，该软件还提供选择是否添加附件及添加附件的型号与安装方式。

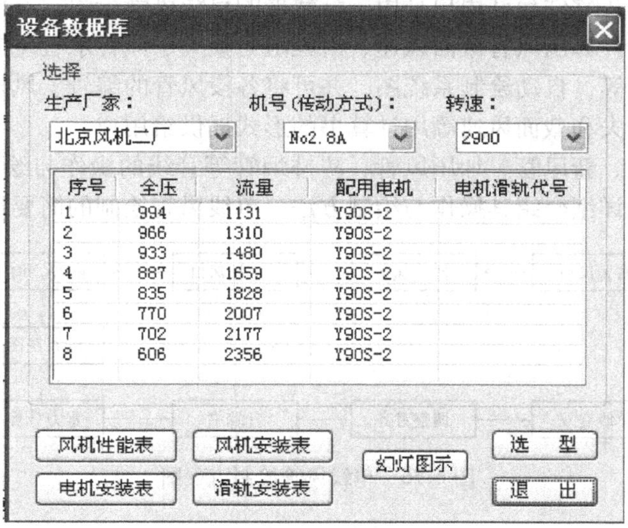

图 6-74　“设备数据库”对话框

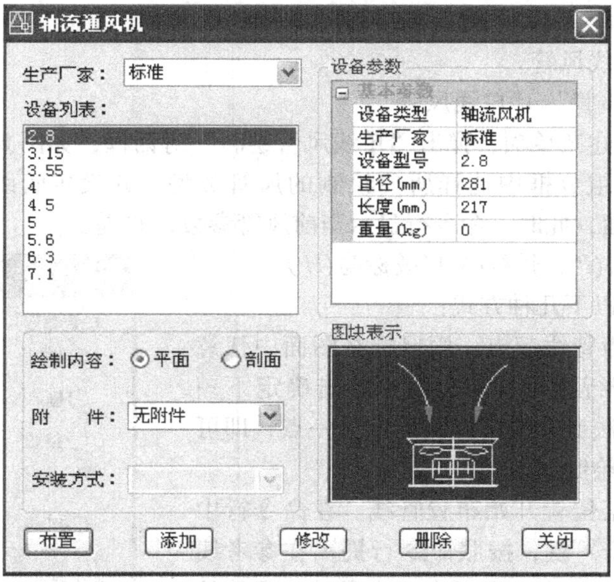

图 6-75　“轴流通风机”对话框

对所选设备的绘制内容，软件将通过幻灯片形式显示在“图块表示”组合框中。选择不同的附件形式，“图块表示”组合框中将显示相应的平面或剖面图幻灯片。

参数设置完毕后单击 布置 按钮，按照命令行提示对选中的设备进行布置即可。单击 添加 、 修改 或 删除 按钮，可对轴流通风机数据库进行添加、修改或删除操作。

6.3　单线风管

鸿业 ACS 8.2 软件利用专业优势，加上强大的计算功能，用户可以快速、准确地完成风管设计。鸿业 ACS 8.2 软件允许用户采用三维数据的单线风管绘图，不仅能实现自动变双功能，而且可以迅速地计算出风管截面风速、沿程阻力损失、风管水管碰撞检查，自动标注风管截面、风速和损失等，自动绘制系统图，并可将各段风管的编号、风量、沿程损失、局部损失、系统最不利损失和截面风速等用计算书的形式提供给用户。

送风管、回风管、新风管、加压风管、防排烟管等管线的操作与绘制方法都是相似的，下面以送风管道为例详细介绍其操作与绘制方法。单线风管绘制的简要流程如图 6-76 所示。

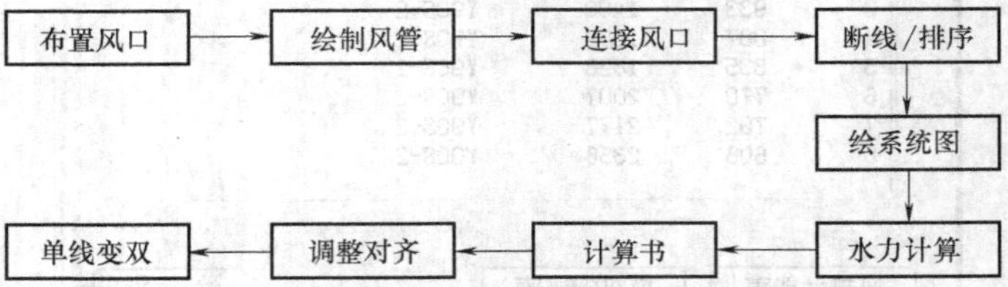

图 6-76　单线风管绘制流程图

6.3.1　风管绘制

1. 单线风管

【功能】　布置单线风管。

【菜单】　“单线风管”→“单线风管”。

【用法】　选择上述菜单项，弹出“单线风管绘制”对话框，如图 6-77 所示。在该对话框中的“风管类型”组合框中选择所要绘制的风管类型，并设置管线的中线标高，单击“绘制”按钮返回图面，此时，命令行显示当前风管参数，并提示：

起点或者[参考点(P)/管线(X)/改标高(H)]:

确定管线起点有以下几种方式：

1）任意位置作为管线起点。用鼠标在图面中任意单击一点，按照命令行提示，在图面中单击确定下一点，或者使用参考点法或管线定位法确定下一点，即可完成本段单线风管的绘制。

2）在管线上的某位置开始布置管线。在命令行中输入“X”，按〈Enter〉键，按照命令行提示在参考线上选择一点，并确定下一点，即可完成本段单线风管的绘制。

3）参考点定位。在命令行中输入“P”，按〈Enter〉键，按照命令行提示在图面中点选参考点，并输入位置点相对坐标（可输入“@ x，y”或“@ r < angle”精确定位），程序自动找到相对位置点，起点确定后，程序提示管线到点的位置。

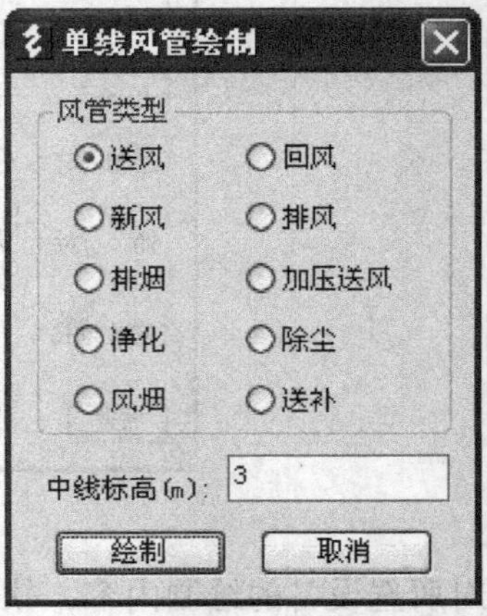

图 6-77　“单线风管绘制”对话框

管线绘制过程中可以随时调整管线的高度。在命令行中输入“H”并按〈Enter〉键，再输入管线新高度，即可完成标高的调整。

2. 单独布置风管

【功能】　单独布置各类风管。

【菜单】“单线风管”→“单独布风管”。

【用法】选择上述菜单项，在随后弹出的子菜单中有“布送风管”、“布回风管”、“布新风管”、“布排风管”、“布排烟风管”、“布加压风管”、“布净化风管”、“布除尘风管”、“布风烟风管”和“布送补风管”命令。各类风管的布置方式类似于单线风管，故此处不再赘述。

6.3.2 风管处理

1. 插入竖管

【功能】直接在风管标高改变的位置插入竖管。

【菜单】“单线风管”→“插入竖管”。

【用法】选择上述菜单项，按照命令行提示在图面中点选需要插入竖管的单线风管，并确定插入位置。竖管插入位置的确定有3种方式：

1）在点选单线风管的选择点上插入竖管。

2）在命令行中输入“M”，在所选管线的中点插入竖管。

3）在命令行中输入“D”，确定距管线近端距离，在管线上精确定位。

用户可以根据需要选择合适的插入位置，然后按照命令行提示即可完成竖管的插入。

2. 连接风口

【功能】自动进行单线风管与风口的连接。

【菜单】“单线风管”→“连接风口”。

【用法】选择上述菜单项，按照命令行提示选取单线风管与风口。用户可以框选需要连接的风管与风口，也可以逐个点选，程序能自动识别所选的管线与风口，并根据类型匹配原则进行连接。连接风口的效果如图6-78所示。

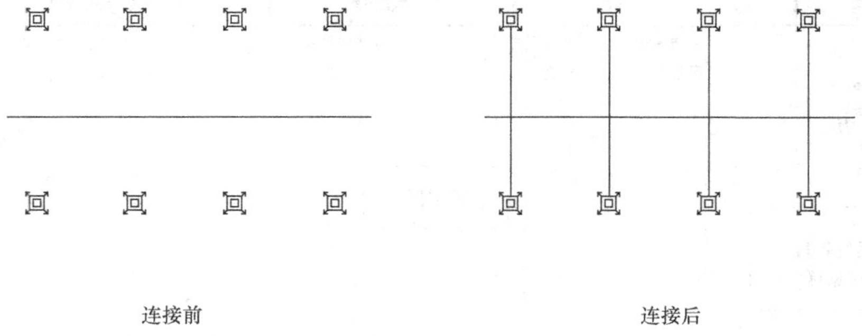

图6-78 连接风口效果图

【注意】每个风口与距其最近的同类型风管相连。若多个风口位于某同类型风管的同侧，并且处于同一条直线上，则距风管最近的风口与风管连接，其他风口彼此相连。

3. 打断管线

【功能】自动连接风口后形成的支管线与主管线在管线交点处断开。

【菜单】“单线风管”→“打断管线”。

【用法】选择上述菜单项，按照命令行提示在图面中点选或框选要打断的管线的任意一段后，按〈Enter〉键确认，程序自动过滤并打断选择的管线。

6.3.3 水力计算

单线分管水力计算命令既可以从图形中提取风管，也可以手动构造风管系统，并进行风管的设计计算和校核计算。程序自动计算弯头、三通等管件的局部阻力系数，对于风管管段尺寸的选择也比较合理，并允许用户对任一管段进行手动的校正，还提供如风管宽高比、风管高度等尺寸优化条件，以获取更加优化的系统。计算完成后，可以生成 Excel 和 Txt 格式的计算书，方便后期编辑和修改。同时，可将风管的计算数据赋回到图面实体，并且通过标注可以在图面上显示风管的尺寸等信息。利用该计算程序，可以解决在风管水力计算过程中计算繁琐、计算量大的问题。

单线风管水力计算简要流程如图 6-79 所示。

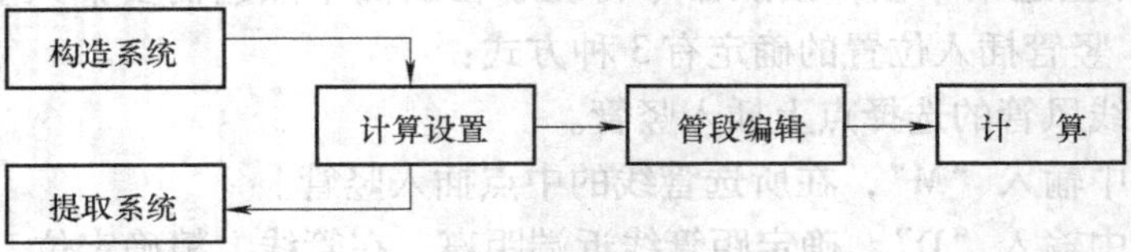

图 6-79　单线风管水力计算简要流程图

【功能】 进行单线风管的水力计算。

【菜单】 “单线风管”→“水力计算”。

【用法】 选择上述菜单项，弹出风管水力计算主界面，如图 6-80 所示。

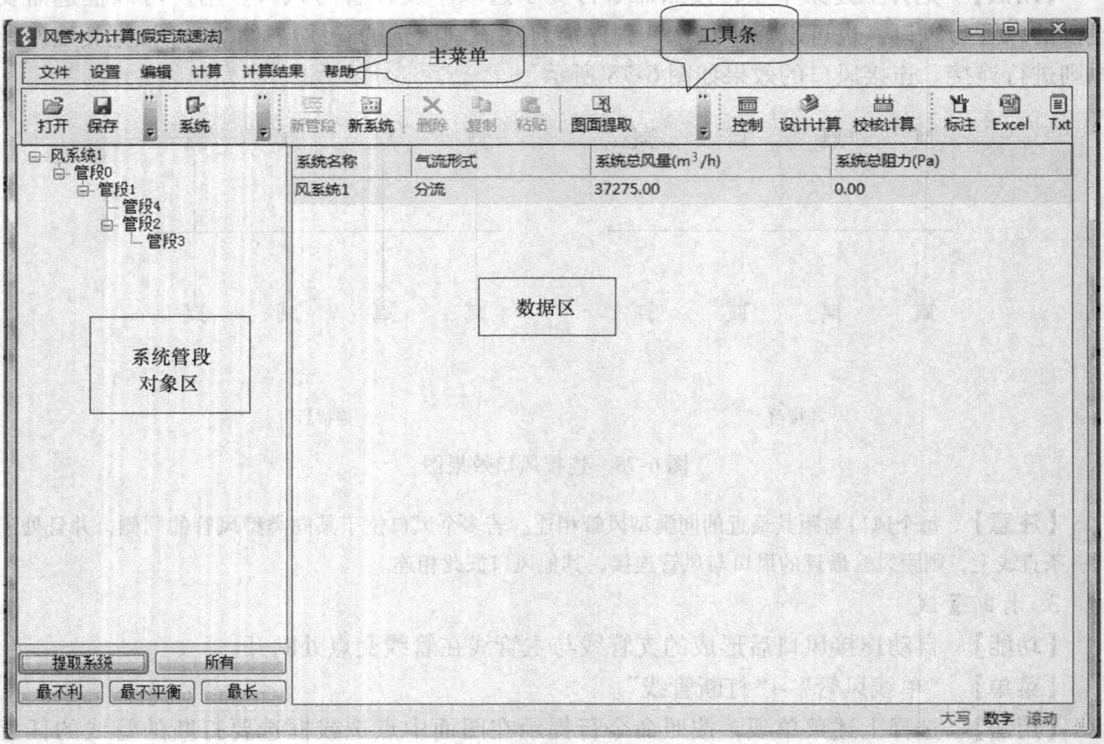

图 6-80　风管水力计算主界面

（1）构造系统

通过菜单栏中的“编辑”菜单、工具栏中的“编辑风管”按钮，可以构造要计算的风系统。

1）添加系统。选择“编辑”菜单下的“添加系统”命令或者选择系统管段对象区右键菜单中的“添加系统”命令，或者单击工具栏中的

按钮，均可以添加一个新的计算风系统。

2）添加管段。选择“编辑”菜单下的“追加管段”命令，或者选择系统管段对象区右键菜单中的“追加管段”命令，或者单击工具栏中的

按钮，均可以添加新的管段。如果选择系统节点，可以默认添加系统的根管段；如果选择管段节点，可以给选择的管段添加分支管段。一个管段最多有 3 个分支管段，添加分支管段时，程序默认添加的支管与父管呈 90°或者 0°，并且 3 个支管中仅有一个支管与父管呈 0°。如果已有一个支管与父管呈 0°，那么新添加的支管就与父管呈 90°；相反，如果没有与父管呈 0°的支管，那么新添加的支管就与父管呈 0°。

3）删除。选择“编辑”菜单下的“删除”命令，或者选择系统管段对象区右键菜单中的“删除”命令，或者单击工具栏中的

按钮，可以删除一个系统或者删除一个管段，删除管段时将删除该管段的所有子管。

4）复制、粘贴。选择“编辑”菜单下的“复制”或“粘贴”命令，或者选择系统管段对象区右键菜单中的“复制”或“粘贴”命令，或者单击工具栏中的

和

按钮，可以将一个系统的所有管段复制给其他系统，或者将一个管段的数据信息复制给其他管段。

5）图面提取。选择“编辑”菜单下的“图面提取”命令，或者选择系统管段对象区右键菜单中的“图面提取”命令，或者单击工具栏中的

、

按钮，可以切换到 AutoCAD 界面，提取要计算的整个系统或某一段风管管段。提取时，如果连接风口的管段与风口之间存在标高差，程序会自动生成一段竖管管段进行计算；风管管段的风阀管件信息也可以提取出来。

（2）计算设置

1）系统参数。选择“设置”菜单下的“系统设置”命令，或者单击工具栏中的

按钮，弹出“系统设置”对话框，如图 6-81 所示。

在该对话框的“流体特性”组合框中可以编辑空气的温度、相对湿度和密度值。如

果流体介质不是干空气，该组合框中的参数不适用。在“气流形式”组合框中，可以将计算系统作为分流或者合流。风口阻力损失将添加到连接风口的管段局部阻力上。

2）风管设置。选择“设置”菜单下的“风管设置”命令，或者单击工具栏中的

按钮，弹出“风管数据控制”对话框，如图 6-82 所示。在该对话框中可以设置风管的基本参数和优化参数。其中，优化参数在计算时会根据优化条件对计算结果进行优化，以达到或者接近设置条件。单击“确定”按钮后，如果设置范围内没有可选规格，系统将会给出提示。优化参数设置中如果最小值、最大值都为 0，表示不限制。如果风管截面形状发生改变，计算系统中的所有管段截面都将改变。

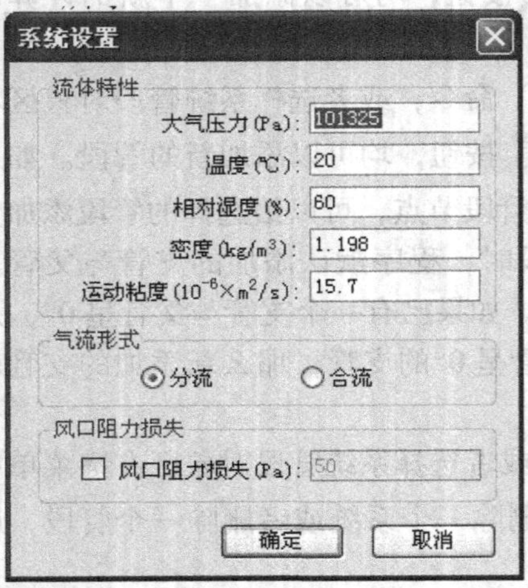

图 6-81 “系统设置”对话框

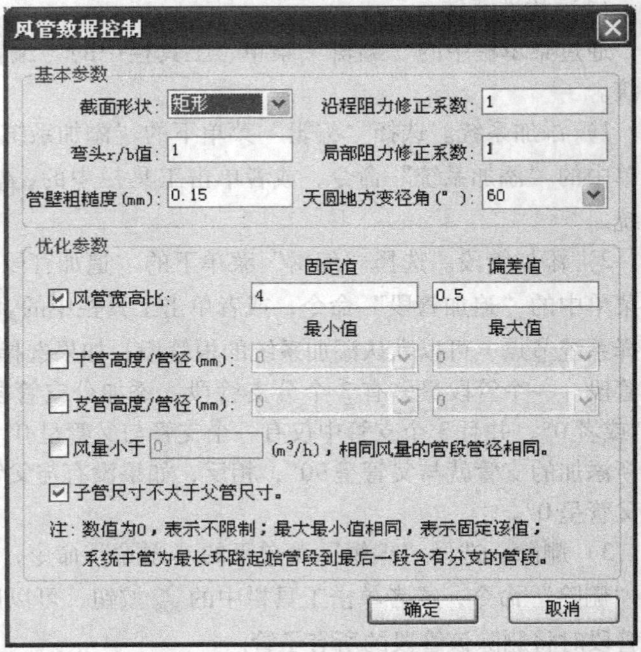

图 6-82 “风管数据控制”对话框

3）风管规格。选择“设置”菜单下的“管径规格”命令，或者单击工具栏中的 

按钮，弹出“风管规格”对话框，如图 6-83 所示。

图 6-83 “风管规格”对话框

“风管规格”对话框中列出了可供选择的矩形风管、圆形风管规格，用户可以通过添加、删除操作来扩充规格列表。

4）计算方法。选择“计算”菜单下的“假定流速法”、“静压复得法”或“阻力平衡法”命令，可以设置系统的计算方法，并显示在标题栏中。

5）计算控制。选择“计算”菜单下的“计算数据控制”命令，或者单击工具栏中的

按钮，弹出“计算数据控制”对话框，如图6-84所示。在该对话框中可以切换到不同的计算方法控制数据设置选项卡，从而对3种计算方法控制数据进行设置。计算方法不同，其设置参数也不同。

（3）管段编辑。在风管水力计算主界面中，数据区中的深色区域表示该数据可以直接进行编辑修改。可以直接单击要编辑的数据进行编辑，也可以通过选择右键菜单中的“编辑风管”命令，或者选择“编辑”菜单下的“批量编辑”命令，或者单击工具栏中的

按钮来实现风管编辑。“风管编辑”对话框如图6-85所示。风口的编辑可以实现批量编辑。

“风管编辑”对话框中的“计算结果”是根据当前设置的数据对管段进行计算，从而调整数据来获得用户想要的计算结果。

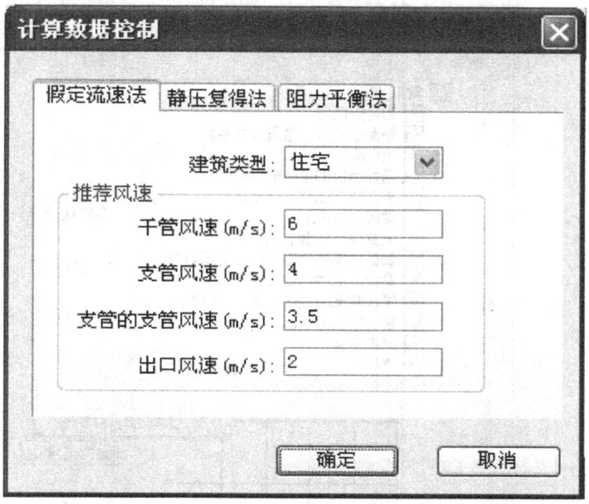

图6-84 “计算数据控制”对话框

单击“局部阻力系数”文本框后面的

按钮，或者单击风管水力计算主界面数据区中的“局部阻力系数”项，将会弹出“鸿业局部阻力计算器”对话框，用于管理管段的局部阻力系数，如图6-86所示。初算后，管段会自动生成一个默认的连接件，用户可以在此对话框中对其名称、局部阻力系数值进行编辑，也可以从“管件列表”列表框中选择合

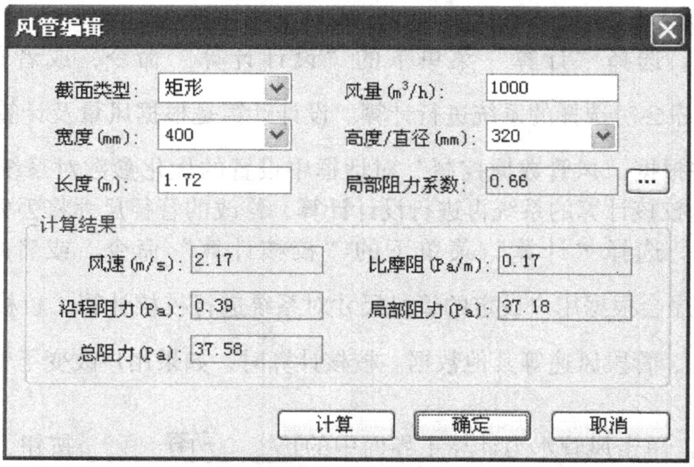

图6-85 “风管编辑”对话框

适的管件。如果单击“确定”按钮时连接件名称为空，则表示没有连接件。程序自动生成的默认连接件是按照一些拟合公式计算的，如果用户选择了手工设定，那么该连接件的局部阻力系数将不会再自动计算。在“附加管件”列表框中可以添加该编辑管段的附加管件，如防火阀等。用户也可以通过右键菜单添加自定义的附加管件，并设置局部阻力系数值。附加管件的局部阻力系数值计算时不会发生改变，从图面提取到的风阀管件在该“附加管件”列表框中也可以显示。

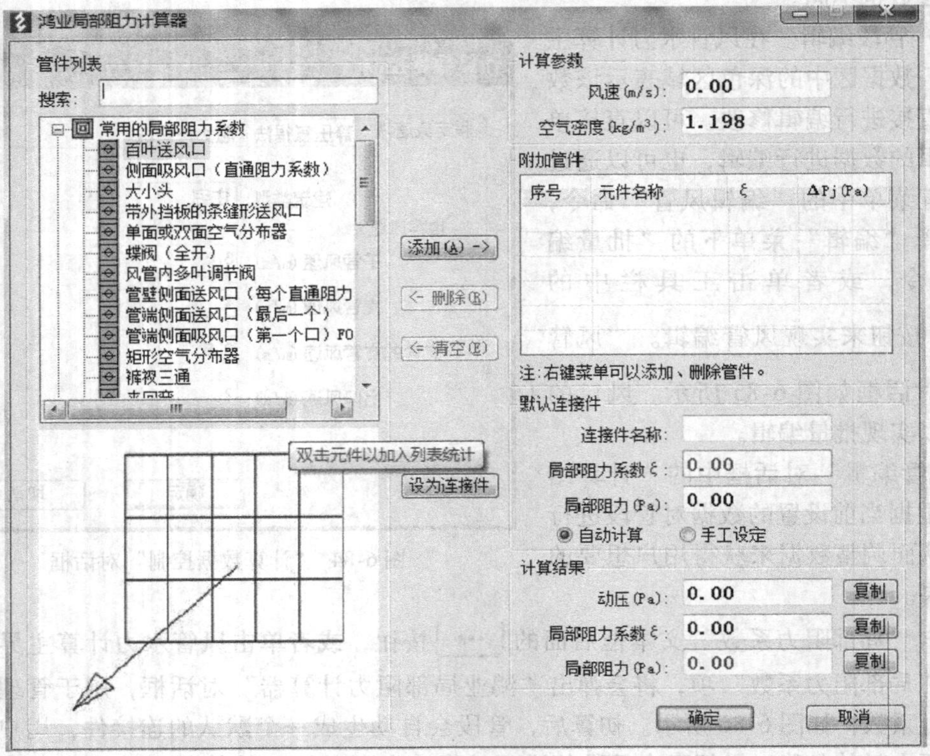

图 6-86 “鸿业局部阻力计算器”对话框

（4）计算

1）设计计算。选择“计算”菜单下的“设计计算”命令，或者单击工具栏中的

按钮，程序会对选择的系统进行计算。设计计算是根据风量及计算控制参数选择合适的风管尺寸，并根据“风管数据控制”对话框中设置的优化参数对系统管段进行优化处理。对已经进行过校核计算的系统再进行设计计算，修改的管径尺寸将丢失。

2）校核计算。选择“计算”菜单下的“校核计算”命令，或者单击工具栏中的

按钮，程序会根据用户设定的管段尺寸对系统进行校核计算。校核计算的依据是管段尺寸、风量计算、管段风速等其他数据。校核计算时，如果用户改变了管段尺寸，修改信息不会丢失。

3）结果分析。单击风管水力计算主界面中的[所有]按钮，可以显示当前选择系统的所有风管管段；单击[最不利]按钮，可以显示当前选择系统的最不利环路管段；

单击[最不平衡]按钮，可以显示当前选择系统的最不平衡环路管段；单击[最长]按钮，可以显示当前选择系统的最长环路管段。

4）标注。选择“计算结果”菜单下的“标注”命令，或者单击工具栏中的标注按钮，弹出“单线风管标注”对话框，如图6-87所示。在该对话框中选择要标注的内容，单击“标注”按钮，返回图面，选择风管管段进行标注。

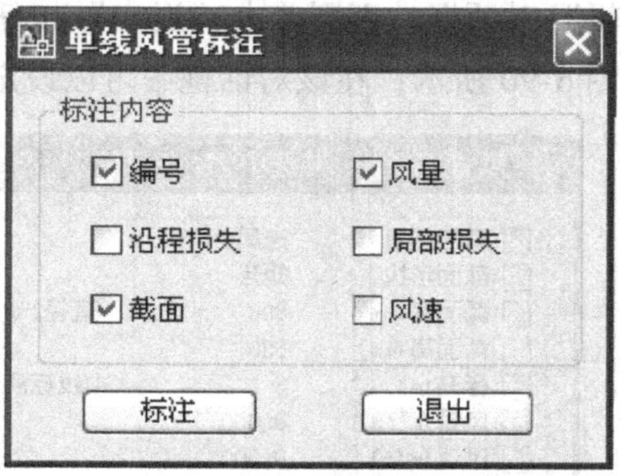

图6-87 “单线风管标注”对话框

5）Excel计算书。选择“计算结果”菜单下的“Excel计算书”命令，或者单击工具栏中的Excel按钮，可以输出Excel计算书，如图6-88所示。

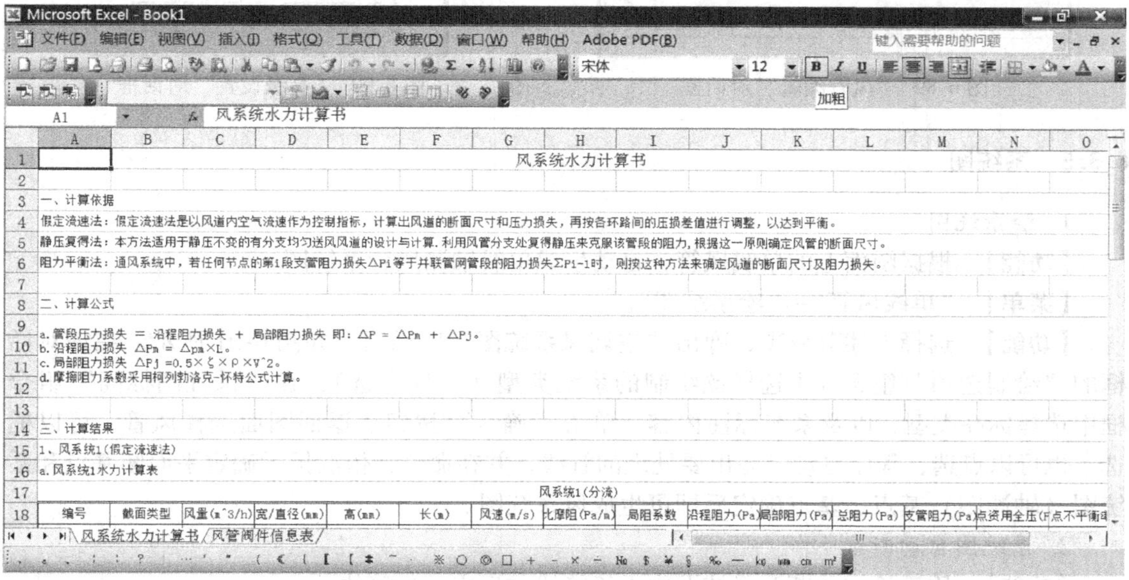

图6-88 Excel计算书效果图

6）Txt计算书。选择“计算结果”菜单下的“Txt计算书”命令，或者单击工具栏中的Txt按钮，可以输出Txt格式的计算书。

6.3.4 风管编辑

【功能】 修改风管的截面、标高、材料、风速和局部损失系数等。

【菜单】 “单线风管”→“风管编辑”。

【功能】 选择上述菜单项，按照命令行提示在图面中选择要查询的风管后，弹出“风管编辑”中对话框，如图6-89所示。在该对话框中选择要修改的参数项，并在相应的文本框中输入修改后的数据，单击“确认”按钮即可修改。修改定义完毕，若要继续定义风管，可单击[选管线<]按钮，在图面中再次选择需要编辑的风管，按〈Enter〉键返回到“风管编辑”对话框，否则单击“退出”按钮。单击[高级...]按钮，弹出“高级设置”对话框，如图6-90所示，在该对话框中可以设定标高的标注标志。

图6-89 “风管编辑”对话框

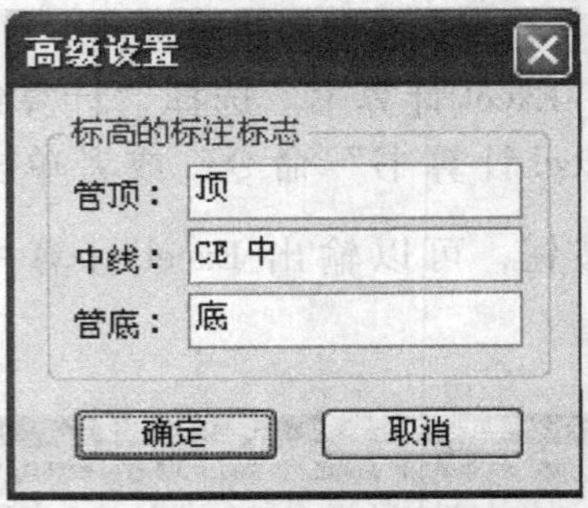

图6-90 “高级设置”对话框

6.3.5 系统图

1. 绘系统图

【功能】 根据图面上的单线风管，自动生成单线轴测风管系统图。

【菜单】 “单线风管”→“绘系统图”。

【功能】 选择上述菜单项，弹出“空调风系统图”对话框，如图6-91所示。在该对话框的“绘制选项”组合框中选择欲绘制的系统类型（允许多选），在“系统图标高”组合框中选择标高类型，以及系统标注内容，单击“确认”按钮后返回图面选择风管，可以框选，也可以点选，程序自动过滤出要处理的管线，并在命令行依次提示确定平面图基点和系统图（轴测图）基点，基点确定后即可生成风系统图。

2. 系统图自动断线

【功能】 用于检查并断开系统图中由于管线前后交叉的管线。

【菜单】 “单线风管”→“系统图自动断线”。

【用法】 选择上述菜单项，按照命令行提示依次输入系统图的横向比例（软件默认比例值为50）、断口处大小（指管线断开时应断开的距离，该距离可以任意调整，软件默认为2.0mm）。输入完成后根据命令行提示选择需要断开的管线，按〈Enter〉键即可实现风管管线的自动断开。

6.3.6 管线对齐

在鸿业ACS 8.2软件包中，在图面布置单线风管时可类似草图性质进行布线，标高也可以先输入大概标高，在尺寸确定后，再采用对齐功能将各风管准确定位。

1. 平面对齐

【功能】 对单线风管的平面位置进行调整。

【菜单】“单线风管”→“平面对齐”。

【功能】选择上述菜单项，弹出“平面对齐”对话框，如图6-92所示。在该对话框的“对齐方式”组合框中选择风管的对齐方式（中心对齐或边线对齐），再输入要调整的风管的中心线与定位参考线的距离。单击“确定”按钮，返回图面，按照命令行提示依次选择参考定位线（如墙线）及需要调整的风管，结束选择后按〈Enter〉键确认，即可完成操作。选择边线对齐时，边线与定位线之间的距离是指风管最靠近定位线的边线与定位线之间的距离。平面定位调整后，在单线的平面图上并没有直接反映出来，只是在执行“管线变双”命令时才表现出来。

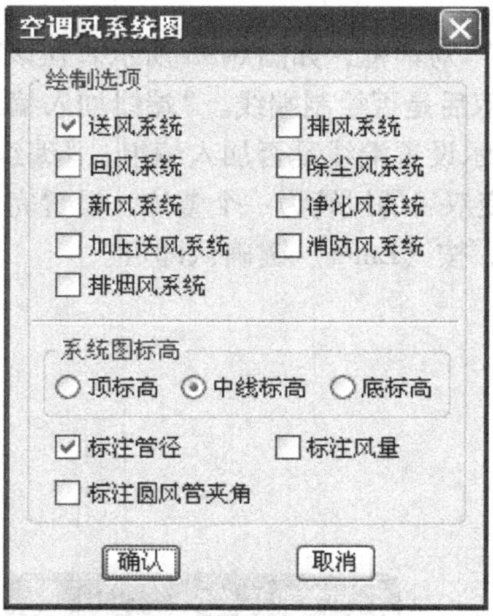

图6-91 “空调风系统图”对话框

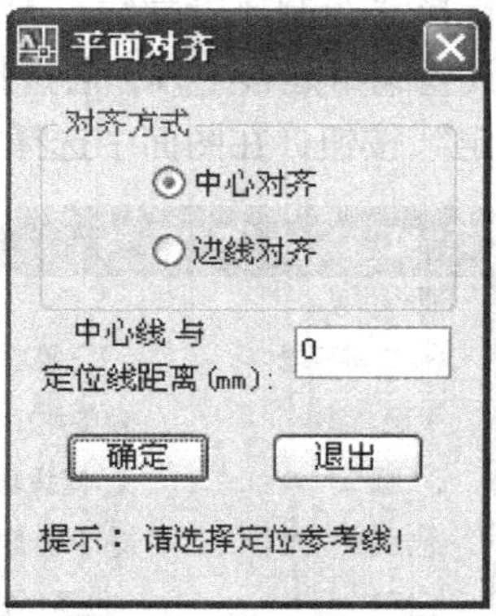

图6-92 “平面对齐”对话框

2. 竖向对齐

【功能】对单线风管的标高进行调整。

【菜单】“单线风管”→“竖向对齐”。

【用法】选择上述菜单项，弹出“竖向对齐”对话框，如图6-93所示。竖向有3种对齐方式：顶部平齐、中心对齐和底部平齐。选择设计所需要的对齐方式后，在“中心标高”文本框中输入对齐部分的标高值。例如，如果选择“底部平齐”单选按钮，软件将显示并要求输入底部标高。输入标高值后单击“确定”按钮，在图面中选择要调整标高的风管，选择结束后按〈Enter〉键确认即可完成操作。

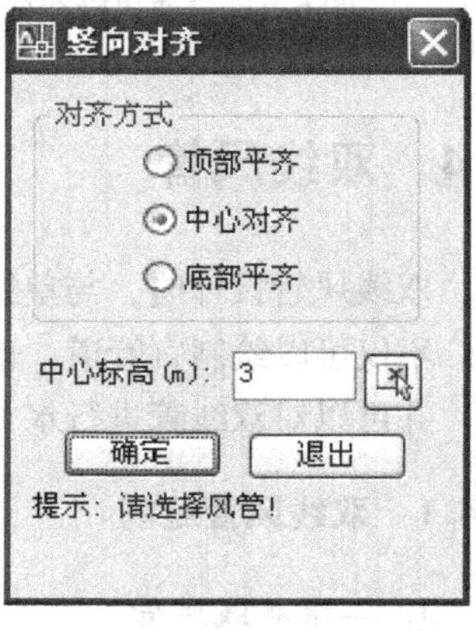

图6-93 “竖向对齐”对话框

6.3.7 管线变双

1. 管线变双

【功能】自动把单线风管转换成二维双线风管或三维双线风管。

【菜单】“单线风管”→“管线变双”。

【功能】选择上述菜单项，弹出“通风管线变双线”对话框，如图6-94所示。在该对话框中依次选择“双线形式”、

“平面弯头”、“线端散流器”、“三通形式”及“四通形式”组合框中相应的参数，并输入“弯头曲率”半径值，单击“确认”按钮后开始进行管线变双。此时，命令行提示“*从哪条风管开始变双*”，在图面中单击开始变双的风管后按〈Enter〉键，即可实现风管的自动变双。若自动变双后的某管件不合适，可用双线风管菜单中的风管编辑命令进行替换或重布。

【注意】 由“管线变双”命令生成的双线风管，与下节介绍的直接绘制的双线风管是完全相同的，二者均可以使用风管编辑命令进行编辑、连接。

2. 批量变双

【功能】 自动将多条单线风管变成二维双线风管或三维双线风管。

【菜单】 “单线风管”→“批量变双”。

【用法】 选择上述菜单项，弹出“风管批量变双”对话框，如图6-95所示。在该对话框中选择“绘制风管端线”复选框，则表示单线风管变双后是否绘制端线。“端线加入编组”复选框是选择“绘制风管端线”复选框后的可选项，表示设置端线是否加入编组。“编组生效”指的是设置编组是否生效，若选择此复选框，端线与变双后的风管为一个整体。设置完成后单击“确定”按钮，在图面中选择需要变双的单线风管，按〈Enter〉键确认即可。

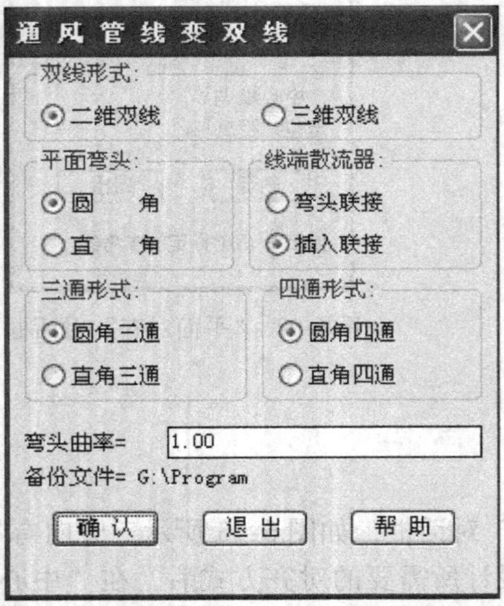

图6-94 “通风管线变双线”对话框

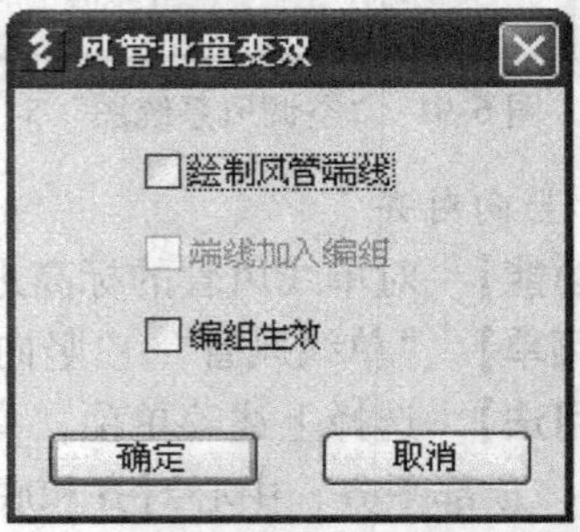

图6-95 “风管批量变双”对话框

6.4 双线风管

双线风管设计时，与单线风管不同的是，在基本确定风管尺寸的前提下，直接绘制双线管道。不仅可以绘制直管道，也可以方便、灵活地实现各种形式的管件搭接、连接风口设备等功能，并可以对双线管进行水力校核计算、布置风阀、出单线系统图、剖面绘制以及材料统计。

6.4.1 双线风管绘制

1. 二维双线风管

【功能】 直接在工程图上布置二维双线风管。

【菜单】“双线风管”→“二维双线风管”。

【用法】选择上述菜单项，弹出“绘制双线风管”对话框，如图 6-96 所示。

(1) 基本参数设置　在“绘制双线风管”对话框的“基本参数”组合框中进行绘制双线风管的参数设定，确定所要绘制风管的类型、形状以及风管尺寸。若风管为圆形，需确定绘制风管的直径；若风管为矩形或扁圆形，需输入绘制风管的宽和高。另外，还可以设置绘制管线的标高值，单击 中线标高(m): 按钮中的箭头图标，可以选择标高类型。

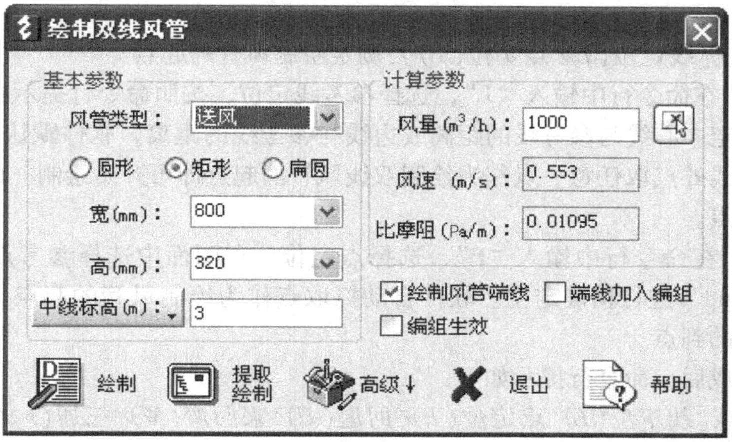

图 6-96 “绘制双线风管”对话框

(2) 计算参数设置　在“绘制双线风管”对话框“计算参数”组合框的“风量”文本框中可以输入所绘制风管的风量。如果前面已经对风口风量进行了定义，则可单击“风量”文本框后面的按钮，在图面中选择绘制风管所连接的风口，进行风量的提取。如果对风管类型、管径或者风量进行了修改，软件会自动地计算风速和比摩阻。

【注意】对于扁圆形截面的风管，如果高度大于宽度，表示风管是立放的。

(3) 高级设置　单击“绘制双线风管”对话框中的 高级↓ 按钮，展开对话框的高级设置选项，如图 6-97 所示。

1) “弯头和法兰”选项卡。该选项卡用于绘制过程中对弯头和法兰的设定。弯头曲率的取值在 0.5 ~ 5。绘制样式根据风管截面形状的不同而不同，选择“绘制样式”下拉列表框中的绘制样式，在右下角的“示意”列表框可以显示具体样式，同时在左下角的“说明”列表框中进行该样式的具体解释说明。在“法兰设定”组合框中可以设定法兰的图面表示形式（单线、双线或三线）和法兰的出头长度（0 ~ 2），其中法兰形式在“法兰形式”下拉列表框中选择。

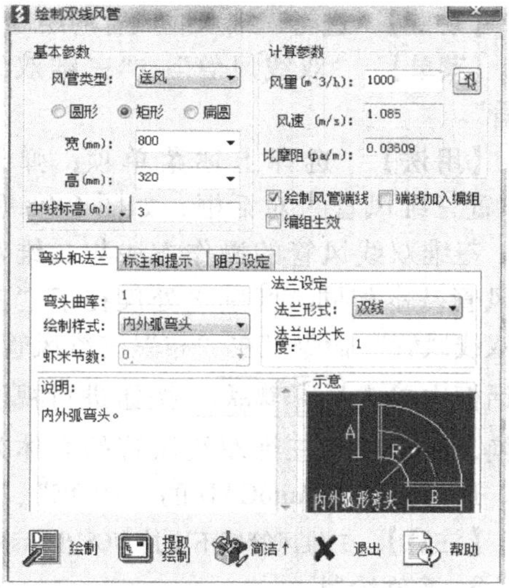

图 6-97 “绘制双线风管”对话框的高级设置选项

【注意】矩形弯头除了内外弧弯头，其他弯头都在

90°情况下才能绘制。

2）“标注和提示”选项卡。该选项卡用于设定绘制过程中的提示内容和绘制后的标注内容。

3）“阻力设定”选项卡。该选项卡用于设定管道和气流的一些参数，以计算管道的比摩阻。

单击“绘制双线风管”对话框下方的 简洁↑ 按钮，可以关闭高级设置选项。

（4）绘制管线　单击“绘制双线风管”对话框中的 绘制 按钮，返回图面，命令行提示如下：

选择起点，或[线定位(L)/点定位(P)]:确定绘制风管的起点

1）线定位。在命令行中输入“L”，选择参考线定位，按照命令行提示在图面中选定参考线，并输入指定中心线与参考线的距离或边线与参考线的距离，软件默认此值为400。输入完成后，在管线外点取任意一点作为绘制双线风管的起点即可开始绘制。此方法也可以确定绘制风管的到点。

2）点定位。在命令行中输入“P”，选择点定位，在图面中选择参考点并输入“@ x, y”或“@ r < angle”进行精确定位。软件自动抓取点作为绘制风管的起点。该方法同样可以确定绘制风管的到点。

起点确定完成后，命令行提示如下：

*指定下一点或[线定位(L)/点定位(P)/回退(U)/来回弯(W)/三通(3)/四通(4)/变径(B)/天圆地方(T)]:*确定管线绘制的下一点，确定方法同起点

也可以在绘制过程中随时改变绘制内容，如进行来回弯、三通、四通、变径以及天圆地方的绘制，还可以输入“U”回退一步。

【注意】 扁圆形风管没有天圆地方的绘制。

2. 三维双线风管

【功能】 进行三维双线风管的绘制

【菜单】 “双线风管”→“三维双线风管”。

【用法】 选择上述菜单项，弹出“布置三维风管”对话框，如图6-98所示。三维双线风管的操作方法与二维双线风管基本相同，区别之处仅在于“三维双线风管”命令可在“布置三维风管”对话框中单击 转视点 按钮进行视图转换，便于观察三维双线风管的立体效果。还可以使用AutoCAD的“HIDE”、“SHADE”命令进行消隐和着色。

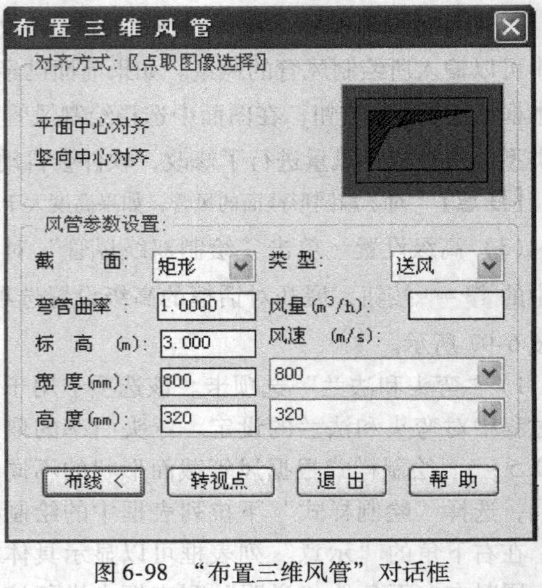

图6-98 “布置三维风管”对话框

【注意】 三维风管暂不支持UCS坐标系。

3. 其他绘制

【功能】 进行双线风管的其他绘制，如绘制弧形双线风管、变径和立管等。

【菜单】　“双线风管”→“其他绘制”。

【用法】　选择上述菜单项，在随后弹出的子菜单中选择相应的命令进行绘制。

（1）插入竖管　选择“插入竖管”命令，弹出“插入竖管”对话框，如图 6-99 所示。“基本参数”和“计算参数”的设置同双线风管绘制，但“标高设定”需设定所绘制竖管的起始标高和结束标高，参数设置完成后，单击“绘制”按钮，返回图面，按照命令行提示依次输入竖管插入点及旋转角度，即可进行竖管的绘制。

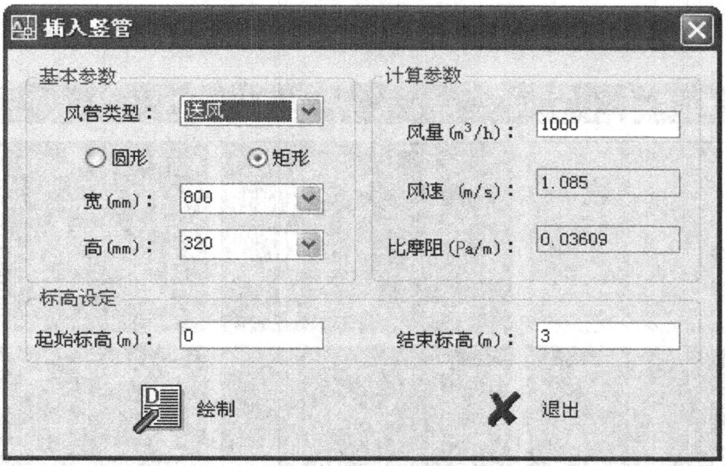

图 6-99　“插入竖管”对话框

（2）三点弧双线风管　选择“三点弧双线风管”命令，按照命令行提示选择管道类型和风管截面类型，选择后命令行继续提示：

请拾取管道起始点/ L-接某一管段〈回车退出〉：在图面中点取绘制风管的起始点，若该风管接某一已绘制风管，则输入“L”

请拾取管道终点〈回车退出〉：在图面中确定绘制风管的终点

请点取弧形风管段弧形轴线的一点〈回车退出〉：点取弧线风管的中间点，并输入本弧段风管的宽度，输入完成后按〈Enter〉键退出绘制

三点弧双线风管的绘制效果如图 6-100 所示。

（3）圆心弧双线风管　选择“圆心弧双线风管”命令，按照命令行提示选择管道类型和风管截面类型，选择后命令行继续提示：

请拾取管道起始点/ L-接某一管段〈回车退出〉：在图面中点取绘制风管的起始点，若该风管接某一已绘制风管，则输入“L”

请拾取管道终点〈回车退出〉：在图面中确定绘制风管的终点

请点取弧形风管段弧形轴线圆心点〈回车退出〉：点取弧线风管圆心点，并输入本弧段风管的宽度，输入完成后按〈Enter〉键退出绘制

圆心弧双线风管的绘制效果如图 6-101 所示。

（4）圆管三通连接　选择“圆管三通连接”命令，弹出“圆风管三通连接”对话框，如图 6-102 所示。该对话框中的 6 个幻灯示意图代表 6 种连接方式。第一种和第四种连接方式可以接弯头，同时可以设定连接角度；第三种和第六种连接方式要求支风管和主风管垂直。

【注意】　此处所谓的第一种、第二种都是按照从左到右，从上到下顺序排列的。

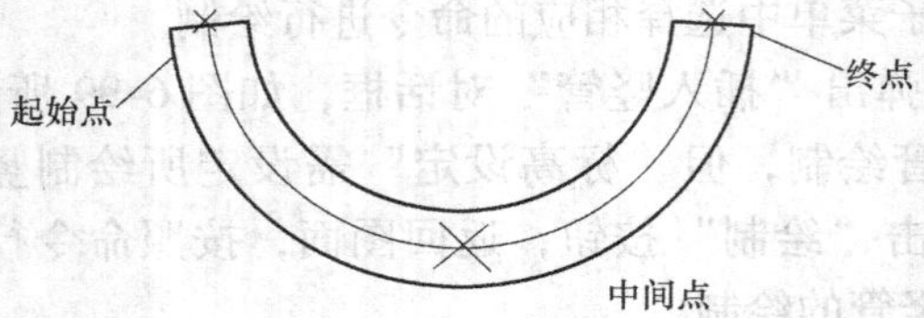

图 6-100　三点弧双线风管绘制效果图

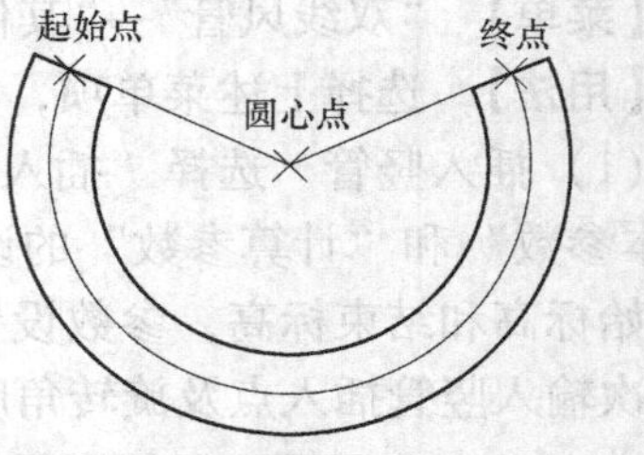

图 6-101　圆心弧双线风管绘制效果图

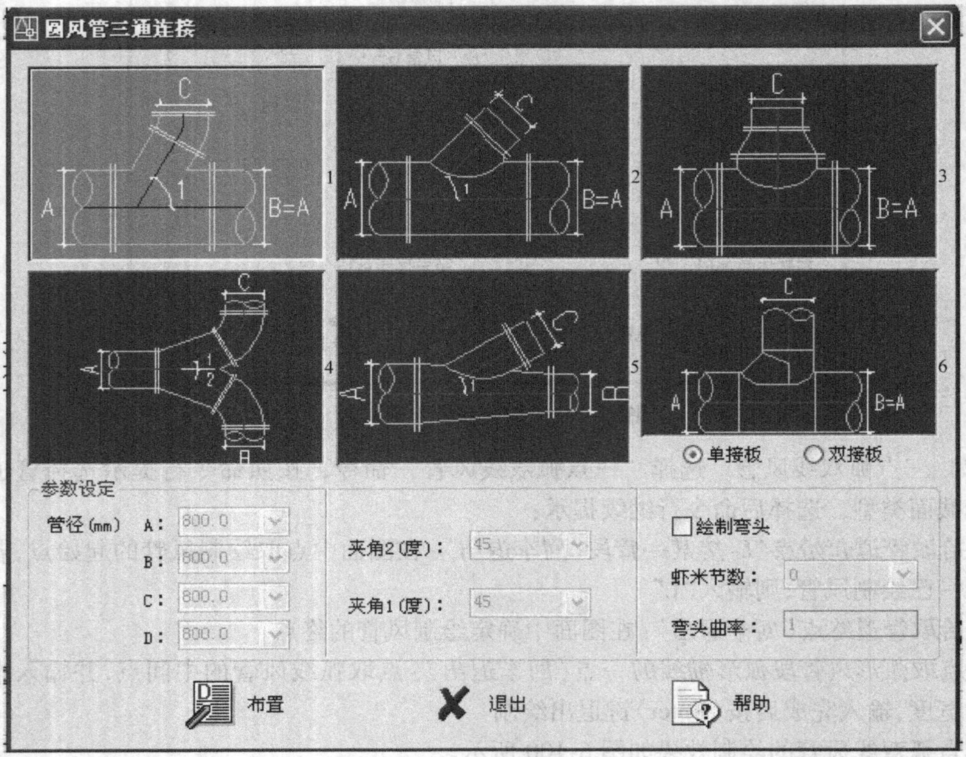

图 6-102　"圆风管三通连接"对话框

在"圆风管三通连接"对话框中选定一种连接方式（注意幻灯示意图中每段风管的含义），设定好相应参数后单击"布置"按钮，返回图面，按照命令行提示依次选择风管中线，选择完成后程序会按照选定的三通形式自动连接。圆风管三通连接的绘制效果如图 6-103 ~ 图 6-108 所示。

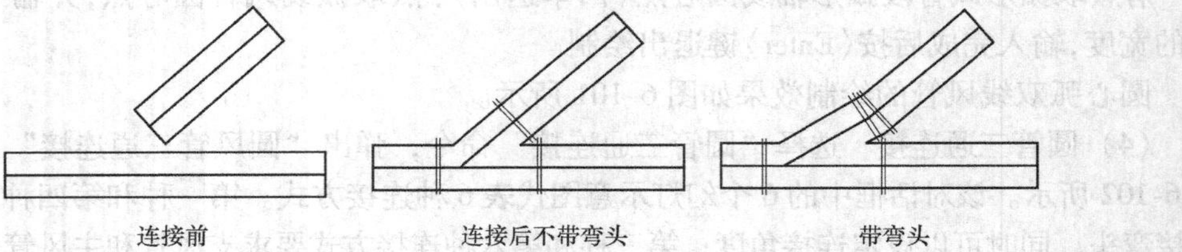

图 6-103　第一种（斜角三通）连接效果图

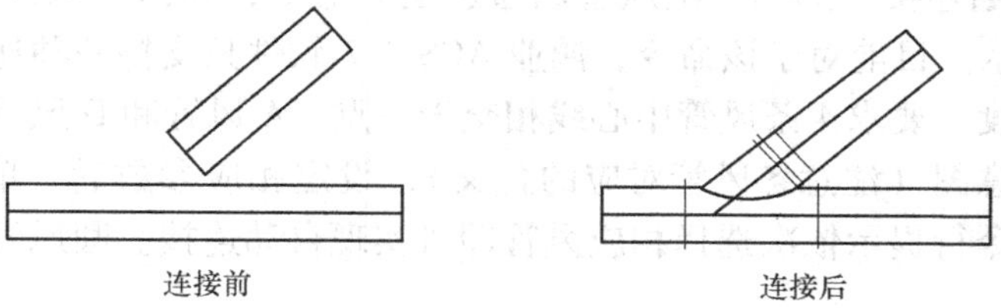

图6-104 第二种（插管三通）连接效果图

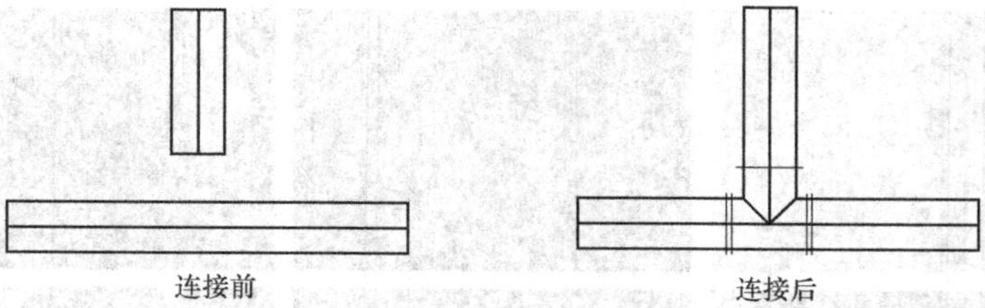

图6-105 第三种（直角三通）连接效果图

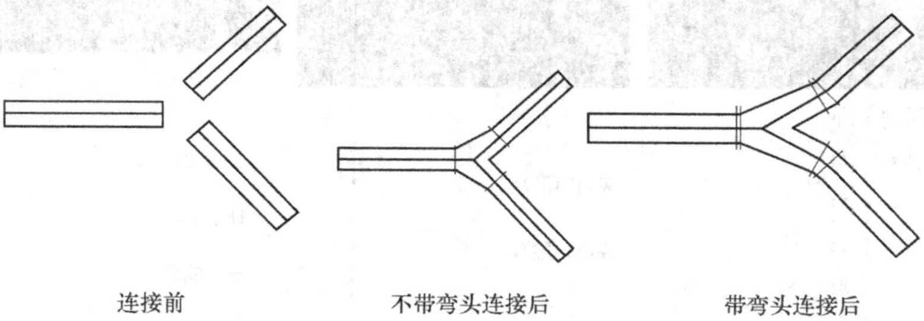

图6-106 第四种（Y形三通）连接效果图

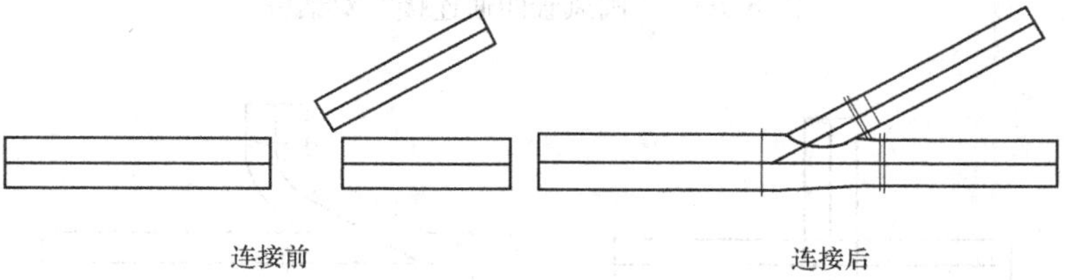

图6-107 第五种（变径插管三通）连接效果图

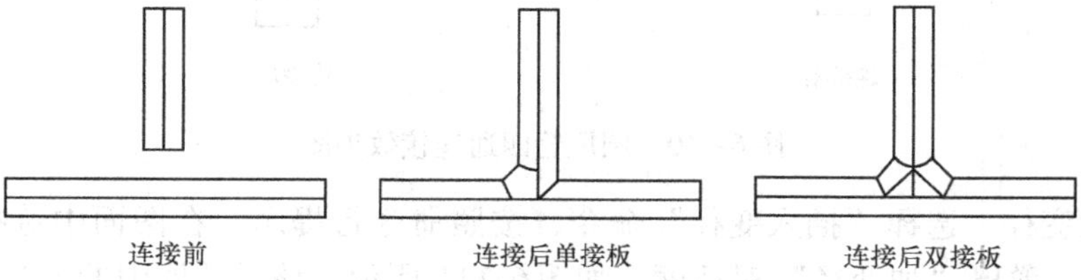

图6-108 第六种连接效果图

(5) 圆风管四通连接　选择“圆风管四通连接”命令，弹出“圆风管四通连接”对话框，如图6-109所示。目前对于该命令，鸿业ACS 8.2软件只支持一种连接方式，可以绘制弯头并设置夹角角度，要求4条风管中心线相交于一点，A风管和D风管管径相同。单击该连接方式的幻灯示意图（注意各风管对应的含义），设定相应参数后，单击“布置”按钮，返回图面，按照命令行提示依次选择相应风管即可实现自动连接。圆风管四通连接的效果如图6-110所示。

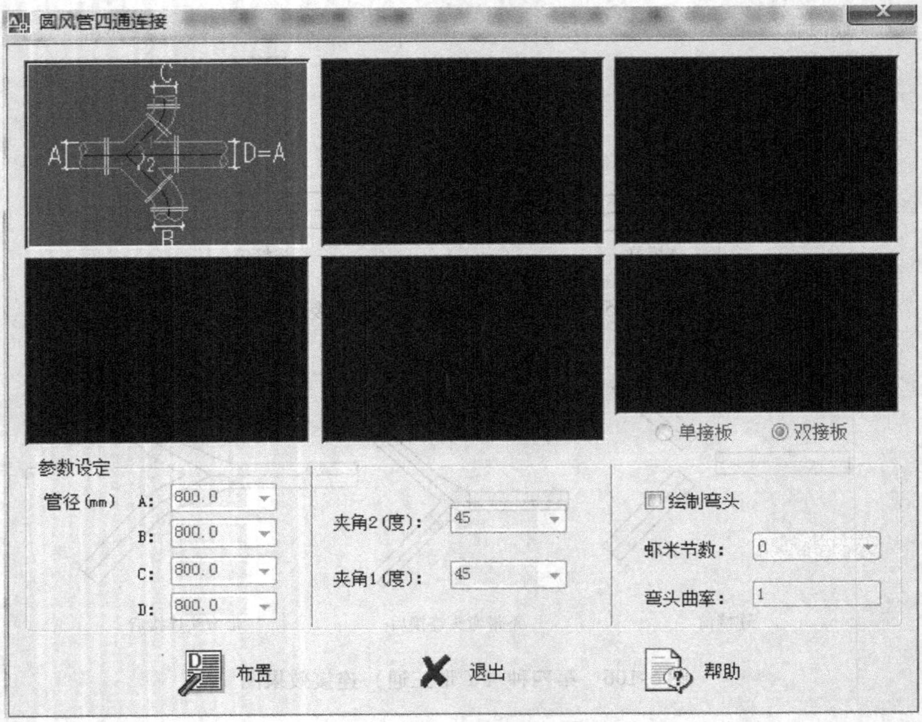

图6-109 “圆风管四通连接”对话框

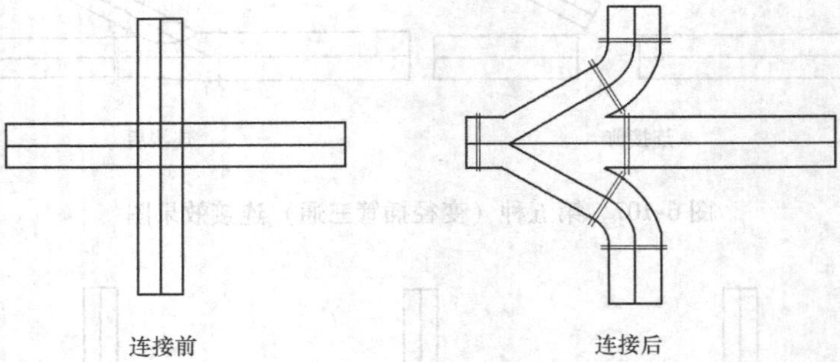

图6-110 圆风管四通连接效果图

(6) 插入变径　选择“插入变径”命令，按照命令行提示，在图面中选择要插入变径的风管中心线，弹出“加变径”对话框，如图6-111所示。该对话框中的3个幻灯示意图表示3种变径样式。

选定一种变径样式，并确定风管竖向对齐方式，输入连接风管的厚度以及管件参数值，单击“确认”按钮返回图面，命令行提示如下：

位置：近端距离定位（D）/管线中点（M）/（选取点）：

有3种变径插入点定位方式：直接按〈Enter〉键，则将选取风管中心线的选取点作为定位点；输入“M”选取管线的中点；输入“D”以管线的端点定位。定位方式确定后。按照命令行提示在图面中用鼠标确定变径方向，即可完成变径的插入。

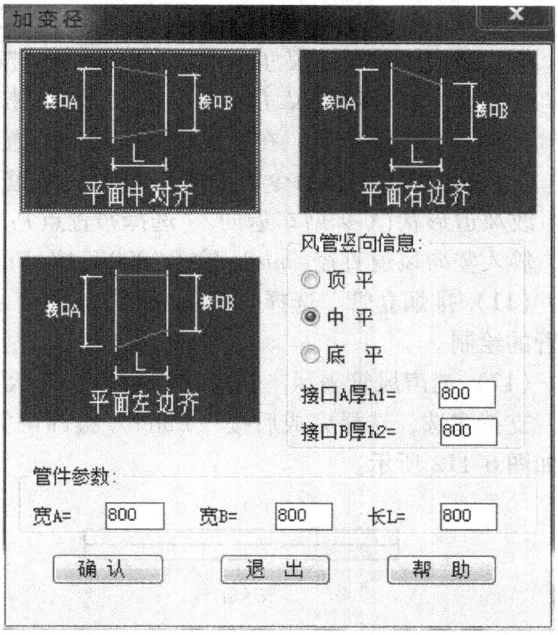

图6-111 “加变径”对话框

（7）布置法兰 选择“布置法兰”命令，命令行提示如下：

*删除法兰（D）/（布置法兰）：*直接按〈Enter〉键选择布置法兰（若要删除法兰，可输入“D”）

法兰形式：三线法兰3/双线法兰2/<单线法兰1>：

输入相应字符选择法兰形式。

*退出（E）/任意布置（R）/等间距布置（Z）/（线端布置）：*输入相应字符选择布置形式，软件默认在线端布置

1）线端布置。直接按〈Enter〉键，按照命令行提示选择加法兰的管线的中心线，按〈Enter〉键，在选择的较近的一端布置。

2）等间距布置。在命令行中输入“Z”，按照命令行提示选择加法兰的管线，并输入法兰间距（单位为m），按〈Enter〉键完成布置。

3）任意布置。在命令行中输入“R”，按照命令行提示选择加法兰的管线，按〈Enter〉键则在风管选择点布置法兰；输入“C”，选择参考点定位并输入参考点坐标，按〈Enter〉键完成布置。

（8）绘制法兰线 选择“绘制法兰线”命令，按照命令行提示依次选择法兰起点、法兰形式和法兰终点。绘制过程中可随时改变法兰样式。

（9）加3D竖管 选择“加3D竖管”命令，按照命令行提示选择绘制竖管类型，命令行提示如下：

*回车退出/参考点定位（D）/（竖管插入位置）：*在图面中点取竖管插入点位置或输入“D”进行插入点精确定位

插入点确定后，按照命令行提示依次输入插入竖管的长度、宽度、起点标高、到点标高、长度方向，程序自动加3D竖管。

（10）加压立管 选择“加压立管”命令，按照命令行提示选择风道形状。

1）矩形风道 在命令行中输入“C”，风道形状选择完成后命令行继续提示：

*改风道形状（X）/回车返回/（选择布置点）：*在图面中点取一点作为布置点

确定风道短边方向：移动鼠标确定风道短边方向

输入竖向风道长边尺寸(mm)：输入“800”，按〈Enter〉键

输入竖向风道短边尺寸(mm)：输入“600”，按〈Enter〉键即可完成绘制

如果需要继续绘制，在图面中确定绘制位置后，按照命令行提示重复上述步骤。

2）圆形风道。在命令行中输入“C”，风道形状选择完后命令行继续提示：

改风道形状(X)/回车返回/(选择布置点)：在图面中点取一点作为布置点

输入竖向风道直径(mm)：输入“800”，按〈Enter〉键即可完成绘制

（11）排烟立管　选择“排烟立管”命令，按照命令行提示进行绘制，绘制方法同加压立管的绘制。

（12）消声风管表示　选择“消声风管表示”命令，按照命令行提示选择双线风管中心线，支持多选，选择完成后按〈Enter〉键即可完成消声风管表示。消声风管表示的绘制效果如图6-112所示。

图6-112　消声风管表示效果图

（13）柔性风管　选择“柔性风管”命令，弹出“柔性风管”对话框，如图6-113所示。在该对话框的“柔性风管样式”组合框中选择一种表示样式，并选择操作对象，该命令可以对一般性风管进行转化，也可以用于用户自己绘制的任意曲线的转化。转化后小圆弧的大小由“绘制比例”决定，具体值为100×绘制比例，这就是小圆弧的直径。当在“操作对象”组合框中选中“风管”单选按钮时，“转换成柔性”与“还原”按钮均可用。

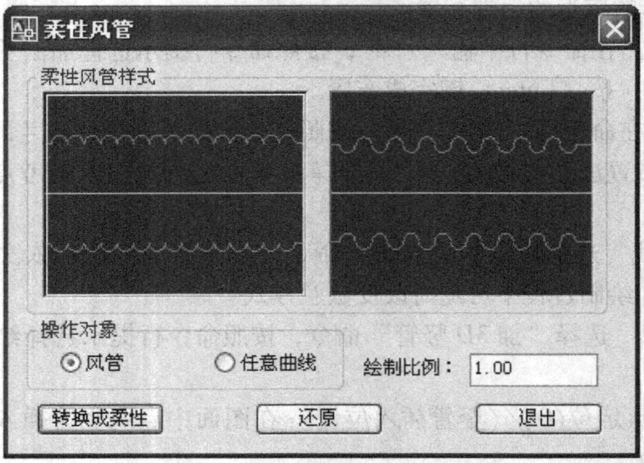

图6-113　“柔性风管”对话框

单击 转换成柔性 按钮，返回图面，进入风管的柔化功能，按照命令行提示选择要柔化的管线和管件，即可实现柔化操作，其效果如图6-114所示。

单击 还原 按钮，进入柔性风管的还原功能，按照命令行提示选择要还原的风管

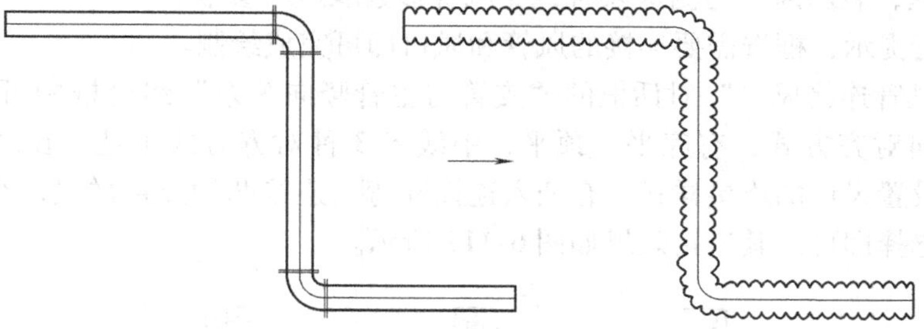

柔化前　　　　柔化后

图 6-114 风管柔化效果图

和管件（已经转化了的柔性风管），选择完成后即可还原。

如果选择“操作对象”为“任意曲线”，则仅“转换成柔性”按钮可用，“还原”按钮不可用。此时按照命令行提示，用户可直接在图面中拾取要转换的曲线（支持直线、多段线、圆弧、圆、椭圆、样条曲线等），点选小圆弧凸出方向即可将该曲线柔化，但这种柔化是不可以还原的。

【注意】 管件选择时，请选择弯头、三通和四通等管件，不要选择抬头、低头等其余管件，因为对于这些管件鸿业 ACS 8.0 软件暂时不能正确柔化。

（14）金属风管表示　选择“金属风管表示”命令，按照命令行提示选择风管，选择完成后按〈Enter〉键即可完成表示操作，其效果如图 6-115 所示。

表示前　　　　表示后

图 6-115 风管金属表示效果图

6.4.2 双线连接风口

【功能】 进行双线风管与风口的自动连接。

【菜单】 “双线风管”→“双线连接风口”。

【用法】 选择上述菜单项，弹出“双线风管连接风口”对话框，如图 6-116 所示。在该对话框的“支管参数设置”组合框中可以进行支管尺寸的确定。支风管的截面形状由主风管确定，若为矩形风管或扁圆形风管，其宽度与高度同时有效；若为圆形风管，其半径由宽度确定。另外，支风管的宽度和高度不应大于主风管的宽度与高度。用户也可以选择“取主管高度”复选框，表示支风管高度取主风管高度。选择“风口为侧送风时，支管参数取风

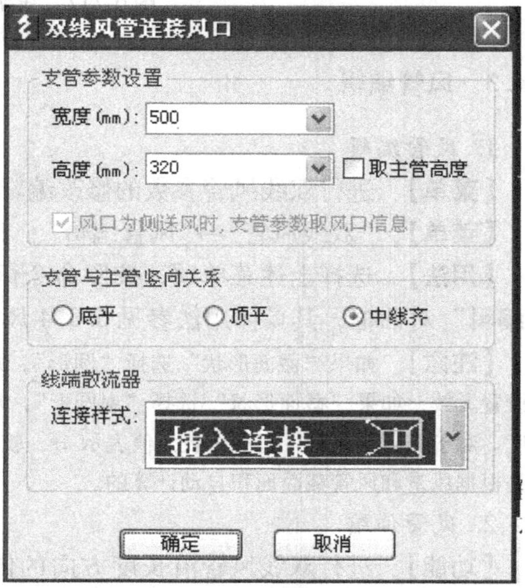

图 6-116 “双线风管连接风口”对话框

口信息”复选框，表示风口为侧送风时，支风管参数取风口参数。

根据命令行提示，框选需要连接的风管和风口即可完成绘制。

在“双线风管连接风口”对话框的“支管与主管竖向关系”组合框中可以设置支风管与主风管的竖向对齐方式，有底平、顶平、中线齐 3 种对齐方式可选。在“线端散流器”组合框中可以设置风口的连接样式，有插入连接和弯头连接两种连接样式，在“连接样式”下拉列表框中选择即可。其连接效果如图 6-117 所示。

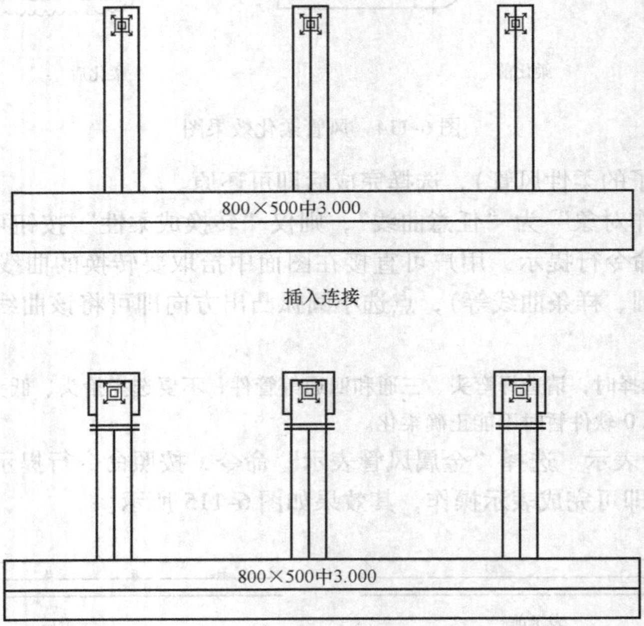

图 6-117 线端散流器连接效果图

6.4.3 风管编辑

1. 风管编辑

【菜单】 进行双线风管参数的修改编辑。

【菜单】 “双线风管”→“风管编辑”。

【用法】 选择上述菜单项，按照命令行提示选择要查询的双线风管中心线，弹出“风管编辑”对话框，其具体用法参见 6.3.4 风管编辑。

【注意】 如果“截面形状”选择“圆形”，则“截面宽”的值即风管的直径，并且“截面高”参数的设置无效；如果“截面形状”选择“扁圆形”，则“截面宽”表示图面表示宽度，“截面高”表示截面高度。对于扁圆形风管，宽高中较大值表示 a1，较小值表示 b1。可参考 6.4.1 节。此外，“风速”的参数值是根据风量和风管截面面积自动计算的。

2. 风管伸缩

【功能】 进行双线风管沿长度方向的伸长和缩短，相当于 AutoCAD 中的 Mstretch（多重图元拉伸）的功能。

【菜单】“双线风管”→“风管伸缩”。

【用法】选择上述菜单项，按照命令行提示选择双线风管中心线，软件自动捕捉到距双线风管选取点较近的风管端点作为风管伸缩的起点，使用鼠标控制风管的伸长或缩短并确定到点，即可完成风管伸缩操作。

3. 平面对齐

【功能】对双线风管的平面位置进行调整。

【菜单】“双线风管”→“平面对齐”。

【功能】选择上述菜单项，弹出“平面对齐”对话框，其具体用法参见6.3.6节中的平面对齐。

4. 竖向对齐

【功能】对双线风管的标高进行调整。

【菜单】“单线风管”→“竖向对齐”。

【用法】选择上述菜单项，弹出“竖向对齐”对话框，其具体用法参见6.3.6节中的竖向对齐。

5. 风管断开

【功能】用于双线风管中截面风管的打断表示。

【菜单】“双线风管”→“风管断开”。

【用法】选择上述菜单项，按照命令行提示，在图面中选择要断开的双线风管，软件自动捕捉双线风管选取点为风管打断的第一点，在图面中继续移动鼠标点取第二个打断点，即可实现打断操作。风管断开效果如图6-118所示。

图6-118 风管断开效果图

6. 风管交叉遮挡

【功能】进行交叉风管的断线处理。

【菜单】“双线风管”→“风管交叉遮挡”。

【用法】选择上述菜单项，按照命令行提示，将需要处理的风管管线交叉处套在窗口中，随后点取窗口右下角点和左上角点，并点取标高高的风管的中心线，即可完成风管交叉遮挡操作，其效果图如图6-119所示。

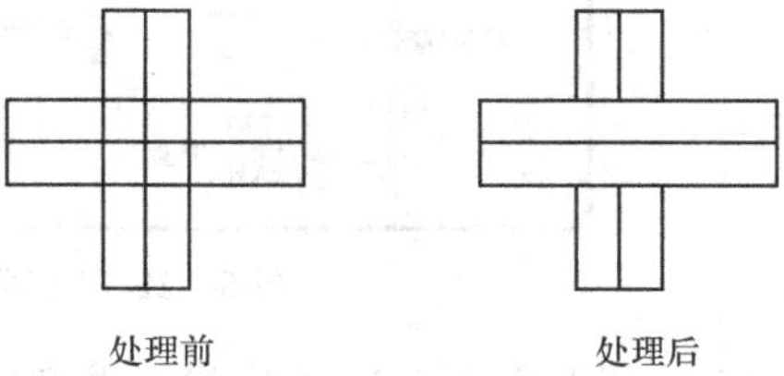

图6-119 风管交叉遮挡效果图

6.4.4 风管附件

1. 变径连接

【功能】系统自动将两根方向一致、截面不同、标高相差不大的风管用变径连接起来。

【菜单】“双线风管”→“变径连接”。

【用法】选择上述菜单项，按照命令行提示依次选择第一根双线风管、第二根双线风管，并确定变径起始位置和变径长度，其中变径长度可以通过输入具体数值或用鼠标在图面中点取确定。变径连接效果如图6-120所示。

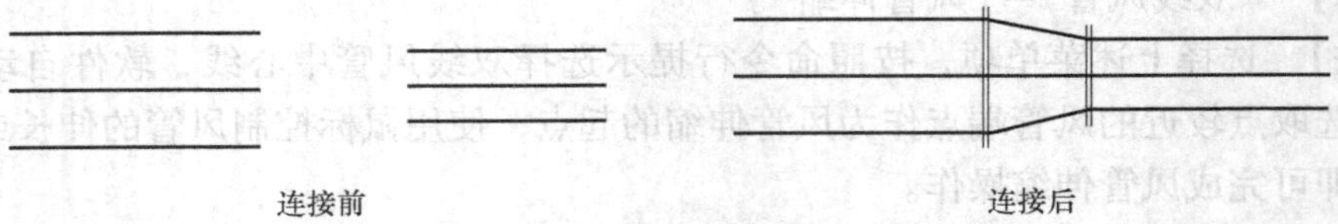

图 6-120　变径连接效果图

2. 弯头连接

【功能】 用于双线风管的弯头连接。

【菜单】 “双线风管”→“弯头连接”。

【用法】 选择上述菜单项，弹出“风管弯头连接”对话框，如图 6-121 所示。该对话框以幻灯片方式显示的弯头连接形式与连接风管截面类型有关。

（1）矩形截面或扁圆形截面　当风管截面类型选择“矩形”或“扁圆形”时，“风管弯头连接”对话框中显示 6 种弯头连接形式及名称，用鼠标点选一种连接样式，在“参数设定”组合框中设定弯头曲率、法兰形式和法兰出头长度，参数设置完成后单击“布置”按钮，返回图面，按照命令行提示依次选择第一根风管和第二根风管，选择完成即可实现连接，连接效果如图 6-122 所示。

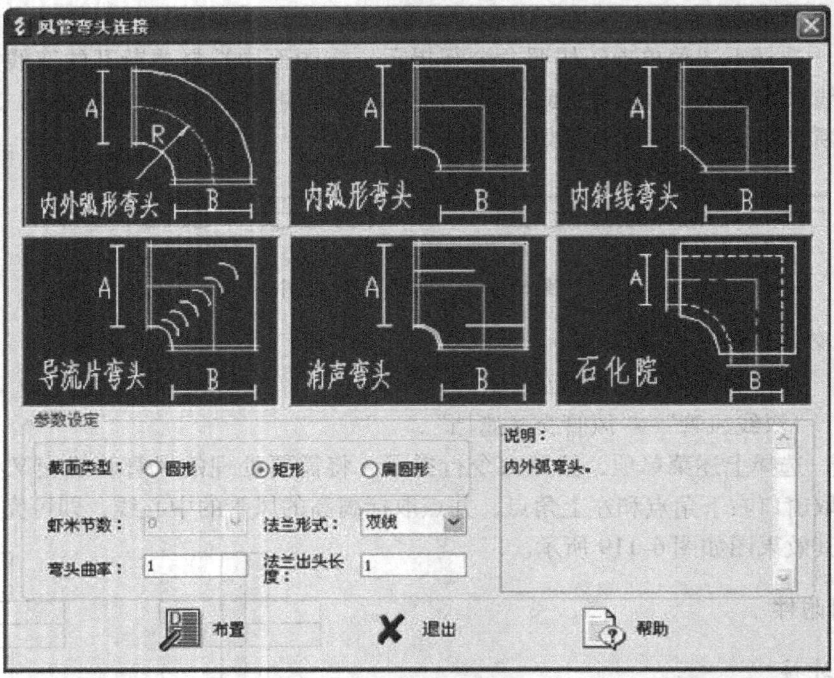

图 6-121　“风管弯头连接”（矩形风管）对话框

（2）圆形截面　当风管截面类型选择“圆形”时，“风管弯头连接”对话框中显示 5 种弯头连接形式及名称，如图 6-123 所示。用鼠标点选一种连接样式，在“参数设定”组合框中设定弯头曲率、法兰形式和法兰出头长度，参数设置完成后单击“布置”按钮，返回图面，按照命令行提示依次选择第一根风管和第二根风管，选择完成即可实现连接，连接效果如图 6-124 所示。

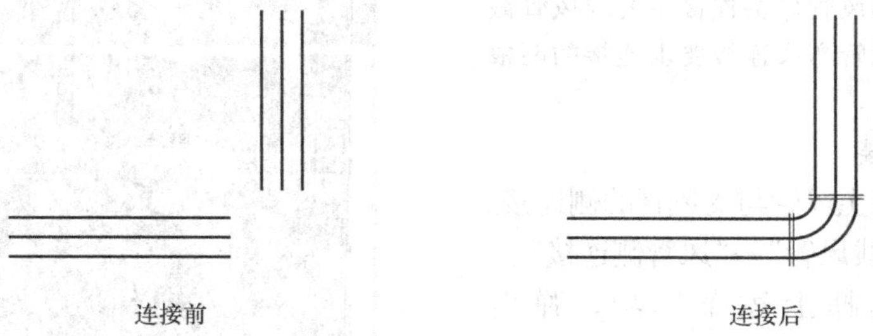

图 6-122　矩形风管或扁圆形风管弯头连接（内外弧形弯头连接）效果图

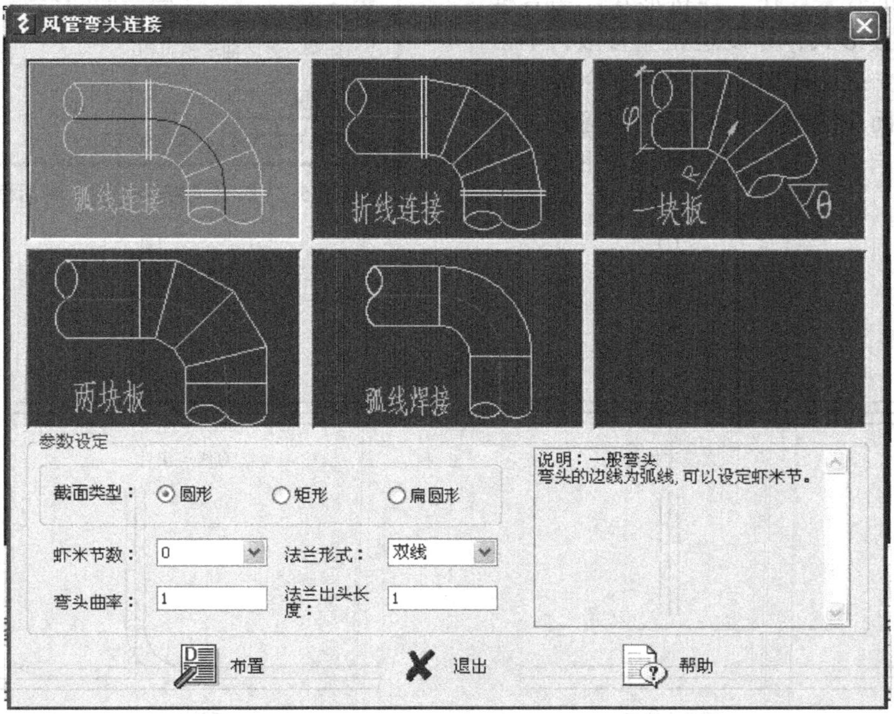

图 6-123　“风管弯头连接”（圆形风管）对话框

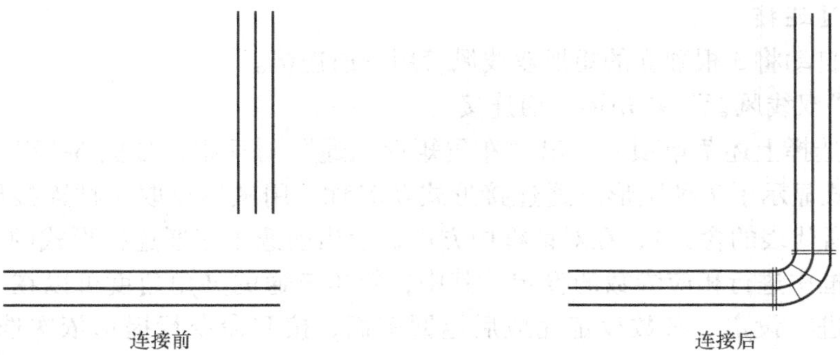

图 6-124　“圆风管弯头连接”（折线连接）效果图

【注意】 矩形风管弯头连接不要求风管截面宽度一致，圆形风管弯头连接要求连接的两根风管截面一致。

3. 风管侧连接

【功能】 进行主风管与支风管的侧连接。

【菜单】 “双线风管”→“风管侧连接”。

【用法】 选择上述菜单项，弹出“双线风管侧连接”对话框，如图6-125所示。该对话框以幻灯片方式显示两风管连接前后的效果，在“连接形式”组合框中选择连接形式，并设定相应参数，单击“确认”按钮返回图面，按照命令行提示依次在图面中选取主风管和侧风管，选择完成即可自动连接，连接效果如图6-126所示。

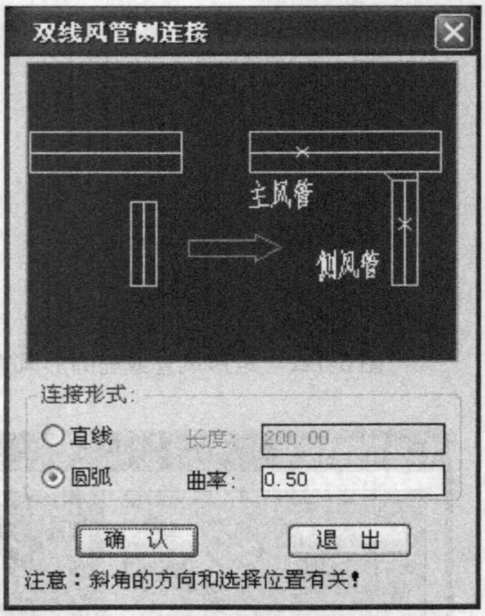

图6-125 “双线风管侧连接”对话框

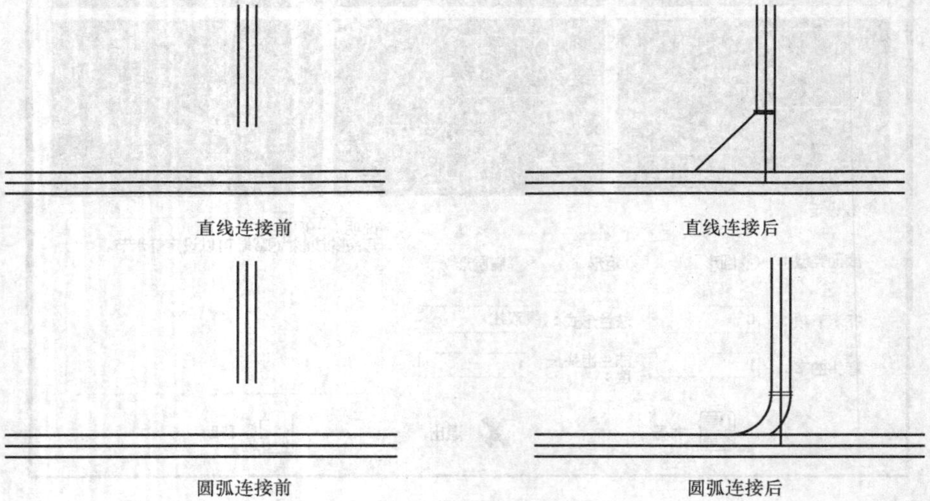

图6-126 双线风管侧连接效果图

4. 矩形三通连接

【功能】 自动将3根独立的矩形双线风管用三通连接。

【菜单】 “双线风管”→“矩形三通连接”。

【用法】 选择上述菜单项，弹出“布置矩形三通”对话框，如图6-127所示。该对话框以幻灯片方式显示了7种矩形三通连接形式及名称，用鼠标点取一种连接形式（注意每段管段的字母所代表的含义），在对话框中方可显示当前选中三通连接形式的名称，在“管件参数”组合框中进行相应参数的设定。其中，斜角三通的夹角角度可以在“斜角三通夹角”列表框中进行设定。参数设定完成后返回图面，按照命令行提示依次选择主风管A、风管B和风管C，选择完成后程序自动按用户选定的三通形式进行连接，连接效果如图6-128所示。

【注意】

1）在“布置矩形三通”对话框中，对于没必要设置的选项，默认处于灰色不可设置状态。

2）在图面中选择风管时，注意所选连接形式中 A、B、C 等风管之间的相对位置。

3）命令行提示中的支风管 B、C 与主风管 A 在一条直线上还是垂直于主风管 A，视不同三通样式而不同。

4）圆角三通加变径的形式，如果宽 A = = 宽 B，则没有变径，绘制效果相当于只有圆角三通。

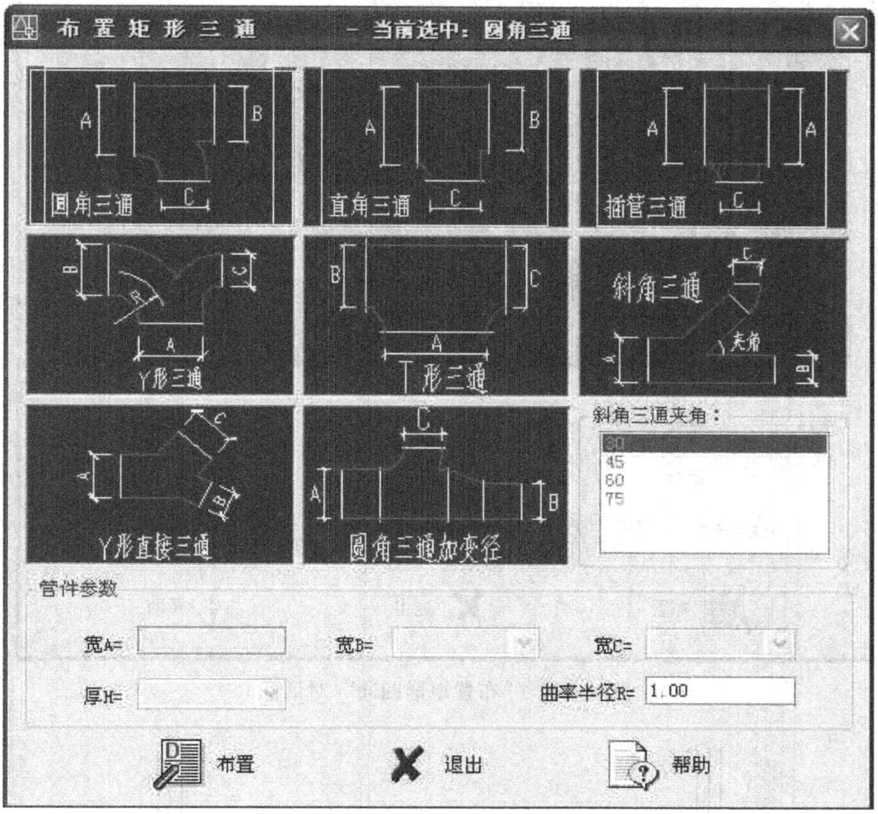

图 6-127　“布置矩形三通”对话框

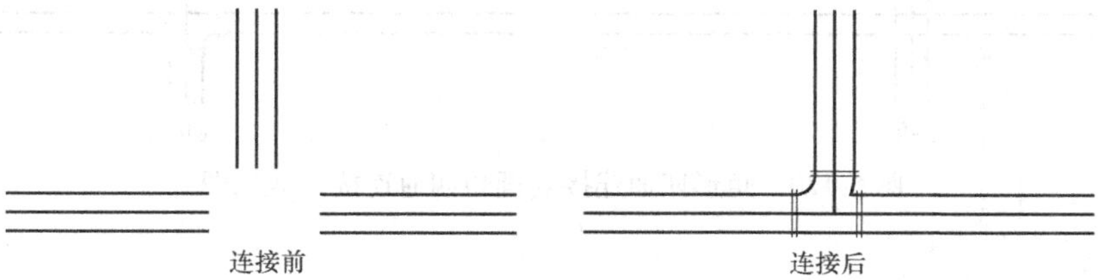

图 6-128　“矩形三通连接”（圆角三通连接）效果图

5. 矩形四通连接

【功能】 进行双线风管四通的自动连接。

【菜单】 “双线风管”→“矩形四通连接”。

【用法】 选择上述菜单项，弹出“布置矩形四通”对话框，如图 6-129 所示。该对话框以幻灯方式显示了 5 种矩形四通连接形式及名称，用鼠标点取一种连接形式（注意每段管段的字母所代表的含义），在对话框中同样显示当前选中四通连接形式的名称，在“管件参数”组合框中进行相应参数的设定，包括法兰形式及法兰出头长度的设定。参数设定完成后返回图面，按照命令行提示依次选择主风管 A、支风管 B、支风管 C 和支风管 D，选择完成后程序自动按用户选定的四通形式进行连接，连接效果如图 6-130 所示。

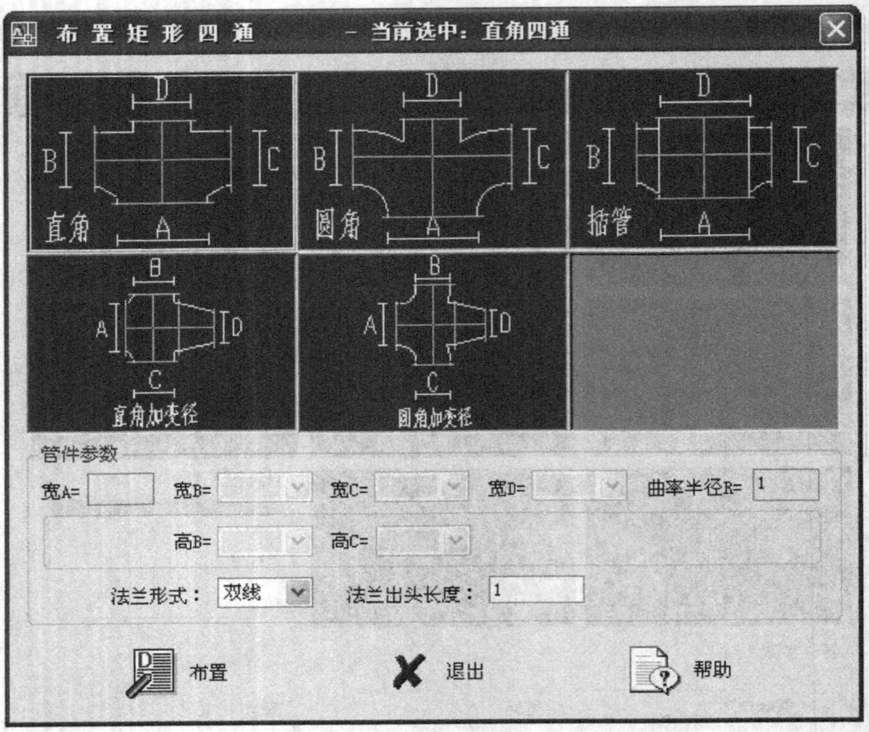

图 6-129 “布置矩形四通”对话框

图 6-130 矩形四通连接（圆角四通连接）效果图

6. 来回弯

【功能】 用于连接截面相同、标高相同、不在同一条直线上的平行风管，以平面来回弯连接；也可用于连接标高不等、在同一条直线上的平行风管，以竖向来回弯连接。

【菜单】 “双线风管”→“来回弯”。

【用法】 选择上述菜单项，弹出“双线风管来回弯”对话框，如图 6-131 所示。在该对话框的“控制方式”组合框中选择控制方式，控制方式不同，则命令行提示不同，如选择“弯头角度”控制，则命令行将提示输入控制角度；如选择“来回弯长度”控制，则命令行将提示输入控制长度。确定控制方式并设置弯头曲率值后单击“布置”按钮，返回图面，按照命令行提示依次选择第一根风管和第二根风管，选择完成后程序根据控制方式的确定，提示输入控制角度或控制长度，输入完成后程序自动将两根风管来回弯连接起来，连接效果如图6-132和图6-133所示。

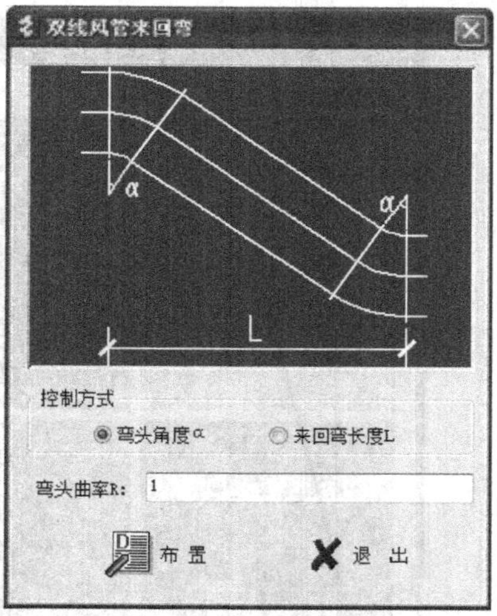

图6-131 “双线风管来回弯”对话框

【注意】 如果两根风管距离很近，按照默认值绘制，就没有两弯头中间的风管。

7. 摇手弯（华东院）

【功能】 按照华东院的要求绘制摇手弯。

【菜单】 “双线风管”→“摇手弯”。

【用法】 选择上述菜单项，按照命令行提示在要加入变高符号的位置处点取风管轴线并选择风管上升（Up）、风管下降（Down）或风向是否颠倒，选择完成后即可完成绘制，绘制效果如图6-134所示。

连接前　　连接后

图6-132 平面来回弯连接效果图

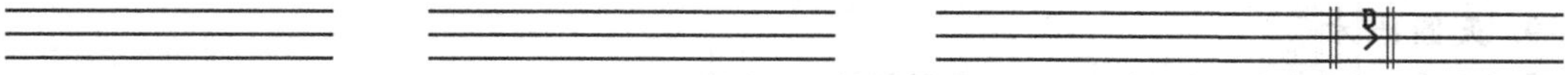

连接前　　连接后

图6-133 竖向来回弯连接效果图

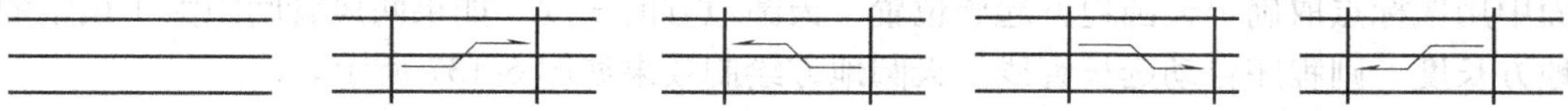

绘制前　　上升不颠倒　　上升颠倒　　下降不颠倒　　下降颠倒

图6-134 摇手弯（华东院）绘制效果图

8. 抬头低头

【功能】 用于风管标高变化时，加竖向弯头及竖向风管。

【菜单】 “双线风管”→“抬头低头”。

【用法】 选择上述菜单项，弹出“布置风管抬头低头”对话框，如图6-135所示。该对话框以幻灯方式显示了8种绘制形式，用鼠标点取一种绘制形式，并设置相应的弯头曲率、法兰出头高度等参数后，单击“确定”按钮返回图面，按照命令行提示选择风管中心线后，软件自动将抬头低头绘制于距风管选择点近端的端头，绘制效果如图6-136所示。

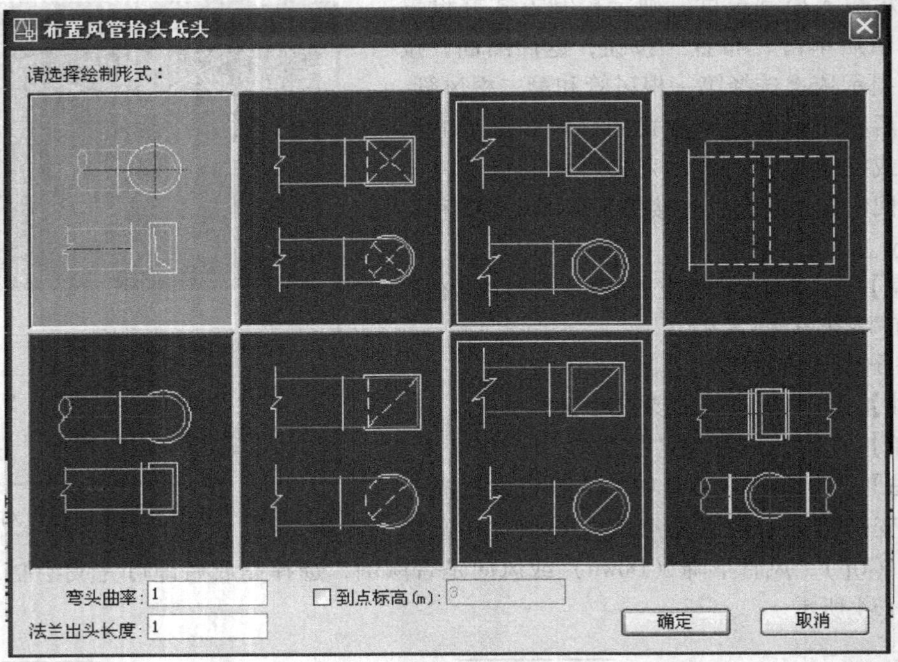

图 6-135 “布置风管抬头低头”对话框

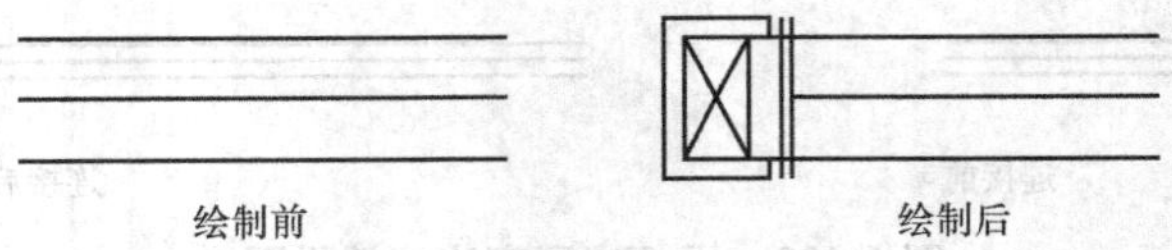

图 6-136 抬头低头绘制效果图

9. 天圆地方

【功能】 用于连接矩形截面和圆形截面的风管。

【菜单】 “双线风管”→“天圆地方”。

【用法】 选择上述菜单项，按照命令行提示依次选择第一根风管、第二根风管，并在图面中用鼠标点取确定天圆地方起始位置、天圆地方的长度。如果两风管间距大于设定的天圆地方长度，则程序自动延长管线。天圆地方绘制效果如图 6-137 所示。

图 6-137 天圆地方绘制效果图

10. 管件替换

【功能】 用于修改管件的尺寸，替换管件的形式。

【菜单】 “双线风管”→“管件替换”。

【用法】 选择上述菜单项，按照命令行提示在图面中选择要替换的管件，软件根据选择的管件打开相应的管径形式对话框，从中选择要替换的形式，单击“确定”按钮即可实现替换。以矩形三通为例，在图面中单击矩形三通，弹出“布置矩形三通”对话框，从中选择直角三通形式，单击“确定”按钮，即可实现替换，如图 6-138 所示。

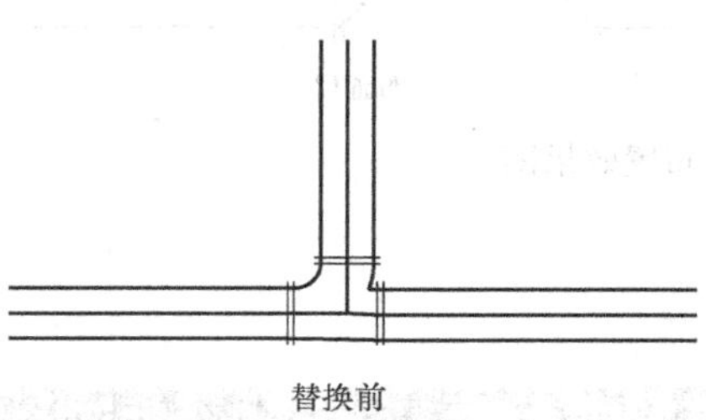

图 6-138　管件替换（矩形三通替换）效果图

11. 类型修改

【功能】　用于修改风管或者风管管件。

【菜单】　“双线风管”→“类型修改”。

【用法】　选择上述菜单项，按照命令行提示选择需要修改的任一风管或风管管件，并选择需要修改的管件以及风管中线、边线、阀门、标注、法兰等实体，确认选择管道类型，即可完成修改操作。

12. 管道风机

【功能】　用于绘制管道风机。

【菜单】　“双线风管”→“管道风机”。

【用法】　选择上述菜单项，弹出“管道风机”对话框，如图 6-139 所示。在该对话框的“风机种类”下拉列表框中选择一种风机类型，则在“图块表示”幻灯区显示该类型风机的图示，同时在“风机型号”列表框中列出该风机类型的所有风机型号，从中选择某一型号，列表框下方将显示该型号风机的外形参数。此外，“绘制参数”组合框中的风机长度、风机宽度/直径随选择的风机型号不同而不同。在“绘制内容”和“绘制选项”组合框中进行绘制设置，若“绘制内容”选择“软接头”，则需在“绘制参数”组合框的“软接头长度”文本框中输入软接头的长度值；若“绘制内容”选择“变径”或“天圆地方”，则需在“绘制参数”组合框的“变径/天圆地方长度”文本框中输入长度值，单击“布置”按钮返回图面，按照命令行提示选择要布置管道风机的风管，并确定风机方向，即可布置，布置效果如图 6-140 所示。在“管道风机”对话框中也可对风机进行添加、修改或删除等操作。

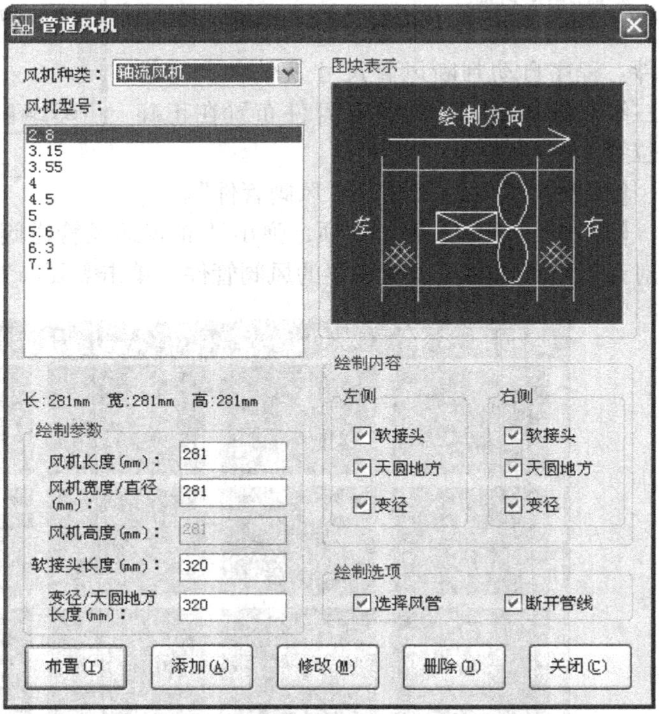

图 6-139　“管道风机”对话框

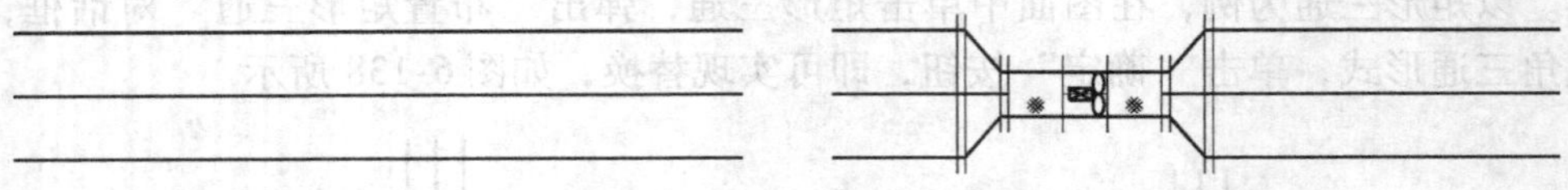

图 6-140　管道风机布置效果图

13. 立管阀门

【功能】 用于手动给立管添加各种阀门。

【菜单】 “双线风管”→“风阀管件”。

【用法】 选择上述菜单项，弹出“布置立管阀门”对话框，如图 6-141 所示。在该对话框的“阀门类型”组合框中选择要布置的阀门类型，单击“布置”按钮返回图面，按照命令行提示选择风管实体和阀门布置位置，即可在立管上布置相应的阀门。

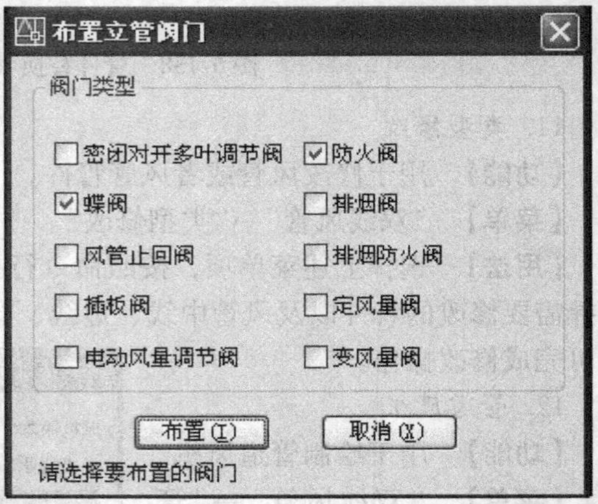

图 6-141 “布置立管阀门”对话框

14. 风阀管件

【功能】 用于手动给风管添加各种风阀管件。程序自动判断风管尺寸及偏移、二维和三维双线风管，并将风阀管件布置在正确的位置上。

【菜单】 “双线风管”→“风阀管件”。

【用法】 选择上述菜单项，弹出“布置通风管道阀门”对话框，如图 6-142 所示。在该对话框中可以翻页查找需要的风阀管件，单击需要布置的风阀管件的图像幻灯片，再单击

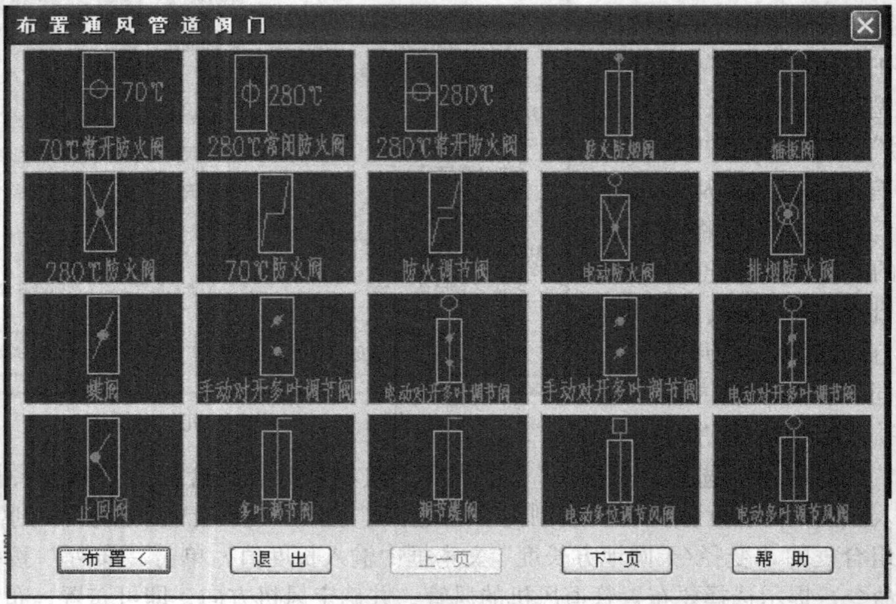

图 6-142 “布置通风管道阀门”对话框

“布置”按钮返回图面，按照命令行提示确定阀体厚度，并选择单线风管或双线风管的中心线，此时命令行提示如下：

*阀门定位：最近端点(Z)/近端距离定位(J)/靠近另一阀门(M)/(回车当前位置)：*对阀门布置位置进行定位

1）当前位置：直接按〈Enter〉键，则在风管的选取点进行阀门布置。

2）最近端点：在命令行中输入“Z”，则将距风管的选取点近的风管一端头作为阀门布置点。

3）近端距离定位：在命令行中输入“J”，按〈Enter〉键，继续输入距近端的距离值，输入完成后软件自动布置阀门。

4）靠近另一阀门：在命令行中输入“M”，按〈Enter〉键，并在图面中点取靠近的阀门，即可完成布置。

15. 风阀管件2006

【功能】 该命令的功能同“风阀管件”命令，但该命令目前只可在AutoCAD 2006及以上版本中使用。

【菜单】 “双线风管”→“风阀管道2006”。

【用法】 选择上述菜单项，弹出“布置通风管道阀门”对话框，如图6-143所示。在该对话框的“类别”下拉列表框中选择阀门数据库，选择阀门数据库后，在“名称”列表框中将列出该数据库中所有的阀门名称，从中选择某一阀门，在右侧的幻灯图示区将加底色显示该名称阀门的图块样式。选定一种阀门后，单击“布置”按钮返回图面，按照命令行提示进行阀门布置，布置的具体方法同风管阀件。

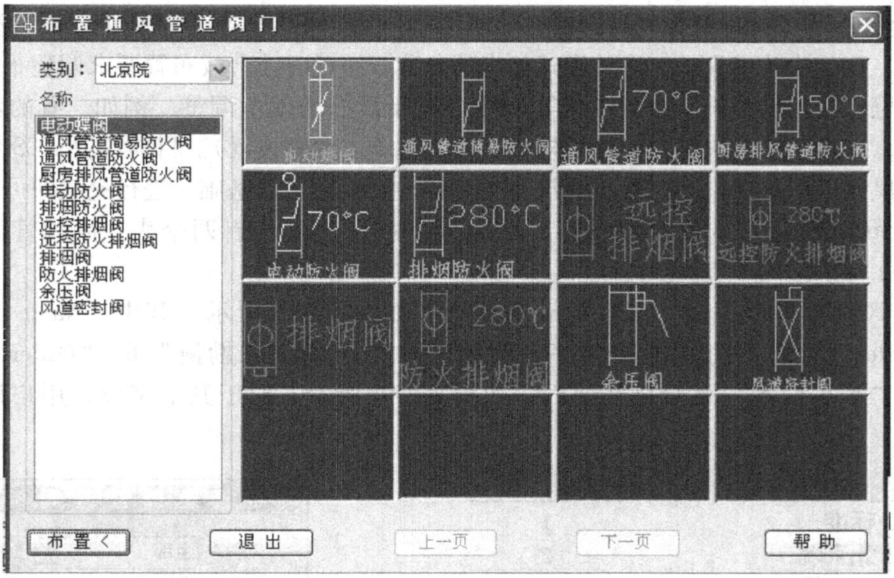

图6-143 “布置通风管道阀门”对话框（风阀管道2006）

“风阀管件2006”命令与“风管阀件”命令的主要不同之处在于前者采用了动态图块功能。关于动态图块的详细介绍请参考AutoCAD自身提供的资料：

1）AutoCAD 2006中“帮助”→“新功能专题演习”中的动态图块部分。

2）AutoCAD 2006 中“工具”→“工具选项板窗口”或“工具”→“设计中心”中提供了动态图块例子。

3）AutoCAD 2006 的用户帮助文档。

动态图块中定义了一些自定义特性，可用于在位调整图块，而无须重新定义该图块或插入另一个图块。该功能是从 AutoCAD 2006 开始有的。也就是说在 AutoCAD 图面中布置了动态图块，则在图面中选中的风阀块会显示用于调整块的夹点（图中蓝色的三角形），如图 6-144a所示。单击可见性夹点，弹出供选择的可见性快捷菜单，如图 6-144b 所示。在图 6-144b所示的快捷菜单中选择“三线”命令，风阀的法兰数即从单线法兰变为三线法兰，如图 6-144c 所示。选中可见夹点并按住鼠标左键，沿箭头方向可对动态图块作任意调整。目前动态风阀能够识别的动态参数（标签名）有：长、宽、法兰出头长和法兰样式。

a) 显示夹点　　b) 显示快捷菜单　　c) 单线法兰变为三线法兰

图 6-144　动态阀门图块功能

鸿业 ACS 8. 2 具有动态风阀的扩充功能。用户在扩充时需要将相应的动态参数标签名命名为长、宽、法兰出头长、法兰样式相应的名称，布置时才会按布置要求调整布置的块参照的长、宽、法兰出头长、法兰样式等特性（对于没有的就不调整，例如，有的没有法兰数的特性，这样动态图块就没有法兰样式参数，就不去调整设置）。目前鸿业 ACS 8. 2 有 60 多个动态风阀，用户在扩充时看看有没有类似的，然后在它的基础上进行更改即可。动态风阀数据库 ACSDFfGj. mdb 安装在用户工作目录 user 下，其中有两个表：风阀管件分类表（FfGjType）和风阀管件表（FfGj）。

（1）风阀管件分类表　FfGjType 表的样式如图 6-145 所示。其中，Name 为风阀的类别；OrderId 为该类别的排序顺序。例如，把类别“华东勘测”的“OrderId”改为“1”，则“华东勘测”就会排在前面，如图 6-146 所示。对于其他字段，用户请不要自行改动。

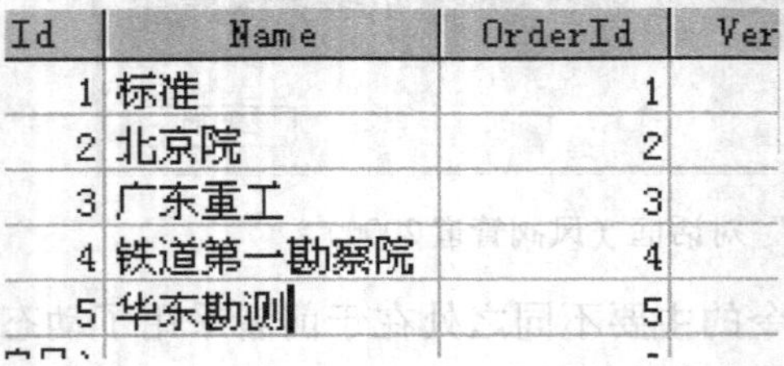

Id	Name	OrderId	Ver
1	标准	1	
2	北京院	2	
3	广东重工	3	
4	铁道第一勘察院	4	
5	华东勘测	5	

图 6-145　风阀管件分类表

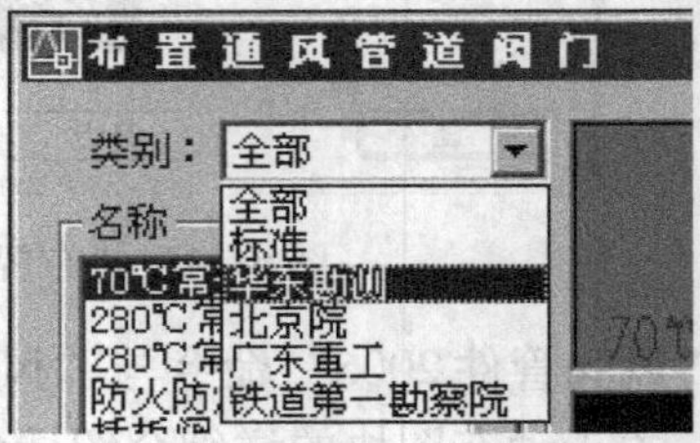

图 6-146　顺序调整效果图

（2）风阀管件表　该表数据结构如图 6-147 所示。各字段说明如下。

字段名称	数据类型	
Id	自动编号	
Name	文本	风阀管件的名称
OrderId	数字	排序号
TypeId	数字	关联FfGjType中的Id
OldId	数字	在旧风阀命令中的序号值，用于无法用动态块实现且旧命令可绘制的情况
BeElectric	是/否	是否是电动
DimText	文本	布置后附加标注的文字
DimPos	数字	标注文字方位，0-上方 1右方
DimSize	数字	<=0 采用ACS软件设置中的西文字高，>0采用这里的设置值
NeedBreakPipe	是/否	是否需要打断管线
SLDFN	文本	幻灯片文件名
DWGFN	文本	dwg图块文件名
InteractionType	数字	布置时的交互方式(提示信息)
Version	数字	数据版本（用户添加的数据版本为0）
VerMode	数字	备用
Reserve1	文本	备用
Reserve2	文本	备用
Reserve3	数字	备用
Reserve4	数字	备用
Reserve5	数字	备用
Reserve6	数字	备用

图 6-147　风阀管件表数据结构图

1）Id：数据库记录的编号，自动生成，勿须改动。

2）Name：风阀管件的名称，用于在“布置通风管道阀门”对话框（见图 6-143）的“名称”列表框中显示和材料统计时用。

3）OrderId：此值越小，在风阀管件表数据结构图列表中的排列就越靠前，用户可以将自己常用的风阀管件排在前面。

4）TypeId：关联 FfGjType 中的 Id 值来设置该风阀管件的类别。

5）OldId：在旧风阀命令中的序号值，用于无法用动态图块实现且旧命令可绘制的情况，并且此时 InteractionType 的值需设置为 7。

6）BeElectric：指定是否是电动阀。

7）DimText：布置后附加标注的文字，如图 6-148 中的“70℃”。

8）DimPos：标注文字的方位，0 表示上方，1 表示右方，如图 6-149 中的“70℃”和“280℃”。

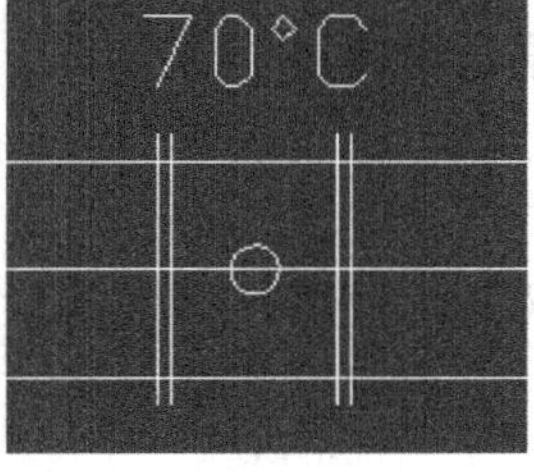

图 6-148　风管阀件布置时标注的文字

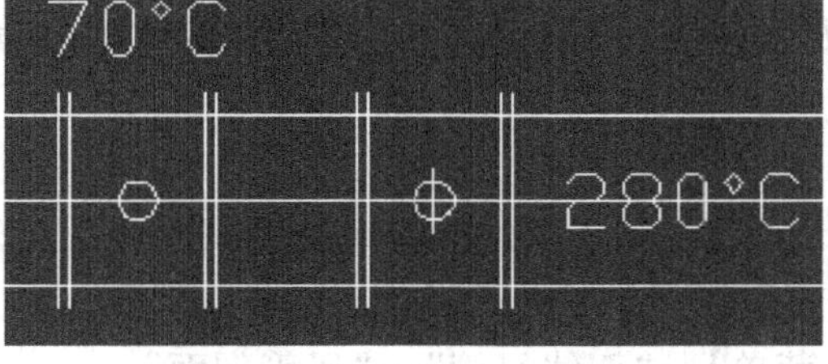

图 6-149　风管阀件布置时标注文字的方位

9）DimSize：标注文字的尺寸≤0，采用 ACS 软件设置中的西文字高；标注文字的尺寸 >0，则采用这里的设置值。

10）NeedBreakPipe：布置后是否需要打断风管管线。例如，在布置“消声器”后就打断了管线，如图 6-150 所示。

11）SLDFN：幻灯片的文件名（不含路径），文件存放在安装目录“…\Sld”下。

12）DWGFN：动态图块的文件名（不含路径），文件存放在安装目录“…\Bdwg\DFfGj”下。

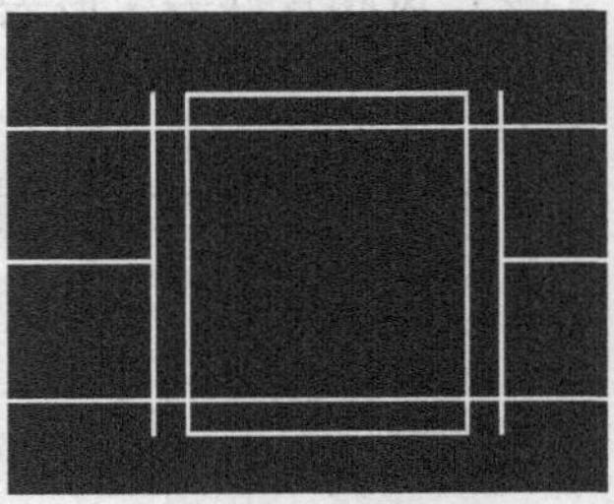

图 6-150　布置风管阀件打断效果图

13）InteractionType：布置时的交互方式、提示信息等。目前共有 1、2、3 和 7 等 4 种值。

Interaction Type 值设置为 1，这是大部分风阀的布置方式，布置过程如下（请参见“70℃常开防火阀”和“280℃常闭防火阀”等）：

阀体厚度（mm）〈600.00〉：

回车或空选退出(E)/〈请选择单线风管或双线风管中心线〉：

阀门定位：最近端点(Z)/近端距离定位(J)/靠近另一阀门(M)/〈回车当前位置〉：

回车或空选退出(E)/〈请选择单线风管或双线风管中心线〉：

Interaction Type 值设置为 2，布置过程如下（请参见“帆布接头”、“补偿器”）：

回车或空选退出(E)/〈请选择风管中心线：〉

退出(E)/输入补偿器长度(L)(mm)〈600.00〉：

位置：近端距离定位(D)/管线中部(M)/〈选取点〉：

回车或空选退出(E)/〈请选择风管中心线〉：

Interaction Type 值设置为 3，布置过程如下（请参见“消声器”）：

回车或空选退出(E)/〈请选择2D 风管中心线〉：

退出(E)/输入消声器长度(L)(m)〈1.000〉：

位置：近端距离定位(D)/管线中部(M)/〈选取点〉：

Interaction Type 值设置为 7，用于无法用动态图块实现且旧命令可绘制的情况，并且此时 OldId 的值要设置为在旧风阀命令中的序号值。

14）Version：数据版本，用户扩充的数据版本为 0。

15）VerMode、Reserve1 ~ Reserve6：备用字段。用户扩充数据时请不要更改设置，要采用其默认值。

用户将做好的风阀管件动态图块放在安装目录“…\Bdwg\DFfGj”下，将相应的幻灯片放在安装目录“…\Sld”下，并在风阀管件表中增加相应的数据记录即可。

6.4.5　风管剖面

【功能】　用于绘制双线风管的剖面图。风管剖视适用于双线风管图，也可选择各类水管进行剖视。

【菜单】　“双线风管”→“风管剖面”

【用法】　选择上述菜单项，弹出“通风管线剖视”对话框，如图 6-151 所示。在该对话框中输入楼板顶面、梁底面、吊顶、地面的标高（用于绘制参考线，如果不需要参考线，也可以不输入），然后单击“确认”按钮，返回图面，命令行提示如下：

回车退出(E)/(确定剖面线第一点:)：在图面中点取确定剖面线第一点

回车退出(E)/(下一点)：在图面中点取确定剖面线下一点

回车退出(E)/(确定剖视方向:)：移动鼠标确定剖视方向

选择风管中心线、风管配件、水管（回车结束选择）：

在图面中选择要剖视的对象

剖视图位置：在图面中点取一点作为剖视图布置点

剖视图比例[1:?](50)：输入剖视图比例，软件默认为1:50

输入完成即可绘制出剖视图。

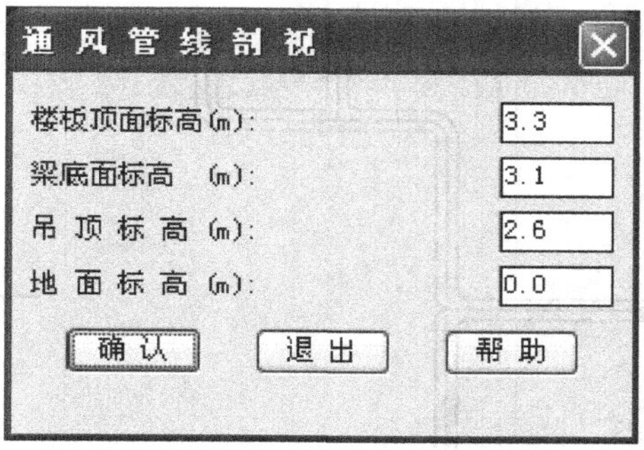

图6-151 “通风管线剖视”对话框

6.4.6 管件大样

【功能】 用于绘制施工图时管件大样图的绘制。

【菜单】 “双线风管”→“管件大样”。

【用法】 选择上述菜单项，按照命令行提示确定大样图比例，软件默认为1:20。在图面中选取风管管件、管件编号、编号标注点和大样图位置，选择完成后即可绘制出管件大样图。

6.4.7 水力计算

同6.3.3水力计算。

6.4.8 单线系统图

【功能】 用于生成双线截面风管的单线系统图。

【菜单】 “双线风管”→“单线系统图”。

【用法】 选择上述菜单项，弹出“空调风系统图”对话框，如图6-152所示。在该对话框的“绘制选项”组合框中选择要绘制系统的管线类型，在“系统图标高”组合框中确定标高类型，并选择系统图标注内容，单击“确认”按钮返回图面，按照命令行提示框选需要绘制系统图的风管系统（包括风口），然后在图面中点取平面图基点以及系统图布置基点，即可完成绘制，绘制效果如图6-153所示。

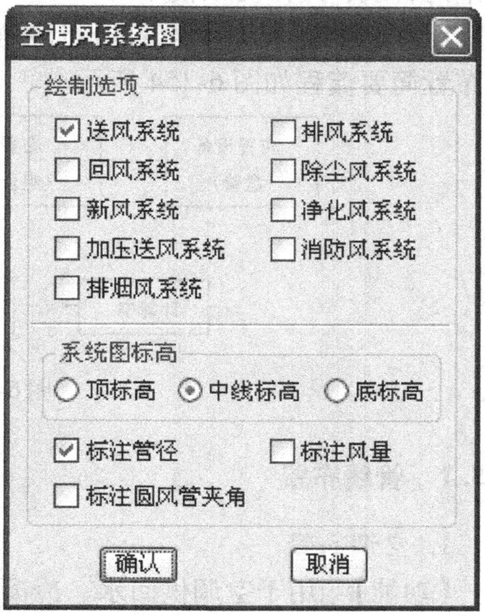

图6-152 “空调风系统图”对话框

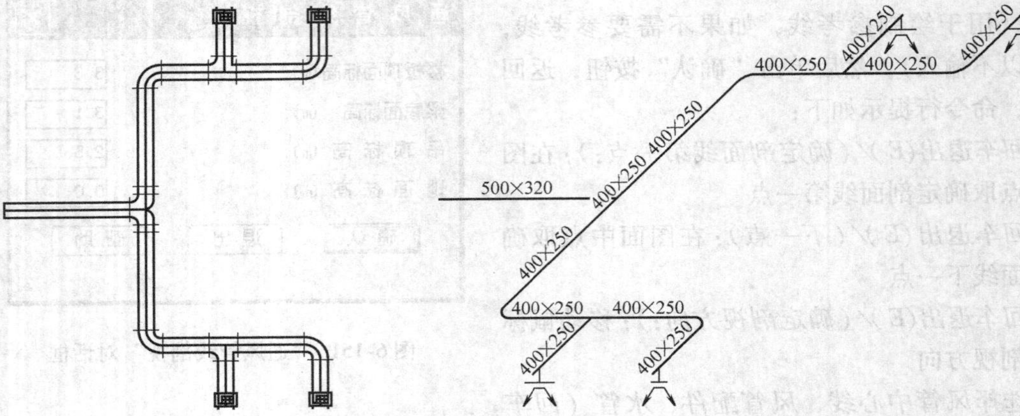

双线平面图　　　　生成的单线系统图

图 6-153　单线系统图绘制效果

6.5　水管

水管设计包括空调供水、空调回水、冷凝水管的设计，以及凝结水管、机组冷却供水管、机组冷却回水管、蒸汽管道和补给水管等其他管道的设计。在空调供、回及冷凝水管设计时，采用先布线，后经水力计算确定管径或定义管径的方法，而其他水管则采用边布置边确定管径的方法。待平面绘制完成后，可由程序自动完成系统图和材料表的绘制。对于平面图中的管线，用户可以使用 AutoCAD 命令随意进行删除、移动或复制等编辑操作。空调供水、回水、冷凝水及其他管的设计步骤及使用过程是一样的，现以供水管为例进行说明。水管布置简要流程如图 6-154 所示。

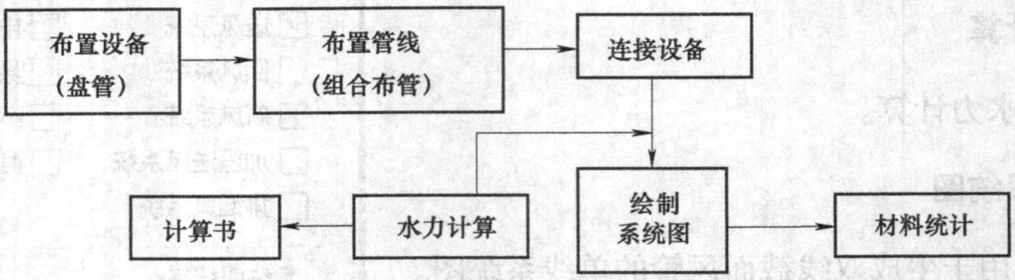

图 6-154　水管布置简要流程

6.5.1　管线布置

1. 空调立管

【功能】 用于空调供回水、冷凝水、凝结水、冷却供回水、蒸汽管道和补给水等立管的布置。

【菜单】 “水管”→“空调立管”。

【用法】 选择上述菜单项，弹出“空调立管布置”对话框，如图 6-155 所示。在该对话框的“基本参数”组合框的“立管类型”下拉列表框中设置所需要绘制的立管类型，同时在“标高设定”组合框中设定绘制管线的起始标高和结束标高，在“计算参数”组合框中设置绘制管线的计算数据，目前鸿业 ACS 8.2 软件只提供流量的设置。设置完成后单击绘制按钮，返回图面，按照命令行提示在图面中点取插入点，同时输入立管编号，软件默认立管编号为当前图样立管中最大编号 +1，最后确定立管编号标注点，或者直接按〈Enter〉键不进行标注，即可完成空调立管布置。如果需要继续布置，在图面中继续点取立管插入点进行第二个立管的布置即可，按〈Esc〉键可退出绘制。

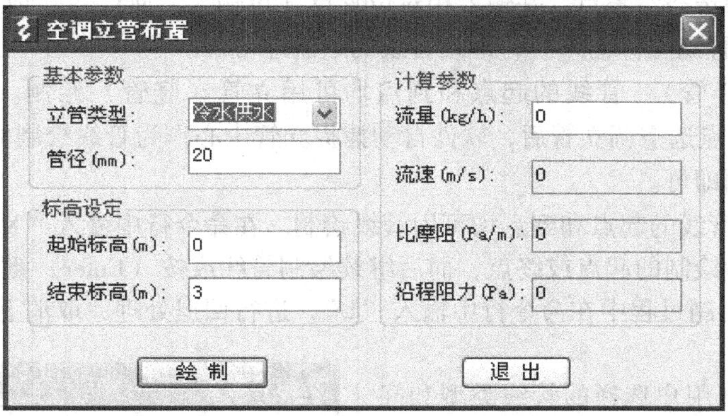

图 6-155 “空调立管布置”对话框

2. 空调管线

【功能】 用于绘制直线、弧形或者多段线管线，有回退和辅助定位功能。

【菜单】 “水管”→“空调管线”。

【用法】 选择上述菜单项，弹出“空调管线布置”对话框，如图 6-156 所示。在该对话框的“管线类型”组合框中选择需要绘制的管线类型，并在“管线线型”和“管道分区”组合框中选择绘制管线的线型和分区，设置完成后单击绘制按钮，此时命令行提示如下：

＊＊＊当前缺省管径 DN20　管线标高 3.000m ＊＊＊

起点或者[绘弧线(A)/改管径(J)//参考点(P)/立管(竖管)(G)/管线(X)]: 在图面中点选要绘制管线的起点

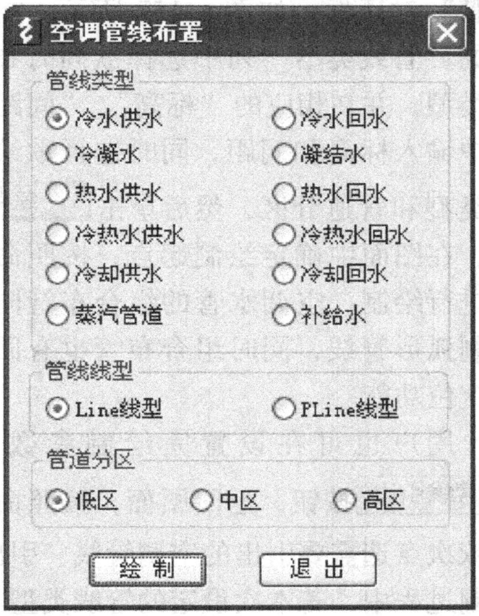

图 6-156 “空调管线布置”对话框

（1）绘弧线　当确定管线的绘制起点后，要绘制弧形管线时，可在命令行中输入“A”。此时，按照命令行提示依次在图面中点选弧线起点、弧间点、下一点（采用三点确定弧线方法），即可完成弧形管线的绘制。若要返回绘制直线管线，在命令行中输入“L”即可。

（2）改管径　当确定管线的绘制起点后，要改变绘制管线的管径时，可在命令行中输入“J”，此时命令行提示当前管线管径值并要求输入新管径（如果绘制多段线，此时多段线会自动进行断线处理），输入完成后继续管线的绘制即可。

(3) 改标高　当确定管线的绘制起点后，要修改管线的绘制标高时，可在命令行中输入“H”，此时命令行提示输入新标高，输入完成后继续管线的绘制即可。

【注意】 标高改变时，会在该点位置自动绘制管线所对应的竖管。如果此时绘制的是多段线，多段线会自动进行断线处理。

(4) 参考点　管线的起点和到点的绘制均可用参考点法。在命令行中输入“P”，则命令行提示在图面中选择参考点，并输入相对位置点（可输入“@x，y”或“@r<angle”精确定位），相对位置点坐标输入后，继续管线的绘制即可。

(5) 立管（竖管）　管线的起点和到点均可用立管（竖管）绘制。在命令行中输入“G”，并在图面中点选空调立管后，软件自动捕捉立管中心作为管线绘制的起点或终点，而后继续管线的绘制即可。

(6) 管线　管线的起点和到点均可用管线绘制。在命令行中输入“X”，并在图面参考线上点选一点作为绘制的起点或终点，而后继续绘制管线或按〈Enter〉键结束绘制。

(7) 回退　绘制过程中在命令行中输入“U”，进行回退处理，取消上一步操作。

3. 组合布管

【功能】 根据用户选择的管线类型和间距，可以一次绘制多条管线，也可以选择从现有管线引出来绘制多条管线。

【菜单】 “水管”→“组合布管”。

【用法】 选择上述菜单项，弹出“组合布管”对话框，如图6-157所示。在该对话框的“管线类型”列中选择欲同时布置的管线类型，并在相应的“标高”、“间距”单元格中输入标高和间距，同时选择欲绘制的管线类型和管道分区，然后单击 绘制 按钮，在图面中确定绘制起点，按照命令行提示进行绘制。空调水管的组合布管同样可以绘制弧形管线，同时组合布管也有回退和辅助定位功能。

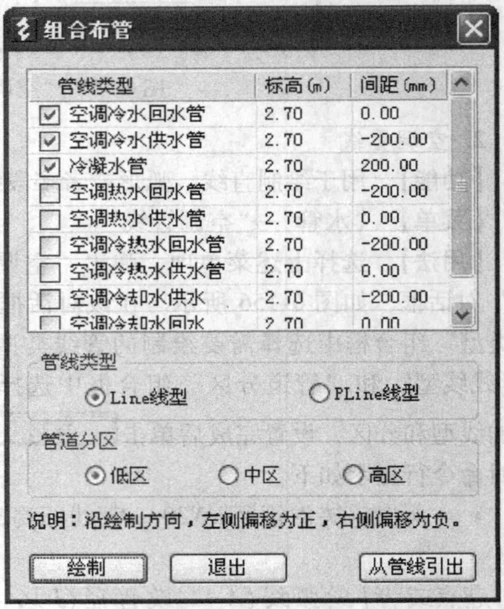

图6-157 “组合布管”对话框

用户也可在设置完绘制参数后单击 从管线引出 按钮，返回图面，按照命令行提示依次点选需要引出的空调管线、引出管线的位置，并确定下一点来进行组合管线的布置。绘制过程中，若本次设定的管线类型与已有管线相同，软件则自动做连接及打断操作。

【注意】 沿着绘制的点取方向，左侧偏移为正，右侧偏移为负。

6.5.2 管线连接

1. 连接设备

【功能】 进行风机盘管和管线的连接。除布线时可选择风机盘管外，还可以选择管线和设备，由程序自动完成管线和设备的连接，加快设计速度。

【菜单】 “水管”→“连接设备”。

【用法】 选择上述菜单项，按照命令行提示，在图面中点选要连接的空调管线和设备，可以点选，也可以框选。选择设备后程序自动进行连接。当管线和空调设备的标高不一致时，会在连接点处绘制竖管。也可以在命令行中输入“S”，弹出“设置空调设备延长线长度”对话框，如图6-158所示。在该对话框中可以设置各空调设备延长线的长度，让其自动连线时不出现交叉现象。

【注意】 有时候会出现“管线连接风机盘管设备错误”，此时可将风机盘管附近的标注文字等其他实体所在的图层关闭，重新连接即可。

2. 连接立管

【功能】 自动将管线与相同类型的立管连接起来。

【菜单】 “水管”→“连接立管”。

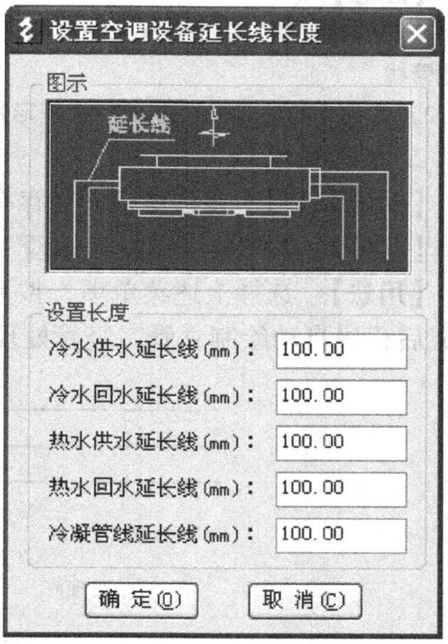

图6-158 “设置空调设备延长线长度”对话框

【用法】 选择上述菜单项，按照命令行提示在图面中点选或框选要连接空调立管的空调管线，可以选择组合布置关系，但一次只能选择一类管线，选择完成后程序获取所选择管线的管线类型，并在命令行中提示在图面中选取相应管线的立管类型，可以框选多个立管，程序会自动过滤非同类立管（竖管）。连接立管效果图如图6-159所示。

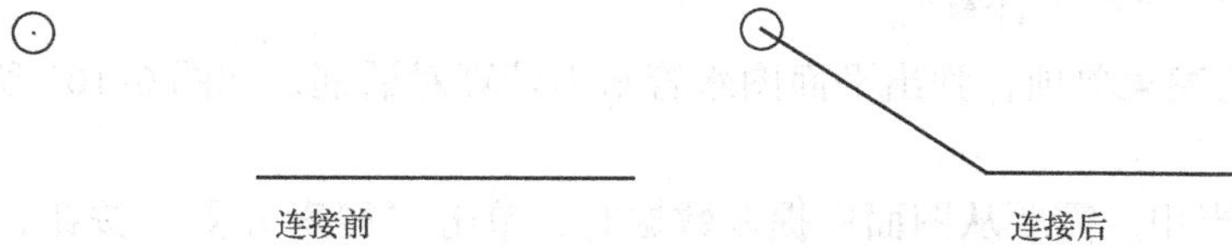

图6-159 连接立管效果图

6.5.3 管线处理

1. 打断管线

在进行水力计算前，必须确认管线相交处是断开的。目前的程序在连接设备时，干管在交点处已自动断开，无须特别处理。对于手动绘制的管线，可以用“打断管线”命令来打断管线。

【用法】 用于打断手动绘制的管线。

【菜单】 “水管”→“打断管线”。

【用法】 选择上述菜单项，按照命令行提示在图面中点选要打断的管线中的任意一段，点选后程序获取点选需要打断管线的类型，然后在命令行中提示选择要打断的所有管线，框选要打断的所有该类管线，按〈Enter〉键即可。

【注意】

1）“管线打断”命令每次只能打断某一类管线，每类管线都必须执行此命令，选择管线时，程序自动过滤管线。

2）此命令的功能与“工具”→“图形修改”→“管线自动打断”命令相同。

2. 竖管处理

【功能】 用于在首尾相连且存有标高差的两空调管线连接处绘制竖管。

【菜单】 “水管”→“竖管处理”。

【用法】 选择上述菜单项，按照命令行提示在图面中选择需要立管处理的管线，选择完成后程序自动绘制立管。竖管处理后的效果如图 6-160 所示。

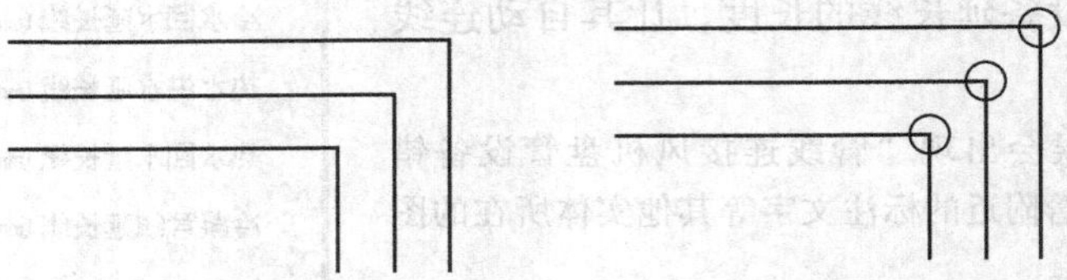

图 6-160 竖管处理效果图

6.5.4 水力计算

1. 分支计算

【功能】 用于进行水管的设计型计算和校核型计算，并且可合理地选择水管管段尺寸。即使个别偏差较大的管段，用户也可以进行手动校正，解决了在水管水力计算过程中计算繁琐、计算量大的问题。

【菜单】 “水管”→“分支计算”。

【用法】 选择上述菜单项，弹出平面图水管水力计算对话框，如图 6-161 所示。

（1）参数说明

1）搜索分支。当用户需要从图面中提取数据时，单击“搜索分支”按钮，根据程序提示选取计算水管。当成功搜索出图面管道系统后，“最长环路”按钮可用，单击该按钮可以得到最长的管段组，同时在图面中闪烁提示该管段组。

2）冷凝水量。当计算水管系统是冷凝水管系统时，“冷凝水量”文本框可用。冷凝水管的水量是根据水管承担的负荷和用户设定的冷凝水量两者数据计算出来的。

3）设备默认水阻。设备默认水阻指风机盘管或者空调器的设备水阻，程序计算时会将此阻力统计到小计中。

4）末端局阻系数（局部阻力系数的简称）。风机盘管或者空调器接管处一般还有阀门、过滤网等局阻系数。在“末端局阻系数”文本框中输入的局阻系数，相对于设备的水阻，此数值较小。

5）计算控制。程序在计算中根据用户选择的控制类型选取合适的管径。

6）控制数据设定。使用“控制数据设定”按钮可以新建控制数据方案，也可以更改已有的控制方案。

7）计算结果。“计算结果”列表框中显示包含搜索分支里面选取的管段的一条回路的

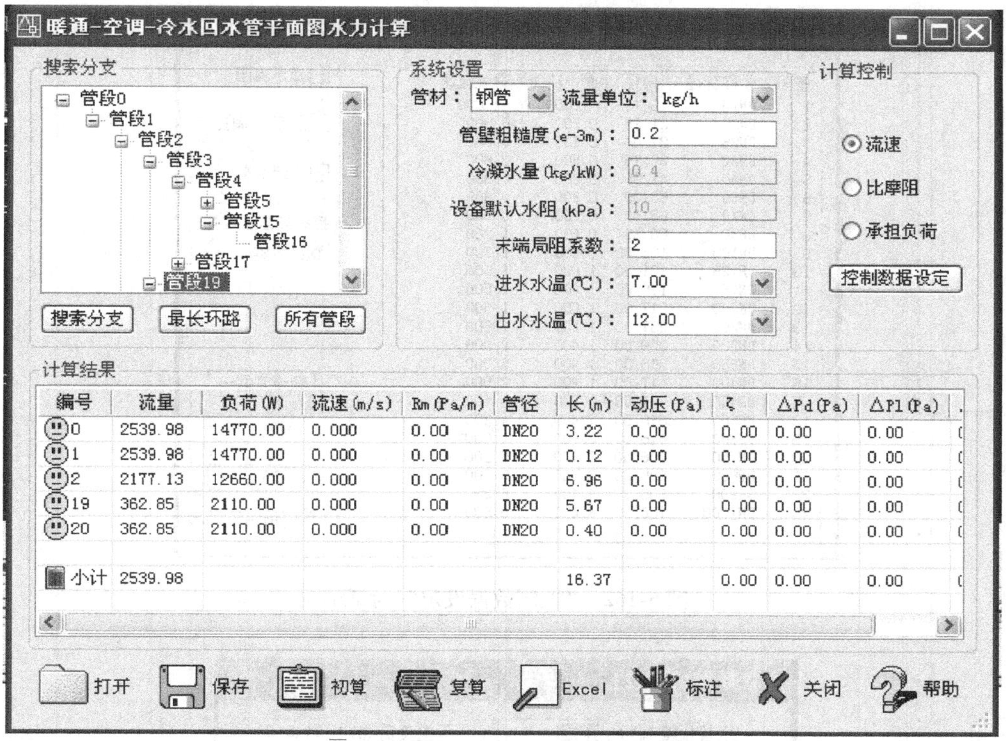

图 6-161 “平面图水力计算”对话框

各个管段数据。

（2）计算

1）从图面中提取数据。单击 搜索分支 按钮，按照命令行提示在图面中点选要计算水管的远端，选择完成后返回对话框，并显示提取到的数据。对话框的名称也将更改为相应提取管道名称平面图水力计算。例如，如果提取的是空调供水管线，则对话框的名称更改为“暖通-空调-供水管线平面图水力计算”。在对话框的“搜索分支”列表框中或“计算结果”列表框中选择某一管段，图形中的对应管段就会闪烁，单击对话框的最小化按钮，可以返回到图形界面进行观察。用户也可以从文件中提取数据（如果是从图面中提取数据，这步可以跳过），方法是：单击 打开 按钮，从打开文件对话框中选取要计算的文件，单击“确定”按钮即可。

2）参数设置。在“系统设置”组合框中设置系统的各项计算参数，并选择计算控制方法。也可以单击 控制数据设定 按钮，弹出“控制数据设定”对话框，如图 6-162 所示。

在“控制数据设定”对话框中，可以修改已有的方案，也可以添加新的控制数据方案。单击 新建方案… 按钮，弹出“新建方案名称”对话框，新方案名称不能和已有的方案名称同名。输入完成后，在“控制数据设定”对话框中进行控制数据基本参数设置，单击“确定”按钮返回平面图水力计算对话框，双击“计算结果”列表框中的某一管道，弹出“水管数据”对话框，如图 6-163 所示。在“水管数据”对话框中可以改变当前选择

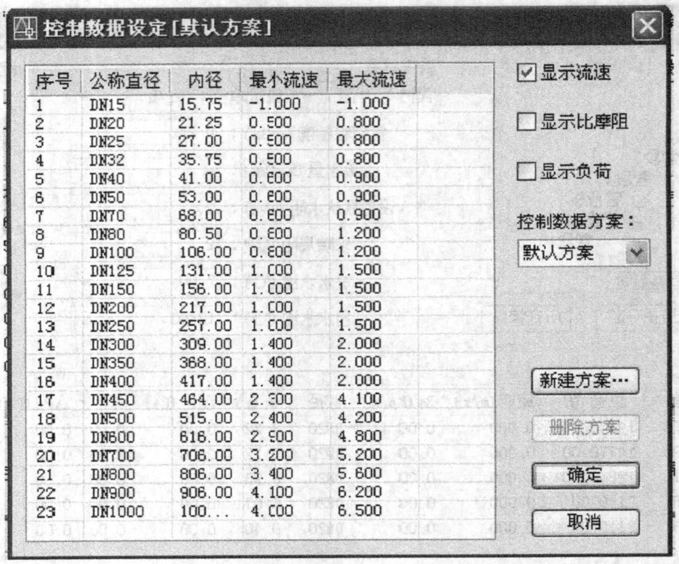

序号	公称直径	内径	最小流速	最大流速
1	DN15	15.75	-1.000	-1.000
2	DN20	21.25	0.500	0.800
3	DN25	27.00	0.500	0.800
4	DN32	35.75	0.500	0.800
5	DN40	41.00	0.600	0.900
6	DN50	53.00	0.600	0.900
7	DN70	68.00	0.600	0.900
8	DN80	80.50	0.600	1.200
9	DN100	106.00	0.600	1.200
10	DN125	131.00	1.000	1.500
11	DN150	156.00	1.000	1.500
12	DN200	217.00	1.000	1.500
13	DN250	257.00	1.000	1.500
14	DN300	309.00	1.400	2.000
15	DN350	368.00	1.400	2.000
16	DN400	417.00	1.400	2.000
17	DN450	464.00	2.300	4.100
18	DN500	515.00	2.400	4.200
19	DN600	616.00	2.900	4.800
20	DN700	706.00	3.200	5.200
21	DN800	806.00	3.400	5.600
22	DN900	906.00	4.100	6.200
23	DN1000	100...	4.000	6.500

图 6-162 “控制数据设定”对话框

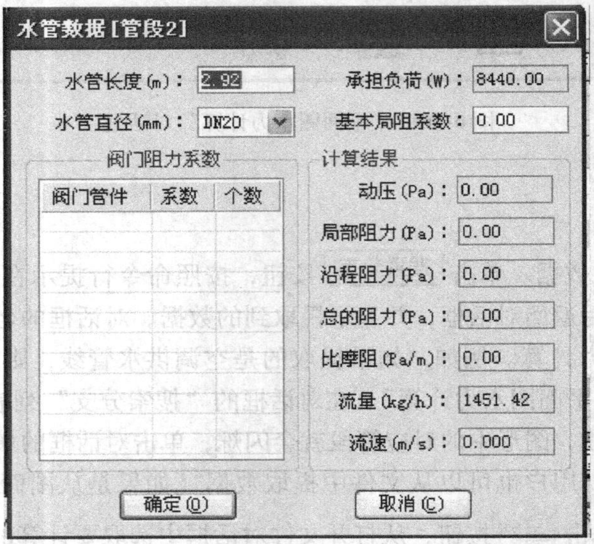

图 6-163 “水管数据”对话框

管段（在对话框的标题栏中可以看见用户选择的管段）的一些参数，包括水管的长度、水管的当量直径和变径局阻系数，这些设定对于初算是无效的，当进行复算时可以根据这些设定对初算的结果进行调整。在“水管数据”对话框中还可以添加该段管段的阀门阻力系数。在“阀门阻力系数”列表框中单击鼠标右键，可以进行局部阻力部件的添加，也可以对已有部件进行修改。设置完成后单击“确定”按钮返回平面水力计算对话框。

3）计算。单击 初算 按钮，在“计算结果”列表框中，黄色笑脸标识的管段，表示计算结果在控制范围内；红色笑脸标识的管段，表示计算结果超出控制范围。调整红色笑脸标识的管段的管径和局阻系数，然后进行复算。复算是程序根据每段管段改变的设定值进行校核计算（相对于初算，初算是设计计算，并不进行管段尺寸的选择和变径局阻系数的计算）。执行计算后，在每个管段的最前都显示有黄色笑脸图标，表示计算合理。

【注意】

1）红色笑脸标识的管段，只是说明该管道计算结果超出了控制范围，并不一定说明结果是不合理的，也可能是控制数据本身不合理。

2）管径的规格不是连续可调的，也许无论如何调整也不能得到满意的结果。软件中默认的控制数据是热心的用户根据设计经验提供的，没有测试其完备性。例如，经常会出现这种情况：选择 DN25 的管段，计算流速大于控制数据；选择 DN32 的管段，计算流速小于控制数据，这时候肯定会显示红色笑脸了。

如果对计算结果满意，就可以输出 Excel 计算书了，也可以进行水力计算数据文件的保存，还可以将计算结果标注在图面上。单击 标注 按钮，弹出“水管标注”对话框，如图 6-164 所示。在该对话框中，选择所要标注的内容，单击“标注”按钮，软件自动在图面中进行标注。

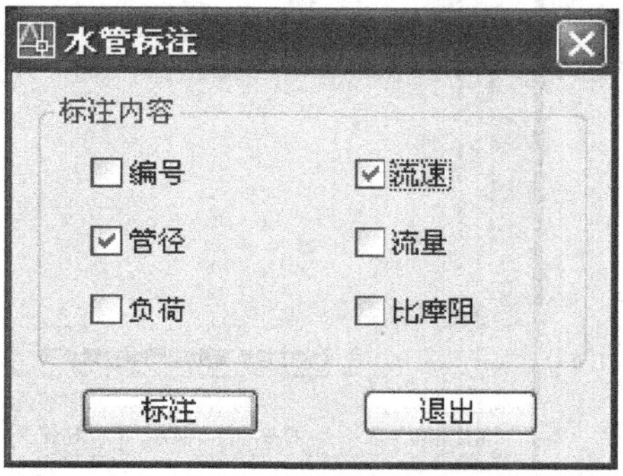

图 6-164 “水管标注”对话框

2. 立管计算

【功能】 进行水管立管的水力计算。

【菜单】 “水管”→“立管计算”。

【功能】 选择上述菜单项，弹出“水管立管水力计算”对话框，如图 6-165 所示。在该对话框中，首先设置建筑物参数、计算参数、立管形式和计算控制。单击 生成管段列表 按钮，即可在“供水管列表”和“回水管列表”列表框中按照设置的建筑物参数和立管形式生成供水管管段和回水管管段。单击各管段的“负荷”列，输入该管段的负荷值。所有管段的负荷值输入完成后单击 初算 按钮，软件将根据输入的负荷值按照供回水温差计算出流量，并进一步计算出管径、比摩阻和阻力损失。若对计算结果不满意，可重新调整管段参数，单击 复算 按钮，直到计算结果令用户满意为止。此命令同样可以生成 Excel 计算书，并进行标注内容选择和图面标注。单击 示意图 按钮，根据立管形式的不同，软件以幻灯片的形式显示立管形式和管段标号规则。单击 由供水立管负荷生成回水立管负荷 按钮，经过供水立管负荷检查后，按照立管系统形式自动生成回水立管的负荷。单击 由回水立管负荷生成供水立管负荷 按钮，经过回水立管负荷检查后，按照立管系统形式自动生成供水立管的负荷。双击“供水管列表”或“回水管列表”列表框中的管段，均可弹出“管段数据”对话框，如图 6-166 所示。在该对话框中可以修改水管的长度、直径和承担负荷，并设定局阻系数。单击 计算 按钮，可以计算出其他参数，并显示在“计算结果”组合框中。也可以选择多根管道后，单击鼠标右键，在弹出的快捷菜单中选择“编辑

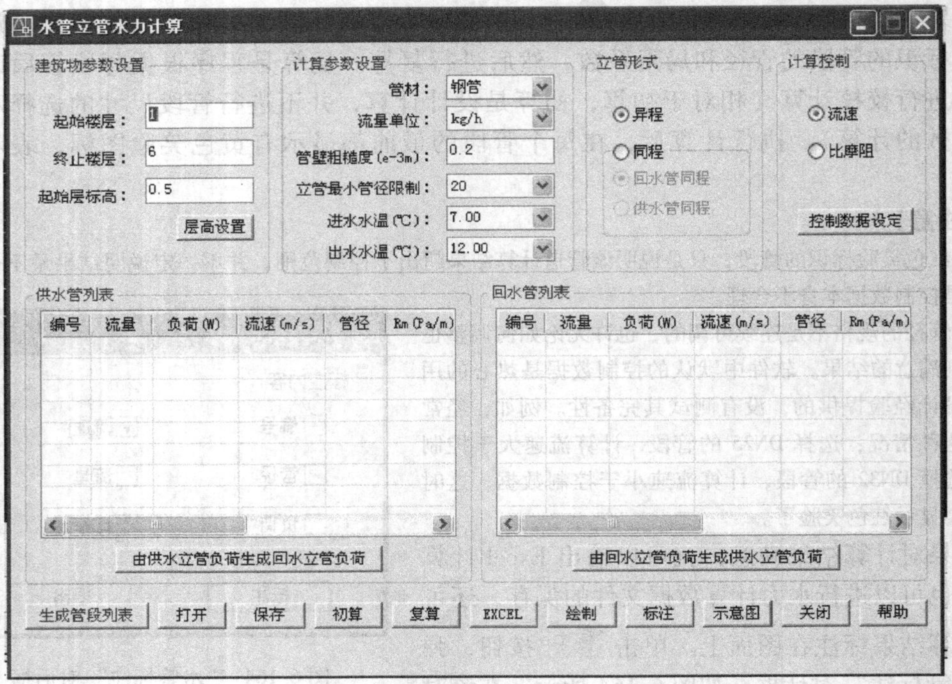

图 6-165 “水管立管水力计算”对话框

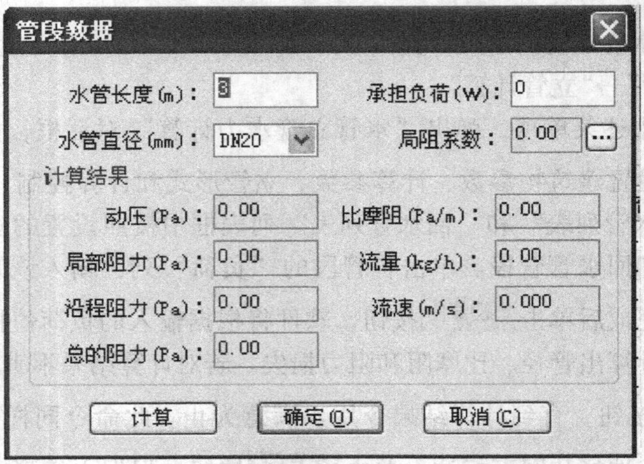

图 6-166 “管段数据”对话框

管段”命令进行多根管段数据的修改。

3. 系统水力计算

空调供回水系统水力计算，是由空调水管分支计算和立管水力计算整合及增强产生的。该计算以实际工程为构架，工程计算更加方便、快捷。

【功能】 用于进行空调水管系统的水力计算。

【菜单】 “水管”→“系统水力计算”。

【功能】 选择上述菜单项，弹出“空调供回水系统水力计算”对话框，如图 6-167 所示。

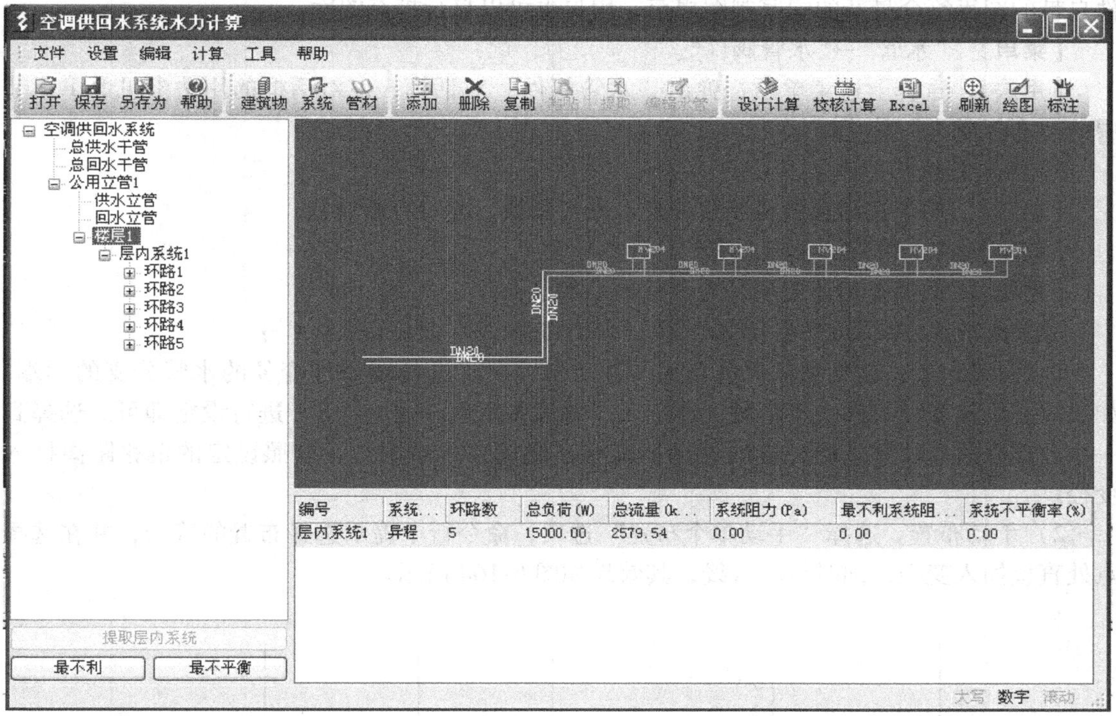

图 6-167 “空调供回水系统水力计算”对话框

空调水系统可以通过建筑物信息设置、系统设置的方式来构造系统。在构造系统的过程中，在“空调供回水系统水力计算”对话框右边的图示区中可以随时查看构造的系统原理。在该预览图中，管段上显示相应的管径信息，设备上显示该设备的负荷大小和设备型号。当修改对应管段的管径或者设备的负荷时，该预览图会实时更新。在该预览图上单击鼠标左键，可以进行缩放或移动操作，方便查看原理图。当切换工程树的对象时，预览图中会以红色线条显示当前选择的计算实体。选择“工具”菜单下的“刷新视图”命令或者单击工具栏中的按钮，可以刷新该预览图，显示整个系统原理图。选择“工具”菜单下的“绘原理图”命令或者单击工具栏中的按钮，可以将当前构造系统的原理图绘制到 AutoCAD 的绘图区。原理图绘制到图面上后，同样具有水管数据信息，后期的标注、修改都可以实施。其他操作方法同传统采暖单管或双管水力计算，在此不再赘述。

6.5.5 完善管线

1. 水管编辑

【功能】 用于对水管的管径、流量等参数进行编辑。

【菜单】 “水管”→“水管编辑”。

【用法】 选择上述菜单项，弹出“水管定义”对话框，该对话框的用法参见 5.1.4 节。

2. 水管阀件

【功能】 用于在空调水系统或采暖系统中，在水管管线上布置阀件。鸿业 ACS 8.2 软件自带的图库符合最新的国家制图规范，用户也可以自行扩充图库。

【菜单】 “水管”→“水管阀件”。

【用法】 选择上述菜单项，弹出“水管阀件”对话框，该对话框的用法参见5.1.5节中的“布置阀类”命令。

3. 插入变径

【功能】 用于在水管管径变化处加入变径图块，并且打断管线。

【菜单】 “水管”→“插入变径”。

【用法】 选择上述菜单项，命令行提示如下：

请选择布置方式[自动布置(A)/手动单个布置(D)/设置(S)]〈A〉:

1）自动布置。软件默认自动布置。自动布置要求选择要添加变径的水管分支的远端，如果需要设定变径的插入点距离三通接入点的偏移距离，输入“S”进行设定即可。选择到一个分支以后，软件按照分支的连接情况在三通的接入点附近，按照设定的偏移距离插入变径。

2）手动布置。选择“手动单个布置”选项，命令行中提示选择布置的管线，并在选择点处直接插入变径，同时打断管线，其效果如图6-168所示。

图6-168 手动插入变径效果图

3）设置。若输入“S”，命令行中提示确认变径内部是否保留管线。变径管线是否保留的效果如图6-169所示。

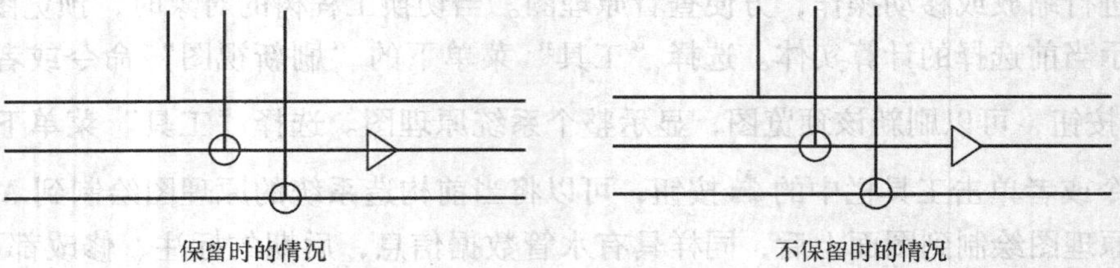

图6-169 变径管线是否保留效果图

【注意】 自动插入变径需要按照水量来判断三通的连接情况，所以请在自动布置变径之前先进行水力计算。而单个布置变径则没有任何限制。

6.5.6 系统图

1. 绘制系统图

【功能】 用于将平面图转换为轴测图。

【菜单】 “水管”→“绘制系统图”。

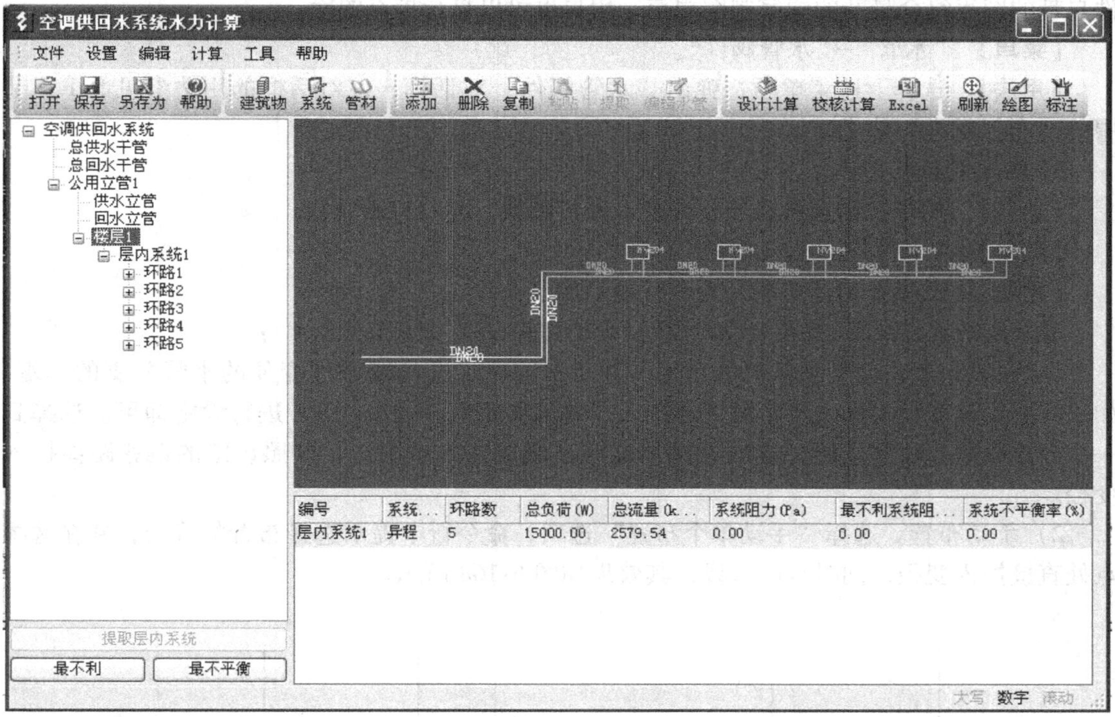

图 6-167 “空调供回水系统水力计算”对话框

空调水系统可以通过建筑物信息设置、系统设置的方式来构造系统。在构造系统的过程中，在“空调供回水系统水力计算”对话框右边的图示区中可以随时查看构造的系统原理。在该预览图中，管段上显示相应的管径信息，设备上显示该设备的负荷大小和设备型号。当修改对应管段的管径或者设备的负荷时，该预览图会实时更新。在该预览图上单击鼠标左键，可以进行缩放或移动操作，方便查看原理图。当切换工程树的对象时，预览图中会以红色线条显示当前选择的计算实体。选择“工具”菜单下的“刷新视图”命令或者单击工具栏中的按钮，可以刷新该预览图，显示整个系统原理图。选择“工具”菜单下的“绘原理图”命令或者单击工具栏中的按钮，可以将当前构造系统的原理图绘制到 AutoCAD 的绘图区。原理图绘制到图面上后，同样具有水管数据信息，后期的标注、修改都可以实施。其他操作方法同传统采暖单管或双管水力计算，在此不再赘述。

6.5.5 完善管线

1. 水管编辑

【功能】 用于对水管的管径、流量等参数进行编辑。

【菜单】 “水管”→“水管编辑”。

【用法】 选择上述菜单项，弹出“水管定义”对话框，该对话框的用法参见 5.1.4 节。

2. 水管阀件

【功能】 用于在空调水系统或采暖系统中，在水管管线上布置阀件。鸿业 ACS 8.2 软件自带的图库符合最新的国家制图规范，用户也可以自行扩充图库。

【菜单】 “水管”→“水管阀件”。

【用法】 选择上述菜单项，弹出“水管阀件”对话框，该对话框的用法参见 5.1.5 节中的“布置阀类”命令。

3. 插入变径

【功能】 用于在水管管径变化处加入变径图块，并且打断管线。

【菜单】 “水管”→“插入变径”。

【用法】 选择上述菜单项，命令行提示如下：

请选择布置方式[自动布置(A)/手动单个布置(D)/设置(S)]〈A〉:

1）自动布置。软件默认自动布置。自动布置要求选择要添加变径的水管分支的远端，如果需要设定变径的插入点距离三通接入点的偏移距离，输入“S”进行设定即可。选择到一个分支以后，软件按照分支的连接情况在三通的接入点附近，按照设定的偏移距离插入变径。

2）手动布置。选择“手动单个布置”选项，命令行中提示选择布置的管线，并在选择点处直接插入变径，同时打断管线，其效果如图 6-168 所示。

图 6-168　手动插入变径效果图

3）设置。若输入“S”，命令行中提示确认变径内部是否保留管线。变径管线是否保留的效果如图 6-169 所示。

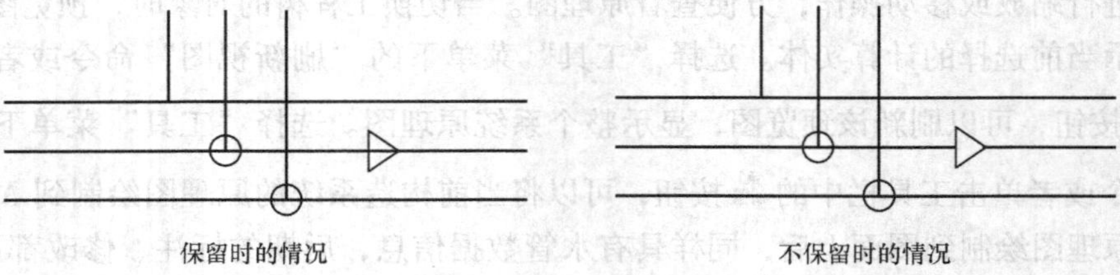

图 6-169　变径管线是否保留效果图

【注意】 自动插入变径需要按照水量来判断三通的连接情况，所以请在自动布置变径之前先进行水力计算。而单个布置变径则没有任何限制。

6.5.6　系统图

1. 绘制系统图

【功能】 用于将平面图转换为轴测图。

【菜单】 “水管”→“绘制系统图”。

【用法】 选择上述菜单项，弹出“空调系统图”对话框，如图6-170所示。在该对话框的“绘制选项”组合框中选择要转换为系统图的管线类型，并确定在绘制系统图时是否同时标注管径。如果选择“标注管径”复选框，程序在绘制时，自动把所有有管径定义的管线全部标注在系统图中（管径尺寸≤5×出图比例时，不标注）。由于管线可能很多、很密集，因此图面会显得比较乱。在“参数设置”组合框中可以设置系统图的轴测角度以及X、Y、Z轴的放大系数。设置完成后单击 确 认 按钮，返回图面，按照命令行提示依次在平面图中选择空调水系统、平面图基点和系统图（轴测图）基点，即可完成绘制。

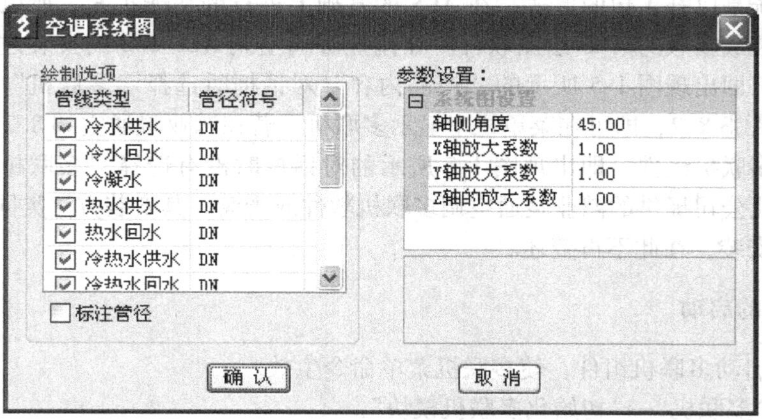

图6-170　“空调系统图”对话框

2. 系统图自动断线

【功能】 用于检查并断开所有交叉的管线。程序按管线的上下和前后关系，自动把后面的或下面的管线断开。

【菜单】 “水管”→“自动断线”。

【用法】 选择上述菜单项，按照命令提示行依次输入该系统图的横向比例（系统默认为50，该比例数值应与绘制系统图时的相一致）、断口处大小（断口指管线断开时应断开的距离，该距离可以任意调整，系统默认为2.0mm），并框选要断线的空调系统图，按〈Enter〉键，即可实现系统图自动断线。

6.6　多联机系统设计

多联机是最近几年发展起来的一种新型中央空调系统，具有节能、舒适、控制灵活等特点，可满足不同规模建筑物的要求。与传统的中央空调相比，省去了主机房、冷却塔和水输配系统等，因而受到了广泛的欢迎。特别是在500～5000m^{2}的舒适性空调建筑内正逐步取代冷水式中央空调系统。

多联机设计系统主要应用于多联机绘图设计过程中的设备绘制、管线绘制、系统划分、系统计算、生成轴测图和标注，以及冷媒注入量统计、材料统计和报价等。

多联机系统设计流程如图6-171所示。

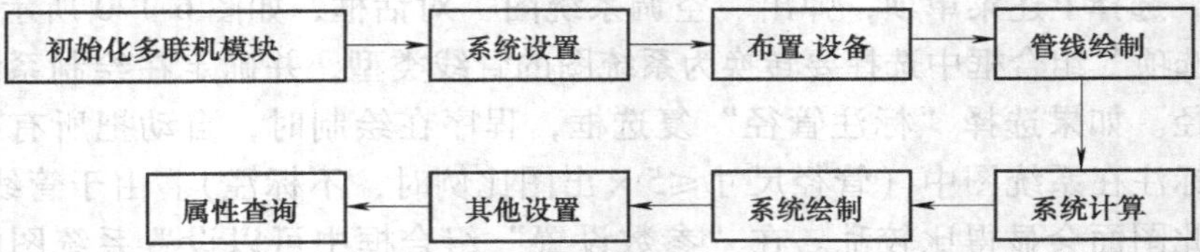

图 6-171 多联机系统设计流程图

6.6.1 多联机的安装

多联机系统是以补丁包的形式，在 ACS 的基础上进行的功能扩充，所以安装此系统之前必须要先安装最新版的 ACS 绘图软件。在鸿业暖通空调 ACS 8.2 的安装过程中选择安装了多联机组件，即出现图 1-5 所示的“产品内容”对话框时选择“多联机”复选框，启动鸿业暖通空调 ACS 8.2，即可在菜单栏中显示多联机。若在鸿业暖通空调 8.2 的安装过程中没有选择安装多联机组件，即出现图 1-5 所示的对话框时没有选择“多联机”复选框，则需单独安装鸿业公司提供的鸿业暖通空调多联机软件或光盘，其安装方法类同于鸿业暖通空调 ACS 8.2 的安装，在此不再赘述。

6.6.2 多联机的启动

【功能】 启动多联机组件，使多联机菜单命令生效。

【菜单】 “多联机”→“初始化多联机模块”。

【用法】 选择上述菜单项，软件自动进行初始化，并在命令行中提示初始化多联机模块成功。

6.6.3 系统设置

【功能】 设置系统的默认值，其中包括绘图设置、标注设置、搜索精度设置和材料表设置。

【菜单】 “多联机”→“系统设置”。

【用法】 选择上述菜单项，弹出“多联机系统设置”对话框，如图 6-172 所示。在该对话框中选中每个设置选项，都会在对话框底部的信息提示框中显示该选项的具体含义。用户可以根据实际需要进行各项设置。当某设置选项与出图比例有关时，其在图面上表示的真实大小就是当前设置值乘以出图比例（出图比例的设置参见 2.5 节）。例如，分歧管的大小是和出图比例有关的，室内机配管延长长度与分歧管出口直管段长度

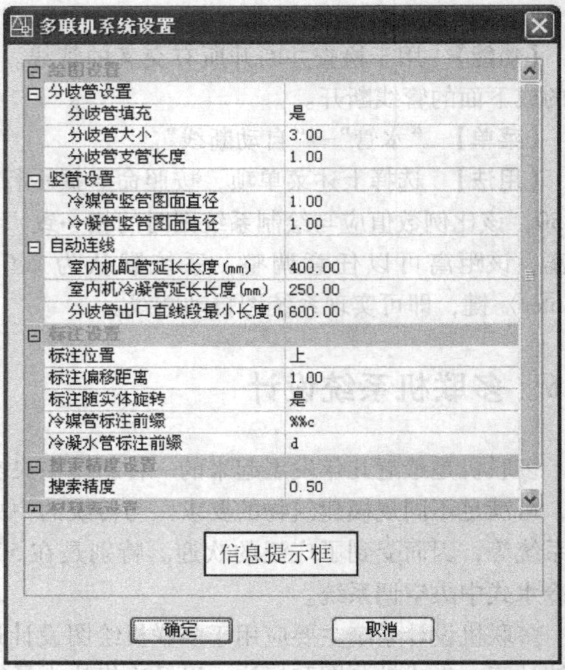

图 6-172 “多联机系统设置”对话框

是和出图比例无关的。假定当前的出图比例大小是100，那么如果设定分歧管的大小是3，那么显示在图面上的真正长度就是300；设定室内机配管延长长度是400，无论出图比例如何调整，当室内机和冷媒管连接的时候，其延长长度都是400；设定分歧管出口直线段长度为600，无论出图比例如何调整，当绘制分歧管或室内机/室外机和冷媒管连接时，分歧管出口处直线段的长度仍为600。

另外，在设置搜索精度时，搜索精度设置得越小，搜索得越准确，对图面上图形之间的连接要求也越高。但最好不要把搜索精度设置为0，因为设置为0后，可能会导致系统计算、绘制轴测图时搜索不成功。

6.6.4 设备布置与制作

1. 布置室内机

【功能】 布置、维护和管理室内机。

【菜单】 “多联机”→“布置室内机”。

【用法】 选择上述菜单项，弹出“多联机设备”对话框，如图6-173所示。该对话框中有“室内机”、“室外机”、“全热交换器”3个选项卡。

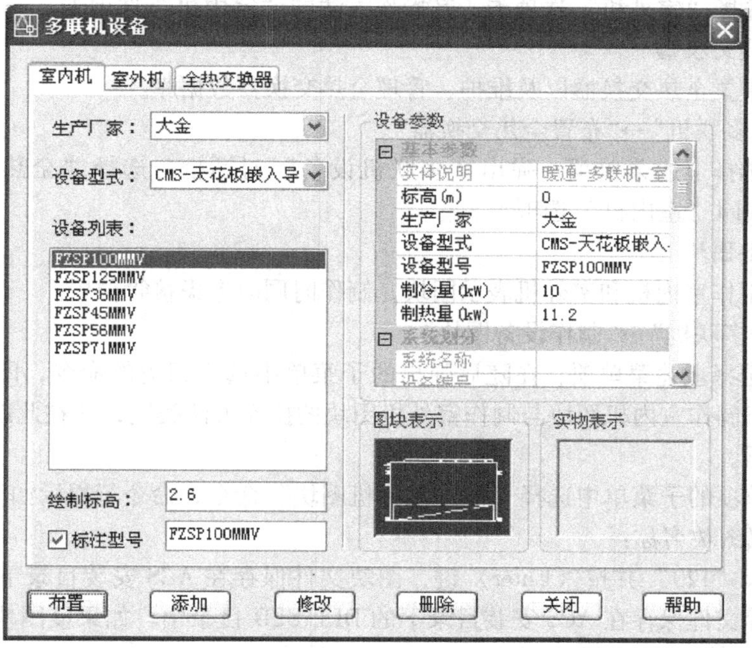

图6-173 “多联机设备”对话框

在“多联机设备”对话框的“室内机”选项卡中，在“生成厂家”下拉列表框中选择室内机的生产厂家，在“设备型式”下拉列表框中选择室内机的型式，同时在“设备列表”列表框中将显示已选择的设备，从中选择某一设备后，相应的参数将显示在“设备参数”组合框中，同时图形幻灯片显示在“图块表示”列表框中。选定室内机型式后，在“绘制标高”文本框中设置室内机的标高值，并确定是否标注型号，单击“布置”按钮后返回图面，按照命令行提示在图面中选择插入点并确定旋转角度，即可进行室内机布置。

该命令也可以进行多联机设备的添加、修改和删除等操作。在“多联机设备”对话框中，单击“添加”按钮，弹出“室内机参数”对话框，如图6-174所示。在“室内机参数”对话框的相应参数项中进行室内机参数的设定，单击“添加”按钮完成操作。在参数设定过程中，需注意给定的图块文件和幻灯片文件确实在所要求的目录下存在，否则无法添加。在“多联机设备”对话框中单击“修改”按钮，同样弹出“室内机参数”对话框。修改操作同添加操作类似，此处不再赘述。

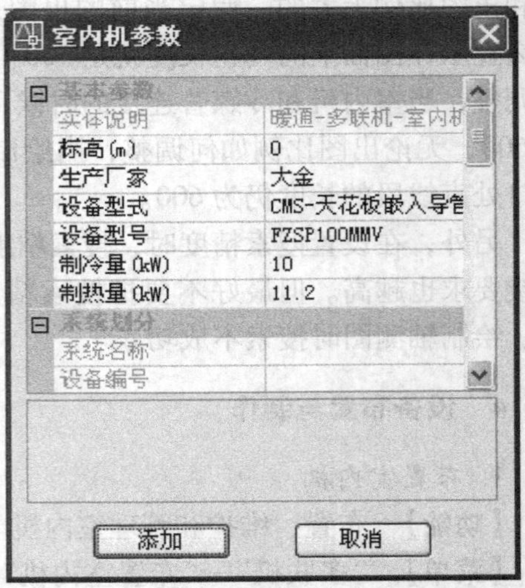

图6-174 室内机参数对话框

2. 布置室外机

【功能】 布置、维护和管理室外机。

【菜单】 “多联机”→“布置室外机”。

【用法】 选择上述菜单项，弹出“多联机设备”对话框，选择“室外机”选项卡，其操作方法同“室内机”选项卡。

3. 布置全热交换器

【功能】 布置全热交换器以及维护、管理全热交换器数据库。

【菜单】 “多联机”→“布置全热交换器”。

【用法】 选择上述菜单项，弹出“多联机设备”对话框，选择“全热交换器”选项卡，其操作方法同“室内机”选项卡。

4. 制作设备图块

【功能】 制作室内机和室外机表示图块，制作时同时考虑接管位置。

【菜单】 “多联机”→“制作设备图块”。

【用法】 选择上述菜单项，在随后弹出的子菜单中选择相应的命令，即可完成设备图块的制作。由于制作室内机图块与制作室外机图块的操作方法类同，故在此以制作室内机图块为例进行介绍。

在上述菜单项的子菜单中选择“制作室内机图块”命令，命令行提示如下：

输入室内机图块名称：

例如，输入“123”并按〈Enter〉键，图块文件保存在ACS安装目录下的DLJ\BDWG目录中，幻灯片文件保存在ACS安装目录下的DLJ\SLD目录中。如果该图块文件存在，会提示重名，并需确认是否覆盖。

*选择做室内机图块的实体：*在图面中选择制作室内图块的实体

*选择室内机图块气管接管线：*在选择的实体上选择气管的接管管线，为后续连线作定位标志

*选择室内机图块液管接管线：*在选择的实体上选择液管的接管管线，为后续连线作定位标志，可以和气管的接管管线相同

*选择室内机图块冷凝水管接管线：*在选择的实体上选择冷凝水管的接管管线，为后续连线作定位标志

按照命令行提示，逐一选择完成后按〈Enter〉键，室内机图块就制作完成了，制作好的图块显示在 AutoCAD 的绘图区，如图 6-175 所示。

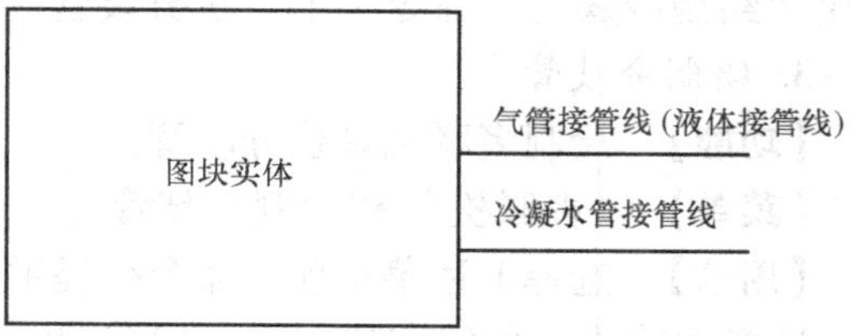

图 6-175 制作室内机图块

【注意】

1）在制作室内机图块时，建议接管管线选择在直线或弧线上，接管点的位置取直线或弧线的结束点位置。

2）制作的图块中不要带有嵌套块，否则在绘制系统图时图块不能正确转换。

6.6.5 管线绘制

1. 绘制冷媒管

【功能】 绘制多联机系统的冷媒管线。

【菜单】 “多联机”→“绘制冷媒管”。

【用法】 选择上述菜单项，命令行提示如下：

当前管线标高为：3.00m　气管管径：15.90mm　液管管径：9.50mm

起点或[参考点定位(P)/绘弧线(A)/管线(X)/选设备(S)/选分歧管(F)/改标高(H)/改管径(S)退出(E)]：确定绘制管线的起点

起点绘制方法有如下 5 种。

1）在图面中任意单击一点作为绘制管线的起点。该方法也可以确定下一点。

2）参考点定位。在命令行中输入“P”，按照命令行提示在图面中点取参考点，并输入相对位置点坐标（可输入“@x，y”或“@r<angle”精确定位），确定管线绘制起点。该方法也可以确定下一点。

3）管线。在命令行中输入“X”，按照命令行提示在图面中选择参考线上一点，并确定该参考线上的*选择点*、*近端点（C）*、*远端点（F）或垂直点（T）*作为绘制管线的起点。其中，近端点指离当前选择点距离较近的点；远端点指离当前选择点距离较远的点；垂直点指前一点和当前选择线的垂点。也可输入“S”，再输入距近端点距离，输入完成即可确定起点。该方法也可以确定下一点。

4）选设备。在命令行中输入“S”，选择室内机或室外机，软件会自动取得设备的冷媒管接管点。如果是处在输入直线的下一点的状态，则会直角连接到室内机或者室外机。

5）选分歧管。在命令行中输入“F”，命令行提示选择分歧管并确定所绘管线的起点为主管出口还是支管出口。该方法也可以确定下一点。

管线起点确定完成后，命令行提示确定下一点，其确定方法与确定起点相同。在绘制过程中，除了可以绘制直线管线以为，随时可以在命令行中输入“A”，采用三点法绘制弧形管线；输入“H”，可以更改绘制管线标高；输入“D”，可以更改绘制管线管径。

2. 绘制冷凝管

【功能】 绘制多联机系统冷凝管线。

【菜单】 “多联机”→“绘制冷凝管”。

【用法】 选择上述菜单项，其命令行提示与操作方式与“绘制冷媒管”命令类同，只是比“绘制冷媒管”命令少了“选分歧管”选项。

3. 绘制分歧管

【功能】 绘制多联机系统分歧管。

【菜单】“多联机”→“绘制分歧管”。

【用法】 选择上述菜单项，命令行提示如下：

*选择主管或［单线定位布置（S）/退出（E）］：*选择分歧管的布置管线

1）选择主管。该选项实现的是双线定位布置，即通过选择主管、主管出口线和支管出口线来布置分歧管。按照命令行提示依次选择分歧管主管出口线和支管出口线，选择分歧管支管出口管线会自动对支管管线进行修改。分歧管的布置方向取决于主管和支管的选择点的位置，如图6-176所示。

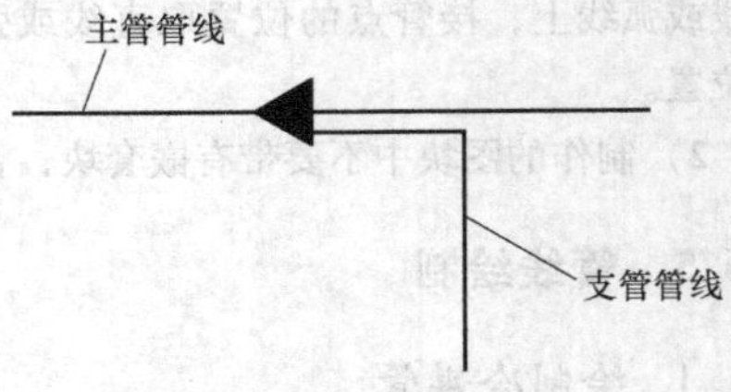

图6-176　分歧管绘制效果图（选择主管）

【注意】 所选择的主管和支管不能为同一管线，而且主管管线与支管管线必须有交点，不能为两条平行线。

2）单线定位布置。该布置方式是在单根冷媒管线上布置分歧管。在命令行中输入“S”，命令行继续提示：

*选择管线或［双线定位布置(D)/退出(E)］：*在图面中选择冷媒管线

*前后对换？［是(Y)/否(N)］〈N〉：*确定管线是否前后对换，其效果如图6-177所示。

*进行翻转？［是(Y)/否(N)］〈N〉：*确定管线是否翻转，其效果如图6-178所示

图6-177　分歧管绘制效果图（前后对换）

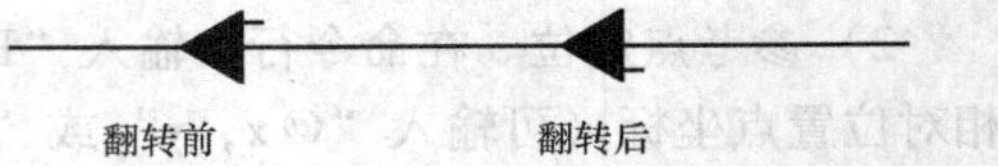

图6-178　分歧管绘制效果图（翻转前后）

分歧管在绘制时，其尺寸大小、支管长度与出口直线段长度可以在“多联机系统设置”对话框（见图6-172）中进行设置。

4. 打断管线

【功能】 将管线连接处进行断线，为下一步的系统计算做准备。如果采用自动连线，则在此过程中管线已经自动打断，不需要再调用此命令。

【菜单】“多联机”→“打断管线”。

【用法】 选择上述菜单项，按照命令行提示选择需要打断的管线中的任意一段，并框选或点选要打断的其他管线，即可进行批量打断。打断后管线在交点处断成两截。

5. 连接设备

【功能】 进行多联机管道与设备的相互连接。

【菜单】“多联机”→“连接设备”。

【用法】 选择上述菜单项，命令行提示如下：

选择冷媒管线远端或［分歧管支管与室内机互连(F)/分歧管主管与室内机互连(G)/退出(E)］：

1）冷媒管、冷凝管与室内机互连。按照命令行提示依次在图面中直接选择冷媒管远

端、冷凝管远端及要连接的室内机，选择完成即可自动连接。连接过程中软件自动将分歧管与室内机互连。冷媒管的选择点将会影响到分歧管的布置方向，如图 6-179 所示。

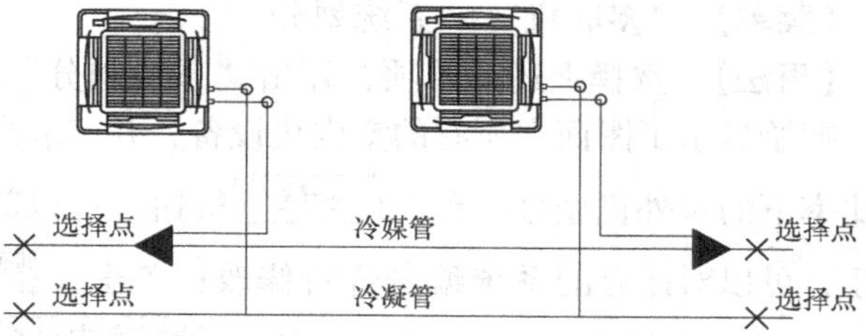

图 6-179 室内机与冷媒管、冷凝管互连

2）冷媒管与室外机互连。按照命令行提示在图面中直接选择冷媒管远端后，输入“W”，选择冷媒管与室外机连接，即可实现自动连接。连接过程中软件自动将分歧管与室外机互连。同样冷媒管的选择点将会影响到分歧管的布置方向。

3）分歧管与室内机互连。按照命令行提示，输入“F”并选择分歧管和要连接的室内机，软件自动将距离最近的分歧管支管和室内机进行互连。若输入“G”，则连接的是所选分歧管主管与距离最近的室内机。分歧管与室内机互连的效果如图 6-180 所示。

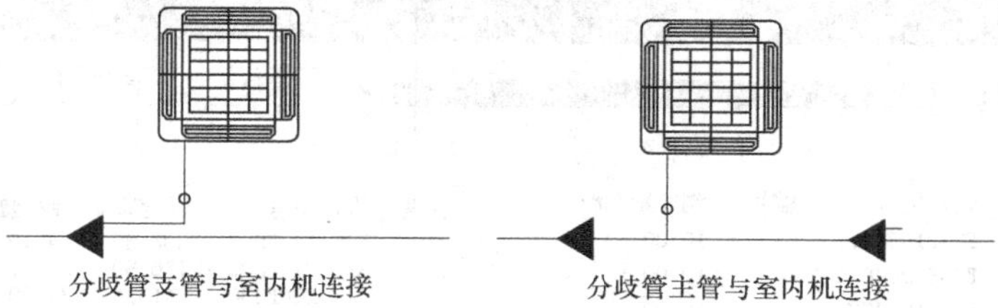

图 6-180 分歧管与室内机互连效果图

【注意】 在自动连线过程中，从室外机到室内机绘制的接管线的延长长度与分歧管出口直线段长度可在“多联机系统设置”对话框中进行设置。

6. 绘制立管

【功能】 绘制单个立管或对多个管线自动进行立管连接。

【菜单】 “多联机”→“绘制立管”。

【用法】 选择上述菜单项，按照命令行提示，输入欲绘制的立管的代表字母，即可进行绘制。若直接按〈Enter〉键，则进行立管绘制处理。框选要进行处理的立管，软件将根据管线的标高关系自动在相同管线连接处插入立管，其处理效果如图 6-181 所示。

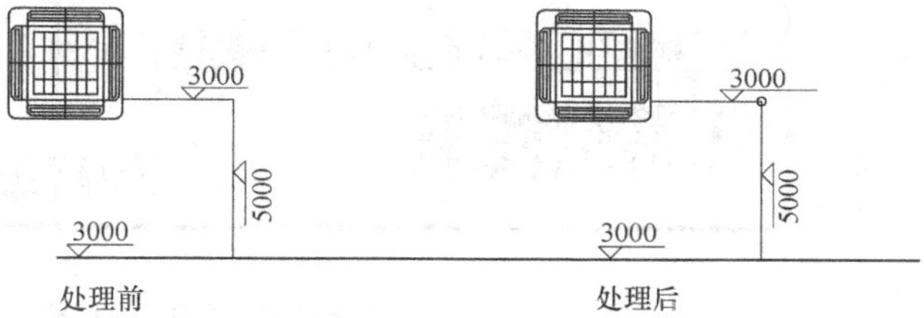

图 6-181 立管绘制处理效果图

【注意】 在绘制立管时，若在选择的管线处已存在立管，则原来绘制的立管被删除，在该位置重新绘制立管。

6.6.6 系统划分与计算

1. 系统划分

【功能】 对图面中布置的室内机进行系统划分，并计算出各种室外机的配比率。

【菜单】 “多联机”→“系统划分”。

【用法】 选择上述菜单项，弹出“系统划分”对话框，如图6-182所示。在该对话框中，初始显示了图面中所有的室内机设备，并读取当前图面中已经有的系统编号，以及不同配比率下的室外机型号。单击 新建 按钮，可以新建系统并设定系统编号；单击 修改 按钮，可以对已有的系统编号进行修改；单击 删除 按钮，可以删除已设定的系统及编号，但不会删除图面中的室内机；单击 选择室内机< 按钮，可以从图面中选取室内机到当前设置的系统中，如果选择的室内机有编号，就会按顺序显示出来；单击 图面显示 按钮，当前已选择的室内机在图面中闪烁显示；单击 剔除 或 剔除全部 按钮，部分删除或全部删除系统中当前选择的室内机，但不会删除图面实体；单击 确认系统划分 按钮，可将当前系统的划分信息和设备编号信息记录到当前选择的室内机实体中，同时选中并显示最匹配的室外机信息。

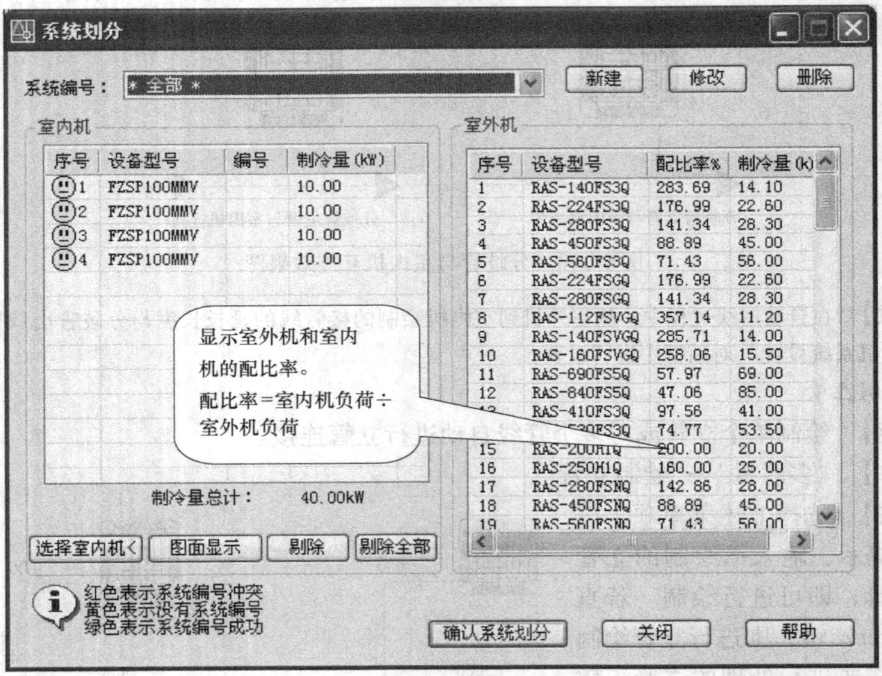

图6-182 “系统划分”对话框

2. 系统计算

【功能】 用于多联机系统计算，根据负荷允许范围选择合适的冷媒管、分歧管和冷凝管。

【菜单】 “多联机”→“系统计算”。

【用法】 选择上述菜单项，弹出“系统计算”对话框，如图6-183所示。

(1) 设置计算规则 单击 确认系统划分 按钮，打开“计算规则”对话框，如图6-184所示。在该对话框中可以设置冷媒管、冷凝管管径计算规则和分歧管选型规则。

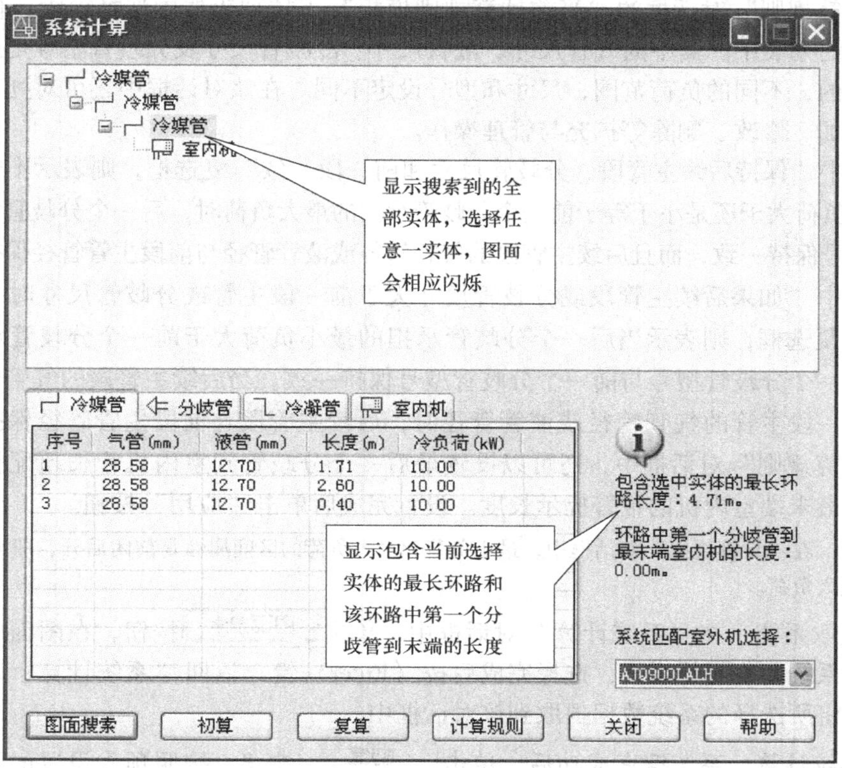

图 6-183 “系统计算”对话框

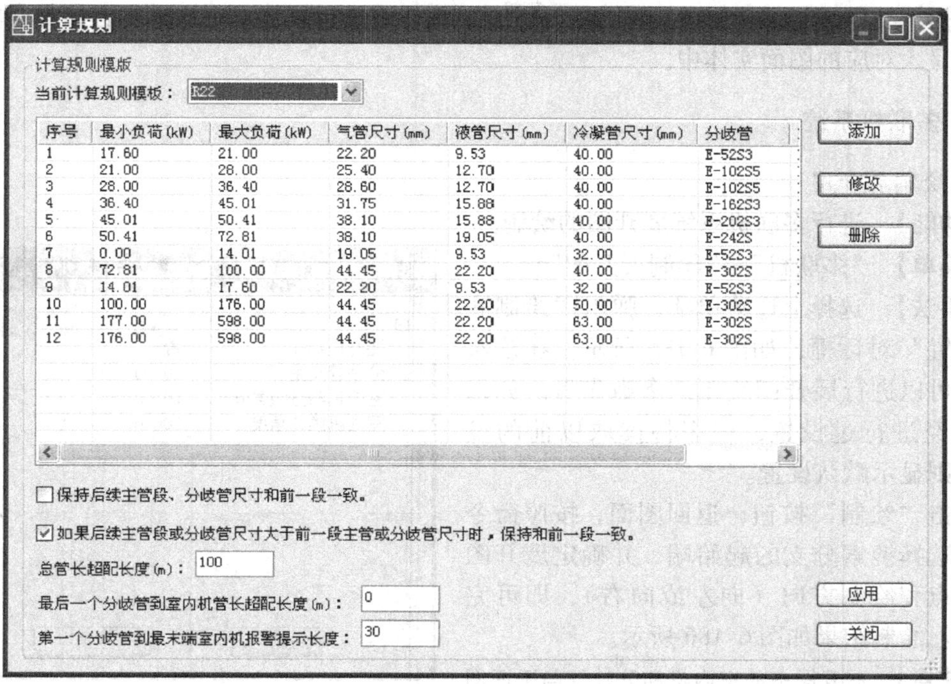

图 6-184 “计算规则”对话框

在“计算规则”对话框的“当前计算规则模板”下拉列表框中选择模板，模板内容将显示在下方的列表中。其中的气管尺寸、液管尺寸、冷凝管尺寸及分歧管型号是按照负荷范围选择设定的，不同的负荷范围，尺寸和型号设定不同。在该对话框中还可对列表中的模板数据进行添加、修改、删除等扩充与管理操作。

如果选中“保持后续主管段、分歧管尺寸和前一段一致”复选框，则表示不管后一个分歧管承担的负荷大于还是小于等于前一个分歧管承担的最大负荷时，后一个分歧管型号与前一个分歧管型号保持一致，而且后续主管段的气管管径或液管管径与前段主管管径保持一致。

如果选中“如果后续主管段或分歧管尺寸大于前一段主管或分歧管尺寸时，保持和前一段一致”复选框，则表示当后一个分歧管承担的最小负荷大于前一个分歧管承担的最大负荷时，后一个分歧管型号与前一个分歧管型号保持一致。当后续主管段的气管管径或液管管径大于前一段主管的气管管径或液管管径时，后续主管段与前段主管管径保持一致。另外，在“计算规则”对话框中，还可以设置最后一个分歧管到室内机管长超配长度和第一个分歧管到最末端室内机的报警提示长度。设置完成后单击“应用”按钮。

【注意】 在“计算规则”对话框中，最小负荷和最大负荷的区间属性是前闭后开，即大于等于最小负荷，小于最大负荷。

（2）提取系统　在“系统计算”对话框中，单击 图面搜索 按钮，在图面中选择要计算的冷媒管系统和冷凝管系统，选择完成后按〈Enter〉键，返回“系统计算”对话框。此时软件自动将所选择的系统数据提取到该对话框中。

（3）系统计算　系统搜索成功后，单击 初算 按钮，按照预先设置的计算规则对冷媒管和冷凝管进行管径选择计算，对分歧管进行型号选择。如果用户对计算结果不满意，则可对初算结果进行编辑修改。单击 复算 按钮可进行复算，每次计算程序都会将复算的结果写入对应的图面实体中。

6.6.7　多联机系统

1. 绘制展开图

【功能】 进行多联机系统展开图的绘制。

【菜单】 “多联机”→“绘制展开图”。

【用法】 选择上述菜单项，弹出“绘制展开图设置”对话框，如图 6-185 所示。在该对话框中可以进行展开图绘制的参数设置。如果以前已经进行过设置，程序将读取以前的设置，否则显示默认设置。

单击“绘制”按钮，返回图面，按照命令行提示选择搜索分支的起始端，并确定展开图的插入点和绘制方向（向左或向右），即可完成绘制。绘制结果如图 6-186 所示。

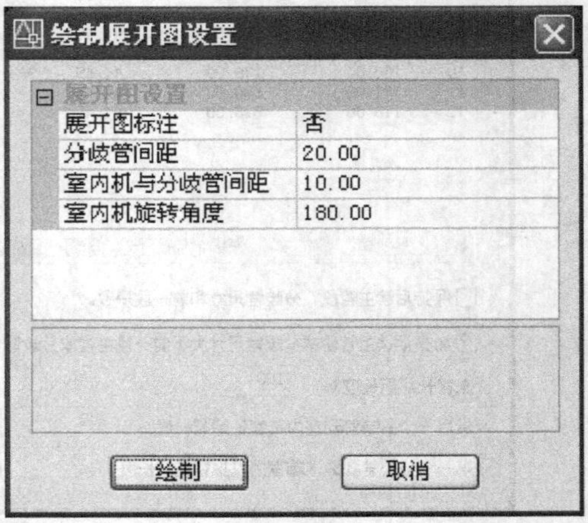

图 6-185　“绘制展开图设置”对话框

【注意】 展开图中的室内机和分歧管与平面图中的实体一一对应，但是管线并不是一一对应的，因

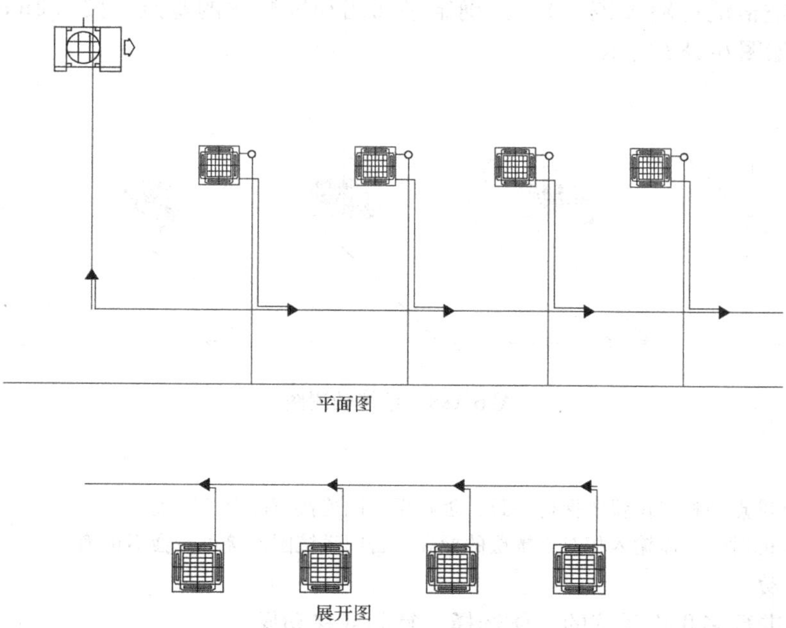

图 6-186　绘制展开图

此，对于在展开图上对管线信息的设定，并不能反映到平面图上。

2. 绘制轴测图

【功能】 通过平面图生成轴测图。

【菜单】 “多联机”→“绘制轴测图”。

【用法】 选择上述菜单项，弹出“绘制轴测图”对话框，如图 6-187 所示。在该对话框中可以设置建筑信息，并对绘制轴测图的参数进行设置。在“建筑信息设置”组合框中单击鼠标右键，可以新建、插入或者删除楼层来设置建筑信息。选择需要设置的参数项并进行参数修改。设置完成后单击“绘制”按钮，返回图面，按照命令行提示依次选择每层平

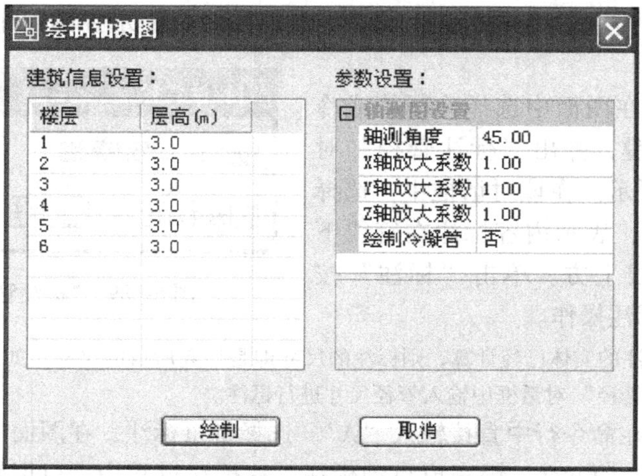

图 6-187　“绘制轴测图”对话框

面的实体（按空格键可跳过该层），并确定平面图和轴测图的基点，按〈Enter〉键完成绘制。绘制结果如图6-188所示。

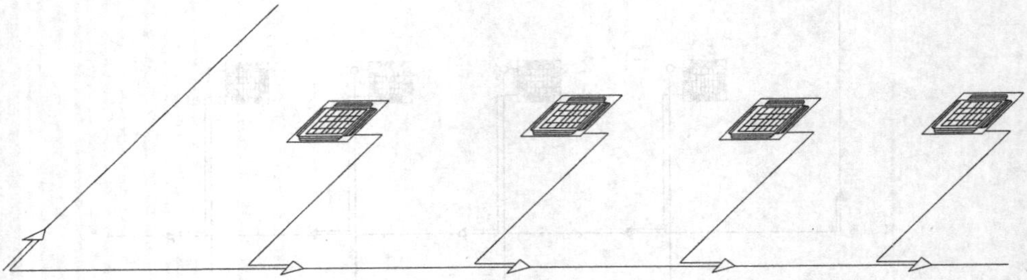

图6-188　系统轴测图

【注意】

1）所有的基准点的相对位置要保持一致，否则系统图连接可能会不正确。

2）绘制管线的时候，需输入相对于本层的标高，否则系统图连接可能会不正确。

3. 枝状移动

【功能】　进行多联机系统的整体选择、复制或移动操作。

【菜单】　“多联机”→“枝状移动”。

【用法】　选择上述菜单项，命令行提示如下：

*请选择搜索分支的起始端：*在图面中选择冷媒管或冷凝管的起始端

*返回选择集或［拷贝(C)/移动(M)/删除(E)］:*选择一种操作方式，即可对图面中选择的多联机系统进行整体复制、移动或删除操作。

6.6.8　标注

【功能】　标注多联机系统中的管径、型号、编号以及管线坡度。

【菜单】　“多联机”→“标注”。

【用法】　点击菜单项，在随后弹出的子命令中点选相应命令完成系统的标注。

(1) 管径标注　选择“管径标注”命令，按照命令行提示在图面中选择要标注的冷凝管和冷媒管。

1）单选标注。在图面中选择冷凝管或冷媒管后按〈Enter〉键，弹出“标注管径”对话框，如图6-189所示。在该对话框中，选择“线下标注”复选框，表示内容标注在管线下方，否则标注在管线上方。单击“标注”按钮，即可完成单选标注操作。

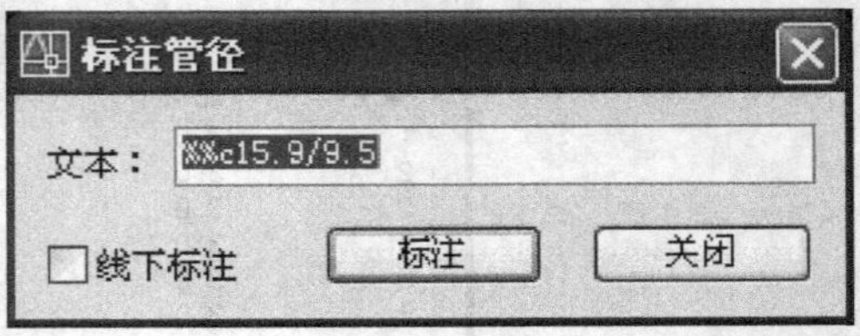

图6-189　“标注管径”对话框

【注意】　如果标注的实体已经计算，则标注的尺寸即是计算所得的尺寸；如果标注的实体没有经过计算，则需要在“标注管径”对话框中输入管径尺寸进行标注。

2）批量标注。在命令行中直接输入“A”，选择批量标注，在图面中框选所有要标注的多联机管线实体，按〈Enter〉键完成自动标注。在标注过程中，可以输入“S”确定标注最小长度。管径标注时，冷媒管默认标注前缀为“Φ”，而冷凝管默认标注前缀为“DN”。

也可以在系统设置中对默认设置进行更改。

（2）标注型号　选择“标注型号”命令，命令行提示如下：

请单选室内机/室外机/全热交换器或分歧管[批量标注(A)/退出(E)]:

1）单选标注。选择要标注的实体，程序会自动提取相应设备型号作为标注文本，按〈Enter〉键，弹出“标注型号”对话框，如图 6-190 所示。在该对话框中，可以输入新的型号来修改标注文本，或者采用默认型号，然后单击“标注”按钮，返回图面，按照命令行提示确定标注位置和旋转角度后进行型号单个标注。

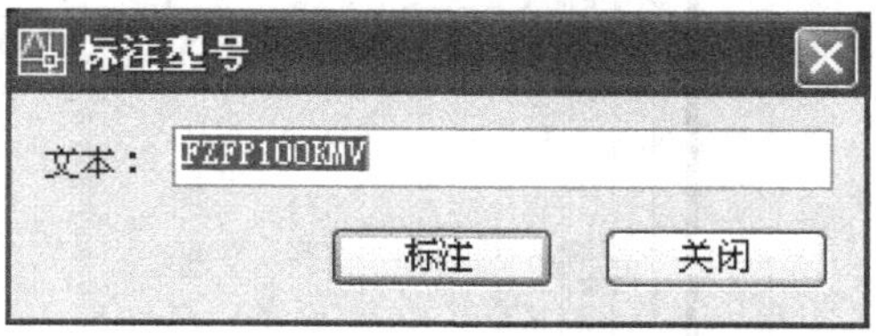

图 6-190 “标注型号”对话框

2）批量标注。在命令行中直接输入“A”，选择批量标注，在图面中框选要标注的实体，程序会自动提取出各自的标注文本，然后在图面中进行自动标注。

【注意】 管径标注前缀和字线间距可在系统设置中进行设置。

（3）标注编号　选择“标注编号”命令，命令行提示如下：

请单选室内机或室外机[批量标注(A)/退出(E)]:

编号的标注方法同标注型号。

（4）标注坡度　选择“标注编号”命令，命令行提示如下：

选择标注坡度的直线:

在图面中选择要标注坡度的管线，然后移动鼠标确定坡度方向（绘制坡度标注的方向和鼠标移动的方向相同），单击鼠标左键，并输入坡度值（默认为 0.003，输入“0”表示不标注），按〈Enter〉键确定。

6.6.9 统计材料

【功能】 统计设备材料，绘制设备材料表，并能生成 Excel 表格。

【菜单】 “多联机”→“统计材料”。

【用法】 选择上述菜单项，弹出“材料设备统计”对话框，如图 6-191 所示。

在该对话框中，选择“单层设备”选项卡，则统计的是指定楼层的设备（包括室内机和室外机），统计结果显示系统编号和设备编号等，并按照设备编号进行汇总。具体方法是，单击 选择< 按钮，返回图面进行楼层的选择与要统计设备的选择，选择完成后按〈Enter〉键，返回对话框，统计结果显示在表格中。如要统计其他层，则继续单击“选择”按钮，重复上述步骤即可。

选择“设备表”选项卡，则显示所有统计设备，并将相同型号的设备进行汇总，如图 6-192 所示。单击 绘制 按钮，将当前的表格绘制到图面上（表头的位置可以上下选择）。

单击 Excel表... 按钮，将当前表格中的内容输出，生成 Excel 表格。

选择“全部材料”选项卡，则统计的是所有设备、气液管、冷凝管和风管的材料，风管材料能够按照尺寸规格进行分类汇总。

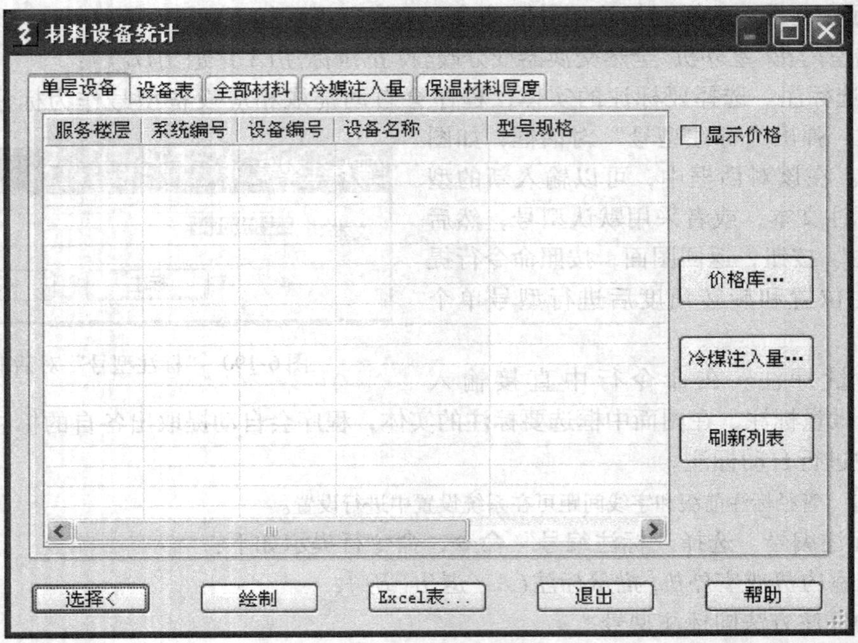

图 6-191 “材料设备统计”对话框

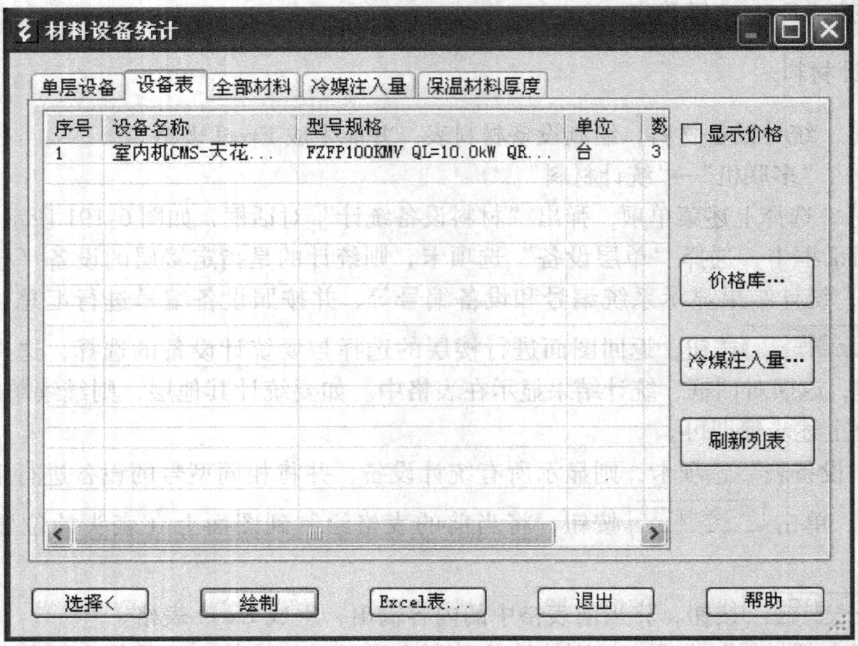

图 6-192 “设备表”选项卡

选择“冷媒注入量”选项卡，则统计的是系统中的冷媒注入量。冷媒注入量的计算规则在冷媒注入量设定中设置。

选择“保温材料厚度”选项卡，则统计的是保温材料体积和保温材料厚度。针对不同管径、不同管材的情况，可以分别设置。

对图面绘制的设备材料统计表，可以进行各种编辑操作。例如，双击列间距，可以自动调整列的宽度；双击表格的表头，可以排序；双击表格中的内容，可以自由地修改；在表格中单击鼠标右键，可弹出快捷菜单。

6.6.10 属性查询

【功能】 批量查询修改多联机系统中的各种设备和材料。

【菜单】 “多联机”→“属性查询”。

【用法】 选择上述菜单项，按照命令行提示，依次在图面中点选需要查询的实体，或者批量选择需要查询的实体。批量选择时，按照最初选择实体所在的图层进行过滤，按空格键或〈Enter〉键可跳过。选择完成后按〈Enter〉键，弹出查询结果对话框。根据选择对象的不同，查询结果对话框也有所不同。

6.6.11 其他设置

1. 价格库设置

【功能】 用于价格库管理。在材料统计中，输入物品名称、面积和扣点，市场价会根据面积和扣点自动计算出来。

【菜单】 “多联机”→“价格库设置”。

【用法】 选择上述菜单项，弹出“价格库”对话框。在该对话框中可以对价格库进行添加、修改、删除等操作。

【注意】 价格统计匹配原则是：室内机、室外机、分歧管按照型号进行匹配，其他按照材料名称和规格型号进行匹配。

2. 冷媒注入量设置

【功能】 设定冷媒的注入量。可以设置不同液管尺寸时单位长度的冷媒注入量，并将此设置保存为模板。

【菜单】 “多联机”→“冷媒注入量设置”。

【用法】 选择上述菜单项，弹出“冷媒注入量设定”对话框，如图6-193所示。在该对话框的“当前模板”下拉列表框中选择一种模板，可进行该模板冷媒注入量的设定。可以新建模板，也可以对已设定值的模板进行修改或删除操作。

3. 保温材料设置

【功能】 设定保温材料厚度。可以设置不同的管类型、不同管径的保温层内径和厚度，并将此设置保存为模板。

【菜单】 “多联机”→“保温材料设置”。

【用法】 选择上述菜单项，弹出“保温材料厚度设定”对话框，如图6-194所示。在该对话框的“当前模板”下拉列表框中选择一种模板，可进行该模板保温材料厚度的设定。可以新建模板，也可以对已设定值的模板进行修改或删除操作。

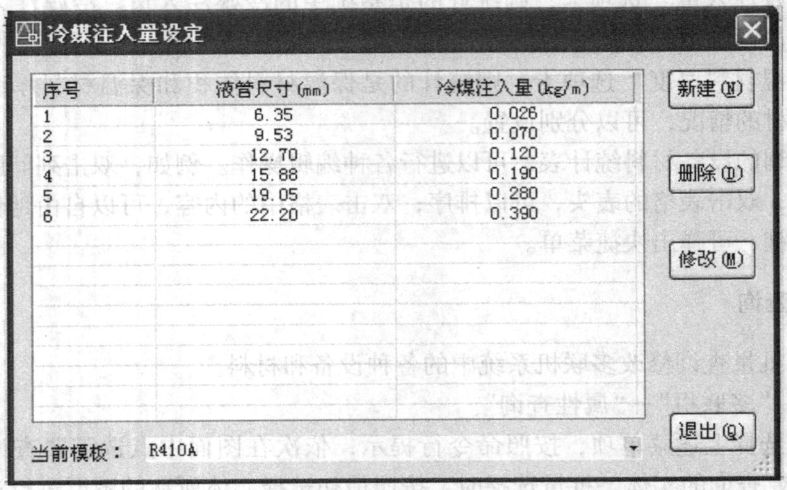

图 6-193 “冷媒注入量设定”对话框

图 6-194 “保温材料厚度设定”对话框

第 7 章

工具

7.1 图层

7.1.1 图层管理

【功能】 管理软件的图层设置。

【菜单】 “工具”→“图层”→“图层管理”。

【用法】 参见 2.1 节。

7.1.2 材料库管理

【功能】 管理 ACS 中与各个图层关联的材料名称。

【菜单】 “工具”→“图层管理”→“材料库管理”。

【用法】 选择上述菜单项，弹出“选择材料“对话框，如图 7-1 所示。在该对话框中可以选择一种材料作为所绘制管道的材料类型，同时可以对管道材料库进行添加、修

序号	材料名称	统计单位	材料代号	材料密度
1	II级钢筋混凝土管	m	DN	0.00
2	I级钢筋混凝土管	m	DN	0.00
3	PE-X、PB等	m	De	7850.00
4	PPR-S2.5	m	De	7850.00
5	PPR-S3.2	m	De	7850.00
6	PPR-S4	m	De	7850.00
7	PPR-S5	m	De	7850.00
8	PVC塑料管	m	De	1400.00
9	玻璃钢板	m^2		7850.00
10	不锈钢板	m^2		7850.00
11	不锈钢管	m	DN	0.00
12	承插铸铁管	m	DN	0.00
13	镀锌钢板	m^2		7850.00
14	镀锌钢管	m	DN	7850.00
15	给水用硬聚氯乙稀管PVC-U	m	DN	0.00
16	给水铸铁管	m	DN	0.00
17	焊接钢管	m	DN	0.00
18	焊接钢管(1.0MPa)	m	DN	7850.00

图 7-1 “选择材料”对话框

改和删除操作。添加时在随后打开的添加材料属性对话框中输入相应材料的属性，单击“添加”按钮即可。修改操作的对话框与添加操作的对话框类似，修改相应参数后单击“修改”按钮即可完成材料的修改操作。需要注意的是，修改和删除操作需要在已有材料中选择一种。

【注意】 不能删除软件中默认的数据，即不能删除“选择材料”对话框中已有的材料。

7.1.3 图层分类控制

【功能】 便于用户直观简洁地操作图层。

【菜单】 “工具”→“图层”→“图层分类控制”。

【用法】 选择上述菜单项，弹出“图层分类控制”对话框，如图 7-2 所示。该对话框中共有 9 种图层类别：水系统、风系统、负荷、采暖系统、多联机系统、公共层、建筑、标注和其他。图层控制方式有 6 种，可对在“图层类别”组合框中选中的图层或者除选中图层之外的所有图层进行冻结、锁定和关闭操作。例如，想要锁定水系统图层，选择“水系统”复选框，再选择“锁定选中层”单选按钮，单击“确定”按钮即可将水系统图层锁定。

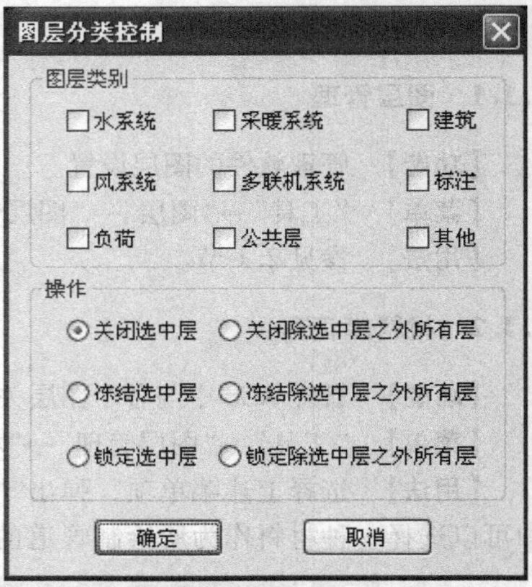

图 7-2 “图层分类控制”对话框

7.1.4 图层切换

1. 切换当前层

【功能】 用于将某图层切换到当前，方便快速作图。

【菜单】 “工具”→“图层”→“切换当前层”。

【用法】 选择上述菜单项，命令行提示如下：

＊＊＊将当前层切换到选中实体所在的层＊＊＊

当前层:ACS_COM（当前的图层名称）。

切换到：输入层名(S)/<选目标层中的任一实体>： 在命令行中输入“S”后直接输入图层名，或者在图面中点选目标层中的任一实体

当前层切换到： ACS_CN_RH 切换到的图层名称

2. 改实体图层

【功能】 将选中实体转换到指定实体所在的图层或输入的图层上。

【菜单】 “工具”→“图层”→“改实体图层”。

【用法】 选择上述菜单项，命令行提示如下：

＊＊＊将选中实体转换到指定实体所在的图层上＊＊＊

选择要更改图层的实体：

选择对象： 在图面中点选需要更改图层的实体

选择对象： 找到＊个提示在图面点选需要更改图层的实体的个数)，选择完毕后单击鼠标右键结束选择

切换到:输入层名(S)/ <选目标层中的任一实体>:在命令行中输入图层名或在图面中点选目标层中的任一实体

切换到: 输入实体要更改到的图层名称

程序自动将要修改实体的图层改为目标层。

3. 老版本图层转换

【功能】 将 ACS 5.0 之前版本的软件绘制的图层转换成目前软件可以识别的图层。

【菜单】 “工具”→“图层”→“老版本图层转换”。

【用法】 选择上述菜单项，弹出“ACS 图层转换工具”对话框，如图 7-3 所示。注意阅读对话框中的说明内容，单击 转换 按钮，命令行提示转换完成，请注意保存文件。

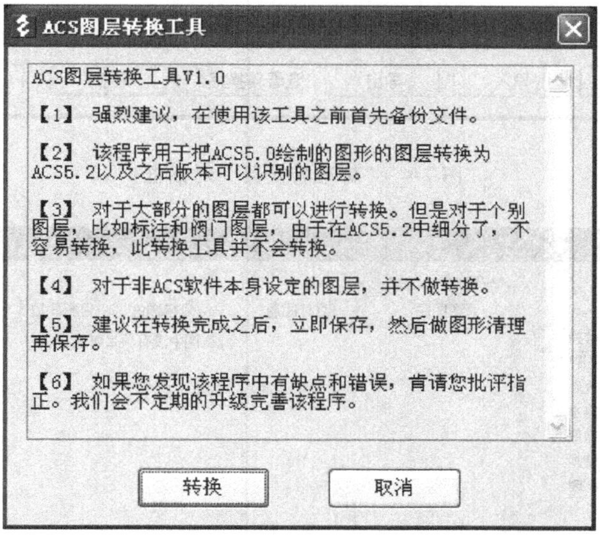

图 7-3 “ACS 图层转换工具”对话框

4. 图层标准转换

【功能】 可实现不同图层间的标准转换。

【菜单】 “工具”→“图层”→“图层标准转换”。

【用法】 选择上述菜单项，弹出“标准转换器”对话框，如图 7-4 所示。在该对话框中可以按照选定的配置文件进行转换。单击 配置管理 按钮，弹出“配置文件管理”对话框，如图 7-5 所示。在该对话框中可以设置转换参数，也可以对配置文件进行添加、修改和删除等操作。在“配置文件列表”中选择一个文件，可在“配置文件详细信息”中列出该配置文件的信息，选中任意一条信息，单击 上移 或 下移 按钮，可以将该信息在信息列表中上移或下移；单击 添加 按钮，可以在信息列表中添加一条默认信息；单击 提取添加 按钮，可返回图面，并可在图面中进行配置信息的添加操作。

在“标准转换器”对话框中，选定转换的配置文件，单击“转换”按钮，软件将弹出转换完成对话框；单击 查看转换报告 按钮，可弹出记事本格式的转换报告。

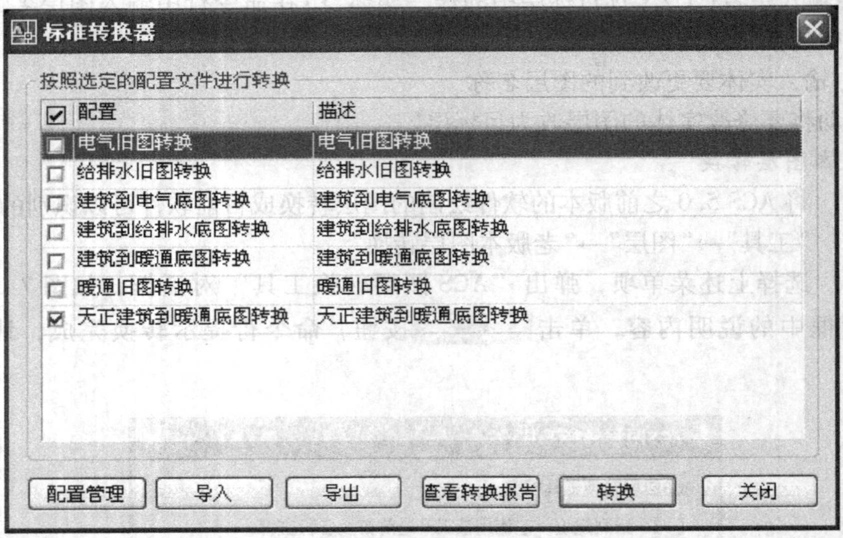

图 7-4 “标准转换器”对话框

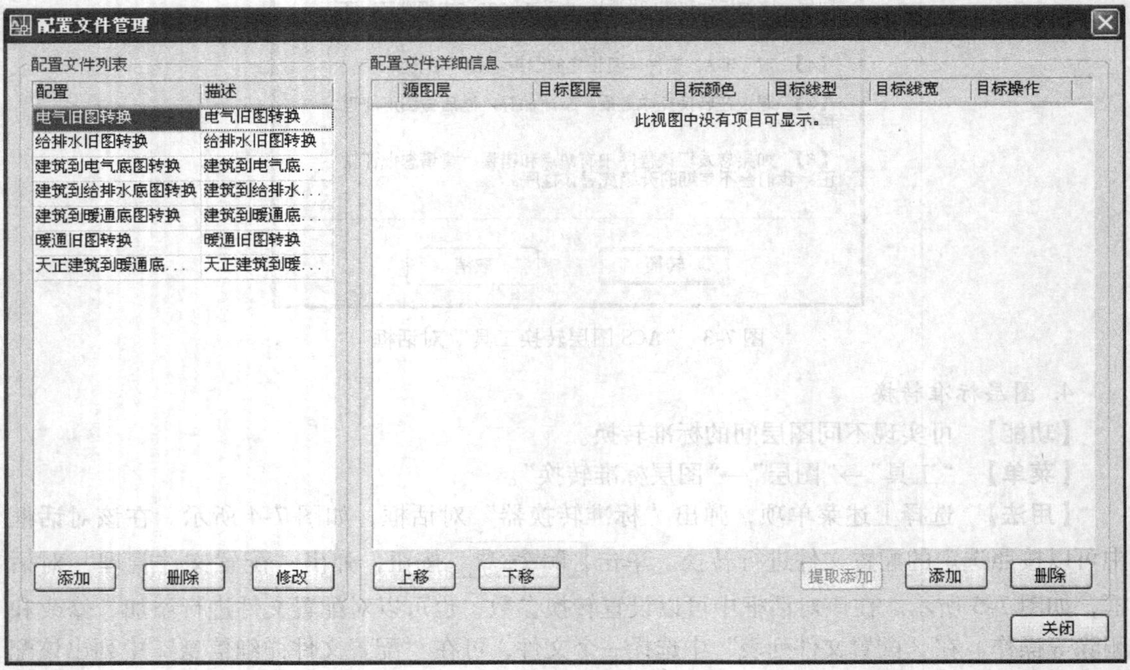

图 7-5 “配置文件管理”对话框

7.1.5 图层控制

1. 关闭选中

【功能】 关闭选中的实体所在的图层。

【菜单】 “工具”→“图层”→“关闭选中”。

【用法】 选择上述菜单项，命令行提示如下：

＊＊＊*关闭选中图层*＊＊＊

选择实体：在图面中点选需要关闭的图层所在的实体

选择对象：在图面中点选需要关闭的图层的实体，支持多选，选择完毕后按〈Enter〉键结束选择，系统即可关闭选中的实体所在的图层，该图层中所有的实体均在图面中消隐

2. 关闭其他

【功能】 关闭选中的实体所在图层之外的其他所有图层。

【菜单】 “工具”→“图层”→“关闭其他”。

【用法】 选择上述菜单项，命令行提示如下：

＊＊＊*关闭非选中图层*＊＊＊

选择实体：在图面中点选不需要关闭的图层所在的实体

选择对象：在图面中点选不需要关闭的图层的实体，支持多选，选择完毕后按〈Enter〉键结束选择，系统即可关闭选中实体之外的其他所有图层，图面中仅显示选中实体所在的图层

3. 冻结选中

【功能】 冻结实体所在的图层。

【菜单】 “工具”→“图层”→“冻结选中。

【用法】 选择上述菜单项，命令行提示如下：

＊＊＊*冻结选中图层*＊＊＊

选择实体：在图面中点选需要冻结的图层所在的实体

选择对象：在图面中点选需要冻结的图层的实体，支持多选，选择完毕后按〈Enter〉键结束选择，完成选中实体所在图层的冻结操作

4. 冻结其他

【功能】 冻结选中的实体所在图层之外的其他所有图层。

【菜单】 “工具”→“图层”→“冻结其他”。

【用法】 选择上述菜单项，命令行提示如下：

＊＊＊*冻结非选中图层*＊＊＊

选择实体：在图面中点选不需要冻结的图层所在的实体

选择对象：在图面中点选不需要冻结的图层的实体，支持多选，选择完毕后按〈Enter〉键结束选择，完成选中实体所在图层之外的其他所有图层的冻结操作

5. 锁定选中

【功能】 锁定实体所在的图层。

【菜单】 “工具”→“图层”→“锁定选中”。

【用法】 该命令的用法同“冻结选中”命令。

6. 锁定其他

【功能】 锁定选中的实体所在图层之外的其他所有图层。

【菜单】 “工具”→“图层”→“锁定其他”。

【用法】 该命令的用法同“冻结其他”命令。

7. 打开全部

【功能】 打开全部图层。

【菜单】 “工具”→“图层”→“打开全部”。

【用法】 选择上述菜单项，命令行提示打开全部图层。

8. 解冻全部

【功能】 解冻全部图层。

【菜单】 “工具”→“图层”→“解冻全部”。

【用法】 选择上述菜单项，命令行提示解冻全部图层。

9. 解锁全部

【功能】 解锁全部图层。

【菜单】 “工具”→“图层”→“解锁全部”。

【用法】 选择上述菜单项，命令行提示解锁全部图层。

7.2 图块管理

【功能】 用户自定义图块的管理。

【菜单】 “工具”→“图块管理”。

【用法】 选择上述菜单项，弹出“图块布置”对话框，如图7-6所示。在该对话框的“类别”下拉列表框中选择要布置的图块类别，在“名称”列表框中选择要布置的该类图块的名称，在“缩放”文本框中输入图块布置的缩放比例，在幻灯区双击所要布置的图块，或者选中所要布置的图块后单击 确定 按钮，返回图面，按照命令行提示进行图块的布置。

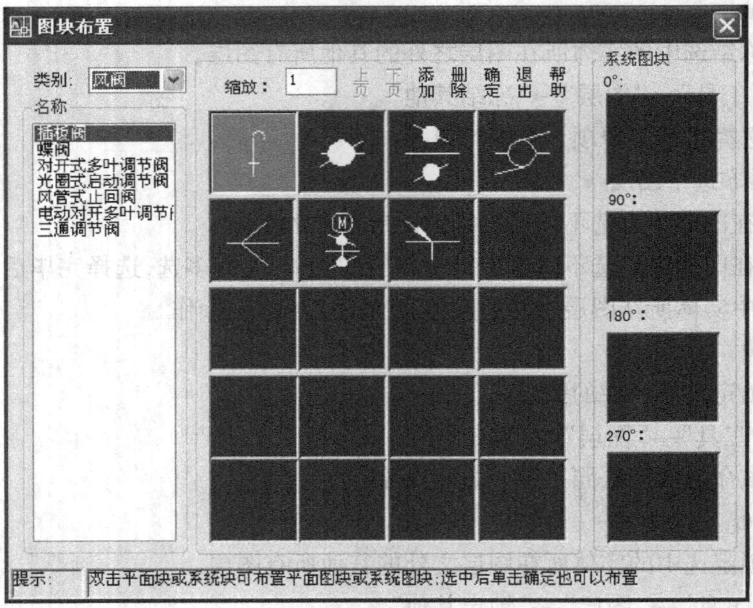

图7-6 “图块布置”对话框

在“图块布置”对话框中还可对图块进行添加和删除操作。单击添加按钮，打开“添加阀件”对话框，如图7-7所示。在该对话框中，首先在“所属类别”下拉列表框中输入要添加的图块的所属类别或从中选择已有类别，然后在“阀件名称”文本框中输入阀件名称，同时在“关联图层”下拉列表框中选择该图块所关联的图层。软件提供5种图块形式：平面图快、0°系统图块、90°系统图块、180°系统图块和270°系统图块，用户可根据需要双击相应幻灯片，返回图面制作图块，点选图块插入点后按〈Enter〉键，返回“添加阀件”对话框，单击“确定”按钮完成图块添加操作。

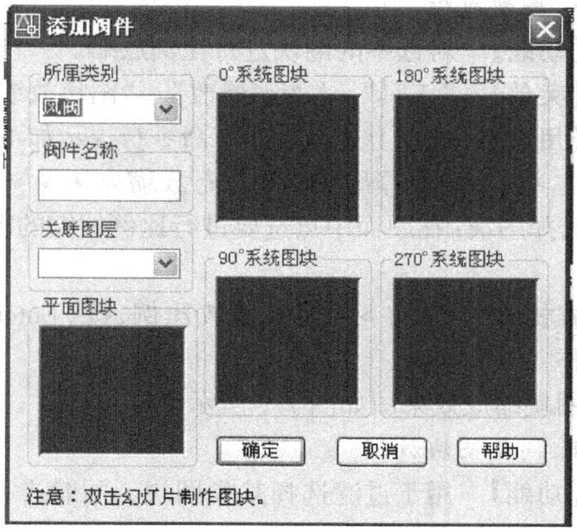

图7-7 “添加阀件”对话框

7.3 图形修改

7.3.1 图块修改

1. 图块断线

【功能】 将被图块覆盖的线断开。

【菜单】 “工具”→“图形修改”→“图块断线”。

【用法】 选择上述菜单项，命令行提示如下：

空格/回车任意选择图块，或者[按图层选择图块[S]]；

若按空格键或〈Enter〉键，则表示可以选择任意图块，此时命令行提示如下：

选择图块：在图面中点选需要断开覆盖线的图块，支持多选，选择完成后按〈Enter〉键结束选择，被图块覆盖的线即可断开

若输入“S”，则表示按图层过滤，只打断源图块所在层的图块。图块断线效果图如图7-8所示。

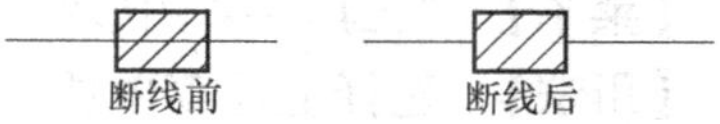

图7-8 图块断线效果图

2. 图块替换

【功能】 将某种或某些图块替换为指定的图块。

【菜单】 “工具”→“图形修改”→“图块替换”。

【用法】 选择上述菜单项，命令行提示如下：

选择被替换图块中的任一个：在图面中点选被替换图块中的任意一个

过滤(图层名称)层的图块(图块名称)，请选择：在图面中点选被替换图块，支持多选，选择完毕后按〈Enter〉键结束选择

替换成哪种图块：在图面中点选想要替换成的图块后即可完成图块替换操作

【注意】 因为一次处理的图块比较多，请用“UNDO”或“BACK”命令取消上次操作。

3. 图块放缩

【功能】 对选中的图块进行比例放缩。

【菜单】 “工具”→“图形修改”→“图块放缩”。

【用法】 选择上述菜单项，命令行提示如下：

＊＊＊＊＊选择图中图块进行放缩＊＊＊＊＊

选择图块: 在图面中点选要进行比例放缩的图块,支持多选,选择完毕后按〈Enter〉键结束选择

缩放比例<0.8>: 输入缩放比例,按〈Enter〉键即可完成对选中的图块进行比例放缩的操作

图块缩放效果图如图 7-9 所示。

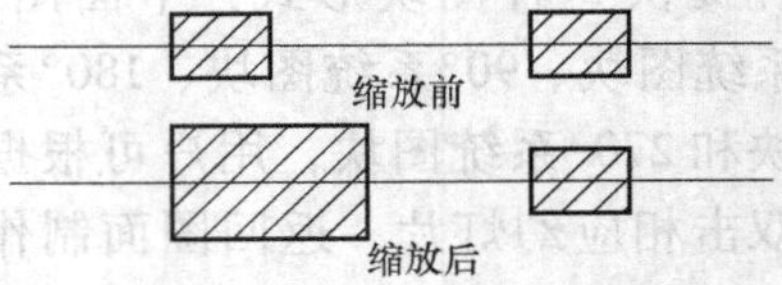

图 7-9 图块缩放效果图

4. 同类图块放缩

【功能】 用于过滤选择某类图块，同时进行比例放缩。

【菜单】 “工具”→“图形修改”→“同类图块放缩”。

【用法】 选择上述菜单项，命令行提示如下：

＊＊＊＊＊选择图中同类图块进行放缩＊＊＊＊＊,

回车或空选退出/选择图块: 在图面中点选要放缩的图块

选择要缩放的同类图块: 选择完毕后按〈Enter〉键结束选择

输入图块放缩比例(1.00): 输入缩放比例,按〈Enter〉键即可完成过滤选择某类图块,同时进行比例放缩的操作

5. 图块方向调整_1

【功能】 用于纠正平面图块的方向（旋转 180°）。

【菜单】 “工具”→“图形修改”→“图块方向调整_1”。

【用法】 选择上述菜单项，命令行提示如下：

＊＊＊＊＊＊本程序用于纠正平面图块的方向(旋转180°)＊＊＊＊＊

请选择图块: 在图面中点选要纠正方向(旋转 180°)的平面图块,支持多选,选择完毕后按〈Enter〉键结束选择,即可将所选平面图块的方向纠正为旋转 180°

图块方向调整_1 效果图如图 7-10 所示。

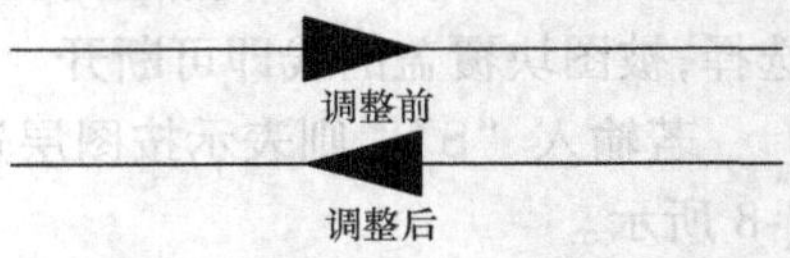

图 7-10 图块方向调整（旋转 180°）效果图

6. 图块方向调整_2

【功能】 用于调整一组同名图块的角度。

【菜单】 “工具”→“图形修改”→“图块方向调整_2”。

【用法】 选择上述菜单项，命令行提示如下：

＊＊＊＊＊＊本程序用于调整一组同名图块的角度＊＊＊＊＊

选样块: 在图面中点选要调整同名的一个图块角度

选择图块: 在图面中点选要调整同名的一组图块角度,支持多选,选择完毕后按〈Enter〉键结束选择

图块新角度<0.0>: 输入需要调整图块的新角度后,按〈Enter〉键完成调整一组同名图块的角度的操作

图块方向调整_2 效果图如图 7-11 所示。

7.3.2 管线修改

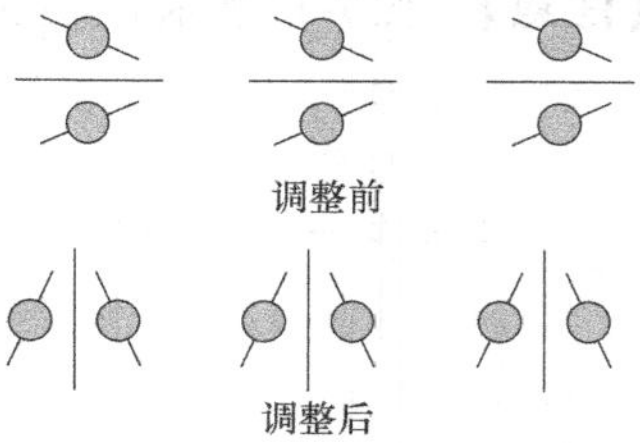

图 7-11 图块方向调整效果图（整组调整）

1. 改线型比例

【功能】 可以修改图形的线型比例，也可以修改图块的线型比例。

【菜单】 “工具”→“图形修改”→“改线型比例”。

【用法】 选择上述菜单项，命令行提示如下：

空格/回车任意选择实体，或者[S按图层选择实体(S)]：按空格键或〈Enter〉键，选择任意实体，可同时选择多个实体

选择实体：在图面中点选要修改比例的线型或要修改比例的图块线型，支持多选，选择完毕后按〈Enter〉键结束选择

输入比例<1>：输入需要修改的比例，按〈Enter〉键即可完成修改线型比例或修改图块的线型比例的操作

2. 管线自动打断

【功能】 用于管线的自动打断。

【菜单】 “工具”→“图形修改”→“管线自动打断”。

【用法】 选择上述菜单项，按照命令行提示在图面中点选要自动打断的管线，并框选要打断的所有管线，按〈Enter〉键即可完成管线的自动打断操作。

3. 交互断线

【功能】 用于管线交叉间的断线。

【菜单】 “工具”→“图形修改”→“交互断线”。

【用法】 选择上述菜单项，弹出“交互断线”对话框，如图 7-12 所示。在该对话框中选择交互断线的形式（注意所选形式中的①、②代表的含义），单击“确认”按钮，按照命令行提示依次在图面中点选要打断的管线交叉间的第一条线和第二条线后，按〈Enter〉键完成管线交叉间线的打断操作。

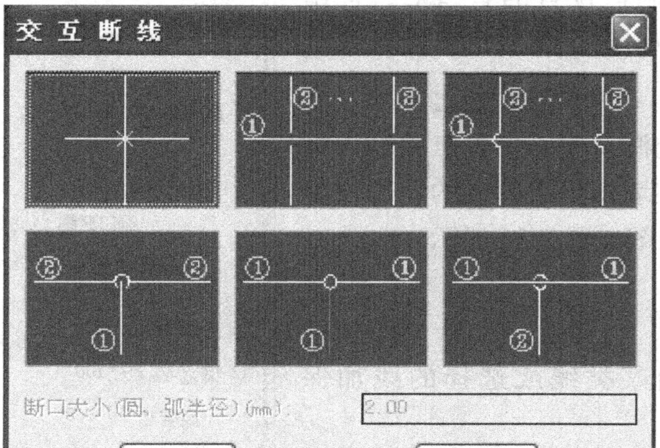

图 7-12 “交互断线”对话框

【注意】 图7-13所示的交互断线实例为对应上面对话框中的断线形式的实例。

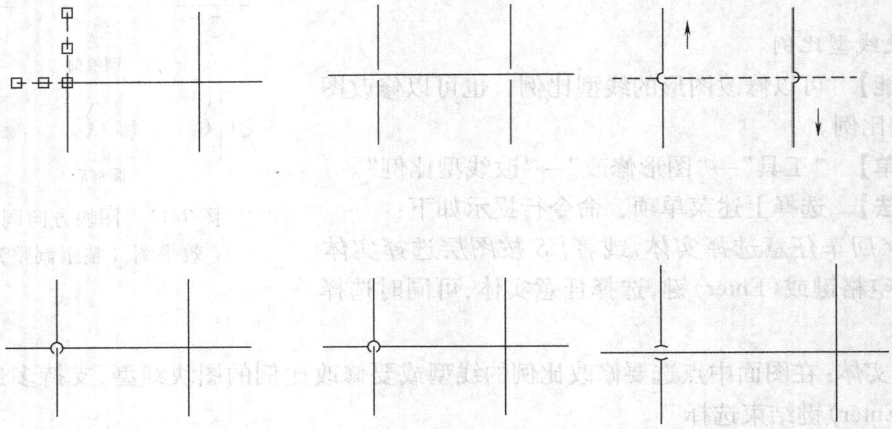

图7-13 交互断线实例（与“交互断线”对话框中的断线形式对应）

4. 断线连接

【功能】 用于把在一条直线上的两个线段连接成一条直线。

【菜单】 “工具”→“图形修改”→“断线连接”。

【用法】 选择上述菜单项，按照命令行提示依次在图面中点选要连接成一条直线的第一条线段和第二条线段，即可把在一条直线上的两个线段连接成一条直线。断线连接效果图如图7-14所示。

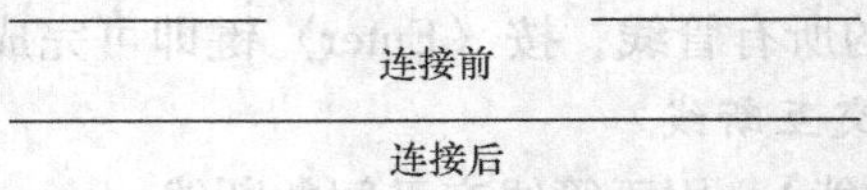

图7-14 断线连接效果图

7.3.3 墙体留洞

【功能】 用于在墙体留出管线的洞口位置。

【菜单】 “工具”→“图形修改”→“墙体留洞”。

【用法】 选择上述菜单项，按照命令行提示在图面中点选要留出洞口位置的管线后，弹出“墙体留洞”对话框，如图7-15所示。设置“墙洞尺寸”的各项参数后，单击 确定 按钮，返回图面，在图面中点选洞口中心位置点并输入标注位置点，即可完成在墙体留出管线的洞口位置的操作。墙体留洞效果图如图7-16所示。

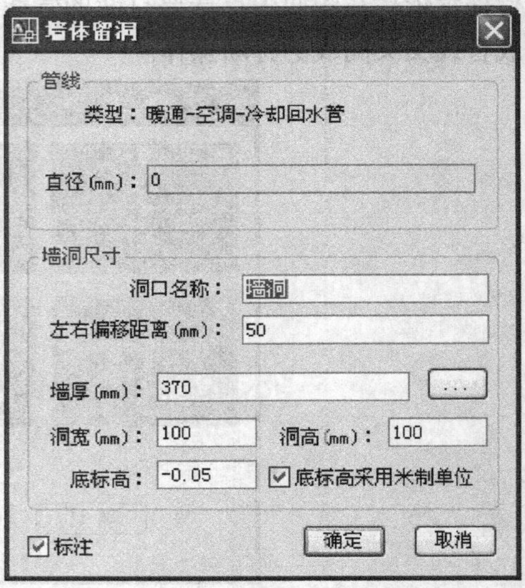

图7-15 “墙体留洞”对话框

7.3.4 加保温线

【功能】 用于给某类线或选择的线加保温线。

【菜单】 “工具”→“图形修改”→“加保温线”。

【用法】 选择上述菜单项，按照命令行提示在图面中点选要加保温线的某类线或选择的线后，即可完成给某类线或选择的线加保温线的操作。加保温线的效果图如图 7-17 所示。

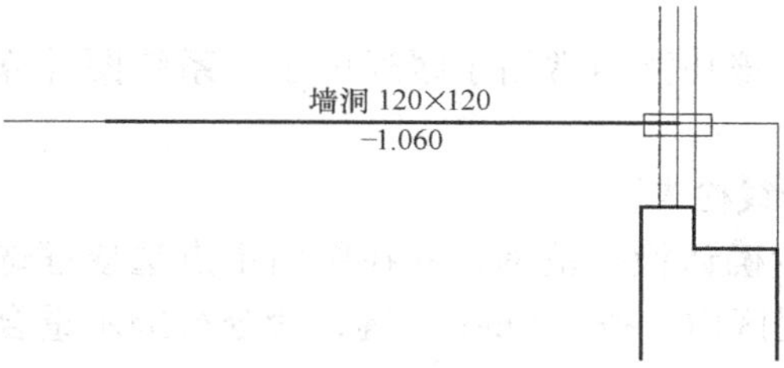

图 7-16 墙体留洞效果图

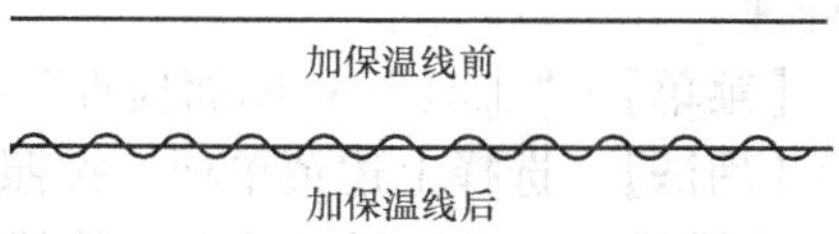

图 7-17 加保温线效果图

7.3.5 绘剖断线

【功能】 用于绘制剖断线。

【菜单】 “工具”→“图形修改”→“绘剖断线”。

【用法】 选择上述菜单项，按照命令行提示依次在图面中点选绘制起点和终点后，即可完成剖断线的绘制。绘制的剖断线效果图如图 7-18 所示。

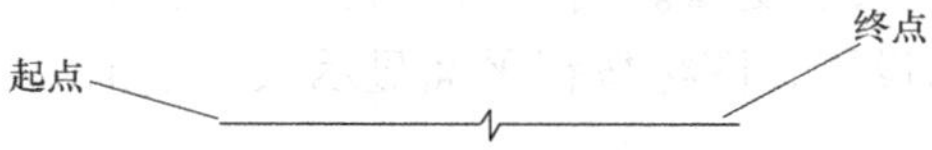

图 7-18 绘制剖断线效果图

7.4 图面检查

7.4.1 管线碰撞检查

【功能】 检查风管与风管、风管与水管、水管与水管之间的空间相对关系。如果两条管线相互碰撞，则在其上做“×”和“*”标记。

【菜单】 “工具”→“图面检查”→“管线碰撞检查”。

【用法】 选择上述菜单项，命令行提示选择所要检查的风管和水管，可以框选。选择完成后，命令行提示输入碰撞间距和梁底标高，并确认所有选中的风管、水管全在视区内，按〈Enter〉键，在图面中有“×”和“*”标记的管线将发生碰撞。

7.4.2 图面小短线检查

【功能】 程序自动搜索小短线并自动删除。该功能通常用于暖通的水管系统图计算前的处理。

【菜单】 “工具”→“图面检查”→“图面小短线检查”。

【用法】 选择上述菜单项，按照命令行提示输入短线控制长度，按〈Enter〉键，命令行提示小于控制长度的直线或弧线的条数。输入“F”返回选择集或直接按〈Enter〉键删除软件搜索到小于控制长度的线条。

7.4.3 图面重合线检查

【功能】 检查图面上的重合线并允许删除。该功能通常用于暖通的水管系统图计算前的处理。

【菜单】 "工具"→"图面检查"→"图面重合线检查"。

【用法】 选择上述菜单项，按照命令行提示确认检查范围，并在图面中点选或框选要检查的线段后，确认所有选中的管线是否全在视区内，按〈Enter〉键，命令行提示重合线数量，需确认是否删除。

7.5 增强捕捉

【功能】 进行捕捉设置，与 AutoCAD 对象捕捉设置的效果一样。

【菜单】 "工具"→"增强捕捉"。

【用法】 选择上述菜单项，弹出"增强捕捉"工具栏，如图 7-19 所示。该工具栏类似于 AutoCAD 的"捕捉"工具栏，但是功能上不同于 AutoCAD 的一次有效模式，而是长久有效，相当于设定了 OSMODE 系统变量。当单击工具栏中的图标按钮时，系统会自动设计对象捕捉。图标按钮凹下表示设置，图标按钮平面显示表示取消。

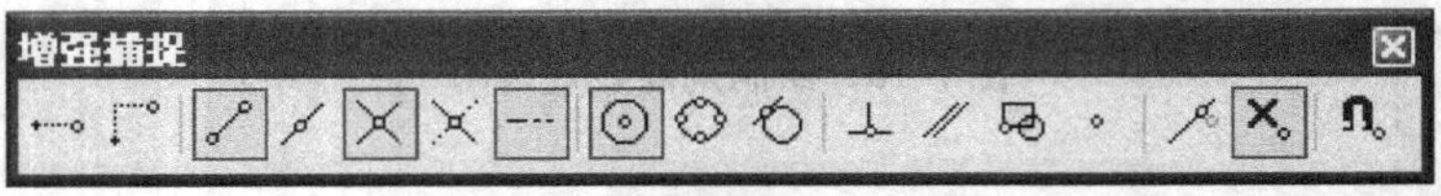

图 7-19 "增强捕捉"工具栏

7.6 Z 值归 0

【功能】 将在图面中选择的实体的 Z 值都设置为 0。

【菜单】 "工具"→"Z 值归 0"。

【用法】 选择上述菜单项，按照命令行提示在图面中点选要处理的实体，支持多选或框选，结束选择后命令行提示如下：

正在处理，请稍候... OK!

7.7 出施工图

7.7.1 图面处理

【功能】 对图面作出施工图前的打断、删除等处理。

【菜单】 "工具"→"出施工图"→"图面处理"。

【用法】 选择上述菜单项，弹出"鸿业提示"对话框，如图 7-20 所示。注意阅读对话框中的提示内容，单击[继续处理]按钮，返回图面选择要处理的实体，命令行提示处理完毕。

7.7.2 管线加粗

【功能】 进行出施工图前的管线加粗操作。

【菜单】 “工具”→“出施工图”→“管线加粗”。

【用法】 选择上述菜单项，弹出“管线加粗”对话框，如图7-21所示。分别设置对话框中的“加粗内容”、“加粗设定”和“连接选项”参数项，其中“连接选项”的两种加粗方式分别有幻灯片效果图可预览。

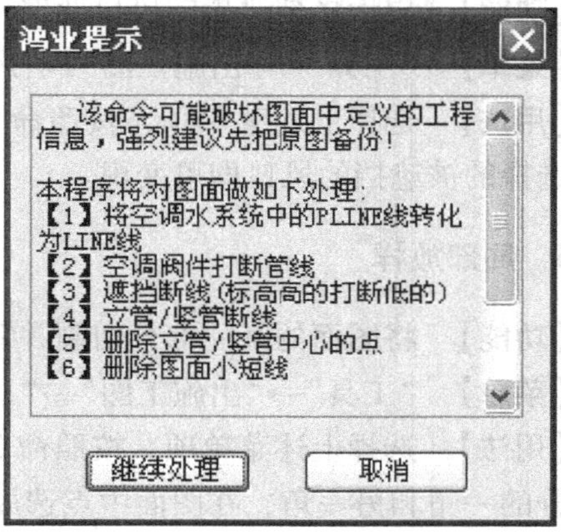

图7-20 图面处理——“鸿业提示”对话框

7.7.3 改线宽、颜色和线型

【功能】 允许用户反复修改管线的宽度、颜色和线型等，直到合适为止。操作时按照命令行提示输入，可以通过线的图层属性来过滤选择。

【菜单】 “工具”→“出施工图”→“改线宽、颜色、线型”。

【用法】 选择上述菜单项，命令行提示如下：

回车退出/回退(U)/改颜色、线型(X)/改线宽(W)：输入需要修改管线的特性字母，这里以输入“X”为例，按〈Enter〉键

回车退出/回退(U)/所有被选线(L)/某层线(C)：输入需要修改管线的范围字母，这里以输入“L”为例，按〈Enter〉键

选取管线：在图面中点选或框选要修改的管线，选择完毕后按〈Enter〉键结束选择

选择颜色：1-红2-黄3-绿4-青5-兰6-绛红7-白：输入需要修改管线的颜色数字，这里以输入“1”为例，按〈Enter〉键

选择线型1-连续线2-虚线3-点画线4-双点画线<1>：输入需要修改管线的线型数字，这里以输入“1”为例，按〈Enter〉键，完成修改管线的宽度、颜色和线型的操作

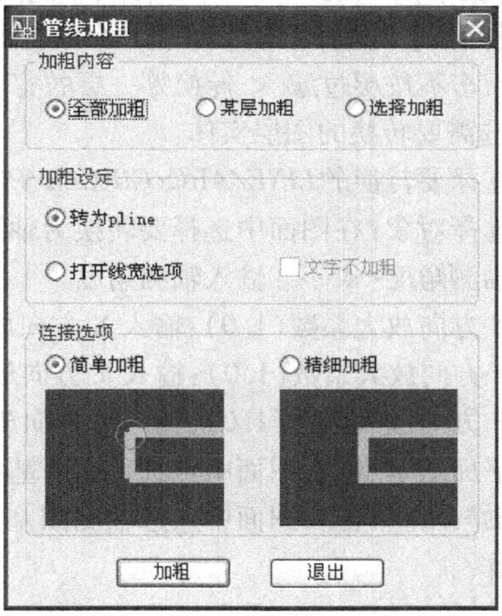

图7-21 “管线加粗”对话框

7.7.4 粗线变细

【功能】 用于处理从建筑专业导入的条件图，将多段线等有宽度的线转变为0宽度的线。

【菜单】 “工具”→“出施工图”→“粗线变细”。

【用法】 该命令的用法参见本书的3.2节。

7.7.5 风口变虚

【功能】 用于将被遮挡的风口变虚。

【菜单】 “工具”→“出施工图”→“风口变虚”。

【用法】 选择上述菜单项，按照命令行提示在图面中选择被遮挡的风口后按〈Enter〉键，选择的被遮挡的风口即可变虚。

7.7.6 局部放样

【功能】 将图面的某一部分切割并复制出来。

【菜单】 “工具”→“出施工图”→“局部放样”。

【用法】 选择上述菜单项，按照命令行提示依次在图面中点选要切割并复制出来的某一部分的一角和另一角，在图面中点选局部图放置点的位置后，即可完成将图面上某一部分切割并复制出来的操作。

7.8 平面图转轴测图

【功能】 用于将实体（直线、圆弧、圆和多段线）转换为轴测实体。

【菜单】 “工具”→“平面图转轴测图”。

【用法】 选择上述菜单项，命令行提示如下：

回车不按层过滤/<转换哪一层的实体>：直接按〈Enter〉键选择不按层过滤，或者在图面中点选需要转换的图层实体

选择要转换的LINE/ARC/CIRCLE/POLYLINE：

选择对象：在图面中选择要转换为轴测实体的实体，选择完毕后按〈Enter〉键

轴测角度<45>：输入轴测角度

X方向放大系数(1.0)：输入X方向放大系数

Y方向放大系数(1.0)：输入Y方向放大系数

Z方向放大系数(1.0)：输入Z方向放大系数

平面图基点：在图面中点选平面图基点的位置

轴测图基点：在图面中点选轴测图基点的位置，按〈Enter〉键完成将实体转换为轴测实体的操作

7.9 通用查询编辑

【功能】 查询或者修改各种管道及设备参数。

【菜单】 “工具”→“通用查询编辑”。

【用法】 选择上述菜单项，按照命令行提示在图面中点选要查询的实体，弹出相应的对话框。程序弹出的对话框是根据用户选择的对象的不同而不同，例如，在图面中点选散热器，则弹出“散热器属性查询”对话框；点选水管，则弹出“水管定义”对话框。

7.10 扩展属性刷

【功能】 类似于 AutoCAD 自身的特性匹配功能，并在其基础上增加了文字内容和扩展数据的修改功能。

【菜单】 “工具”→“扩展属性刷”。

【用法】 选择上述菜单项，命令行提示如下：

选择源实体：在图面中点选源实体

当前设置修改内容为：颜色，图层，线型，线宽，文字样式，文本内容，修改扩展数据；

选择目标对象或［设置（S）］：

如果需要改变修改的内容，输入“S”，弹出“特性设置”对话框，如图7-22所示。该对话框中列出了可以修改的内容，如果选择的源实体是文本对象，还列出了文本的样式和内容。选中需要修改的选项前面的复选框。选定目标实体以后，程序即可按照设定内容对目标实体做修改。

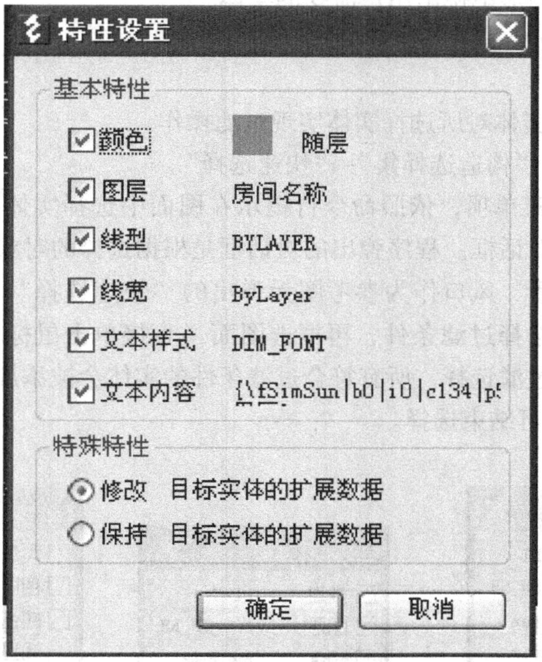

图7-22 “特性设置”对话框

7.11 批量复制

【功能】 实现一次性地复制多个实体，并自动地均匀排布。

【菜单】 “工具”→“批量拷贝”。

【用法】 选择上述菜单项，按照命令行提示在图面中点选或框选要批量复制的对象后，弹出“批量拷贝”对话框，如图7-23所示。在该对话框中设定目标实体与源实体的间距信息和目标实体的数量。间距的设定可以在“间距”文本框中输入间距数值，也可以单击 -> 按钮，在图面中点取点距，并将数值提取至文本框中。一次批量复制命令执行过程中，可对源实体进行多次复制，其间可对间距、数量信息进行调整，从而满足不同复制需求。当只设定间距而未设定数量时，复制数量随光标位置移动距离的加大而加大；当只设定数量而未设定间距时，复制间距随着光标位置移动距离的加大而加大；当同时设定间距和数量时，可用鼠标控制目标实体位置方向。单击“确定”按钮即可实现批量复制操作，可多次复制，按〈Enter〉键可结束复制操作。

图7-23 “批量拷贝”对话框

7.12 构造选择集

通过构造选择集来过滤选择各种系统的具有同种或者某些同种属性的各种指定实体，这种方法能迅速从繁乱的图形中挑出用户需要的实体。

7.12.1 快速选择

【功能】 根据参考实体对所选择实体实现过滤操作。

【菜单】 “工具”→“构造选择集”→“快速选择”。

【用法】 选择上述菜单项，依照命令行提示在图面中选择实体作为参考图后，弹出显示参考图元属性信息的对话框。程序弹出的对话框是根据选择的对象的不同而不同。图7-24为分别选择散热器、水管、风口作为参考图元弹出的“快速选择”对话框。在对话框中用户可以根据自己的需要选择过滤条件，再框选图面（直接单击鼠标右键，则为全图选择），即可对选中的图面进行过滤选择，所有符合过滤条件的实体会被添加到预选集中。可连续多次选择，按〈Enter〉键可结束选择。

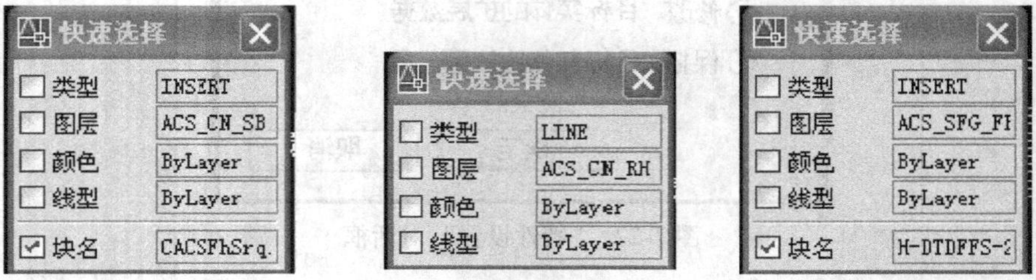

散热器作为参考图元　　水管作为参考图元　　风口作为参考图元

图7-24 “快速选择”对话框

7.12.2 建筑选择集

【功能】 将建筑构造内容作为选择集。

【菜单】 “工具”→“构造选择集”→“建筑选择集”。

【用法】 选择上述菜单项，弹出“构造建筑选择集”对话框，如图7-25所示。在该对话框中可以根据需要对构造内容进行选择。

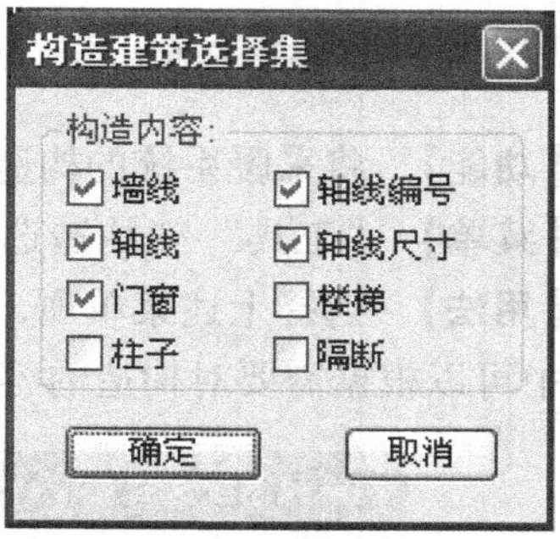

图7-25 “构造建筑选择集”对话框

7.12.3 水系统选择集

【功能】 将水系统的管线、设备、标注作为选择集。

【菜单】 “工具”→“构造选择集”→“水系统选择集”。

【用法】 选择上述菜单项，弹出“构造水系统选择集”对话框，如图7-26所示。在该对话框中可以根据需要对管线、设备和标注进行选择。

7.12.4 风系统选择集

【功能】 将风系统的管线、设备作为选择集。

【菜单】 “工具”→“构造选择集”→“风系统选择集”。

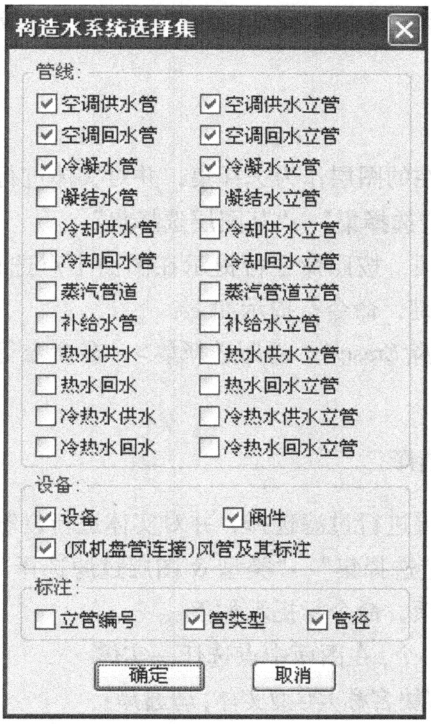

图7-26 “构造水系统选择集”对话框

【用法】 选择上述菜单项，弹出“构造风系统选择集”对话框，如图7-27所示。在该对话框中可以根据需要对管线、设备进行选择。

7.12.5 采暖系统选择集

【功能】 将采暖系统的构造内容作为选择集。

【菜单】 “工具”→“构造选择集”→“采暖系统选择集”。

【用法】 选择上述菜单项，弹出“构造采暖选择集”对话框，如图7-28所示。在该对话框中可以根据需要对构造内容进行选择。

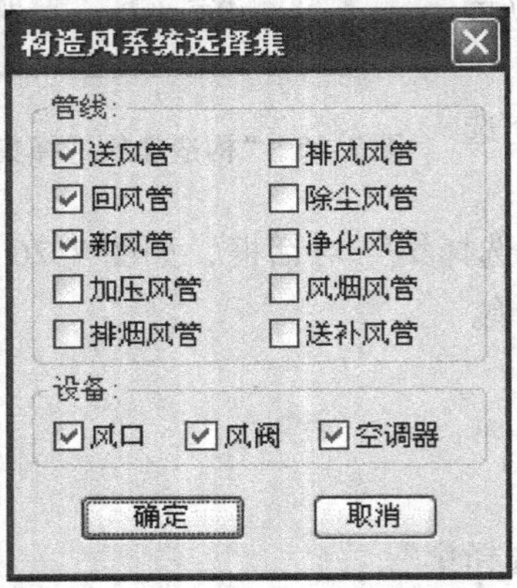

图7-27 “构造风系统选择集”对话框

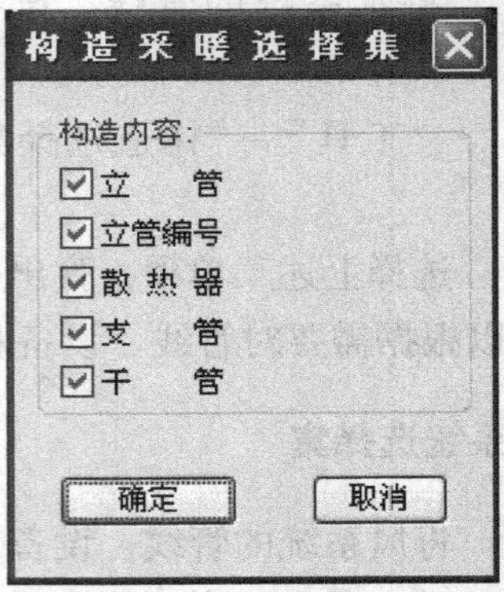

图7-28 “构造采暖选择集”对话框

7.12.6 某图层选择集

【功能】 将选择实体所在的图层作为选择集，并对实体进行复制、删除或移动操作。

【菜单】 “工具”→“构造选择集”→“某图层选择集”。

【用法】 选择上述菜单项，按照命令行提示在图面中点选目标层的任一实体，支持多选，选择完毕后按〈Enter〉键，命令行提示如下：

拷贝Copy/移动Move/删除Erase/<返回选择集>：在命令行中输入要执行的命令，即可执行相应的操作

7.12.7 按类型或图层过滤选择

【功能】 按照类型或图层进行过滤选择，并对实体进行复制、删除或移动操作。

【菜单】 “工具”→“构造选择集”→“类型 & 图层过滤选择”。

【用法】 选择上述菜单项，命令行提示如下：

选择选某类实体中的任一个：在图面中点选任一实体

过滤(图层名称)层的(图块名称)类型实体，请选择：

选择实体或[回车全选]：在图面中点选某类实体，支持多选，选择完毕后按〈Enter〉键结束选择

返回选择集F/Copy<复制>/Move<移动>/<删除>：在命令行中输入要执行的命令，如输入“Copy”、按〈Enter〉键。

.copy

选择对象：在图面中选择对象

指定基点或［位移(D)/多个(M)］<位移>：在图面中指定基点的位置

指定第二个点或<使用第一个点作为位移>：在图面中指定第二个点的位置后，即可完成相应的命令操作

7.13 线型

7.13.1 制作复杂线型

【功能】 根据用户需要，制作复杂的线型。

【菜单】 “工具”→“线型”→“制作复杂线型”。

【用法】 选择上述菜单项，弹出“复杂线型制作”对话框，如图7-29所示。在该对话框的“线型类别”组合框中选择所要制作的线型，并在“相关参数”组合框中设置线型参数，对话框上部的幻灯区将给出相应线型的设置示意图，单击“确定”按钮制作完成。

【注意】 此命令可自定义线型，并将其添加到软件的线型管理器中。

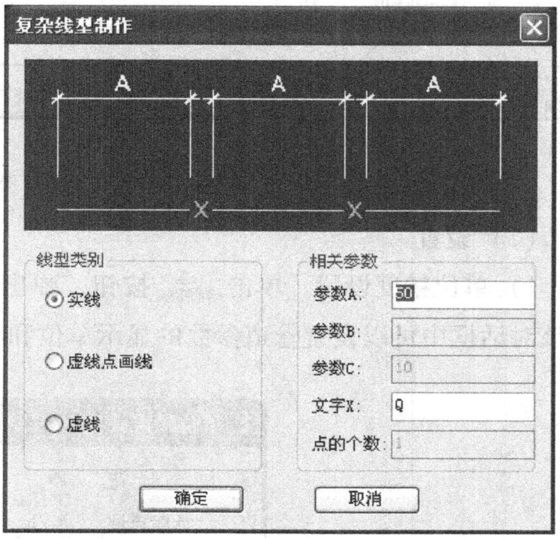

图7-29 “复杂线型制作”对话框

7.13.2 修正线型文字方向

【功能】 修正自定义复杂线型中文字的方向。

【菜单】 “工具”→“线型”→“修正线型文字方向”。

【用法】 选择上述菜单项，按照命令行提示在图面中点选要修正的线，支持多选，选择完毕后按〈Enter〉键，完成修正自定义复杂线型中文字的方向的操作。

7.14 计算

7.14.1 水力计算器

【功能】 进行各类管道的水力计算。

【菜单】 “工具”→“计算”→“水力计算器”。

【用法】 选择上述菜单项，弹出鸿业水力计算器界面，如图7-30所示。

(1) 主界面

主界面如图7-30所示。

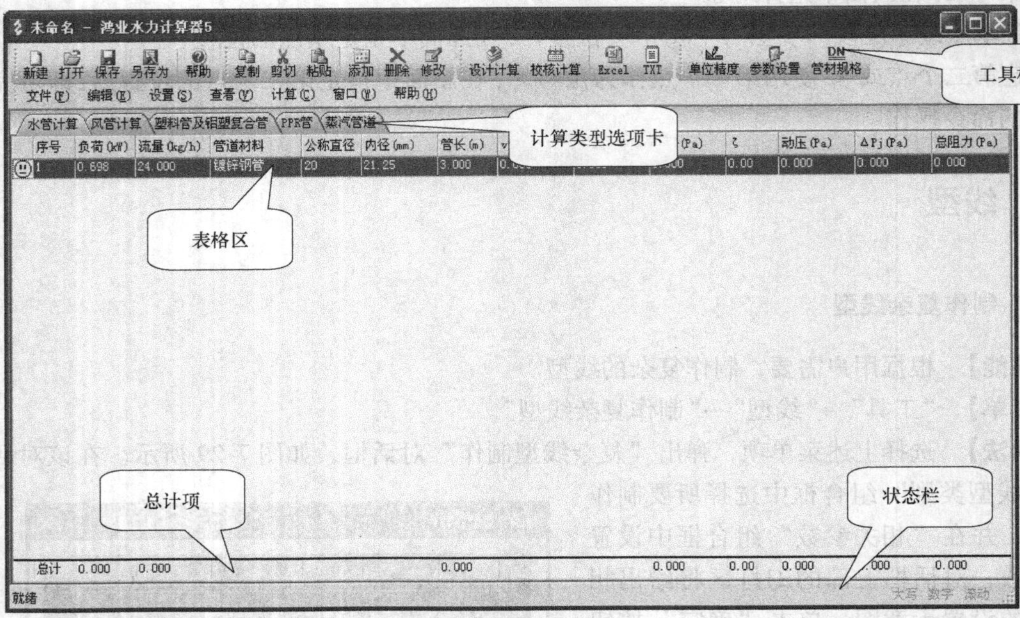

图 7-30 鸿业水力计算器界面

（2）设置

1）单位精度设置。单击单位精度按钮，弹出“单位精度设定”对话框，如图 7-31 所示。在该对话框中可以设置管道参数的显示单位和精度。

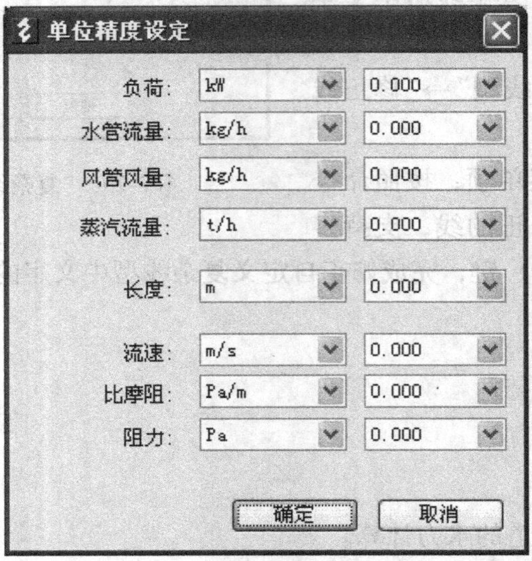

图 7-31 “单位精度设定”对话框

2）参数设置。单击参数设置按钮，弹出计算参数对话框。该对话框根据水力计算管道类型的不同而不同，主要用于设置相应水力计算使用的计算参数。

3）管材规格。单击DN管材规格按钮，弹出规格对话框。该对话框根据水力计算管道类型的不同而不同，主要用于管理、查询管道的材料和规格及控制数据。在相应对话框中，可以对管材规格进行添加和删除操作。

4）水密度查询。选择“设置”菜单下的“水密度查询”命令，弹出“水的物理参数”对话框，如图7-32所示。该对话框主要用于管理、查询不同温度的水的物理参数，同时可以对不同水温的物理参数进行添加和删除操作。

温度(℃)	密度(kg/m³)	比热容[kJ/(kg*K)]	运动粘度(1e-6m²/s)
0	999.840	4.187	1.7900
1	999.890	4.187	1.7365
2	999.940	4.187	1.6830
3	999.955	4.187	1.6285
4	999.970	4.187	1.5740
5	999.965	4.187	1.5190
6	999.940	4.187	1.4770
7	999.895	4.197	1.4345
8	999.850	4.208	1.3920
9	999.790	4.199	1.3460
10	999.730	4.191	1.3000
11	999.615	4.189	1.2705
12	999.500	4.187	1.2410
13	999.370	4.187	1.2075
14	999.240	4.187	1.1740

图7-32 “水的物理参数”对话框

5）蒸汽密度查询。选择“设置”菜单下的“蒸气密度查询”命令，弹出“饱和水蒸气的物理参数”对话框，如图7-33所示。该对话框主要用于管理饱和水蒸气的物理参数，同时可以对不同温度的饱和水蒸气的物理参数进行添加和删除操作。

【注意】 单位精度设置对所有计算选项卡（即所有计算管道类型）均有效。

（3）计算

1）计算方式。水力计算的计算方式有设计计算和校核计算两种，前者通过流量选管径，然后计算流速、阻力等；后者通过流量、管径计算流速、比摩阻等。用户可根据规格设定，并判定是否在控制范围。

2）水管计算。选择“水管计算”选项卡，如图7-34所示。水管计算的数据项如图7-35所示。

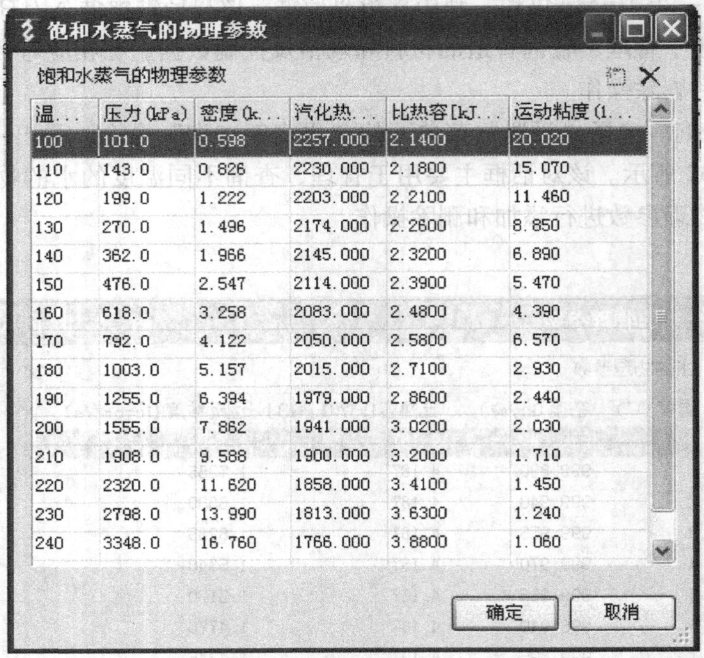

图 7-33 “饱和水蒸气的物理参数”对话框

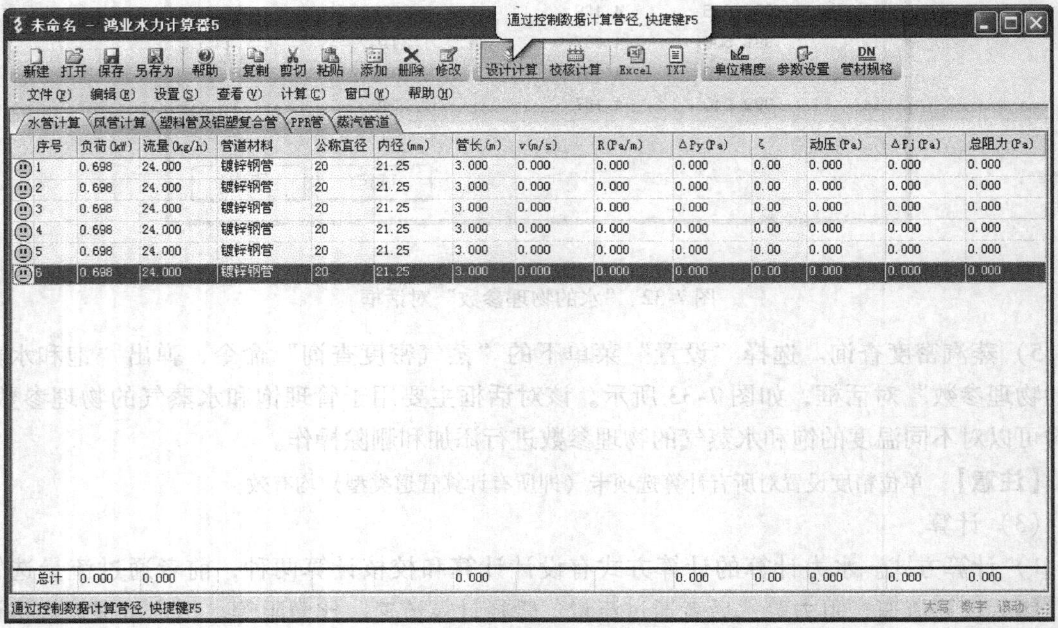

图 7-34 “水管计算”选项卡

数据项中表示等待计算；表示计算成功；表示计算失败，流速或者比摩阻不在控制范围；表示计算错误，管道材料或者计算直径没有设定。对于各数据项，当光标

序号	负荷(kW)	流量(kg/h)	管道材料	公称直径	内径(mm)	管长(m)	v(m/s)	R(Pa/m)	ΔPy(Pa)	ζ	动压(Pa)	ΔPj(Pa)	总阻力(Pa)
1	43.000	1478.934	镀锌钢管	25	27.00	3.000	0.730	349.412	1048.236	0.00	261.787	0.000	1048.236
2	58.000	1994.841	镀锌钢管	32	35.75	3.000	0.561	144.840	434.519	0.00	154.960	0.000	434.519
3	130.000	4471.195	镀锌钢管	50	53.00	3.000	0.573	90.196	270.588	0.00	161.157	0.000	270.588
4	0.698	24.000	镀锌钢管	20	21.25	3.000	0.019	0.638	1.914	0.00	0.180	0.000	1.914
5	158.000	5434.222	镀锌钢管	50	53.00	3.000	0.696	131.952	395.855	0.00	238.055	0.000	395.855
6	158.000	5434.222	镀锌钢管	20	21.25	3.000	0.000	0.000	0.000	0.00	0.000	0.000	0.000

图 7-35　水管计算数据项

移动到图标上时，会显示动态的项目含义提示信息。单击数据项表格，可直接输入或在弹出的下拉列表中选择数据项值。单击局阻系数（ζ），可弹出“局阻系数”对话框，如图 7-36 所示。修改阀门个数，会实时计算总的局阻系数。单击“确定”按钮，即可设定当前管道的局阻。

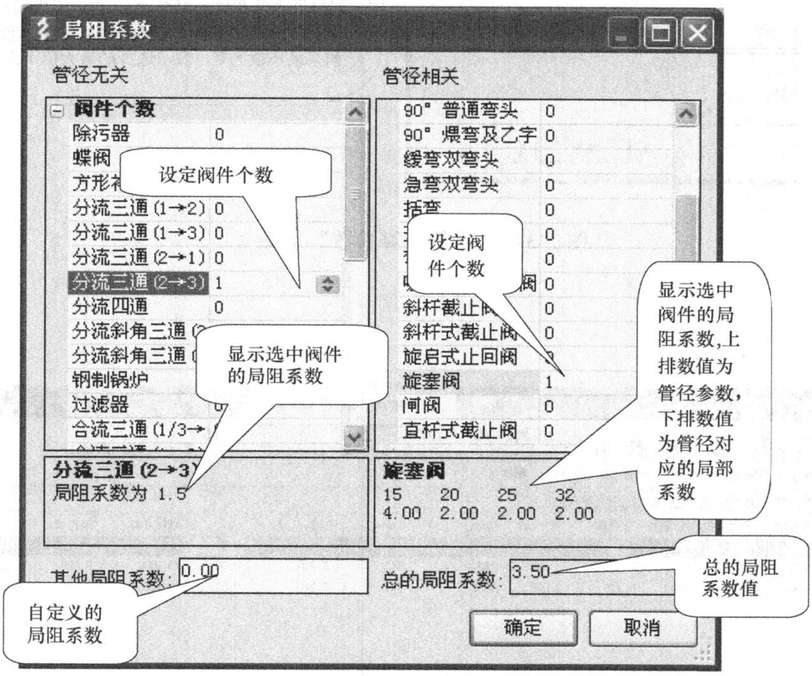

图 7-36　“局阻系数”对话框

单击“参数设置”按钮，弹出“水管计算参数”对话框，如图 7-37 所示。该对话框中各项参数的含义见对话框说明。

3）风管计算。“风管计算”选项卡如图 7-38 所示。风管计算的数据项及说明同水管计算。单击局阻系数（ζ），弹出“鸿业局部阻力计算器”对话框，如图 7-39 所示。

单击“确定”按钮，即可设定当前风管的局阻。

单击“参数设置”按钮，弹出“风管计算参数”对话框，如图 7-40 所示。该对话框中各项参数的含义见对话框说明。

【注意】

1）风管计算设计流速，采用的是假定流速法来计算的。

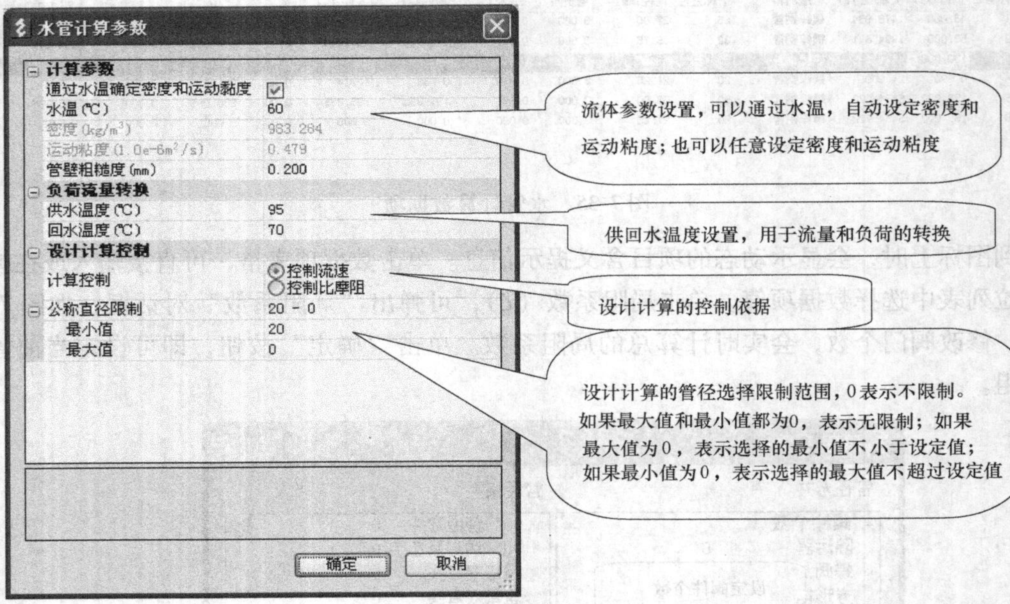

图 7-37 “水管计算参数”对话框

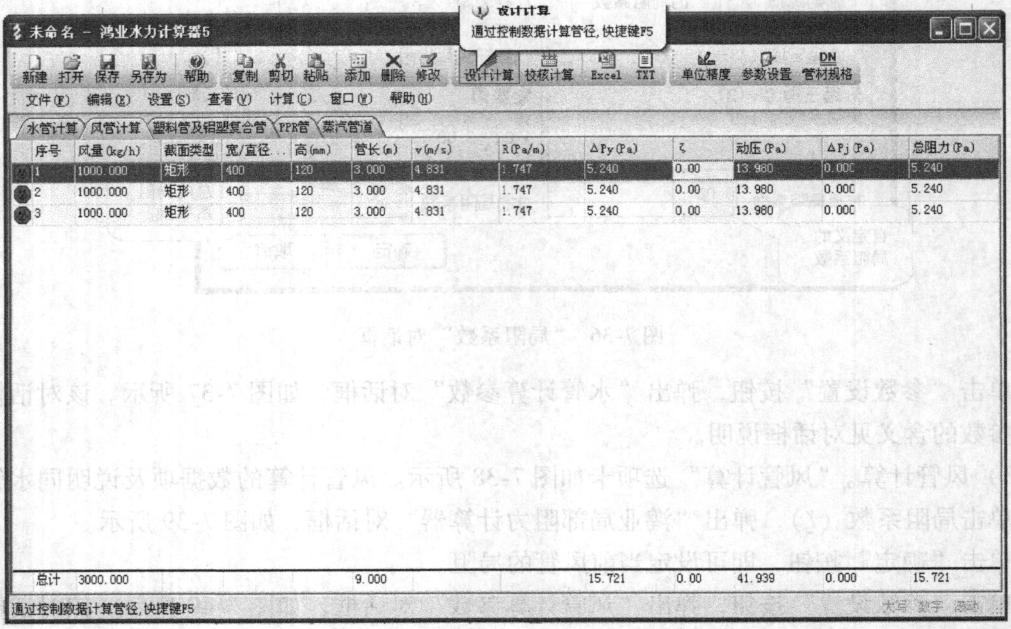

图 7-38 “风管计算”选项卡

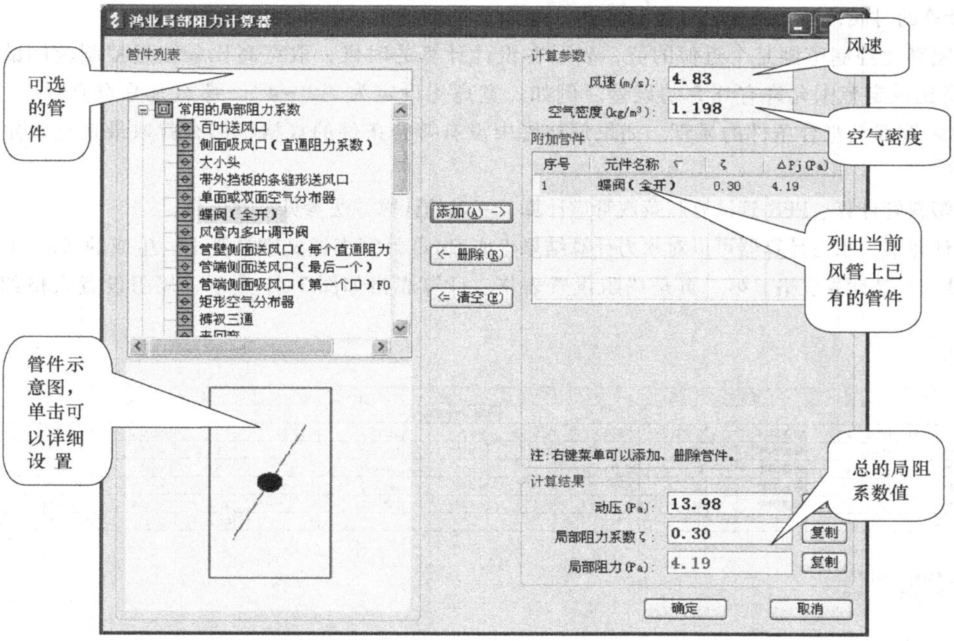

图7-39 “鸿业局部阻力计算器”对话框

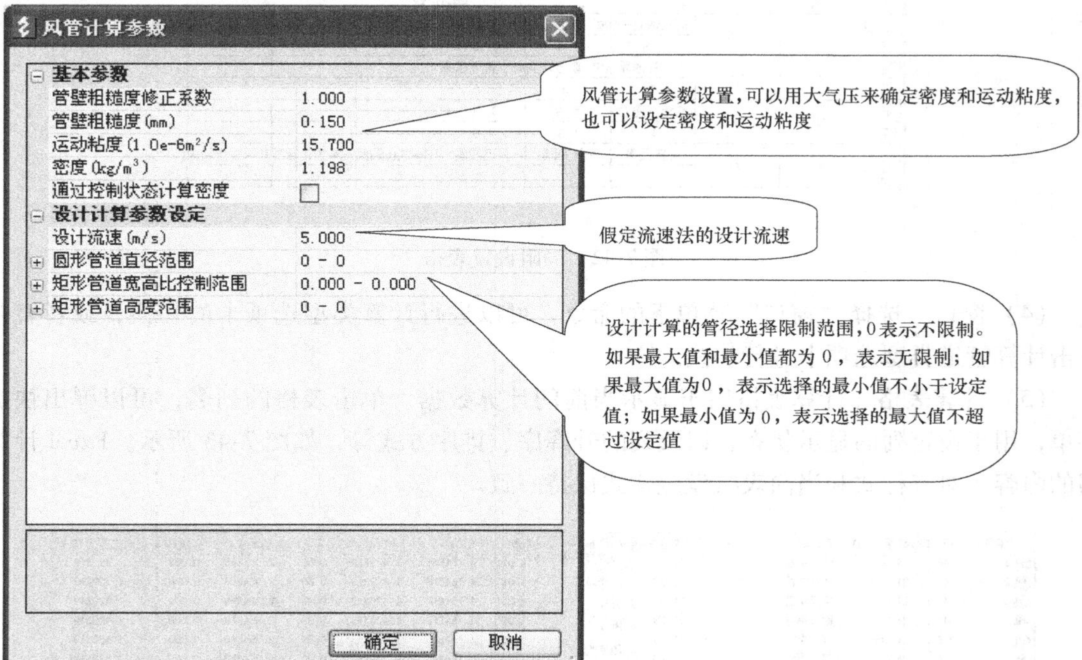

图7-40 “风管计算参数”对话框

2）管道选取范围的设置，输入“0”表示不限制。例如，矩形管道的高度范围设置为“0～500”，表示设计计算的时候，选择风管的高度不会超过500mm。

3）宽高比控制范围是个近似的值，表示在设计计算的时候，取宽高比最接近控制范围的管道规格。宽高比设定范围允许有0.5的误差。例如，宽高比设定为“2～4”，那么凡是宽高比在“1.5～4.5”的风管都是符合条件的风管。如果规格库中没有符合条件的规格，那么就取最接近设定范围的那条风管。

4）塑料管计算、PPR管计算和蒸汽管道计算。三者的计算方法参见水管计算。

5）计算书。水力计算器可以对水力计算结果生成Excel计算书或文本计算书。生成的Excel计算书有两页，第一页是计算表格，第二页是局阻设置表格。计算表格如图7-41所示，局阻设置表格如图7-42所示。

	A	B	C	D	E	F	G	H	I	J	K	L	M	N
1	水管水力计算表													
2	序号	负荷(kW)	流量(kg/h)	管道材料	公称直径	内径(mm)	管长(m)	v(m/s)	R(Pa/m)	ΔPy(Pa)	ζ	动压(Pa)	ΔPj(Pa)	总阻力(Pa)
3	1	56	1926.053	焊接钢管	32	35.75	0	0.542	135.288	0	4.5	144.457	650.057	650.057
4	2	57	1960.447	焊接钢管	32	35.75	0	0.552	140.023	0	3.6	149.662	538.784	538.784
5	3	67	2304.385	焊接钢管	32	35.75	0	0.649	191.836	0	4	206.782	827.127	827.127
6	4	78	2682.717	焊接钢管	32	35.75	0	0.755	258.188	0	36	280.254	10089.145	10089.145
7	总计	258	8873.603				0			0	48.1	781.155	12105.112	12105.112
8														
9														
10	设计软件：鸿业ACS水力计算器5													
11	计算时间:2012-02-27 15:19:40													

图7-41　计算表格

	A	B	C	D	E	F	G	H
1	序号	ζ	详细设置					
2	1	4.5	分流三通(1→2	90° 普通弯头	90° 普通弯头			
3			1.5	1.5	1.5			
4	2	3.6	方形补偿器	45° 普通弯头	45° 普通弯头			
5			2	0.8	0.8			
6	3	4	流斜角三通(3-	弯头	弯头			
7			1	1.5	1.5			
8	4	36	分流四通	分流四通	分流四通	升降式止回阀	升降式止回阀	升降式止回阀
9			3	3	3	9	9	9

图7-42　局阻设置表格

（4）窗口　选择“窗口”菜单下的命令，可以进行计算类型选项卡的切换，或者直接单击计算管道类型选项卡进行切换。

（5）计算表格　计算表格用于显示当前的计算数据。单击表格的列名，可以弹出快捷菜单，用于设定列的显示状态，以及列的升降序、排序方式等，如图7-43所示。Excel计算书的内容、对齐样式和当前表格设定样式保持一致。

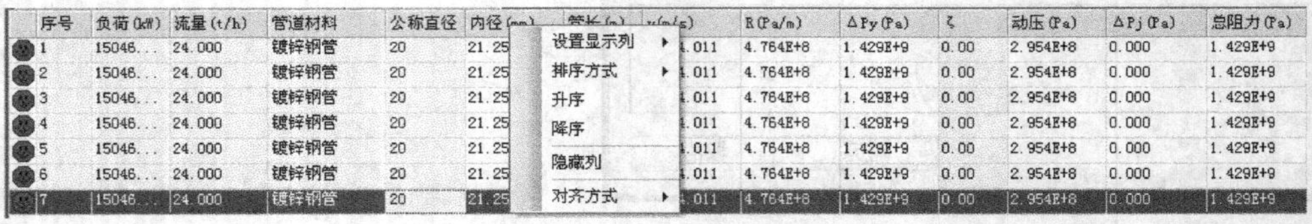

图7-43　列设置快捷菜单

(6) 总计项　当单击“设计计算”或者“校核计算”按钮的时候，系统自动汇总负荷、流量等数据到总计项。

7.14.2 局部阻力计算器

【功能】 进行管道的局部阻力计算。

【菜单】 “工具”→“计算”→“局部阻力计算器”。

【用法】 选择上述菜单项，弹出“鸿业局部阻力计算器”对话框，如图7-44所示。在该对话框中，在“管件列表”组合框中可以选择固定的局部阻力、常用的局部阻力系数和可变的局部阻力系数。同时，对话框中给出了所选择的产生局部阻力的图样。选择局部阻力后，单击“添加”按钮，将其添加到“当前选中元件”列表框中并选择计算参数，就可以得出计算结果。

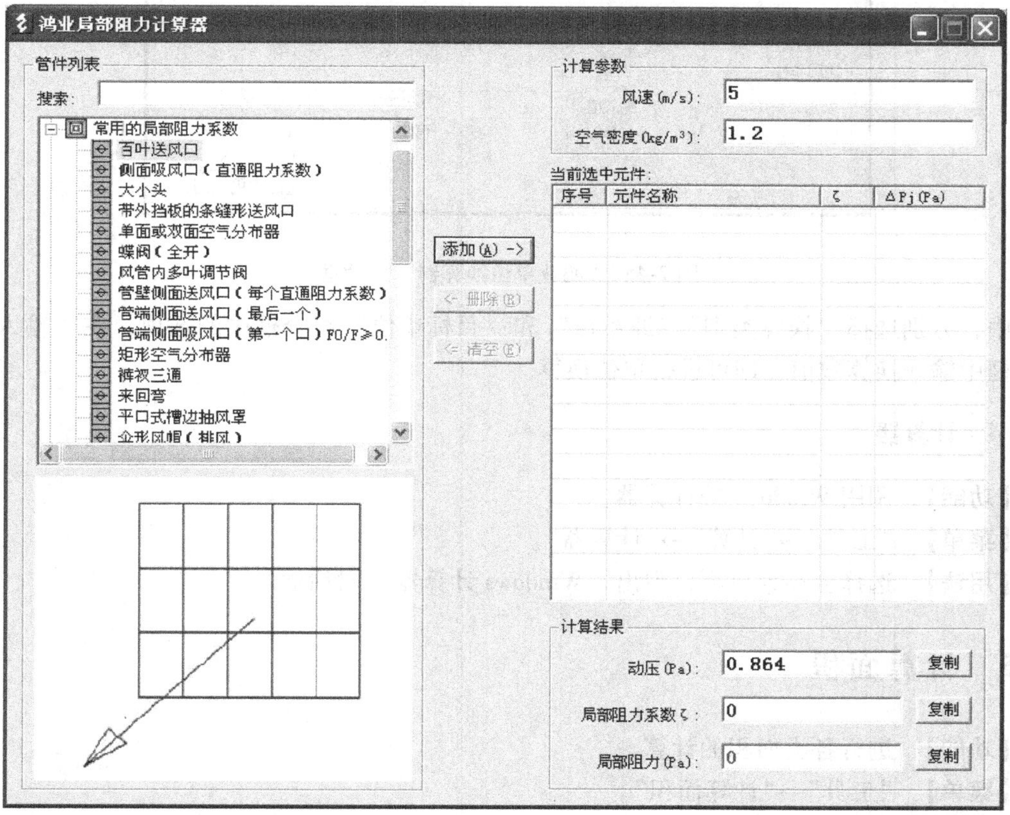

图7-44 “鸿业局部阻力计算器”对话框

7.14.3 单位换算器

【功能】 进行单位换算。

【菜单】 “工具”→“计算”→“单位换算器”。

【用法】 选择上述菜单项，弹出“鸿业单位换算器”对话框，如图7-45所示。在该对

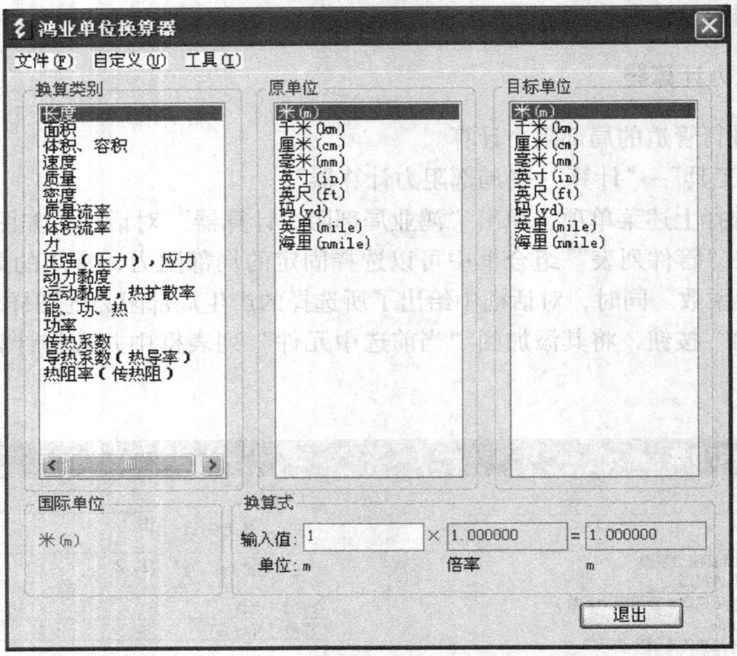

图 7-45 “鸿业单位换算器”对话框

话框中，分别选择“换算类别”“原单位”和“目标单位”组合框中的选项，在“输入值”文本框中输入换算数值，即可进行单位换算。

7.14.4 计算器

【功能】 调用 Windows 的计算器。

【菜单】 “工具”→“计算”→“计算器”。

【用法】 选择上述菜单项，弹出“Windows 计算器”对话框。

7.15 计算面积

【功能】 进行各类面积的计算。

【菜单】 “工具”→“计算面积”。

【用法】 选择上述菜单项，弹出“计算面积”对话框，如图 7-46 所示。在该对话框的“墙厚”文本框中输入墙的厚度值，或者单击 拾取 按钮从图面中拾取。选择用户需要计算的面积类型，在“高级设置”组合框中设置标注的字体高度、面积值的小数精度，以及是否自动删除绘制的区域边界线，单击 选取实体 按钮，按照命令行提示选择曲线（包括圆、圆弧和多段线等）或者填充图块计算区域面积，选择完毕，返回对话框，单击 绘制计算 按钮，用户可以根据命令行提示绘制一个闭合区域进行计算。

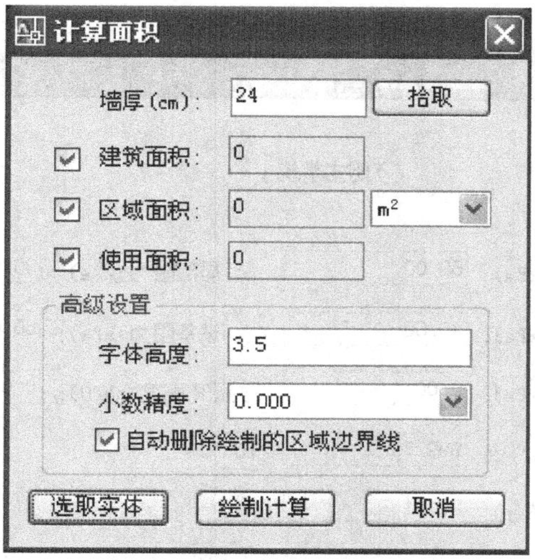

图7-46 “计算面积”对话框

7.16 统计管线长度

【功能】 用于统计管线的长度。

【菜单】 “工具”→“统计管线长度”。

【用法】 选择上述菜单项，弹出“统计管线长度”对话框，如图7-47所示。统计方式有两种，若选择“按管径统计”复选框，则需设置管径值，统计所选管线中具有与设置管径值相同管径的管线的总长度；若不选择该复选框，则统计所选的所有管线的总长度。

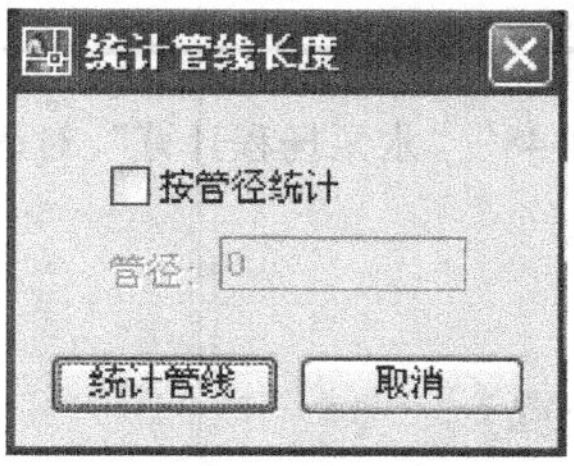

图7-47 “统计管线长度”对话框

7.17 节能计算

7.17.1 水泵扬程

【功能】 进行水泵的扬程计算。

【菜单】 “工具”→“节能计算”→“水泵扬程”。

【用法】 选择上述菜单项，弹出“水泵扬程计算”对话框，如图7-48所示。在该对话框中，可以对水泵扬程计算中的系统形式、计算数据进行设置，得出的计算结果将显示在“结果显示”列表框中。

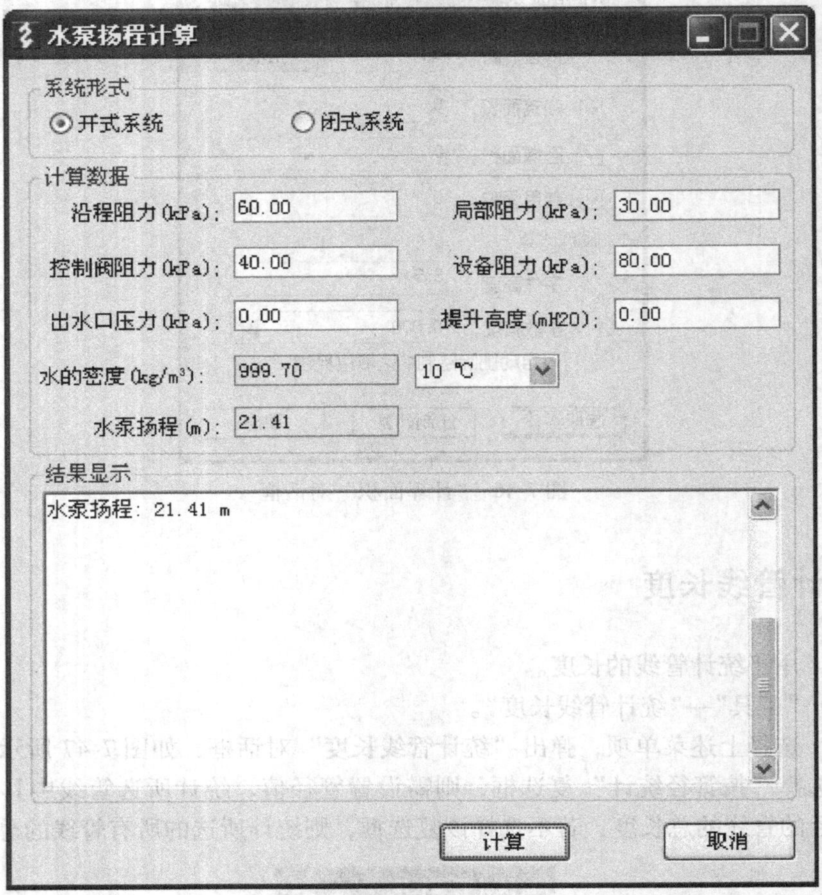

图 7-48 “水泵扬程计算”对话框

7.17.2 输送能效比

【功能】 进行输送能效比的计算。

【菜单】 “工具”→“节能计算”→“输送能效”。

【用法】 选择上述菜单项，弹出“空气调节冷热水系统输送能效比计算”对话框，如图 7-49 所示。在该对话框中，可以对空气调节冷热水系统输送能效比计算中的计算数据、校核数据进行设置，得出的计算结果将显示在“结果显示”列表框中。

7.17.3 风机单位风量耗功率

【功能】 进行风机单位风量耗功率的计算。

【菜单】 “工具”→“节能计算”→“风机单位风量耗功率”。

【用法】 选择上述菜单项，弹出“风机单位风量耗功率计算”对话框，如图 7-50 所示。在该对话框中，可以对风机单位风量耗功率计算中的计算数据、校核数据进行设置，得出的计算结果将显示在“结果显示”列表框中。

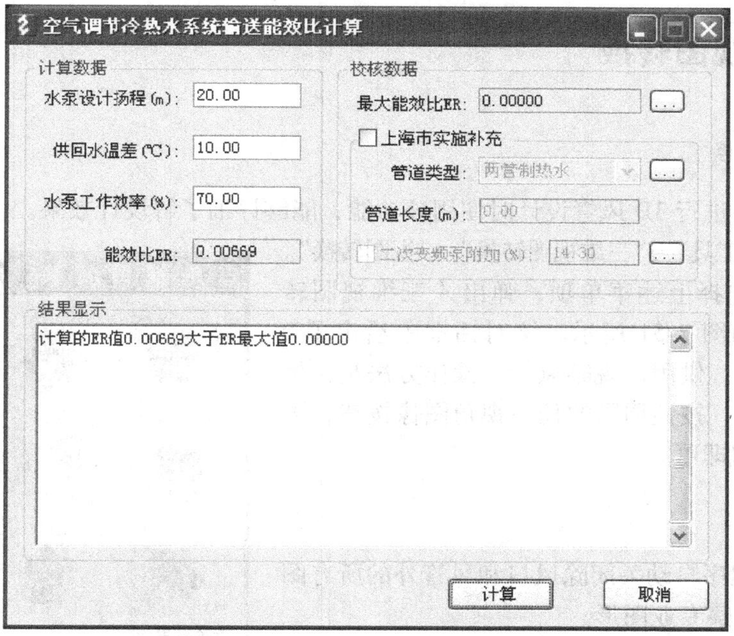

图 7-49 “空气调节冷热水系统输送能效比计算”对话框

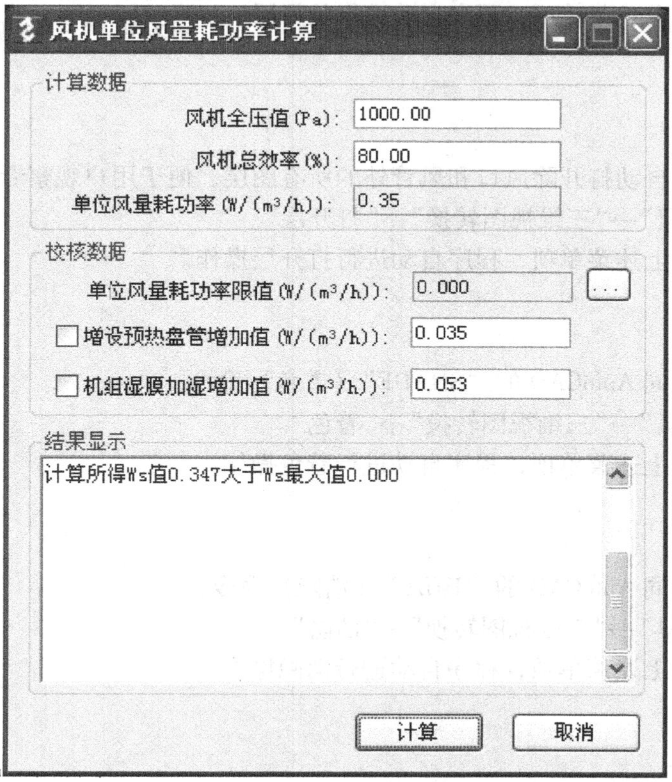

图 7-50 “风机单位风量耗功率计算”对话框

7.18 三维视图转换

7.18.1 视图转换

【功能】 在进行3D风管设计时使用该功能，能够详细了解设计效果。

【菜单】 “工具”→“三维视图转换”→“视图转换”。

【用法】 选择上述菜单项，弹出“三维视图转换”对话框，如图7-51所示。该对话框中给出了8个视角观察方向，供用户观察风管。操作方法是：用鼠标单取“平面”按钮周围的任一视角图像按钮，再击“确认”按钮即可。

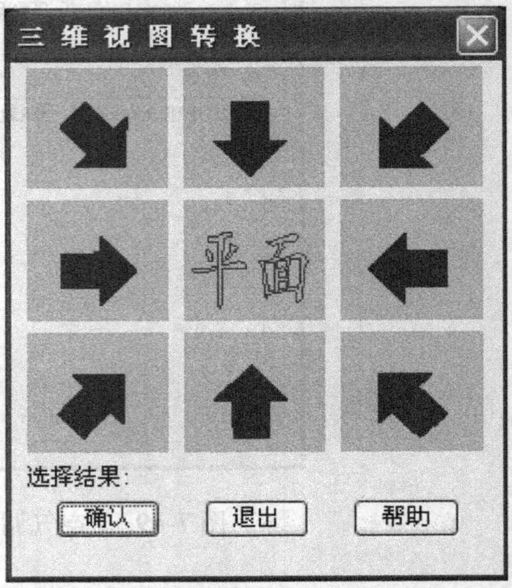

图7-51 “三维视图转换”对话框

7.18.2 关闭层

【功能】 程序自动关闭除风口和风管外的所有图层，便于用户观察专业图形。

【菜单】 “工具”→“三维视图转换”→“关闭层”。

【用法】 选择上述菜单项，程序自动进行关闭层操作。

7.18.3 打开层

【功能】 程序自动打开除风口和风管外的所有图层，便于用户观察专业图形。

【菜单】 “工具”→“三维视图转换”→“打开层”。

【用法】 选择上述菜单项，程序自动进行打开层操作。

7.18.4 着色

【功能】 功能同AutoCAD的“SHADE”（着色）命令。

【菜单】 “工具”→“三维视图转换”→“着色”。

【用法】 选择上述菜单项，程序自动进行着色操作。

7.18.5 消隐

【功能】 功能同AutoCAD的“HIDE”（消隐）命令。

【菜单】 “工具”→“三维视图转换”→“消隐”。

【用法】 选择上述菜单项，程序自动进行消隐操作。

第 8 章 标注

8.1 管道与散热器标注

8.1.1 水管管径标注

【功能】 标注水管管径。

【菜单】 “标注”→“水管管径标注”。

【用法】 选择上述菜单项，弹出“管径标注”对话框，如图 8-1 所示。

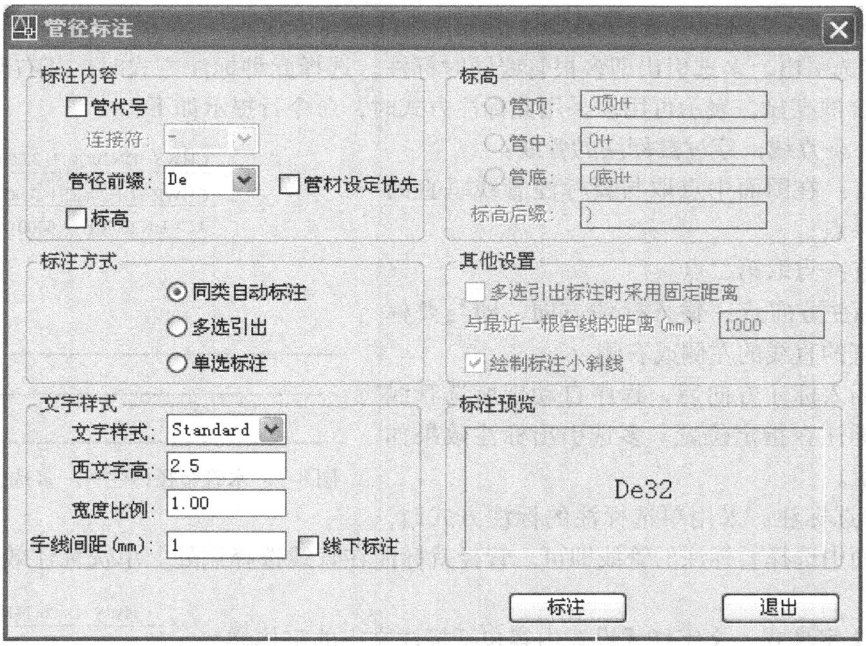

图 8-1 “管径标注”对话框

（1）设置标注内容

1）管代号。若选中“管代号”复选框，系统自动读取所选水管所在图层的代号，并作为标注的第一项内容；反之，标注中不显示此内容。

2）连接符。只有选中“管代号”复选框，“连接符”下拉列表框才可用。用户可以添加自定义符号，也可以选择默认符号：“-”、“ ”（空格）和“,”等。

3）管径前缀。如果选中“管材设定优先”复选框，则优先从材料库中读取材料代号，读取数据若为空，则使用图面上选取的管径前缀符号；如果没有选中“管材设定优先”复选框，则直接从选中的管径前缀读取相应数据。用户可以自定义管径前缀数据，也可以采用默认数据：“d”、“De”、“DN”、“D”和“Φ”等。

4）标高。若选中“标高”复选框，则启用标高，标注中添加管线标高数据；反之，右侧“标高”组合框灰显，表示禁用，标注中不显示标高内容。

（2）标注方式

1）同类自动标注。同类自动标注即完成某一类管道管径的全自动标注，选择其中任一管段即可。在“管径标注”对话框中的“标注方式”组合框中选择“同类自动标注”单选按钮，采用此标注方式时，命令行提示如下：

*选择标注管线任一管段：*在图面中点选要标注的水管管线的任意一段

*选择管线：[全部选择（A）/任意选择（R）]<A>：*选择所要标注的管线，即可完成标注

同类自动标注效果如图8-2所示。

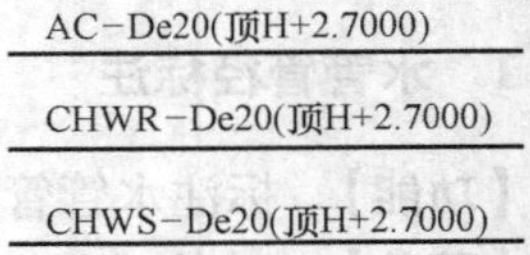

图8-2　水管管径标注——同类自动标注

同类自动标注方式方便简单，但在实际工程设计中，由于图面管线较多，同类自动标注时，重叠交叉的概率很高，需要花费很多时间来移动。另外，将所有管道直径全部标出也不一定符合设计要求。因此，设计过程中一般不选用此标注方式。

2）多选引出。多选引出即多根管线同时标注。选择此种标注方式时，其右侧的“其他设置”组合框亮显，表示可用。采用此标注方式时，命令行提示如下：

绘制一条直线，穿过被标注的管线：

*第一点：*在图面中点取与要标注管线垂直的直线的第一点

*第二点：*点取第二点

*输入标注方向点：*输入标注方向，即与要标注管线垂直的直线的左侧或右侧

动态插入标注方向后，程序自动把所选管线管径逐一标注在指定位置。多选引出标注效果如图8-3所示。

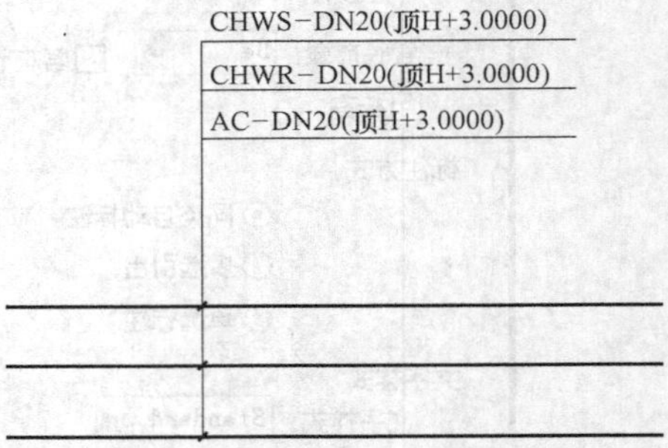

图8-3　水管管径标注——多选引出标注

3）单选标注。采用单选标注的标注方式时，分别在图面中选择要标注的管线即可。管径就标注在管线选择点处。单选标注效果如图8-4所示。

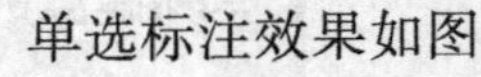

图8-4　水管管径标注——单选标注

（3）文字样式　文字样式设置内容包括标注文字的字体样式、西文字高、宽度比例（宽高比）和文字与引线间的距离。同时，可以设定标注文字是否位于引线下方，程序默认文字处于引线上方。

（4）标高　标高设置内容包括管顶标高、管中标高和管底标高。用户可根据要求选择标注类型，并可设置标高前缀和后缀。

（5）其他设置　“其他设置”组合框仅在使用多选引出标注方式时启用，可以设置多根

管线标注间距是否采用固定距离，如果是，则需确定离管线最近的标注与管线之间的距离。还可以设置标注引线上是否绘制小斜线，其示例见图 8-3。

（6）标注预览 “标注预览”预览框用于对标注内容进行预览，其随标注内容和标高样式的改变而即时更新。

8.1.2 管线类型标注

【功能】 标注管线代号。标注的代号为用户在图层设置中管线“图层代号”中设定的管代号。

【菜单】 “标注”→“管线类型标注”。

【用法】 选择上述菜单项，按照命令行提示依次选择标注管线和标注方位，即可实现管线类型标注，标注效果如图 8-5 所示。

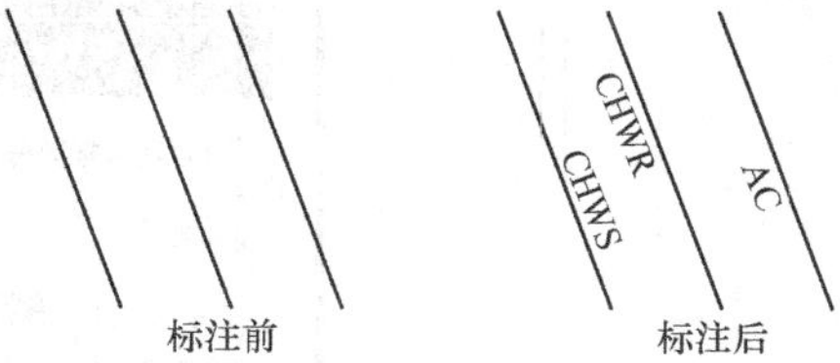

图 8-5 管线类型标注效果图

8.1.3 管线参数标注

【功能】 标注管线的风量/流量、风速/流速、沿程阻力等参数，同时设定标注文字样式。

【菜单】 “标注”→“管线参数标注（石化院）”。

【用法】 选择上述菜单项，弹出“管线参数标注”对话框，如图 8-6 所示。在该对话框中，选择管线需要标注的内容，并设置标注文字的样式，单击“标注”按钮，返回图面，按照命令行提示进行标注。管线参数标注效果如图 8-7 所示。

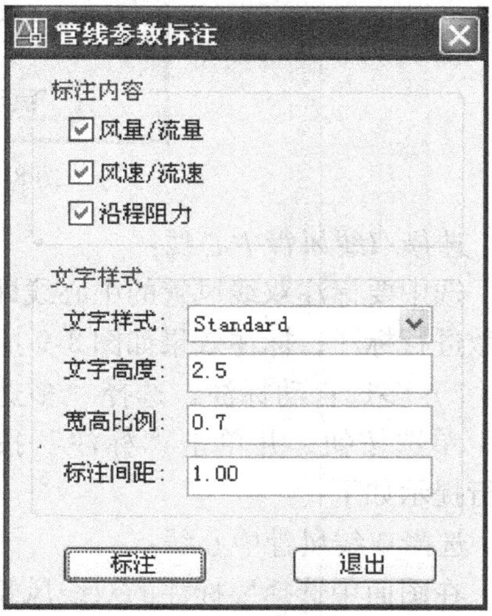

图 8-6 “管线参数标注”对话框

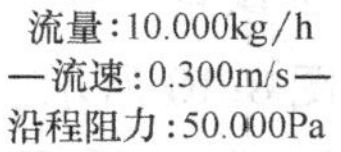

图 8-7 管线参数标注效果图

8.1.4 风管标注

【功能】 进行二维（2D）、三维（3D）双线风管标注。

【菜单】 “标注”→“风管标注”。

【用法】 选择上述菜单项，弹出“双线风管标注”对话框的，如图 8-8 所示。

（1）标注样式 在“双线风管标注”对话框的“标注样式”列表框中，显示了 4 种不同的标注样式，分别是管线外、管线中、引线上和引线中。选择其中一种作为当前标注样式，如选择“管线外”。若选择“管径、标高分两行标注”复选框，则管径与标高分两行标注。

（2）参数设定 标注样式选定后，根据设计要求依次设置“基本参数”和“标注内容”。

（3）标注方式

1）单选手动标注。选择“单选手动标注”单选按钮，并单击“标注”按钮，命令行提示如下：

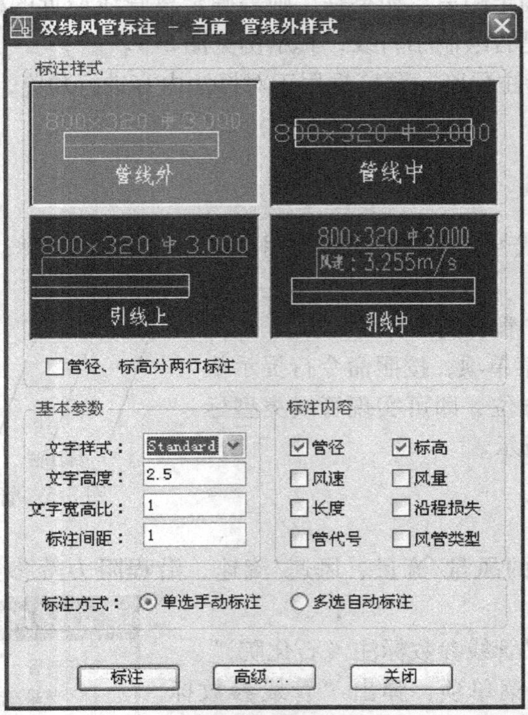

图 8-8 “双线风管标注”对话框

选择双线风管中心线：

选中要标注双线风管的中心线即按设定参数进行标注，标注效果如图 8-9 所示。

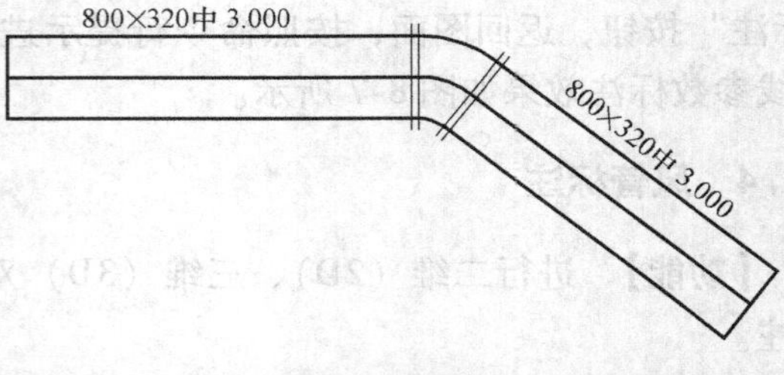

图 8-9 双线风管标注（单选手动标注）效果图

2）多选自动标注。选择“多选自动标注”单选按钮，并单击“标注”按钮，命令行提示如下：

选择双线风管中心线：

在图面中选择要标注的双线风管的中心线后，即可按设定参数进行标注。

（4）高级设置 在“双线风管标注”对话框中单击 高级... 按钮，弹出“高级选项”对话框，如图 8-10 所示。

“高级选项”对话框中的设置内容需要在标注前进行，设置内容包括：标注前缀、标高、引出标注设定以及其他设置。

【注意】

1）进行“多选自动标注”时，如果管线长度小于“自动标注管线最短长度”时，不会被标注。

2）如果选中“高级选项”对话框中的“删除原有标注”复选框，则标注项目中如果有管径、标高项，则程序会自动在风管附近搜索原有管径、标高标注并删除。该功能用于常见的情况，不保证 100% 正确。

其他标注样式与“管线外”样式类似。

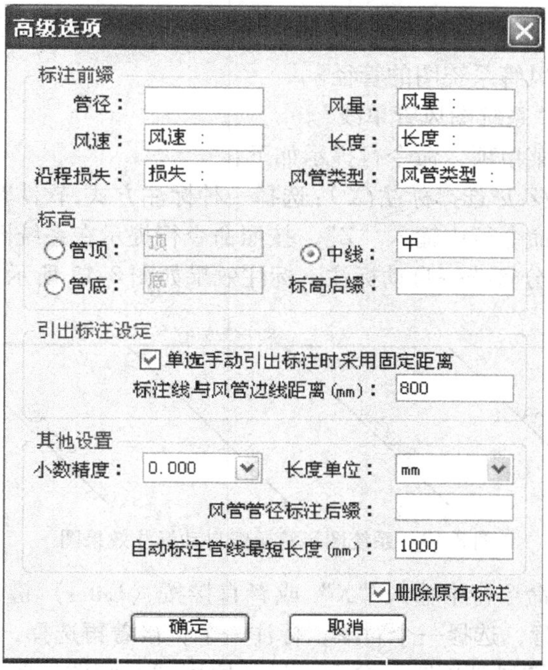

图 8-10 “高级选项”对话框

8.1.5 平面图风管单线

【功能】 标注单线风管，前提为单线风管已有风量和截面尺寸等信息。

【菜单】 “标注”→“平面图风管单线”。

【用法】 选择上述菜单项，弹出“单线风管标注”对话框，如图 8-11 所示。在该对话框中，用户可以根据设计要求选择需要标注的内容。选定标注的内容后单击“标注”按钮，返回图面，按照命令行提示在图面中选择要标注的单线风管或双线风管的任意一段，选择完成后按〈Enter〉键，即可按选定标注内容进行标注。标注的数值可以通过鼠标双击进行修改。平面图风管单线标注效果如图 8-12 所示。

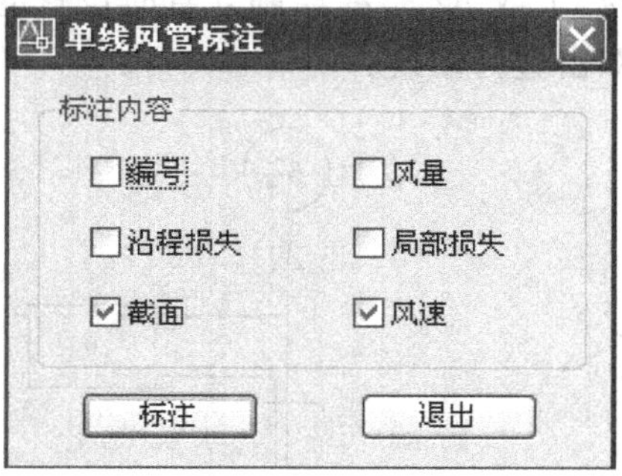

图 8-11 “单线风管标注”对话框

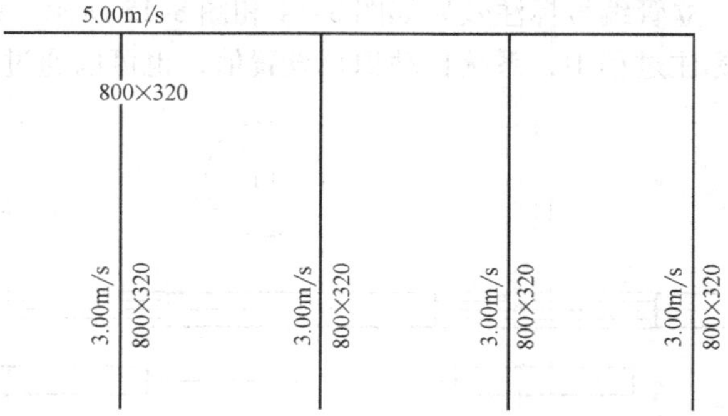

图 8-12 平面图风管单线标注效果图

8.1.6 系统图风管单线

【功能】 标注单线风管系统图的管径。

【菜单】 “标注”→“系统图风管单线”。

【用法】 选择上述菜单项，命令行提示如下：

退出(E)/自动标注(Z)/选择标注(X)：选择一种标注方式，软件默认选择标注

（1）自动标注　在命令行中输入“Z”，按照命令行提示在系统图中选择要标注的风管，按〈Enter〉键，则所选分管统一自动标注，标注效果如图8-13所示。

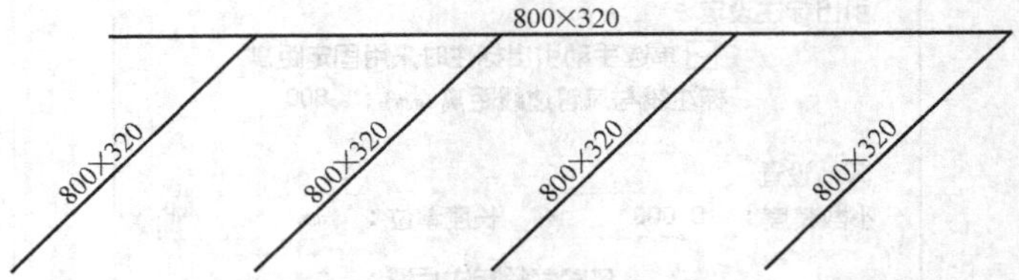

图8-13　系统图风管单线自动标注效果图

（2）选择标注　在命令行中输入“X”或者直接按〈Enter〉键，按照命令行提示在系统图中选择要标注的风管，选择一个对象，标注一个，接着再选择，再标注下一个对象。

【注意】 同“平面图风管单线”命令一样，使用“系统图风管单线”命令标注的数值也可以通过鼠标双击进行修改。

8.1.7 立管编号

【功能】 标注空调和采暖立管的编号。

【菜单】 “标注”→“立管编号”。

【用法】 选择上述菜单项，命令行提示如下：

选择立管编号标注内容[P平面图/X系统图]<P>：

因为绘制平面图和系统图时都要标注立管编号，因此要选择平面图还是系统图标注，但其标注方法相似，软件默认为标注系统图立管。

请选取立管：选择要标注的立管

请选择立管编号的标注点：选取标注位置点，即可标注。

立管编号标注效果如图8-14和图8-15所示。图中的L1或A2是在绘制立管时设置的，在标注过程中，系统自动识别设置值，也可以通过鼠标双击进行修改。

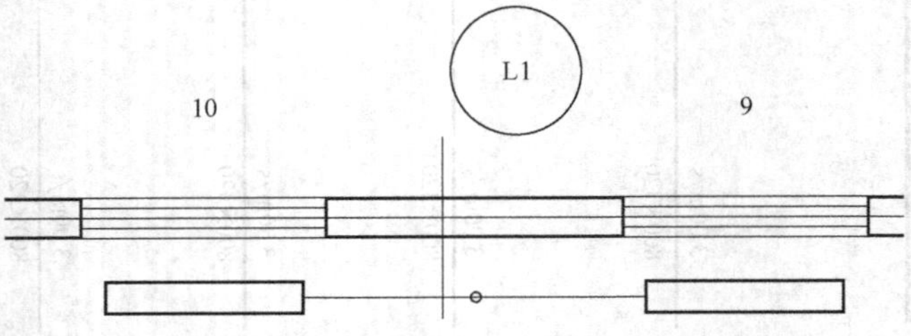

图8-14　立管编号标注（平面图）

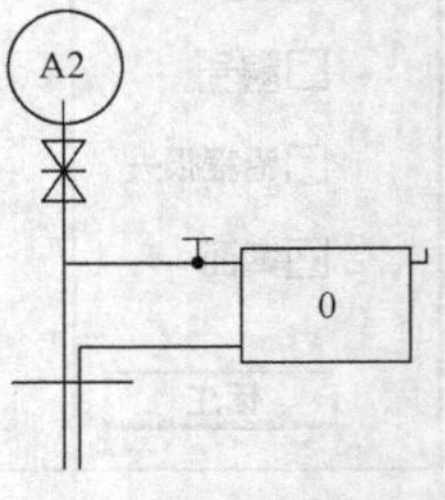

图8-15　立管编号标注（系统图）

8.1.8 散热器片数标注

【功能】 标注散热器的片数。

【菜单】 “标注”→“散热器片数标注”。

【用法】 选择上述菜单项，命令行提示选取要标注的散热器，选择完成后系统将当前选择的散热器变虚，并要求用户确定变虚的散热器的片数，默认值为12，用户也可以输入其他数值，按〈Enter〉键，散热器标注完成，其标注效果如图8-16所示。

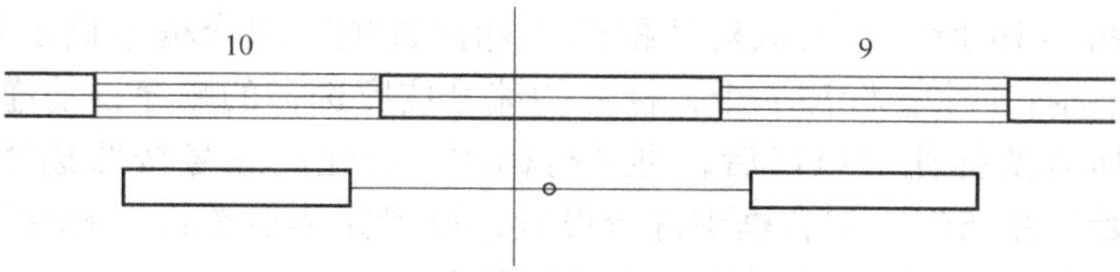

图8-16 散热器片数标注效果图

如果要取消上述操作，可使用“Undo”或“Back”命令。

8.2 风口标注

8.2.1 风口风阀标注

【功能】 进行风口风量、规格以及风阀管件的尺寸标注。

【菜单】 “标注”→“风口风阀标注”。

【用法】 选择上述菜单项，弹出“风口/风阀标注”对话框，如图8-17所示。在该对话框中，选择标注的内容、设定标注文字样式后，单击“标注”按钮，返回图面，命令行提示如下：

选择风口或风阀： 在图面中选择要标注的风口或风阀

标注位置： 指定标注位置，用鼠标直接点取，直接按〈Enter〉键表示不标注

标注方向： 通过鼠标指定标注方向，直接按〈Enter〉键表示标注方向为水平方向

完成以上设置后即可进行标注，标注结果如图8-18所示。

图8-17 “风口/风阀标注”对话框

8.2.2 风口标注

1. 风口标注

【功能】 标注风口编号。

【菜单】 “标注”→“风口标注”。

【用法】 选择上述菜单项，弹出“风口编号标

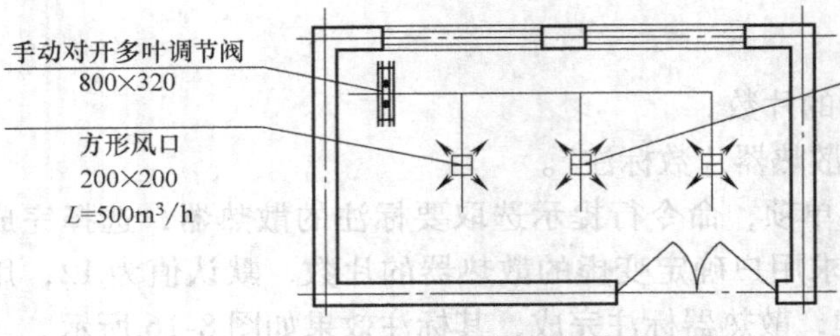

图 8-18 风口/风阀标注效果图

注”对话框，如图 8-19 所示。在该对话框的“标注选项”组合框中确定标注选项。其中“单选标注”是指选择一个，标注一个，标注的编号按照选择的顺序自动递增；“序号自动递增”是指选择所有要标注的风口后，再进行标注，标注的编号按照选择顺序依次递增。初始编号在“初始标注条件”组合框中进行设置，设置完毕后单击“标注”按钮，然后按照命令提示进行标注即可。风口编号标注效果如图 8-20 所示。

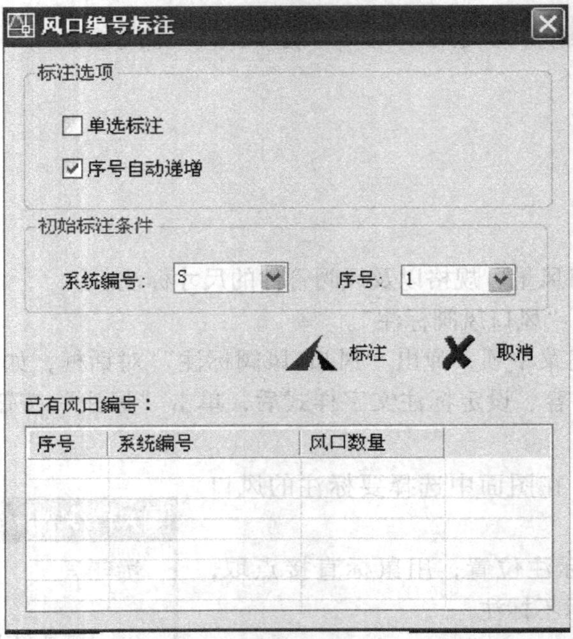

图 8-19 “风口编号标注”对话框

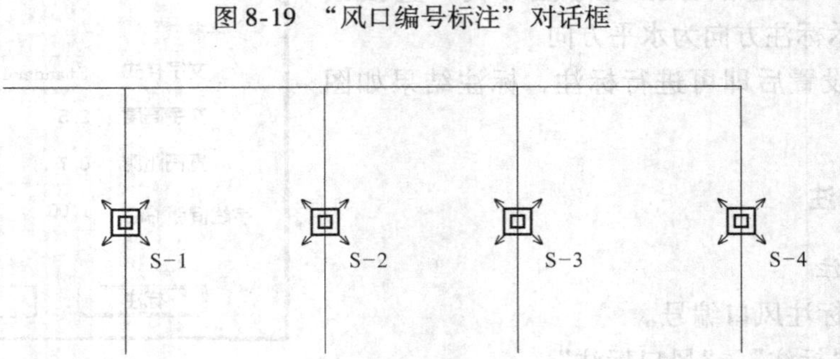

图 8-20 风口编号标注效果图（石化院）

2. 风口标注

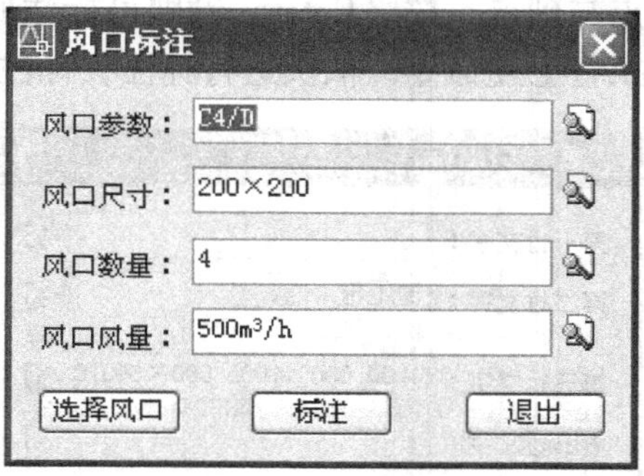

图 8-21 “风口标注”对话框

【功能】 标注风口编号。

【菜单】 “标注”→“风口标注”。

【用法】 选择上述菜单项，按照命令行提示在图面中选择要标注的风口后，弹出“风口标注”对话框，如图 8-21 所示。在该对话框中，可以设置标注风口的参数，如风口参数、风口尺寸、风口数量和风口风量。设置完成后单击“标注”按钮，按照命令行提示在图面中选择标注引出线的起点和到点，按〈Enter〉键即可标注所选风口。如果接下来需要标注的风口参数与此相同，则重复执行上述命令，依次进行标注，标注结果如图 8-22 所示。

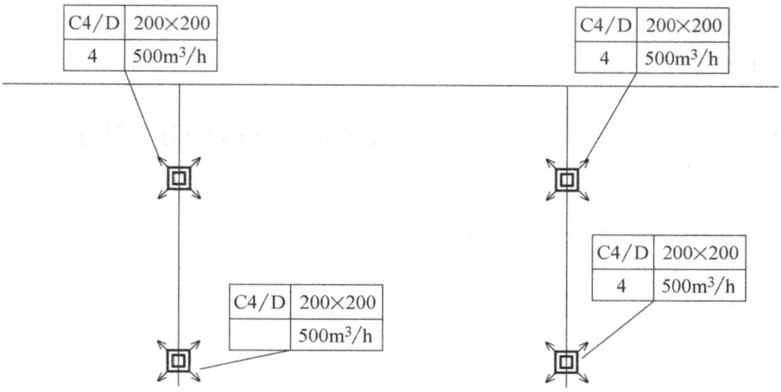

图 8-22 标注风口效果图（华东院）

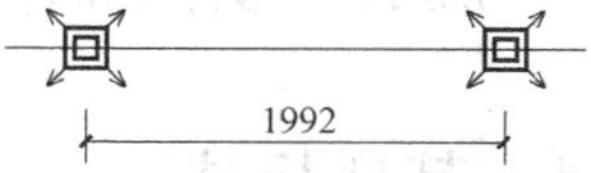

图 8-23 风口距离标注效果图

8.2.3 风口间距标注

【功能】 标注多个风口间的距离。

【菜单】 “标注”→“风口间距标注”。

【用法】 选择上述菜单项，按照命令行提示在图面中选择要标注的风口，并输入图块插入点到标注引出线起点的距离后按〈Enter〉键，标注结果如图 8-23 所示。

8.3 静压箱标注

【功能】 标注静压箱的尺寸。

【菜单】 “标注”→“静压箱标注”。

【用法】 选择上述菜单项，按照命令行提示在图面中选择要标注的静压箱，选择完成后弹出“多行引出标注”对话框，如图 8-24 所示。在该对话框中分行输入静压箱的标注内容，并选择行与行之间的对齐方式，同时对标注内容的格式进行设置，包括字线间距、文字样式和西文字高。设置完成后单击“标注”按钮，按照命令行提示依次点选标注引出线的起点与到点，按〈Enter〉键即可标注所选的静压箱。如果接下来要继续标注静压箱，可重复执行上述命令，依次进行标注，标注结果如图 8-25 所示。

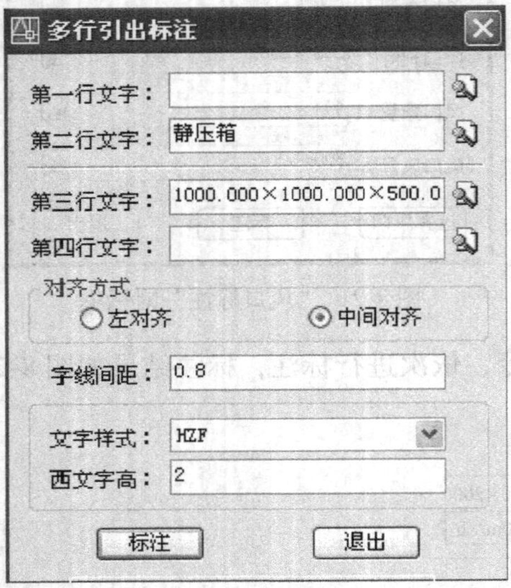

图 8-24 “多行引出标注”对话框

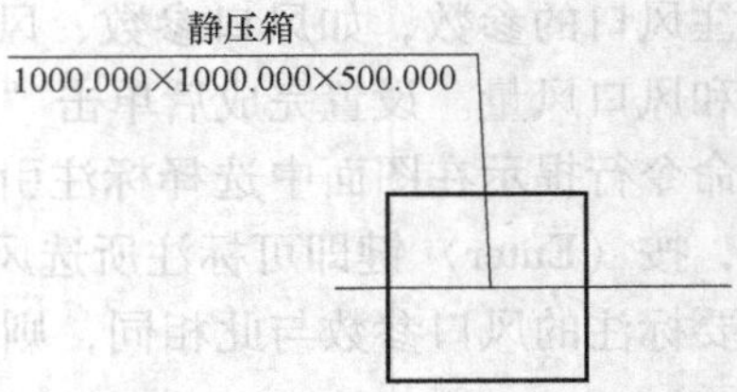

图 8-25 静压箱标注效果图

8.4 其他标注

8.4.1 尺寸标注

【功能】 进行建筑物固定结构的尺寸标注。

【菜单】 “标注”→“尺寸标注”。

【用法】 选择上述菜单项，命令行提示如下：

退出E/设标注精度S/(标注)：输入“S”

L：末位数取0/W：末位数取0，5/<末位数取整>：进行精度设置，输入相应字母，软件默认为末位数取整

选择要标注的基准实体(LINE 或POLYLINE)：选择标注的基准实体，通常为建筑物的固定结构

回车返回/选择标注点：选择需要标注实体的标注位置。如果要标注的实体是多个，则可连续选择，选择完毕后按〈Enter〉键

标注位置：点选尺寸标注所在的位置，即可完成标注，标注结果如图 8-26 所示

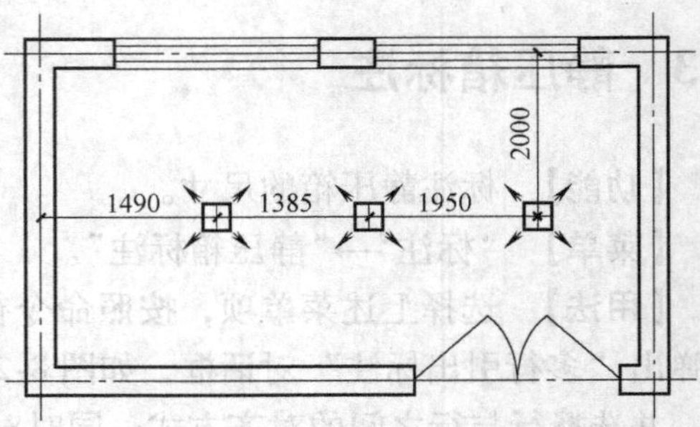

图 8-26 尺寸标注效果图

8.4.2 标高标注

【功能】 进行管线及图块的标高标注。

【菜单】 “标注”→“标高标注”。

【用法】 选择上述菜单项，弹出“标高样式”对话框，如图 8-27 所示。在该对话框中，选择一种标注样式，命令行提示如下：

输入标高（A）/回车从图面提取： 直接输入标高数值，或者按〈Enter〉键，从图面中自动提取标高值

回车或空选退出/回退（U）/选择直线、PLINE 或图块： 选择要标注的线或图块进行标注，按〈Enter〉键或空选退出标注

标高标注效果如图 8-28 所示。

图 8-27 “标高样式”对话框

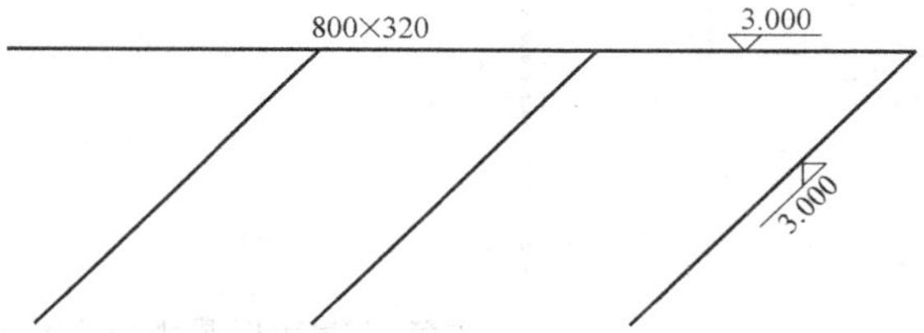

图 8-28 标高标注效果图

8.4.3 坡度标注

【功能】 标注管线的坡度。

【菜单】 “标注”→“坡度标注”。

【用法】 选择上述菜单项，命令行提示如下：

选择标注坡度的直线： 在图面中选择要标注坡度的管线

斜度方向： 用鼠标直接指定坡度方向

坡度(输入0 不标)：(0.003)：

直接输入坡度数值，按〈Enter〉键标注效果，如图 8-29 所示。如果不标注，则输入“0”

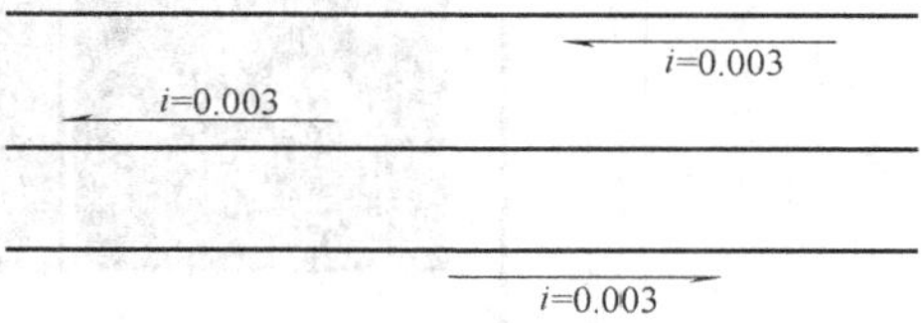

图 8-29 标注坡度效果图

8.4.4 标注编号

【功能】 对材料表中已编号的材料进行编号。

【菜单】 “标注”→“标注编号”。

【用法】 选择上述菜单项，弹出“设备编号标注”对话框，如图 8-30 所示。单击 标注样式 按钮，弹出“设备标注样式设定”对话框，如图 8-31 所示。在该对话框中选择一种标注样式，单击“确定”按钮，返回“设备编号标注”对话框，输入编号和名称，单击“标注”按钮，返回图面，按照命令行提示依次选择要标注的实体，输入标注起点与到点即可完成标注。编号标注效果如图 8-32 所示。

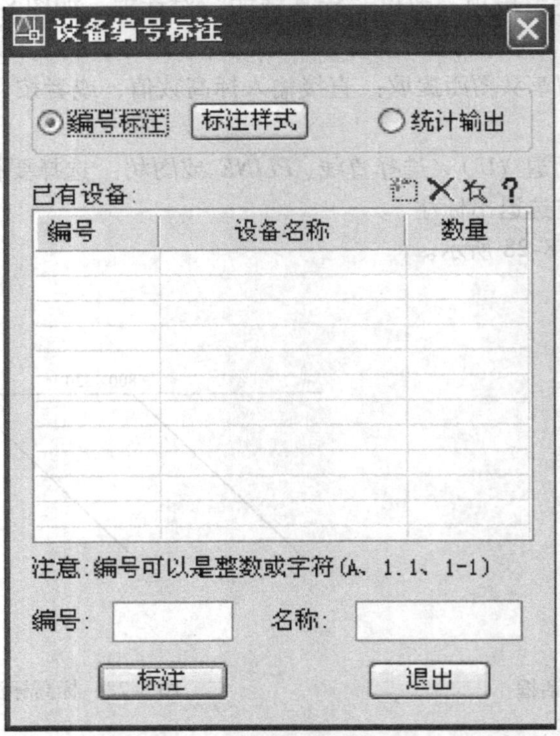

图 8-30 “设备编号标注”对话框

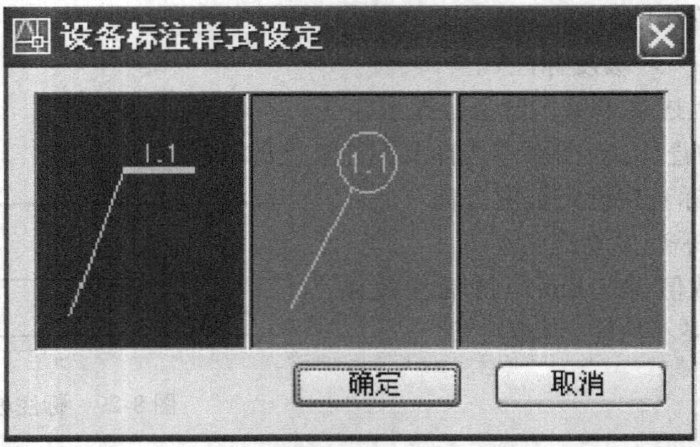

图 8-31 “设备标注样式设定”对话框

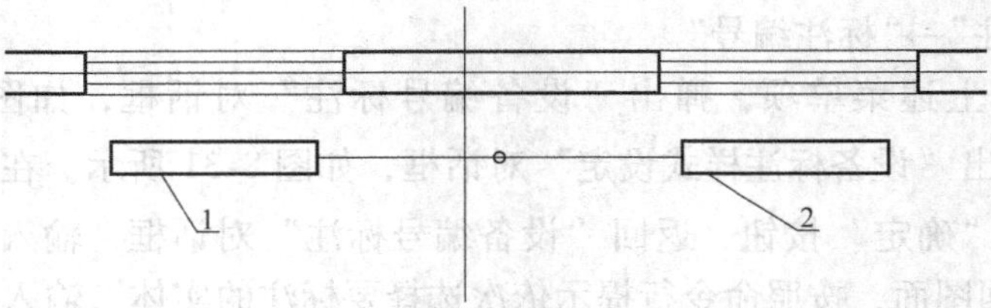

图 8-32 编号标注效果图

第9章 文字

9

9.1 文字编辑器

【功能】 对 AutoCAD 中的文字进行处理；可将 AutoCAD 中的文字加入特殊符号；可对文字进行排版，并可使文字从 AutoCAD 到 Word 自由转换。

【菜单】 “文字”→“文字编辑器”。

【用法】 选择上述菜单项，弹出“文字编辑器”对话框，如图 9-1 所示。该对话框由 4 个区域组成：特殊符号区、参数设置区、文字编辑区和文字预览区。

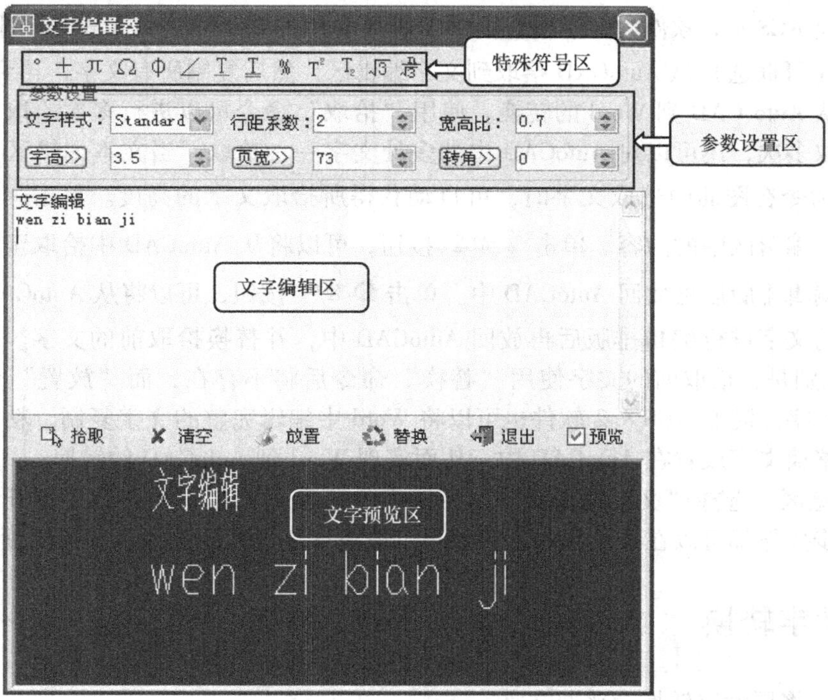

图 9-1 文字编辑器对话框

（1）特殊符号区 该区用于特殊符号的编辑，如根号、根号分之等，直接单击相应的按钮，即可将特殊符号插入到文本编辑区，同时可在预览区看到插入后的效果。对于单独的符号，直接插入即可；对于一些特殊的符号，插入文本编辑区后为尖括号中含有字母的组合，即“〈字母〉”，在“〈字母〉”的中间即光标闪烁处加入需要的文字即可。例如，单击

√3按钮，文字编辑区将出现<G>|</G>，光标在两对尖括号之间闪烁，同时预览区显示√，输入数字“5”，即可在预览区看到√5，同样可以输入各种根号表达式。也可以直接在文字编辑区选取文字，然后单击√3按钮，则文字就会自动加在〈字母〉对内，即实现所选文字的根号表达式。其他特殊符号的输入方法类同，其中T^2为N次方符号；T_2为下标符号；√3为根号分之符号。

（2）参数设置区　该区用于对文字参数进行设置，包括文字高度、行间距和样式等。在“文字样式”下拉列表框中选择需要的文字样式后，可在预览区看到使用该文字样式后的效果。“行距系数”表示文字行与行之间的距离。当“系数行距”为0时，表示文字各行完全重合；“行距系数”为1时，表示文字紧凑排列（中间无间距）。一般文字间距为1.2～1.5时较为合适。“宽高比”表示设置文字的宽高比。“字高”表示设置文字的高度，放置在图面中的文字的实际高度为此处输入数值与出图比例的乘积。单击字高>>按钮后，可在图面中拾取文字，从而获得该文字的高度。“页宽”表示每行文字的宽度，当一行文字的宽度超过此处的设置值时，文字会自动换行。单击页宽>>按钮，可从图面中量取行宽。“转角”表示设置各行文字的角度。单击转角>>按钮，可从图面中量取角度。

（3）文字编辑区　该区为编辑文字的区域，输入文字后，可在预览区即时看到该文字的效果。鸿业ACS 8.2软件为文字编辑提供了简单易用的几项功能：单击拾取按钮，可将整片文字（可框选）从AutoCAD拾取到文字编辑区，然后复制所有文字，再到Word中粘贴，即实现从Auto CAD到Word的转换。使用“拾取”命令可以进行多次拾取，也可以对一处文字拾取多次，还可以对AutoCAD中的多处文字一一拾取。当文本编辑区为空时，使用“拾取”命令在图面中选取文字时，可自动获得所拾取文字的高度。单击清空按钮，可以清空文字编辑区中的内容。单击放置按钮，可以将从AutoCAD中拾取至文本编辑区的文字进行编辑排版后再放回AutoCAD中。单击替换按钮，可以将从AutoCAD中拾取至文本编辑区的文字进行编辑排版后再放回AutoCAD中，并替换拾取前的文字。“替换”与“放置”的区别是，拾取前的文字使用“替换”命令后将不存在，而“放置”命令可以保留拾取前的文字。鸿业ACS 8.2软件也可以将Word中编辑完整的文字复制、粘贴至文本编辑区，即将整篇文字放置在AutoCAD中，从而实现Word到AutoCAD的转换。

（4）预览区　选择“文字编辑器”对话框中的“预览”复选框，即可打开预览区，对文字的每一步操作都可以在预览区中观看效果。取消该复选框的选择，则关闭预览区。

9.2　属性字转换

【功能】　将属性字转换为普通文字。

【菜单】　“文字”→“属性字转换”。

【用法】　选择上述菜单项，命令行提示如下：

请框选属性文字［保留块(S)］〈不保留块〉：

属性文字大多数情况是在图块中，当选择“不保留块”选项时，在转换属性字的同时会将图块炸散；若选择“保留块”选项，则在转换属性字的同时保留原图块。程序默认为不保留块。

9.3 字库调用

【功能】 编辑图面上的文字或向图面中写文字，进行文字标注，以及在对话框中调用等。

【菜单】 “文字”→“字库调用”。

【用法】 选择上述菜单项，弹出“字库管理”对话框，如图9-2所示。鸿业ACS 8.2字库按专业分类，并建立了汉语拼音字母索引。

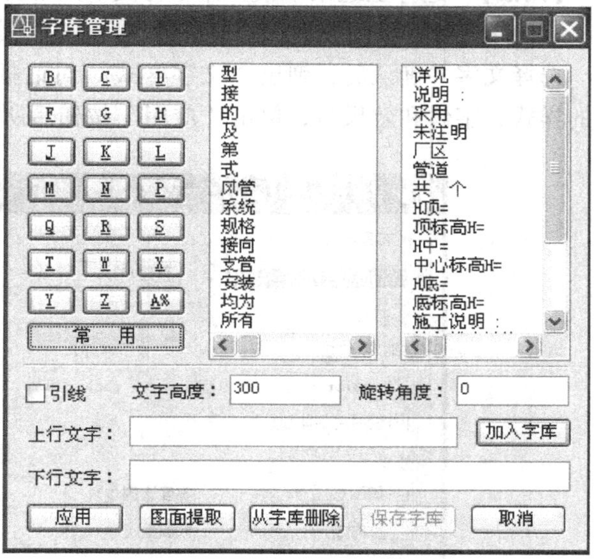

图9-2 “字库管理”对话框

（1）字库添加 单击所要添加的文字汉语拼音的第一个字母，在“字库调用”对话框右面的两个列表框中显示常用文字，从中选择所要添加的文字，软件自动将其填入“上行文字”文本框中，调用字库对文字进行修改后，单击“加入字库”按钮即可。除修改文字内容外，也可以修改文字的高度和旋转角度。向字库中添加新词，先直接在“上行文字”或“下行文字”文本框中输入文字，也可以单击“图面提取”按钮在图面中取词，再选择字库，然后单击“加入字库”按钮，文字自动加入库尾。进行字库添加时，若在“上行文字”和“下行文字”文本框中同时输入文字，则字库对上行文字保存并加入字库，在图面中应用时，文字为上下两行，均为保存前输入文字；若只输入下行文字，则软件提示不能添加空项。

（2）引线标注 选择“引线”复选框，在应用字库时，命令行提示输入引线起点及下一点，输入完成后即可实现引线文字标注。

（3）删除字库中的文字 在列表框中选择要删除的文字后，单击“从字库删除”按钮，最好再单击“保存字库”按钮，即可实现文字从字库中的彻底删除。

（4）调整文字在字库中的位置 在列表框中选择要移动的文字，用鼠标直接将其拖动到目标位置即可。

9.4 文字样式

9.4.1 自动样式

【功能】 自动调整图样中字体的样式。

【菜单】 “文字”→“自动样式”。

【用法】 选择上述菜单项，图面上所有显示为问号或未显示的文字即可正常显示。该命令可以一次性地将所有字型或指定字型所对应的字体文件调整为可识别的文字样式。保存图样后再次打开，即不会出现找不到字体文件的问题。

9.4.2 样式调整

【功能】 将多种不同样式的文字转换为同一种样式。

【菜单】 “文字”→“样式调整”。

【用法】 选择上述菜单项，命令行提示如下：

请选择文字：

选择文字并确认后，弹出“文字样式”对话框，如图9-3所示。在该对话框中选定合适的样式、字体和效果后，单击“应用”按钮后所有选中的文字均转换为选定样式。

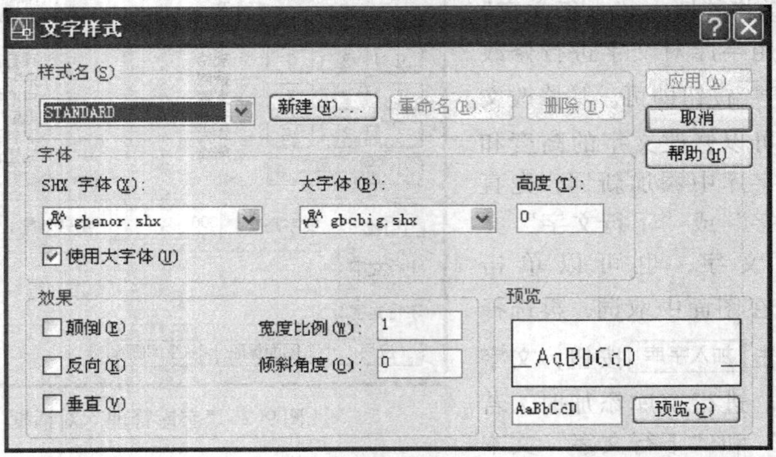

图9-3 “文字样式”对话框

9.4.3 统一设字型

【功能】 帮助用户修改字体。

【菜单】 “文字”→“统一设字型”。

【用法】 选择上述菜单项，弹出“统一字体”对话框，如图9-4所示。其中“样式名”列表框中显示当前图样所包含的全部文字样式名，软件默认是全选。用户可以根据自己需要选择要修改的文字样式名。“字体”组合框中包含AutoCAD支持的路径内的所有字体，其中只有.shx文件才能选择大字体。选择“宽度因子”复选框可以对宽度比例进行设置。选定合适的字体样式名和字体后单击“确定”按钮，软件将图样打开时由于很多字型对应的字体文件找不到而导致的看不见的文字，改为设置的字体。

【注意】

若想恢复到修改之前的字体，可运行“undo”命令之后再运行“regen”命令。

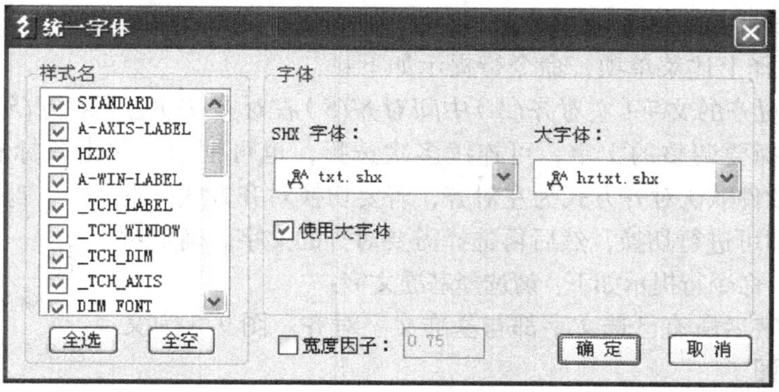

图9-4 “统一字体”对话框

9.4.4 修改字高

【功能】 选取文字，修改其高度。

【菜单】 “文字”→“修改字高”。

【用法】 选择上述菜单项，命令行提示如下：

某型字 X/某层字 C/某高字 H/选择字 S/所有字 A/退出 E〈S〉：在图面中选择文字，可根据条件修改字高，软件默认为选择字

9.4.5 文字高度

【功能】 修改文字高度和缩放比例。

【菜单】 “文字”→“文字高度”。

【用法】 选择上述菜单项，命令行提示如下：

请选择缩放文字[比例(A)/缩放(S)]〈当前字高300.00〉：

在图面中选择文字，输入“S”修改文字高度或输入“A”缩放文字，软件默认文字高度为300.00mm。

9.4.6 文字宽度

【功能】 选取文字，修改其宽度因子。

【菜单】 “文字”→“文字宽度”。

【用法】 选择上述菜单项，命令行提示如下：

请选择文字(当前字宽1.00)〈输入字宽 A〉：

此时选择文字后按〈Enter〉键。若要改变字宽，则在选择文字后直接输入字宽，所选文字字宽即被修改。

9.5 文字编辑

9.5.1 文字对齐

【功能】 将多行文字一次性地对齐。

【菜单】 “文字”→“文字对齐”。

【用法】 选择上述菜单项，命令行提示如下：

请选择需要对齐的文字[左对齐(A)中间对齐(S)右对齐(D)上下对齐(F)]〈左对齐〉:

在图面中选择要调整的文字，可连续多次选择，也可框选，单击鼠标右键或按〈Enter〉键可结束选择。软件默认对齐方式为左对齐，若要切换对齐方式，直接输入相应字母即可进行切换，然后再选择需要对齐的文字。确定对齐方式和文字后，命令行提示如下：*请选择基准文字:*

点选基准文字后所有已选文字都与基准文字对齐。图 9-5 为文字左对齐的效果图。

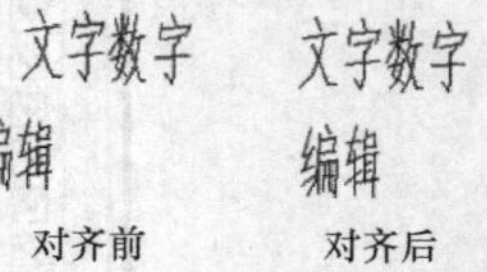

图 9-5 文字对齐（左对齐）效果图

9.5.2 调节间距

【功能】 对选中的文字调整每行文字之间的距离。

【菜单】 “文字”→“调节间距”。

【用法】 选择上述菜单项，命令行提示如下：

请选择文字[输入行间距(A)]〈当前行间距:1.0 倍〉:

此时选择文字后按〈Enter〉键确认，即可修改各行文字之间的间距。间距为字高的倍数，软件默认为 1.0 倍。若要修改间距，输入“A”，设定行距后再选择需要调整的文字，按〈Enter〉键即可将所选文字的行间距调整为设定值。图 9-6 所示为行间距调整为 1.0 倍时的效果图。

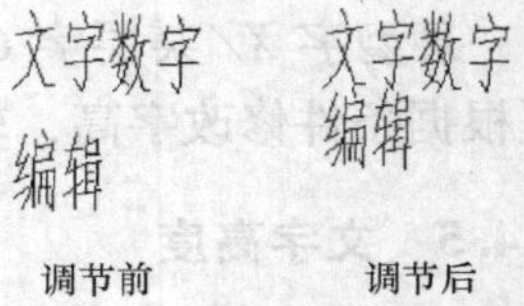

图 9-6 行间距调节为 1.0 倍时的效果图

9.5.3 文字分解

【功能】 将 AutoCAD 中一次写入的文字（是一个整体）分解成为两段或者单个的文字，便于排版和修改。

【菜单】 “文字”→“文字分解”。

【用法】 选择上述菜单项，命令行提示如下：

请选择要打断的文字[全部打断(A)/断成两截(S)]〈断成两截〉:

文字可多次选择，也可框选，按〈Enter〉键或单击鼠标右键可结束选择。软件默认的打断方式为断成两截，若选择断成两截，命令行提示如下：

点取要打断的位置:

点取后所选文字将在点取的打断位置打断。若需要切换打断方式，直接输入“A”即可切换为全部打断，然后再选择需要打断的文字，即可将所选文字打断为单个的字。

9.5.4 文字合并

【功能】 将 AutoCAD 中的多段文字或单个文字合并为一行。

【菜单】 “文字”→“文字合并”。

【用法】 选择上述菜单项，命令行提示如下：

请选择文字:

可多次选择，也可框选，按〈Enter〉键或单击鼠标右键确认选择后，即可将所选文字合为一个整体。若所选文字不是同一行的，则按文字的插入点坐标（X坐标）排序，将所选文字合并为一行。文字合并的效果如图9-7所示。

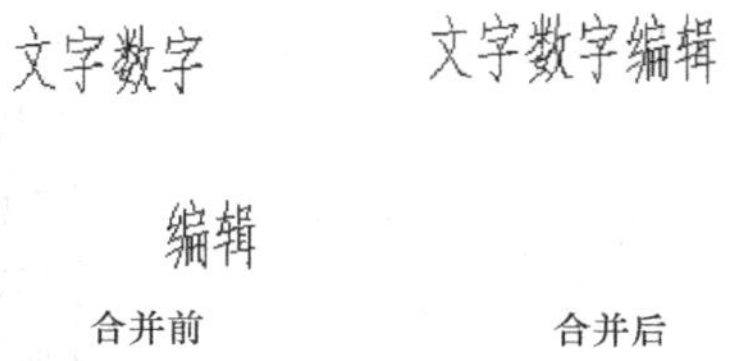

图9-7 文字合并效果图

9.5.5 文字替换

【功能】 对选中的文字进行替换。

【菜单】 “文字”→“文字替换”。

【用法】 选择上述菜单项，弹出“字符替换”对话框，如图9-8所示。在该对话框的“查找内容”文本框中输入要替换的文字，在“替换内容”文本框中输入要替换的文字，也可以单击按钮从图面上拾取文字，然后单击替换<按钮，即可将“查找内容”文本框中的文字替换为“替换内容”文本框中的文字。同时软件会弹出替换结果报告，并统计替换数量，如图9-9所示。

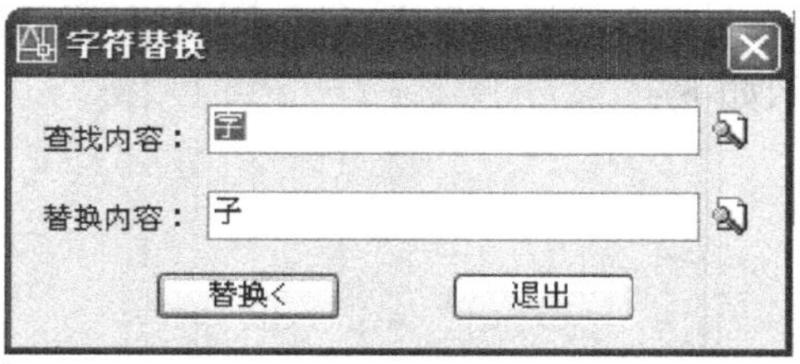

图9-8 “字符替换”对话框

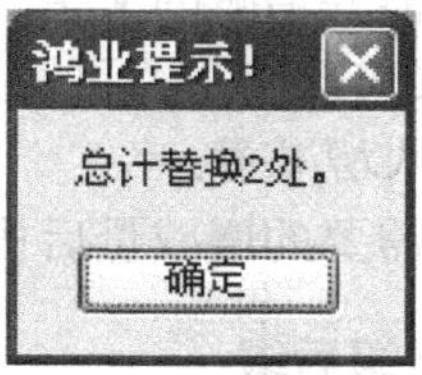

图9-9 替换结果报告

9.5.6 文字增减

【功能】 对文字的数目做递增处理，用于填写表格序号或进行回路编号等操作。

【菜单】 “文字”→“文字增减”。

【用法】 选择上述菜单项，命令行提示如下：

请点选需要增减的数字或字母：

点选完成后按〈Enter〉键，弹出“文字增减”对话框，如图9-10所示。其中“间距”表示递增的多个文字插入点之间的距离，当选中“间距”而未选中“数量”时，递增的文字的个数会随着光标的移动而改变，但相邻文字的距离始终为设置间距值。可使用按钮从图面中拾取间距。“数量”表示递增的文字的个数，当选中“数量”而未选中“间距”时，递增文字的间距会随着光标的移动而改变，但文字的个数始终为设置数量值。“增量”表示文字递增的增量，如原文字为1，增量为2，则后面递增的文字分别为3、5、7、9…… 增量可为负值。除了对文字进行递增或递减外，还可对字母、汉字、数字等进行递增或递减，用鼠标单击文字的哪个部分，则对哪部分进行递增或递减。文字增减的效果如图9-11所示。

图9-10 “文字增减”对话框

9.5.7 单个增减

【功能】 快速增减单个文字。

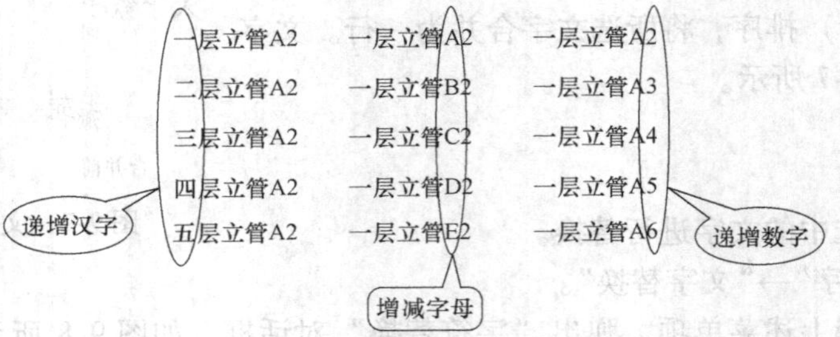

图 9-11　文字增减效果图

【菜单】“文字”→“单个增减”。

【用法】选择上述菜单项，命令行提示如下：

请点选需要增减的数字或字母[输入增量〈S〉]:

单击需要增减的文字的增减部分，则该部分文字会根据增量自动增减，软件默认增量为1。若需要修改增量，可输入“S”，命令行提示如下：

请输入增减量:

输入需要的增减量后按〈Enter〉键即可。

9.5.8　前缀后缀

【功能】在文字的前面或后面加上相同的字符。

【菜单】“文字”→“前缀后缀”。

【用法】选择上述菜单项，弹出“文字添加前缀、后缀”对话框，如图 9-12 所示。在该对话框中选择添加“前缀”或“后缀”方式，并编辑内容，命令行提示如下：

图 9-12　“文字添加前缀、后缀”对话框

请选择文字:

文字的选择可以框选，这样可以将所选中的文字一次性地完成添加前缀或后缀的操作。选择完成后按〈Enter〉键，即可完成选中文字的前缀或后缀添加。

9.6　设计说明

1. 初步设计说明

【功能】提供初步设计说明的模板。

【菜单】“文字”→“初步设计说明”。

【用法】选择上述菜单项，弹出“初步设计说明”对话框，如图 9-13 所示。在该对话框的“每行列数”文本框中可以设置说明内容的布局，单击 打开 按钮可以打开已存的 TXT 格式设计说明；单击 另存为 按钮；可以将当前的设计说明保存；单击 绘制 按钮，可以将当前的设计说明绘制在图纸中。绘制于图纸中的设计说明内容，每行为一个整体，可以使用“文字编辑器”命令进行拾取编辑。

2. 采暖设计说明

“采暖设计说明”类同于“初步设计说明”，仅是内容有所区别。

3. 空调设计说明

“空调设计说明”类同于“初步设计说明”，仅是内容有所区别。

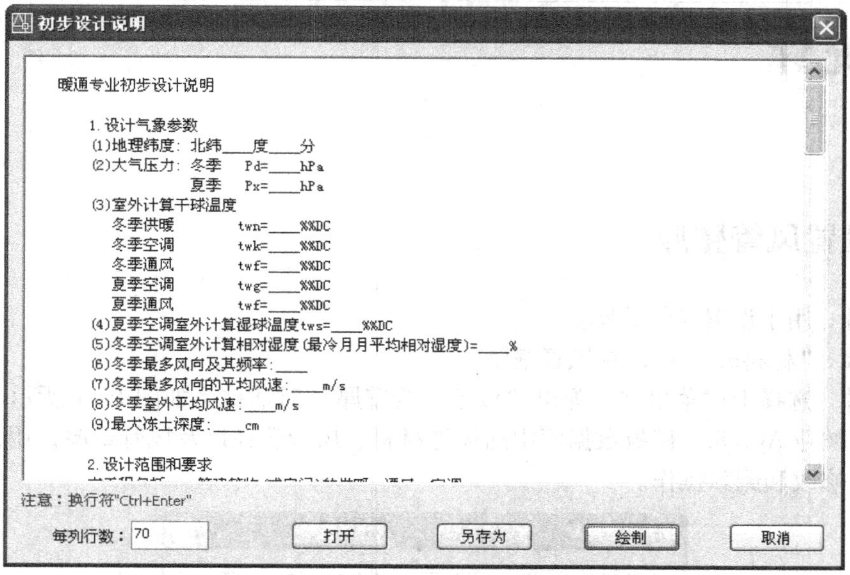

图9-13 “初步设计说明”对话框

第 10 章

材料统计

10.1 设置风管壁厚

【功能】 用于设置风管壁厚。

【菜单】 “材料表”→“设置风管壁厚”。

【用法】 选择上述菜单项，弹出“设置风管壁厚”对话框，如图 10-1 所示。在该对话框中列出了鸿业 ACS 8.2 模板数据库中的风管材料、风管管径以及风管壁厚，用户可以对其进行添加、修改和删除操作。

图 10-1 “设置风管壁厚”对话框

(1) 添加风管壁厚 单击 添加... 按钮，弹出“添加风管壁厚信息”对话框，如图 10-2 所示。在该对话框中输入相应的风管壁厚信息，包括模板名称、材料名称、管径和壁厚等，输入完成后单击“确定”按钮即可在相应模板数据库中看到所添加的风管壁厚。

(2) 修改风管壁厚 在“设置风管壁厚”对话框中选中某壁厚的风管，单击 修改 按钮，弹出“修改风管壁厚信息”对话框，其操作方法同“添加风管壁厚”对

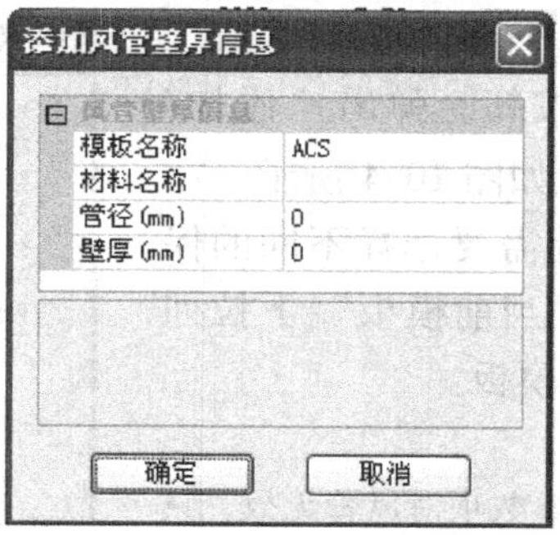

图 10-2 “添加风管壁厚信息”对话框

话框。

(3) 删除风管壁厚　在“设置风管壁厚”对话框中选中某壁厚的风管，单击 删除 按钮，软件进行删除确认提示。

【注意】

1）“管径”指圆风管的直径或方风管宽、高中的最大者。

2）取值规则：已知管径为 DN＊＊的管道，取同类管材大于等于 DN＊＊中最小的那个。

10.2 保温层计算

10.2.1 设置保温层厚度

【功能】 用于设置保温层厚度。

【菜单】“材料表”→“设置保温层厚度”。

【用法】 选择上述菜单项，弹出“设置保温层厚度”对话框，如图 10-3 所示。在该对话框中同样可以对选中的当前模板中的保温层厚度进行添加、修改和删除操作，操作方法与

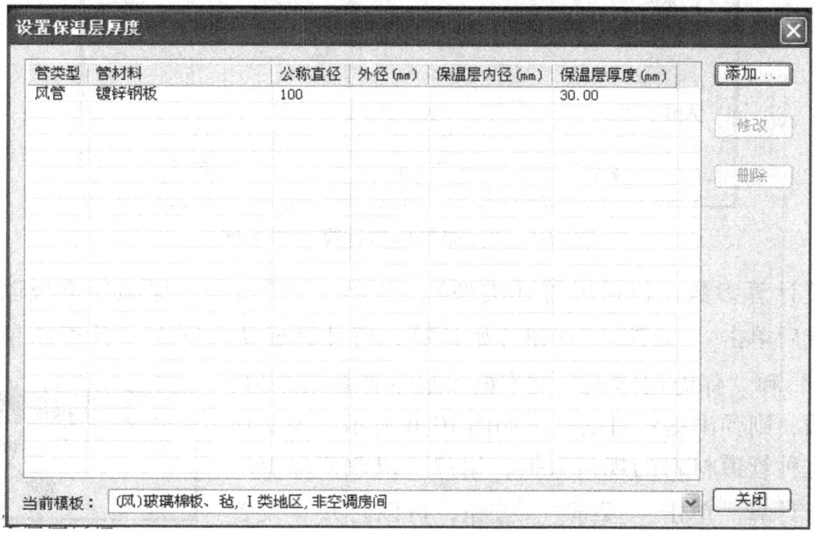

图 10-3 “设置保温层厚度”对话框

10.1 节中介绍的类似，因此这里不再赘述。

单击 添加... 或 修改 按钮，弹出“添加/修改保温层厚度信息”对话框，如图 10-4 所示。在设计过程中，用户可以根据设计需要选择不同的保温层厚度模板来进行操作，在“当前模板”下拉列表框中即可选择数据库中所列的模板。

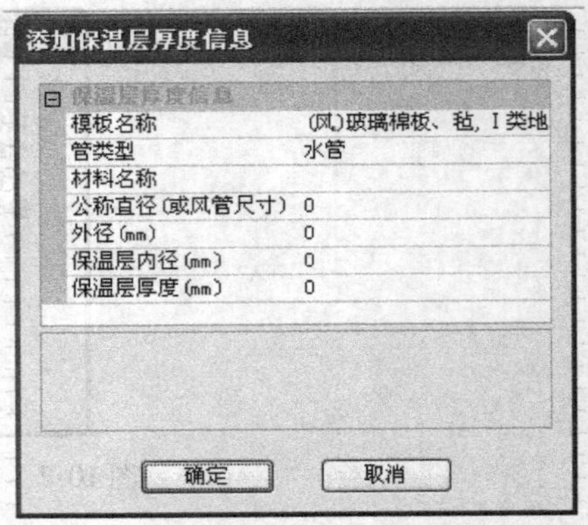

图 10-4 “添加保温层厚度信息”对话框

【注意】

1）“外径”和“保温层内径”参数项对风管无效，只对水管有效。

2）风管的“公称直径”是指圆风管的直径或方风管宽、高中的最大者。

3）水管的“保温层内径”参数项设置若大于0，则采用该项设置值，否则采用其“外径”参数项值。

4）取值规则：已知公称直径为 DN＊＊的管道，取同类管材小于等于 DN＊＊中最大的那个。

10.2.2 保温层体积计算

【功能】 用于保温层体积计算。

【菜单】 “材料表”→“保温层体积计算”。

【用法】 选择上述菜单项，弹出“保温层体积计算”对话框，如图 10-5 所示。用户在计算前需设置计算参数，包括风管（类型）、水管、管道材料、保温层模板以及管道长度等，设置完成后单击 计算 按钮开始计算，若计算成功，则在“计算结果”组合框的“保温层厚度”和“保温层体积”文本框中显示计算结果值；若计算不成功，则弹出提示对话框，如图 10-6 所示，说明该模板中没有这种管道材料的规格数据，用户可以改变保温层模板重新进行计算。单击 查询 按钮，可以打开“设置保温层厚度”对话框。

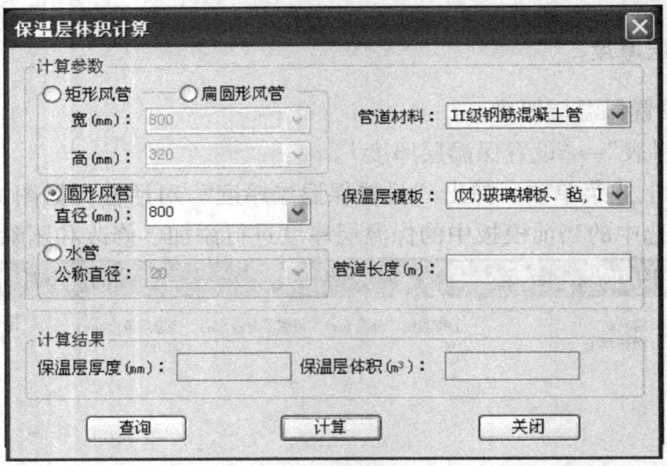

图 10-5 “保温层体积计算”对话框

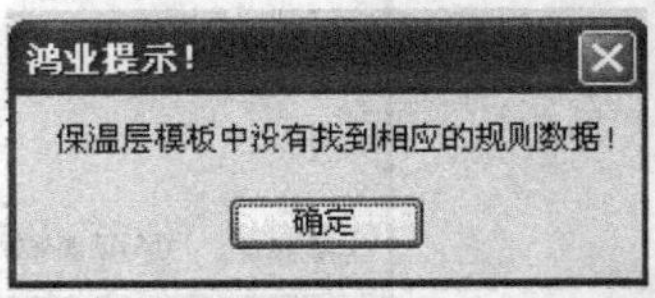

图 10-6 提示对话框

10.3 材料汇总

【功能】 用于工程材料的统计汇总，并绘制出材料表或生成 Excel 表，也可对每层做材料汇总。

【菜单】 “材料表”→“材料汇总”。

【用法】 选择上述菜单项，弹出“材料统计”对话框，如图 10-7 所示。

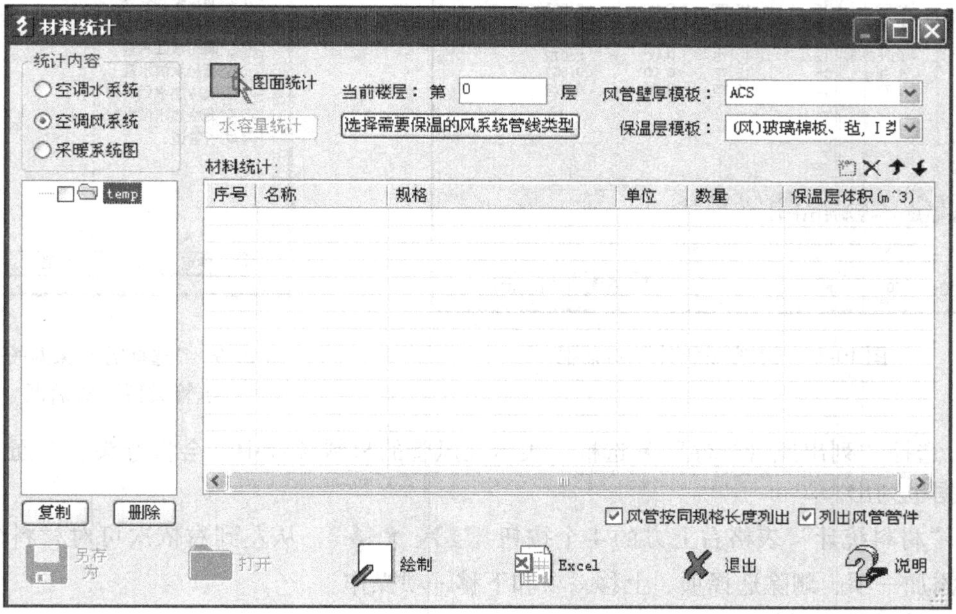

图 10-7 “材料统计”对话框

（1）统计内容 该命令可以统计空调水系统、空调风系统和采暖系统图的材料。用户可以根据需要在“统计内容”组合框中选择相应的统计内容。

（2）材料提取 单击[图面统计]按钮，在图面中选择要统计的内容，按〈Enter〉键返回对话框，即可在对话框的“材料统计”表格中看到提取到的统计内容。对空调水系统进行图面统计后，[水容量统计]按钮变为可用状态，单击该按钮，弹出“水容量统计”对话框，如图 10-8 所示。该对话框中列出了所提取到的水系统、水管详细数据以及水容量总计。单击“材料统计”对话框中的[选择需要保温的水系统管线类型]按钮，弹出“选择需要保温的空调水管类型”对话框，如图 10-9 所示。保温层统计时，只对此对话框中选中的水管类型进行统计。

（3）材料统计

1）单击“材料统计”表格中的列标题“名称”，能按照名称的升序或降序排列表格中的所有项。

2）单击“材料统计”表格中的任意单元格，可以对其中的内容进行修改。

3）选择“风管按同规格长度列出”复选框，表示对风管的材料统计按风管长度列出。

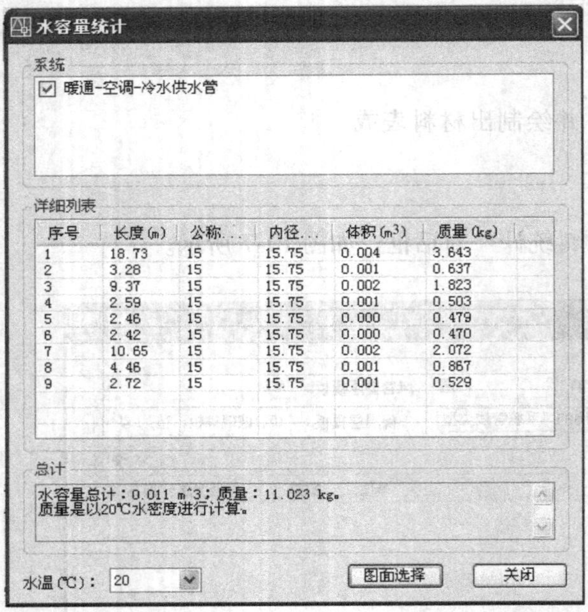

图 10-8 “水容量统计”对话框

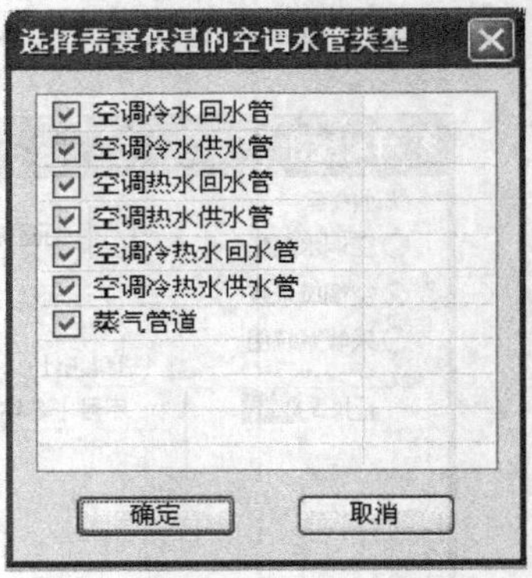

图 10-9 “选择需要保温的空调水管类型”对话框

4）选择“列出风管管件”复选框，表示在风管的材料统计中，会将弯头、三通、四通等的数据也列出。

5）“材料统计”表格右上方的 4 个按钮，从左到右依次可对材料统计表格实现添加一项、删除选择项、上移一项和下移一项操作。

（4）统计数据操作

1）复制按钮：创建一个当前选择层的副本。

2）删除按钮：删除当前选定层，并删除相应的数据文件。

3）绘制按钮：绘制统计表格，输入“U”或“u”，则表头在下，向上绘表；输入“D”或“d”，则表头在上，向下绘表。软件默认向上绘表。

4）Excel按钮：将统计结果输出到 Excel 文件中。

10.4 绘制空表格

【功能】 用于快速绘制空表格，以供用户使用。

【菜单】 “材料表”→“绘空表格”。

【用法】 选择上述菜单项，弹出“绘制空表格”对话框，如图 10-10 所示。在该对话框中根据需要设置行数、列数、行间距、绘制方向以及不同列之间的列间距，在相应设置项的文本框中输入数据即可完成设置。单击绘制按钮，在图面中点取表格左上角位置即可完成绘制。

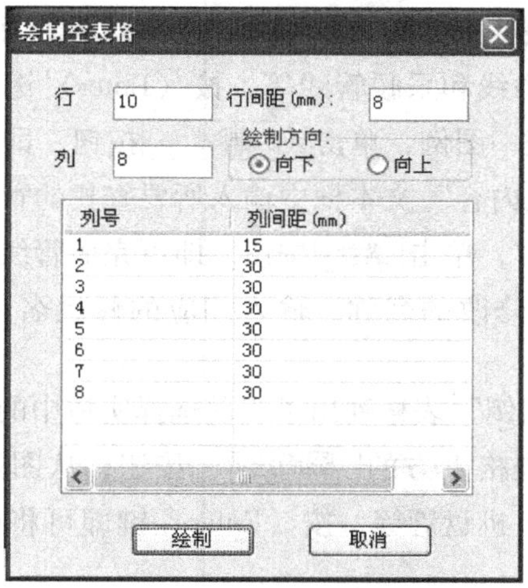

图 10-10 “绘制空表格”对话框

10.5 绘制图例表

【功能】 用于绘制图例表格。
【菜单】 “材料表”→“绘图例表”。
【用法】 选择上述菜单项，弹出“图例表”对话框，如图 10-11 所示。

（1）管线图例 “管线图例”表格列出了当前选择实体中的所有管线图例。

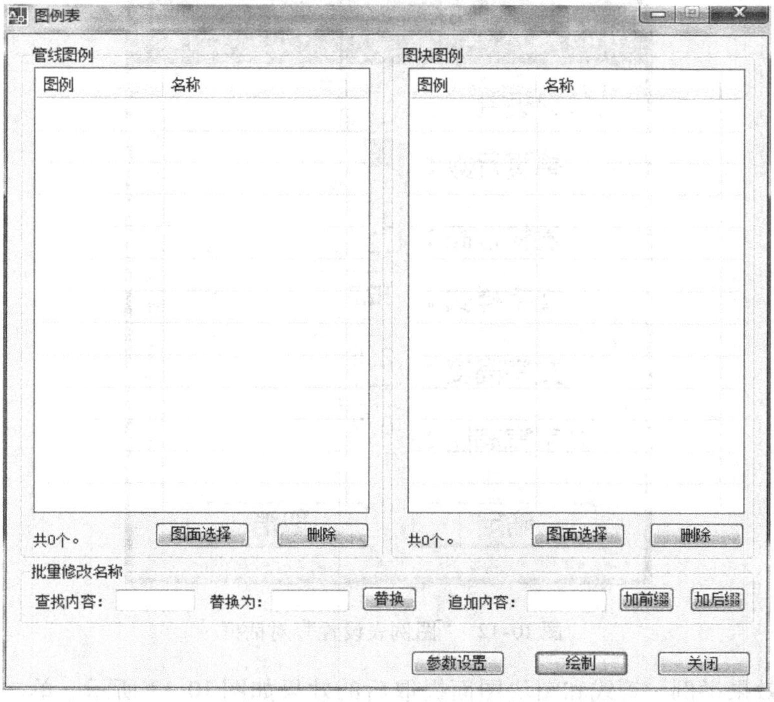

图 10-11 “图例表”对话框

1）单击“管线图例”表格下方的图面选择按钮，从图面中选择所有管线，包括空调管线、单线风管、双线风管中线和采暖管线等，按〈Enter〉键即可将所有管线图例提取到“管线图例”表格中。选中任一图例，单击删除按钮，即可删除选中的管线图例。

2）修改名称。在“查找内容”文本框中输入所要查找的管线名称，在“替换为”文本框中输入管线名称的替换内容，单击替换按钮，即可完成管线名称的批量修改。也可以直接在“名称”列中单击需要修改的名称，输入相应的修改名称即可实现管线名称的单个修改。

（2）图块图例　“图块图例”表格列出了当前选择实体中的所有图块图例。

1）单击“图块图例”表格下方的图面选择按钮，从图面中选择所有图块，包括风口、水管阀门、风管阀门和风机盘管等，按〈Enter〉键即可将所有图块图例提取到“图块图例”表格中。

2）图块图例编辑。在“图块图例”表格中选择所要编辑的图块图例，单击删除按钮，即可删除选中的图块图例。用户也可以在“追加内容”文本框中输入追加内容，单击加前缀按钮，则将追加内容加至图块图例名称的前面；单击加后缀按钮，则将追加内容加至图块图例名称的后面。

（3）参数设置　单击参数设置按钮，弹出“图例表设置”对话框，如图10-12所示。该对话框中的设置项均为图例表格和文字的设置内容，用户可以根据需要进行各项参数的设置。

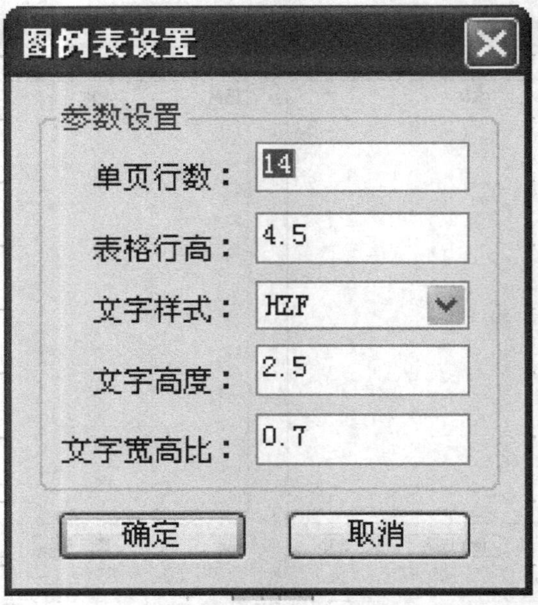

图10-12 “图例表设置”对话框

（4）绘制效果举例　管线和图块图面提取后的效果如图10-13所示。单击绘制按钮，在图面中点取表格左上角点，即可完成图例的绘制，绘制效果如图10-14所示。

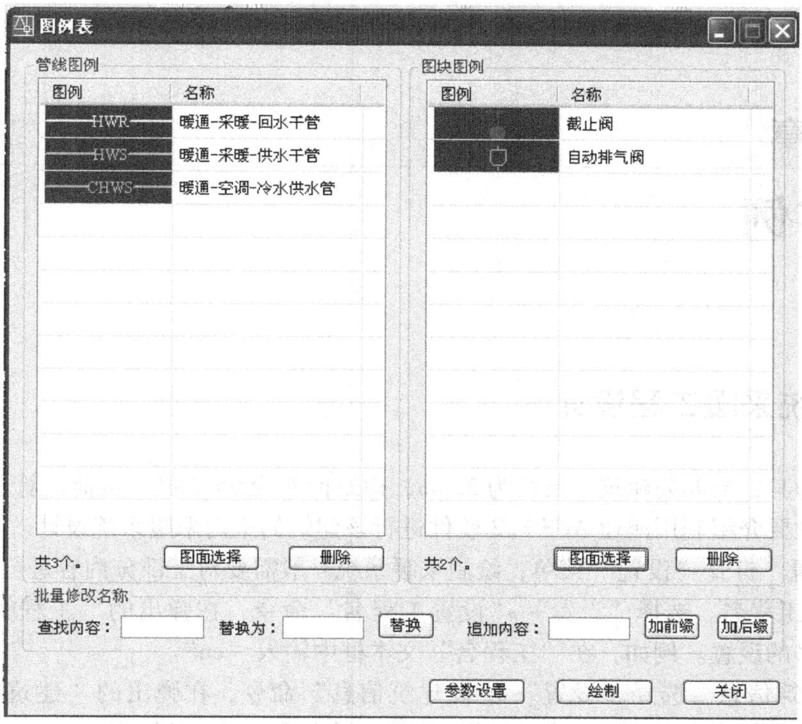

图 10-13　提取图例效果图

序号	图例	名称	备注
1	——— HWR ———	暖通-采暖-回水干管	
2	——— HWS ———	暖通-采暖-供水干管	
3	———CHWS———	暖通-空调-冷水供水管	
4		截止阀	
5		自动排气阀	

图 10-14　图例表绘制效果图

第 11 章 工程实例

11

11.1 传统采暖工程设计

本工程为某二层办公建筑，层高为3.6m，建筑面积为95.2m^2。负荷计算过程不在此处介绍，此处主要介绍利用鸿业 ACS 8.2 软件进行该建筑的室内采暖系统设计。

(1) 设置　打开“设置”菜单，绘制采暖系统一般需要对三部分内容进行设置。

1) 设置工程名。选择“设置”→“设置工程名”命令，在弹出的“工程管理”对话框中进行工程名的设置。例如，在“工程名”文本框中输入“cn”。

2) 设建筑信息。选择“设置”→“设建筑信息”命令，在弹出的“建筑物参数设置”对话框中进行建筑物参数设置。本工程设置1、2层为采暖系统关键层。

3) 设置系统默认参数。选择“设置”→“设置系统缺省参数”命令，在弹出的“设置绘图基本参数”对话框中分别切换到“系统”和“采暖”选项卡，进行绘图参数设置。本工程采暖系统形式为单管上供下回式。

(2) 散热器

1) 布散热器。选择“采暖”→“散热器”→“布散热器”命令，根据弹出的“布置散热器”对话框进行散热器的布置。当建筑图的绘制软件不明确或绘制不规范时，可能无法对窗户和墙线进行识别，此时可选择布置散热器方式进行布置。本实例选择任意布置且不绘制立管的方式进行第二层采暖平面散热器的布置，如图 11-1 所示。

2) 定义散热器负荷。选择“采暖”→“散热器”→“散热器负荷”命令，根据负荷计算结果进行散热器负荷的定义，从而方便散热器片数的计算。

(3) 绘制采暖平面图

1) 绘制采暖管线。选择“采暖”→“绘制采暖管线”命令，在随后弹出的子菜单中分别选择“总供水立管”和“供水立管”命令进行立管的绘制，绘制效果如图 11-2 所示。

选择“采暖”→“绘制采暖管线”命令，在随后弹出的子菜单中选择“供水干管”命令，进行采暖供水干管管线的布置。在供水干管的绘制中，注意当前管线相对本层标高的设定。本工程供水干管有两个分支，一个分支的标高设定为3.0m；另一个分支的标高在分支处设定为2.6m，然后再修改为3.0m，如图 11-3 所示。

2) 自动连线。选择“采暖”→“自动连线”命令，在弹出的“采暖自动连线”对话框中分别选择“干管”—“立管”、“散热器—立管/散热器”单选按钮，进行散热器、立管、干管的自动连线，连接效果如 11-4 所示。

图11-1 二层采暖平面散热器布置图

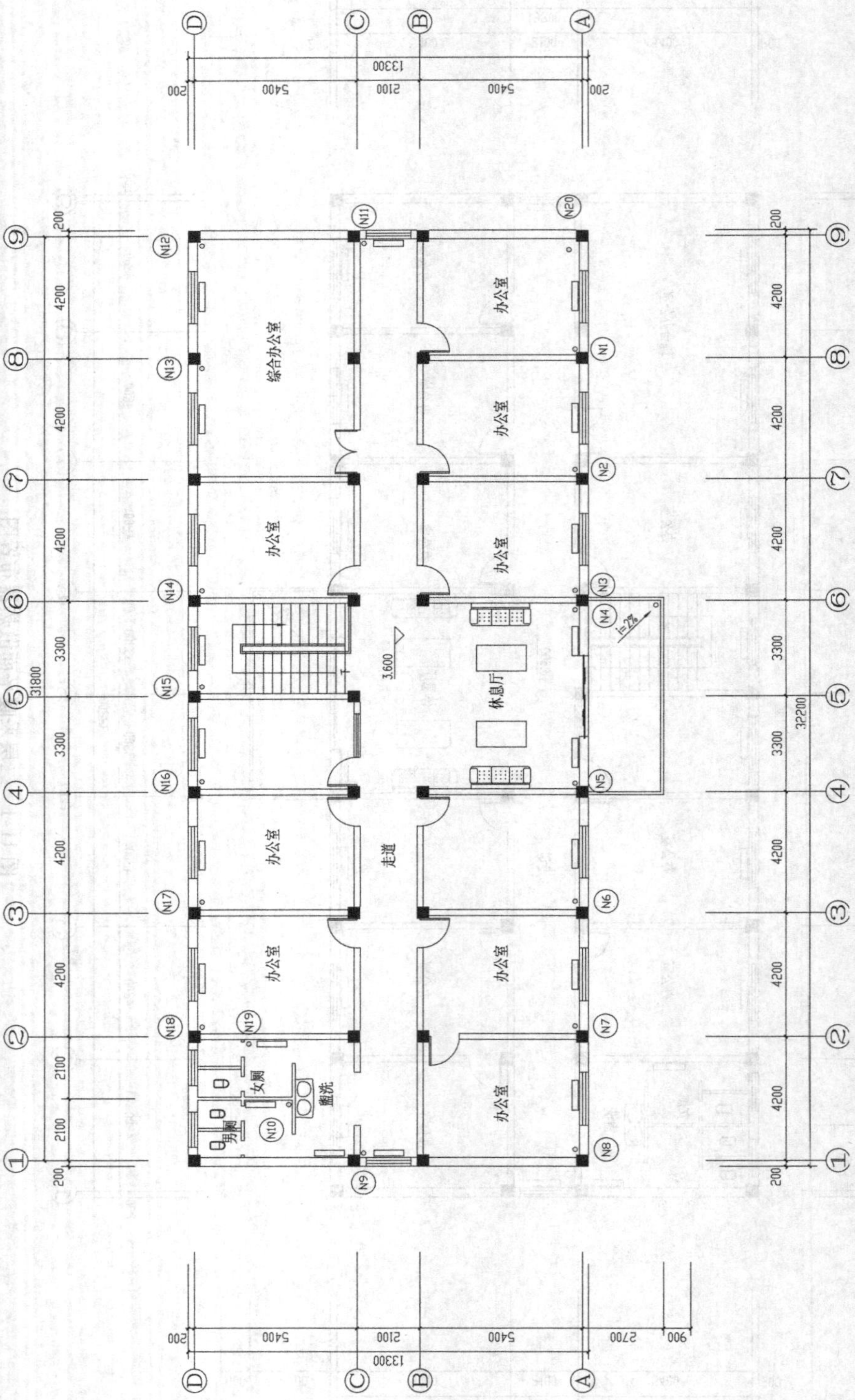

图 11-2 总供水立管、供水立管平面绘制效果图

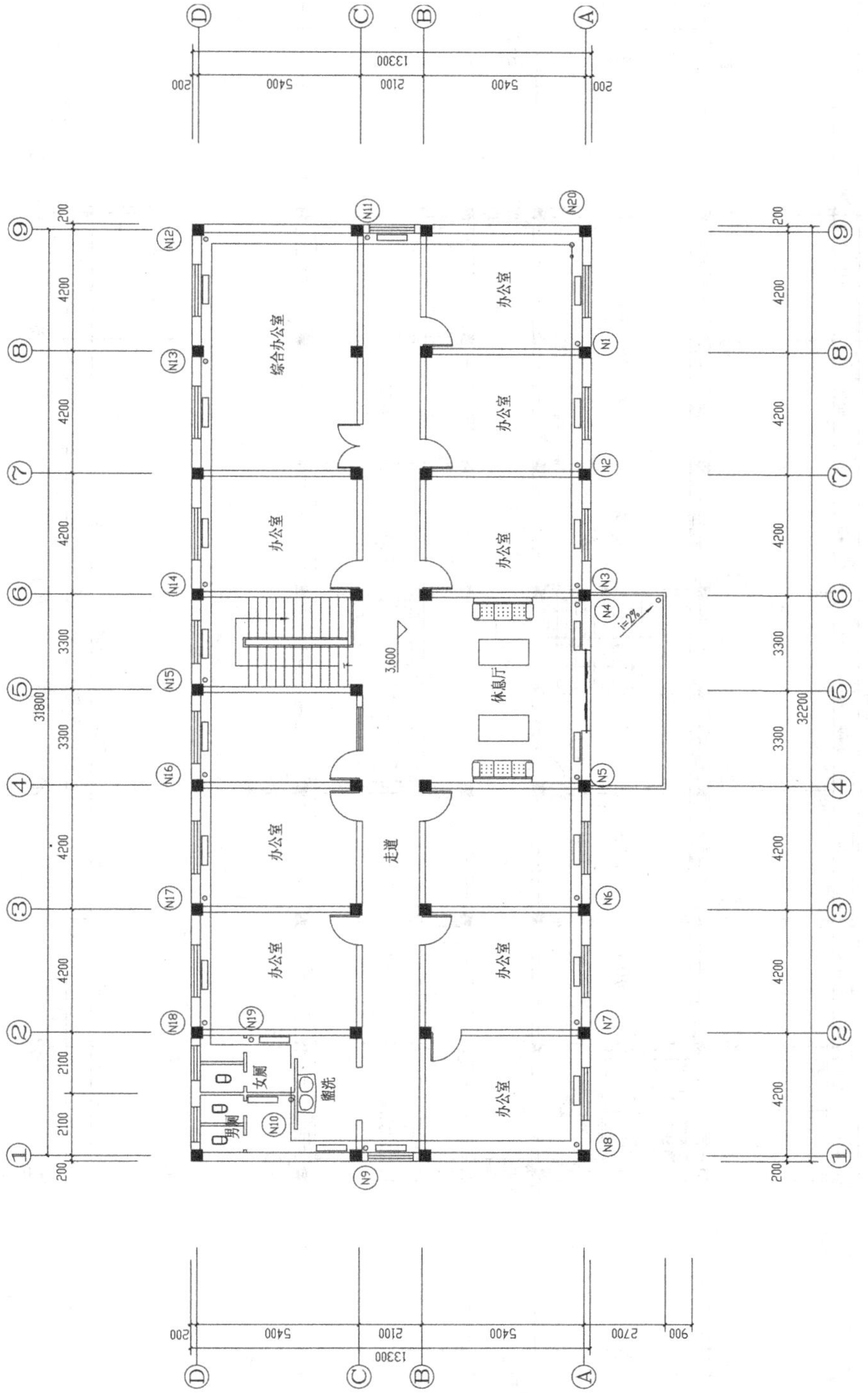

图 11-3 二层采暖平面管线布置图

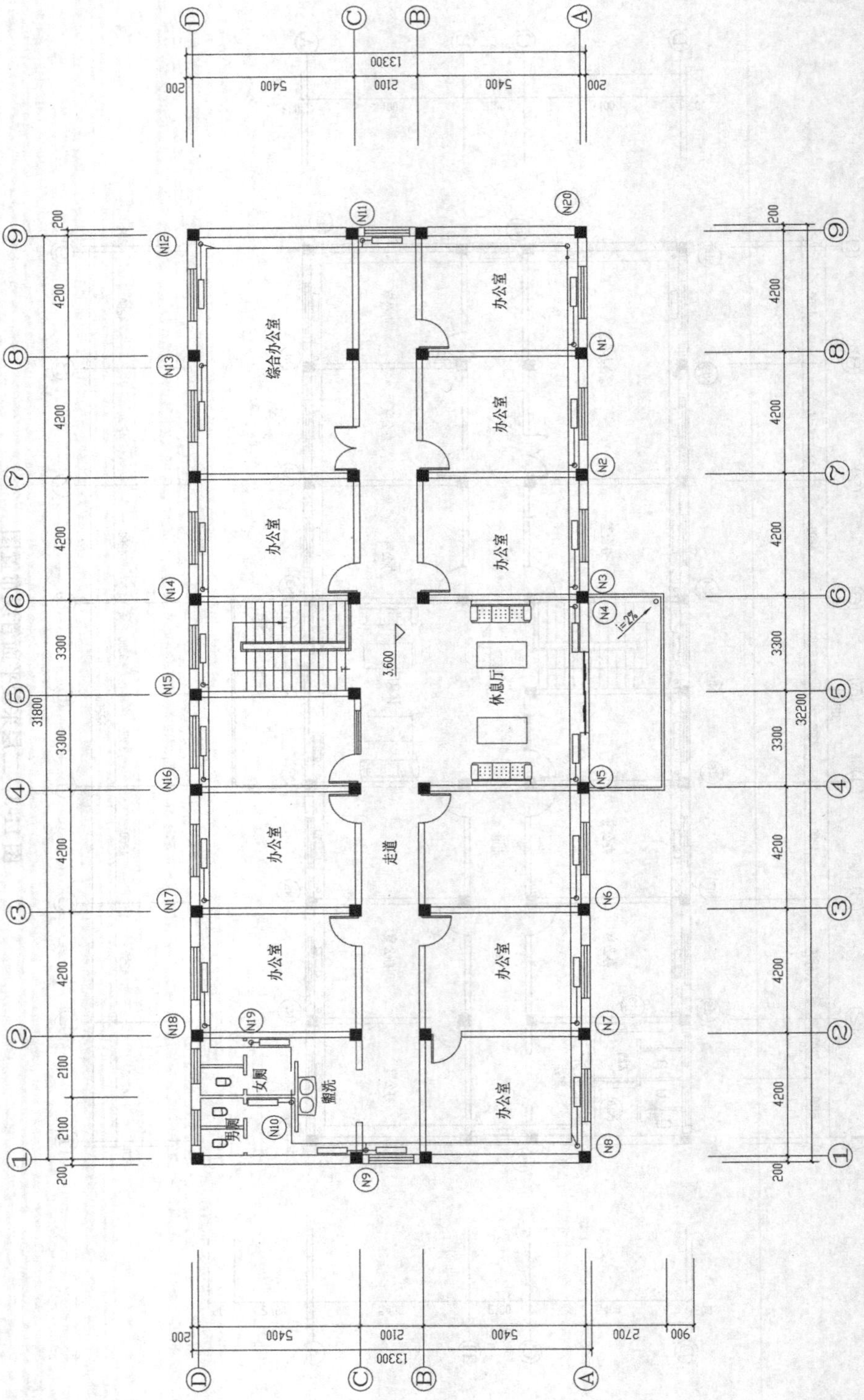

图 11-4　二层采暖平面管线自动连接效果图

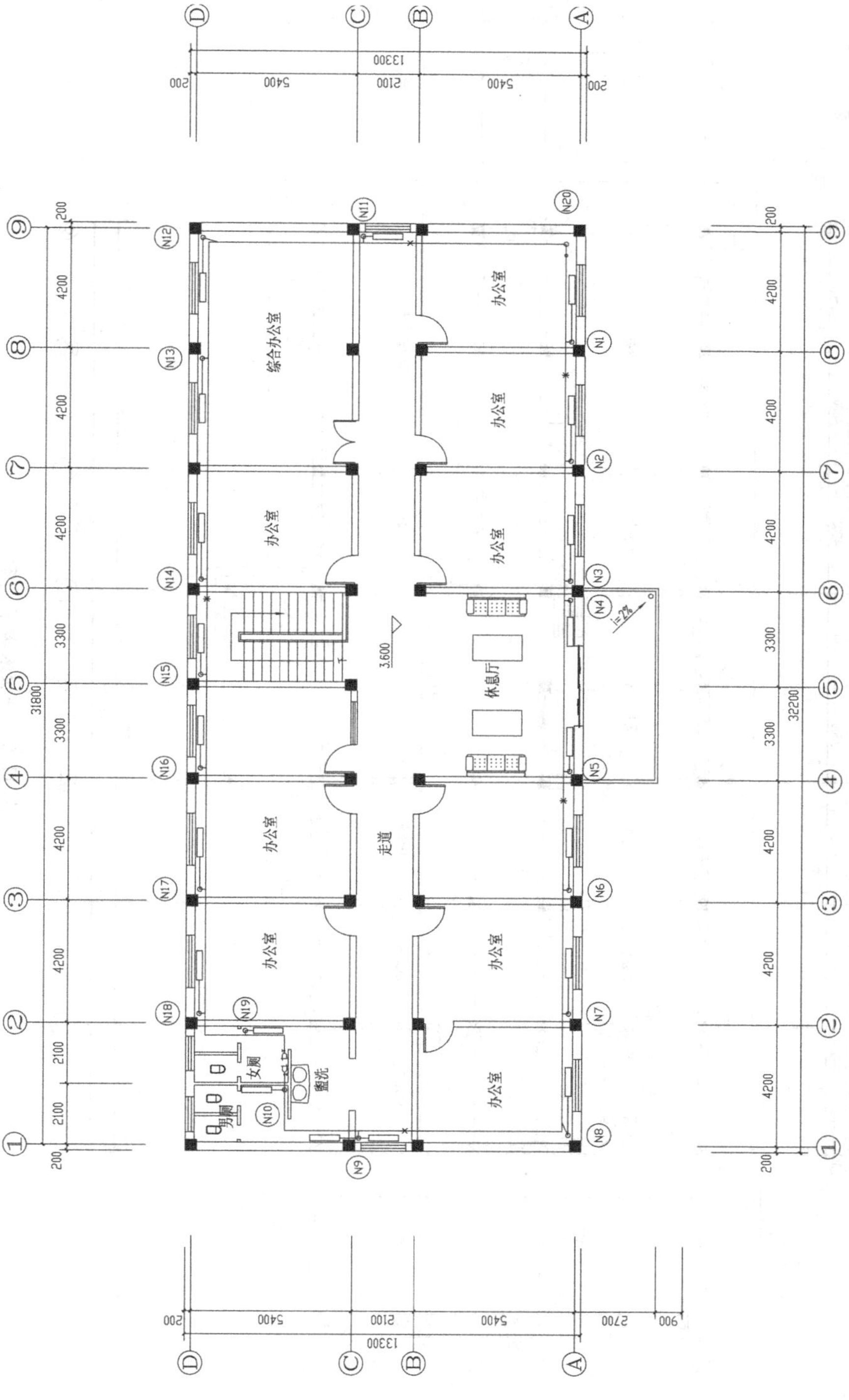

图 11-5 二层采暖平面自动排气阀和固定支架布置图

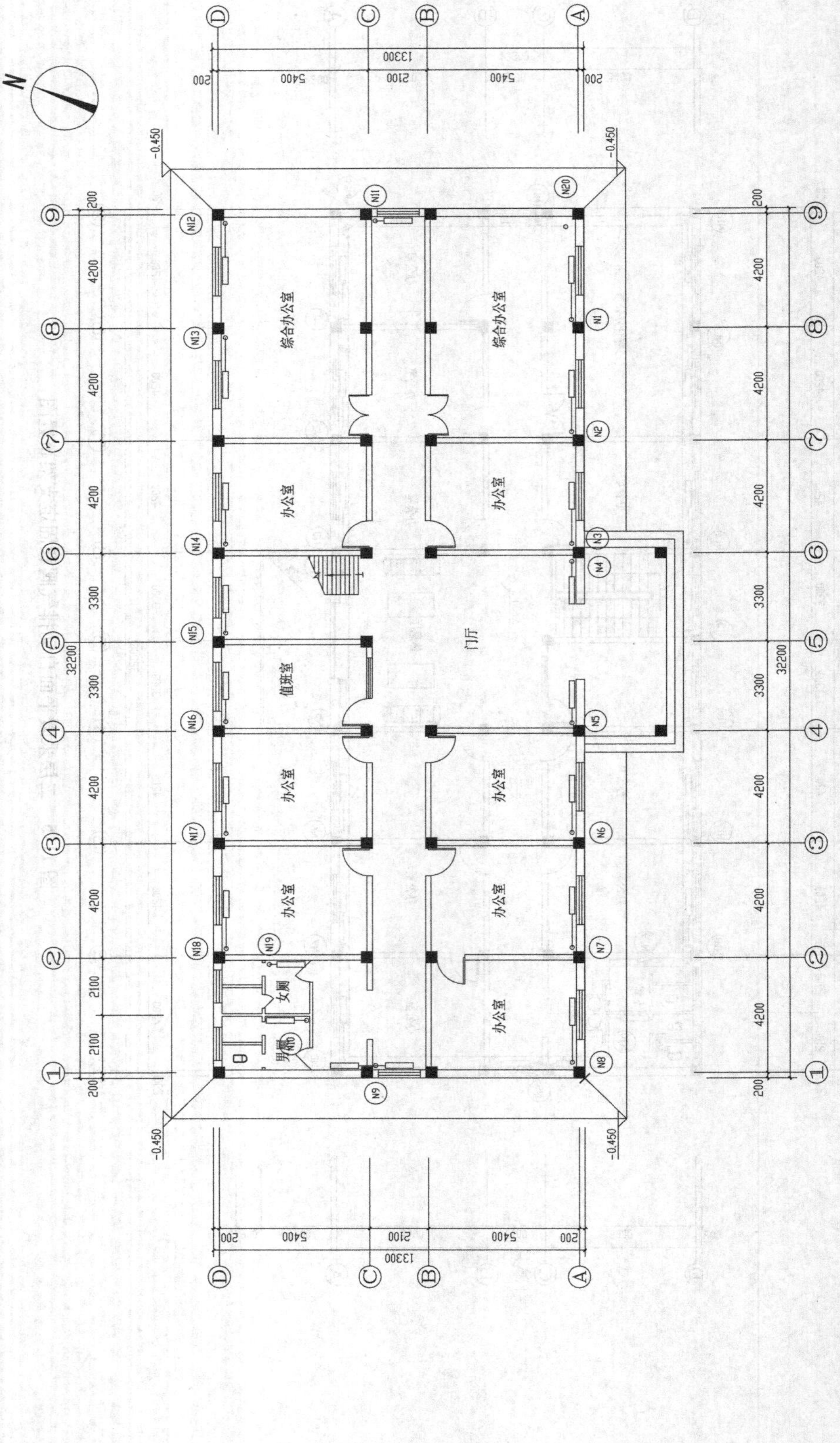

图 11-6 一层采暖平面图

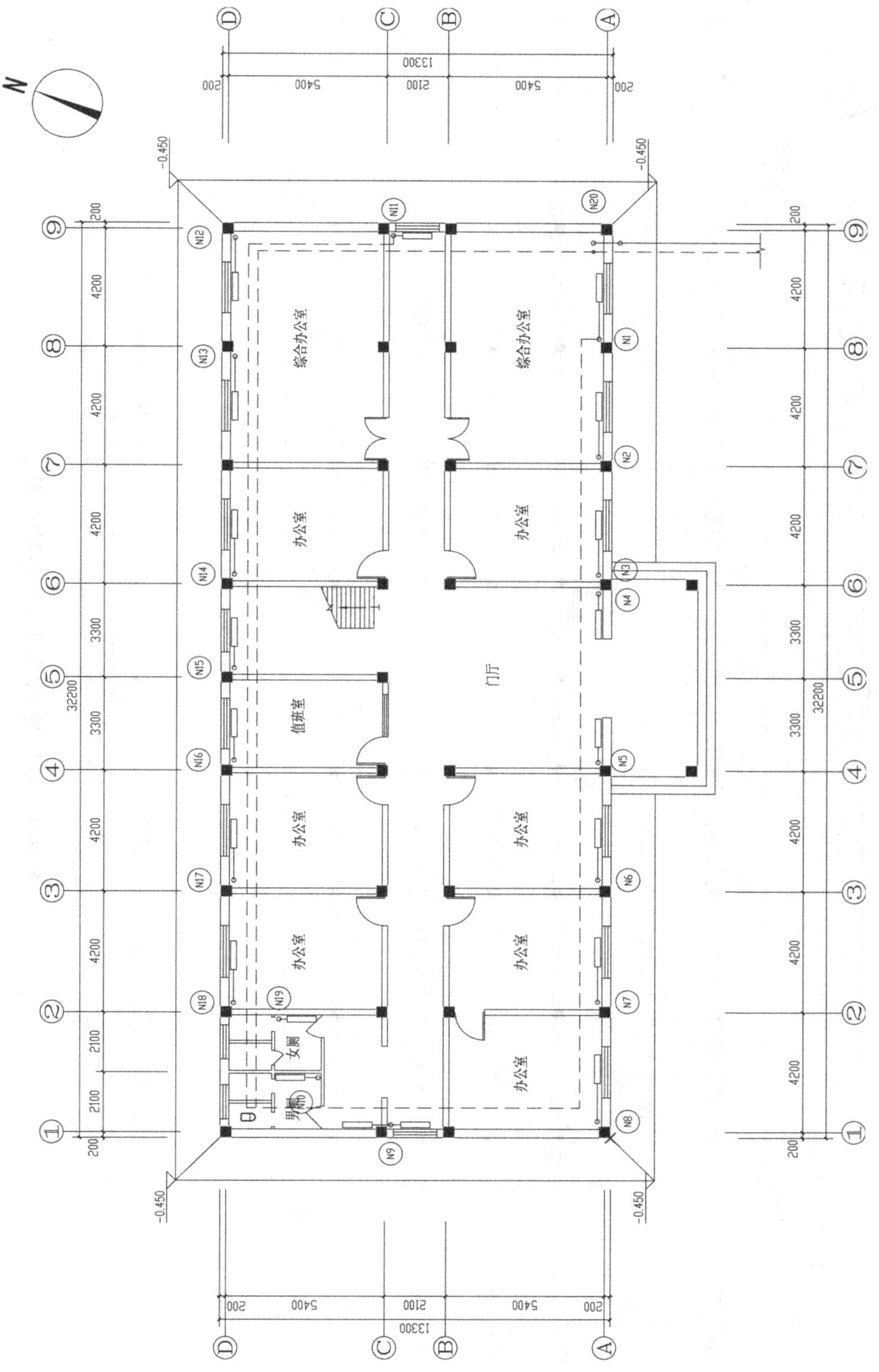

图 11-7 一层采暖平面图回水干管布置

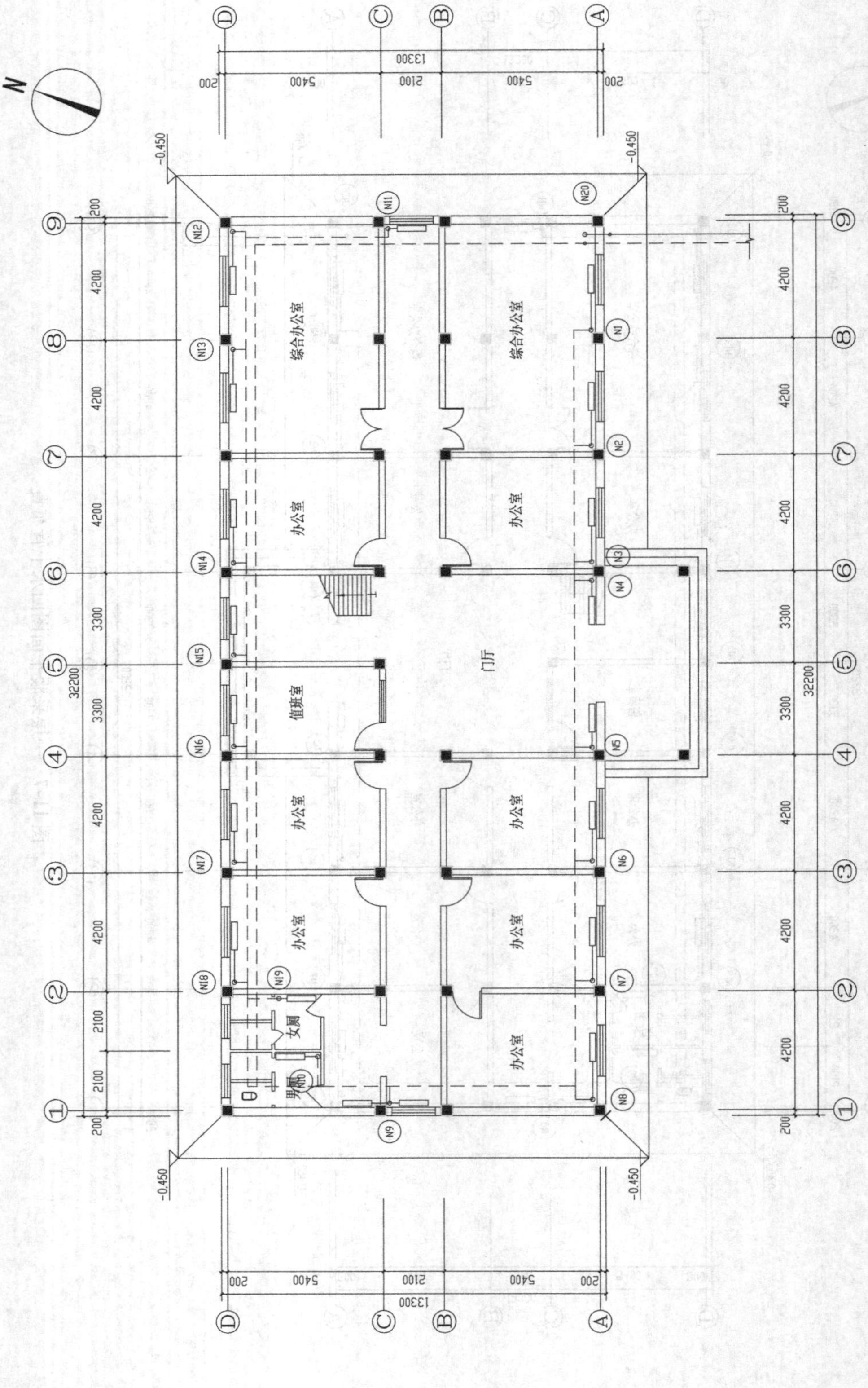

图11-8　一层采暖平面管线自动连接效果图

3）布置阀类。选择“采暖”→“布置阀类”命令，在弹出的“水管阀件”对话框中进行供水干管自动排气阀和固定支架的布置，如图11-5所示。

4）打断管线。选择“采暖”→“打断管线”命令，在平面图中将采暖管线在连接处断开，并删除多余的管线。

5）数据处理。选择“采暖”→“数据处理”命令，在弹出的“采暖数据处理”对话框中设置采暖系统名称和楼层号进行数据处理，当命令行提示数据处理完成时进行平面生成。

6）平面生成。选择“采暖”→“平面生成”命令，在弹出的“采暖平面生成”对话框中选择生成内容（包括立管、立管编号、散热器和支管），“原楼层号”选择“2”，“生成楼层”选择“1”，按照命令行提示自动生成、一层采暖平面图，如图11-6所示。

7）绘制采暖管线。由于本工程为单管上供下回系统，所以一层采暖平面需绘制回水干管和供回水总干管。选择“采暖”→“绘制采暖管线”→“回水干管”命令，进行采暖回水干管的布置。本工程回水干管的标高设定为-0.7m，引入口的标高设定为-1.1m。绘制完成后，选择“采暖”→“绘制采暖管线”→“回水总干管”命令，进行一层采暖平面总回水干管的绘制，其标高设定为-1.4m，绘制效果如图11-7所示。

8）自动连线。选择“采暖”→“自动连线”命令，在弹出的“采暖自动连线”对话框中选择“干管—立管”单选按钮进行立管、回水干管的自动连线，连接效果如图11-8所示。

9）数据处理。选择“采暖”→“数据处理”命令，在弹出的“采暖数据处理”对话框中进行第一层采暖平面图的数据处理，确保系统图的自动生成。

（4）绘制系统图　本工程采用自动生成系统图的方式进行绘制。选择“采暖”→“自动系统图”→“绘系统图”命令，在弹出的“采暖系统图生成”对话框中进行生成设置，生成的系统图如图11-9所示。

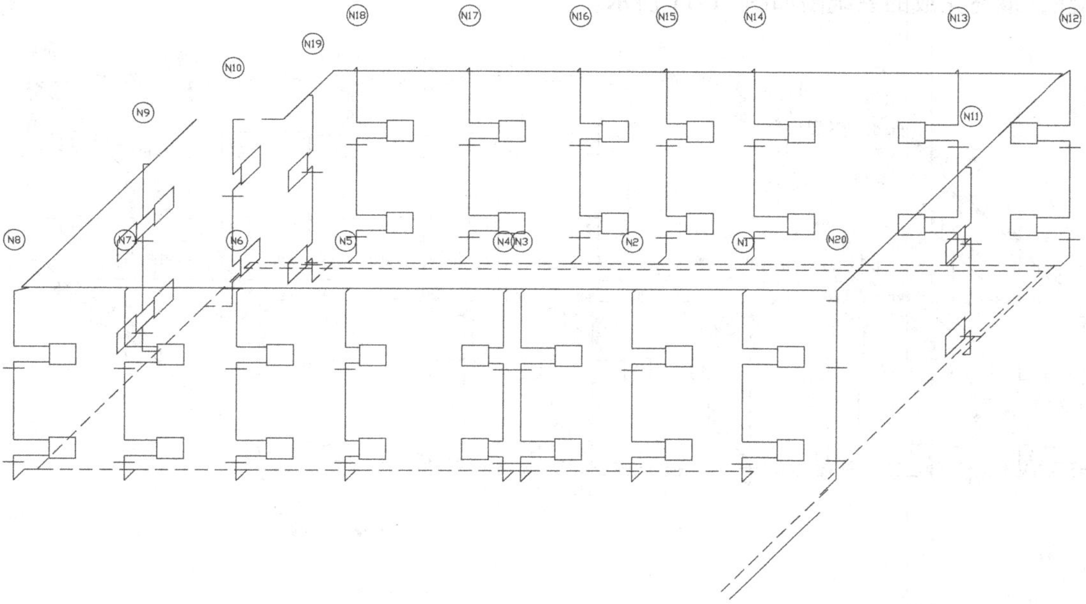

图11-9　自动生成采暖系统图

自动生成的采暖系统图有很多地方需要修改和标注，例如，管线断开、管线连线、立管移位、阀门设置及各类标注等，可以采用手动方式加以完善。

(5) 布置阀类　选择“采暖”→“布置阀类”命令，在弹出的“水管阀件”对话框中进行系统图阀类的布置，布置效果如图 11-10 所示。

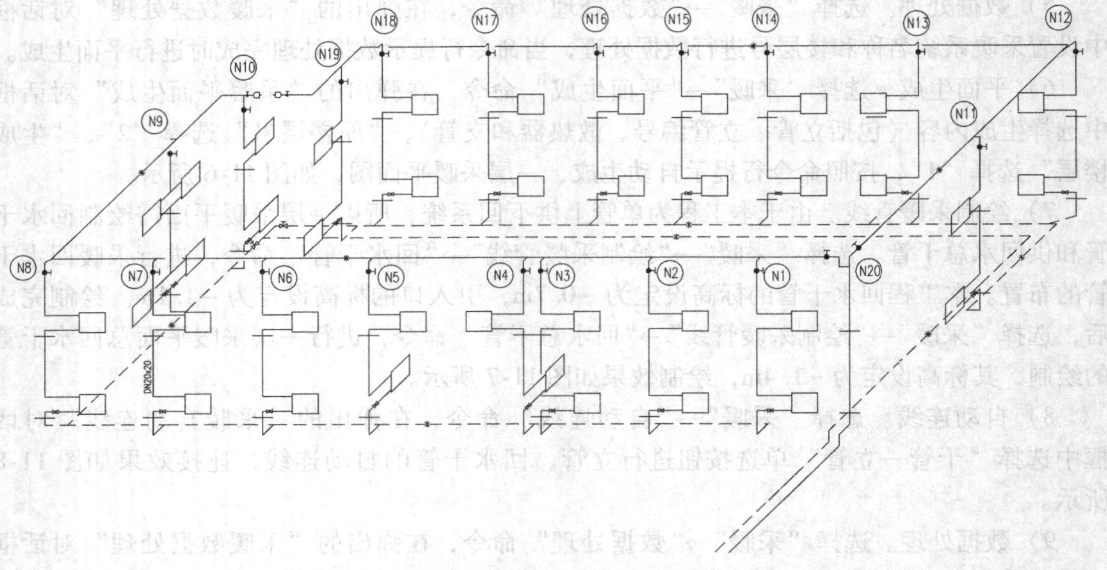

图 11-10　采暖系统图——阀门布置效果图

(6) 水力计算　选择“采暖”→“单管水力计算”命令，在弹出的“单管采暖水力计算”对话框中，按照单管水力计算步骤进行操作，即设置→编辑→计算→系统图→赋回→标注，最终完成的系统图如图 11-11 所示。

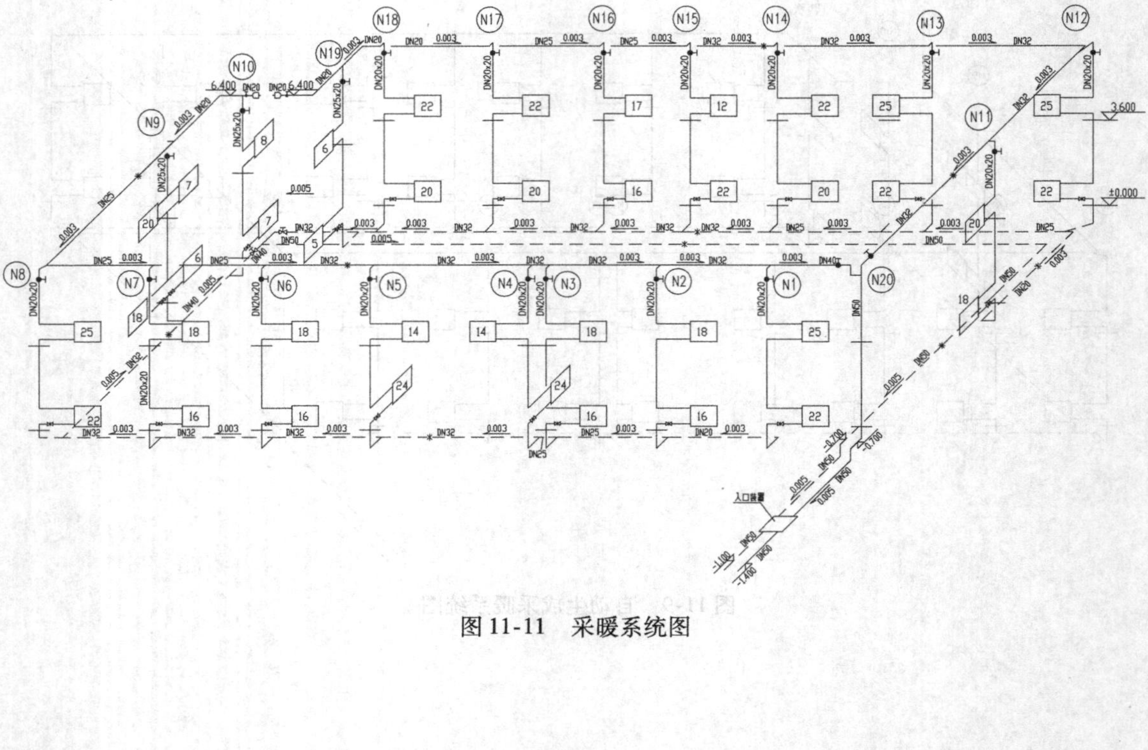

图 11-11　采暖系统图

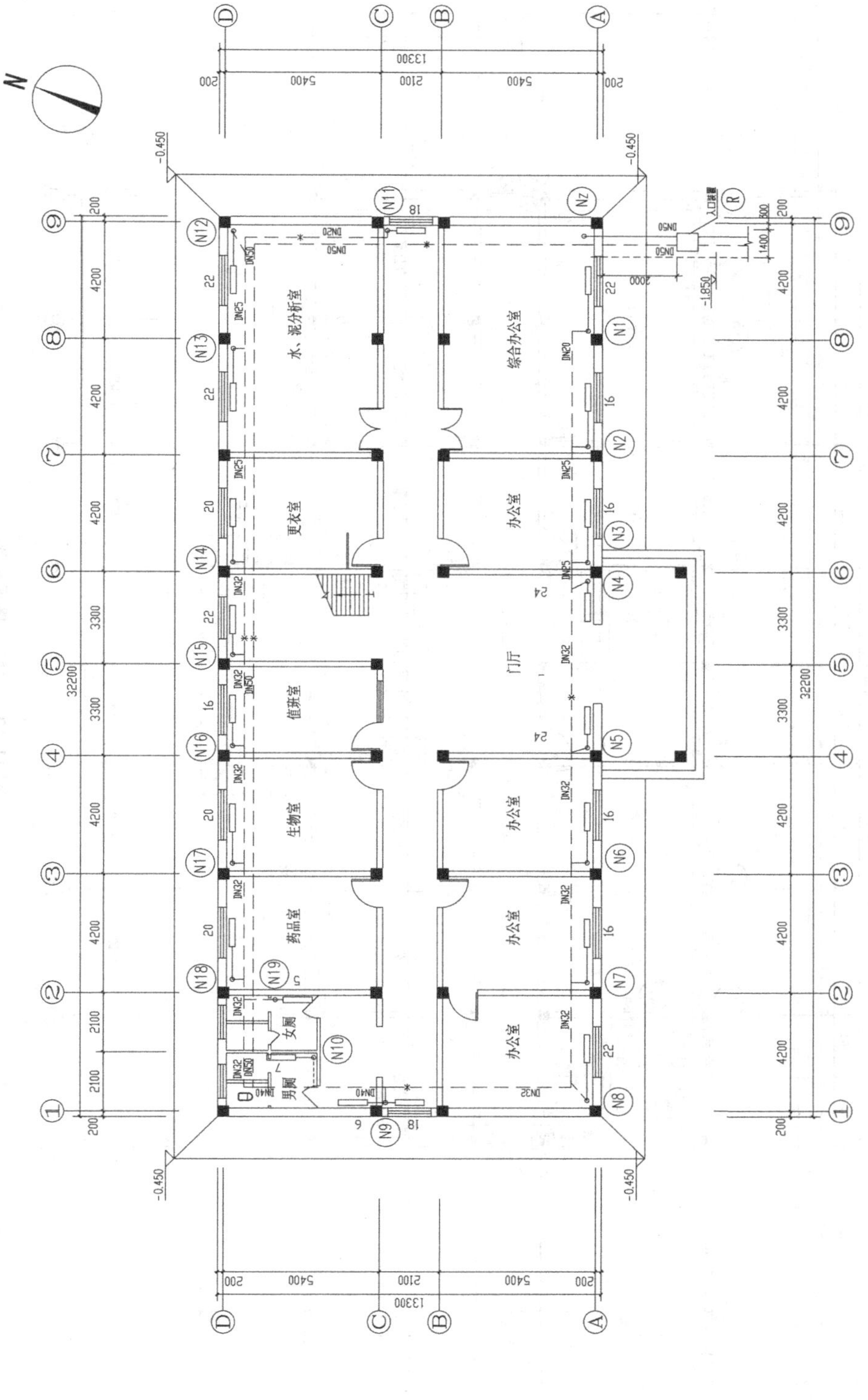

图 11-12 一层采暖平面图

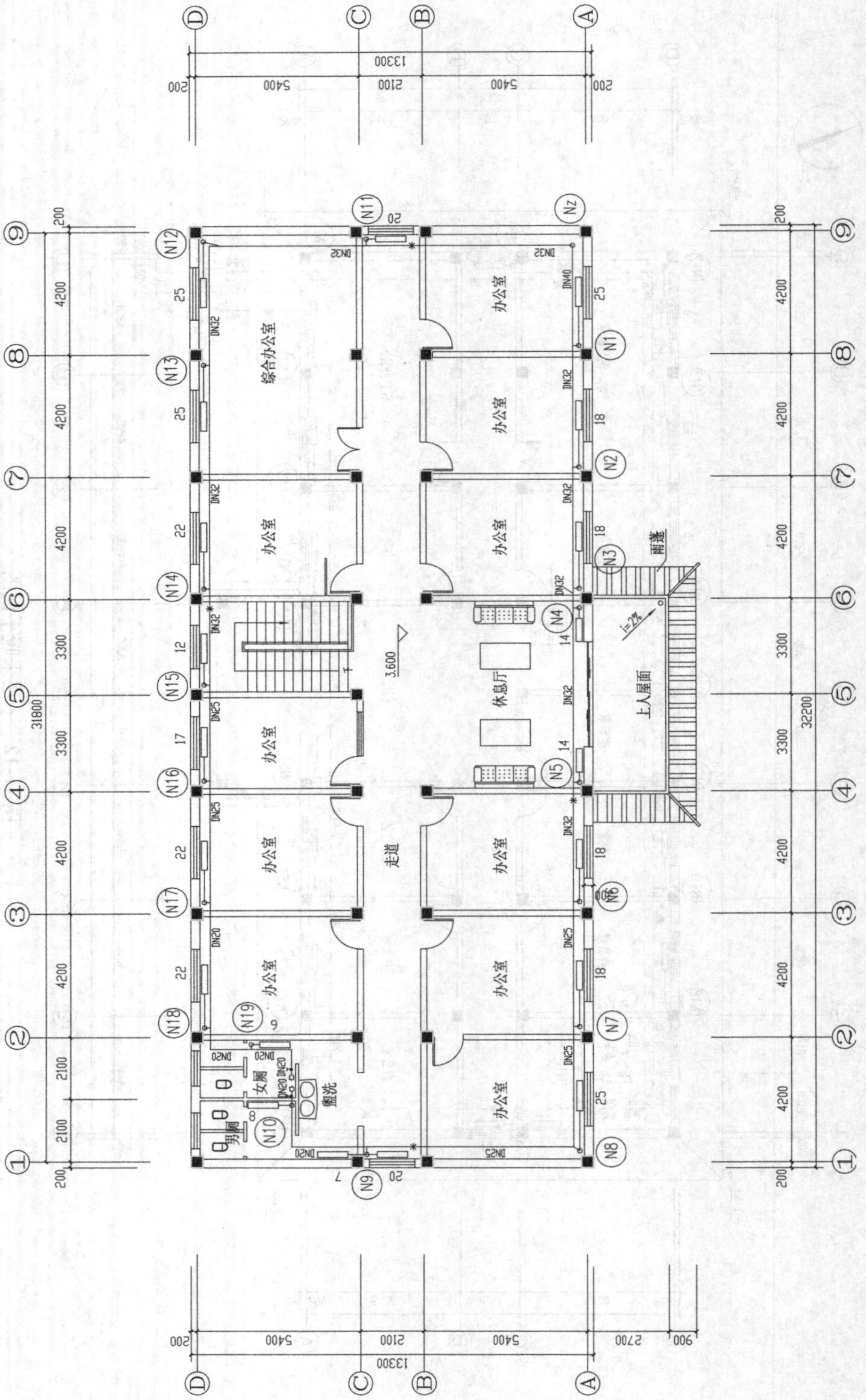

图 11-13　二层采暖平面图

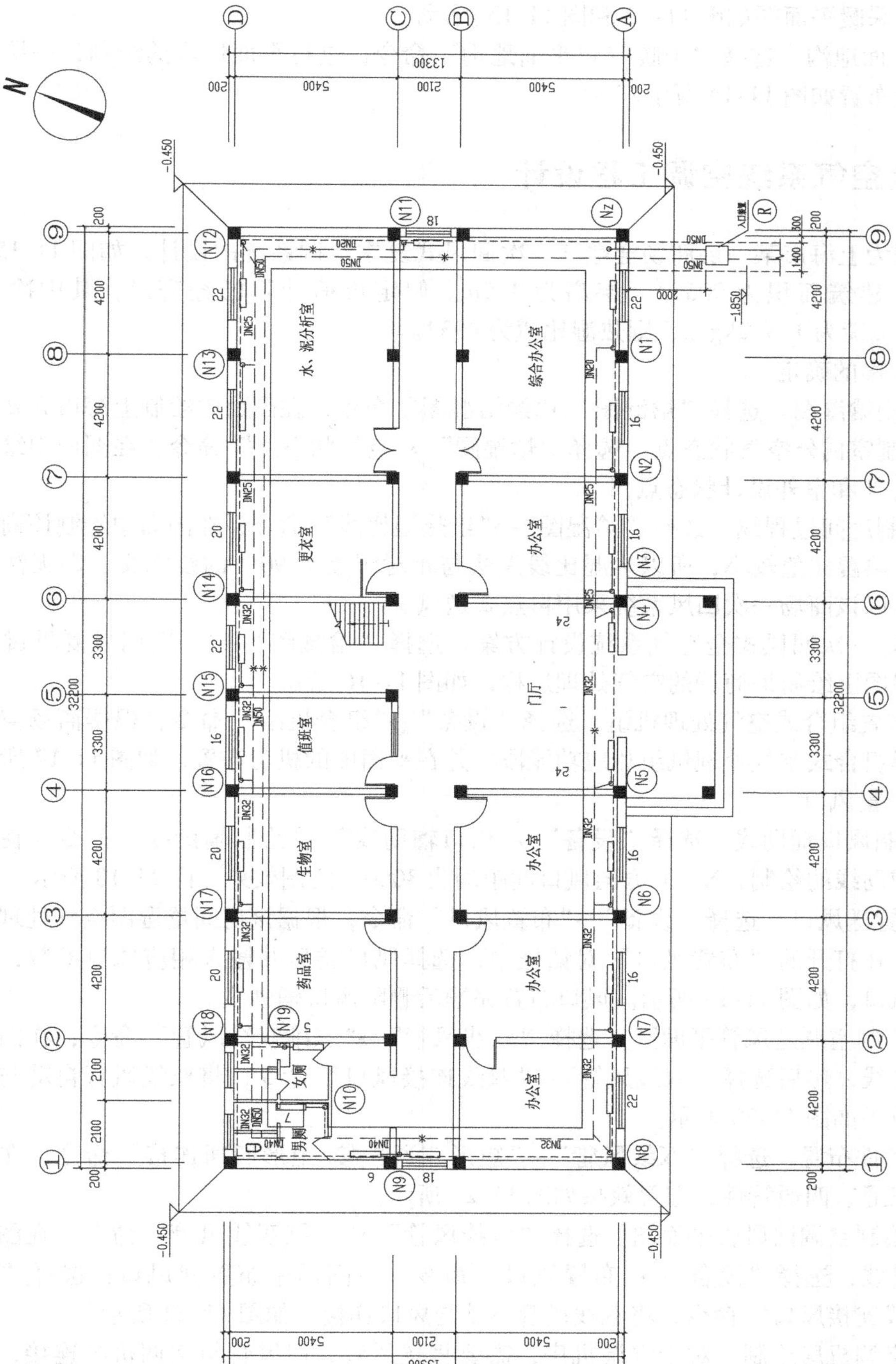

图 11-14 一层采暖平面图——地沟布置效果图

（7）返回材料　选择“采暖”→“返回材料”命令，绘制完整的材料表。

（8）赋回平面　选择“采暖”→“赋回平面”命令，完成采暖平面图的标注，标注完成的一、二层采暖平面图如图 11-12 和图 11-13 所示。

（9）平面地沟　选择“采暖”→“平面地沟”命令，进行平面地沟的绘制，一层采暖平面图的地沟布置如图 11-14 所示。

11.2　全空气系统空调工程设计

本工程为上海市某一层商场全空气一次回风式夏季空调系统的设计，如图 11-15 所示。本建筑物总建筑面积为 906m^2，层高为 4.5m。假定负荷计算已经完成，其中冷负荷为 213kW，湿负荷为 115.2kg/h，则热湿比值为 4932。

（1）方案的确定

1）绘制焓湿图。选择“焓湿图”→“绘焓湿图”命令，在图面中绘制上海市 h-d 图。

2）绘制室内外空气状态点。选择“焓湿图”→“空气状态点”命令，在图面中绘制室内设计状态点 N 和室外设计状态点 W。

3）绘制房间过程线。选择“焓湿图”→“绘热湿比线”命令，在图面中绘制该商场热湿比线。由于热湿比值较小，所以热湿比线无法与相对湿度为 90% 的线相交，即无法实现露点送风，所以该商场一次回风系统采用再热式送风。

4）确定一次回风式全空气系统设计方案。选择“焓湿图”→“一次回风夏季过程”命令，在焓湿图上绘制该商场的空气处理过程，如图 11-16 所示。

（2）布置组合式空气处理机组　选择“设备”→“组合机组”命令，根据商场空气处理过程，选择组合式空气处理机组相应功能段，并在平面图的机房布置，如图 11-17 所示。

（3）布置风口

1）绘制风口辅助线。选择“设备”→“风口辅助线”→“绘制辅助线”命令，在图面中进行风口辅助线的绘制，X、Y 方向风口间距均为 3000，绘制效果如图 11-18 所示。

2）布置送风口。选择“设备”→“布置风口”命令，根据该房间焓湿图空气处理方案的计算结果，在打开的“布置风口”对话框中，选择风口类型并输入相应风口参数，在图面中布置送风口，如图 11-19 所示。风口布置完毕后删除风口辅助线。

（4）绘制空调送风管平面图　选择“双线风管”→“二维双线风管”命令，在图面中布置送风管管线，然后选择“双线风管”→“双线连接风口”命令，将双线风管自动与风口连接，连接效果如图 11-20 所示。

（5）管件布置　选择“双线风管”→“矩形三通连接/矩形四通连接”命令，在风管分支处布置三通、四通管件，布置效果如图 11-21 所示。

（6）绘制空调回风管平面图　选择“双线风管”→“二维双线风管”命令，在图面中布置回风管管线；选择“设备”→“布置风口”命令，在图面中布置回风口；选择“双线风管”→“双线连接风口”命令，将双线风管自动与风口连接，如图 11-22 所示。

（7）空调机房绘制　对于空调机房，需要将送风管、回风管与空调机组连接，并绘制抬头低头，同时需要绘制新风管道，即新风引入口，如图 11-23 所示。

（8）送风管水力计算　选择“双线风管”→“水力计算”命令，进行风管的水力计算。计算完成后可将计算结果标注于平面图，也可输出 Excel 计算文件。

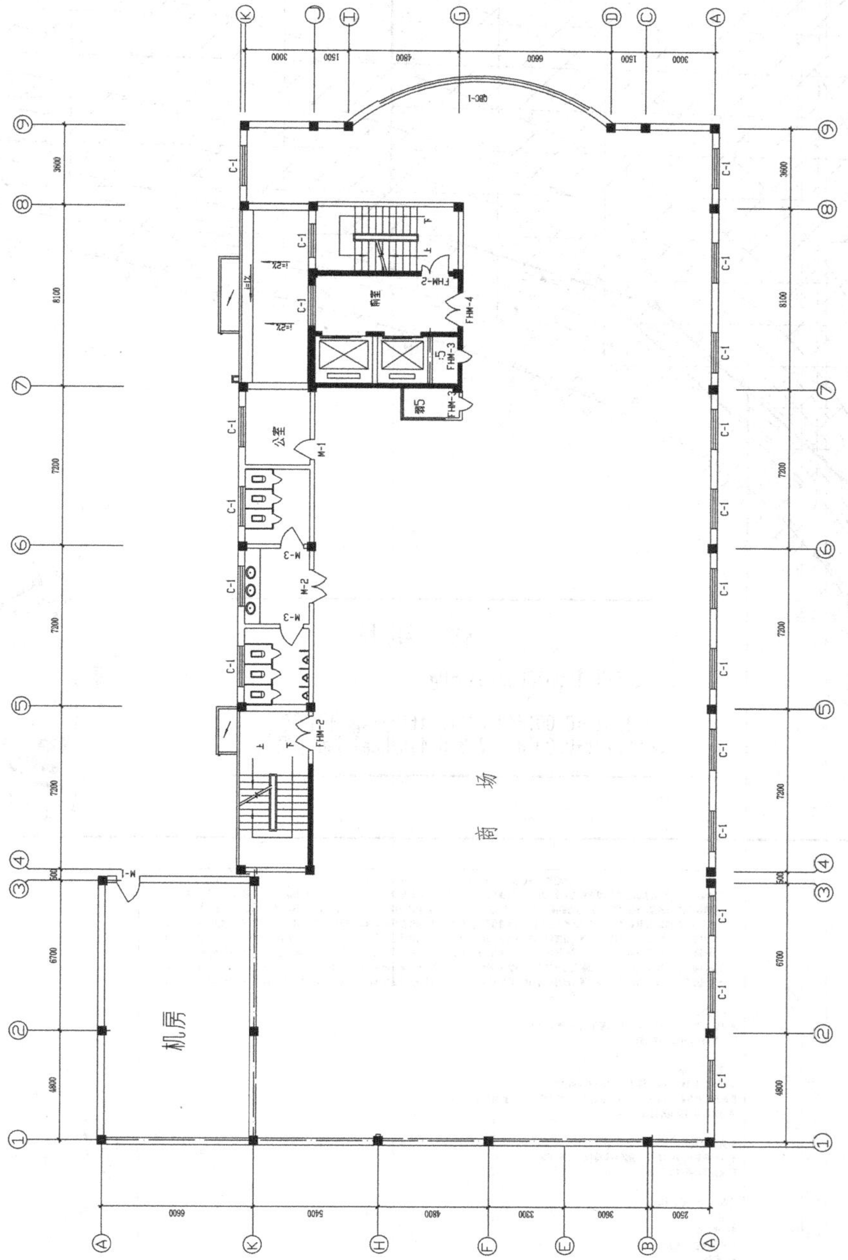

一层平面1:100

图11-15 一层商场平面图

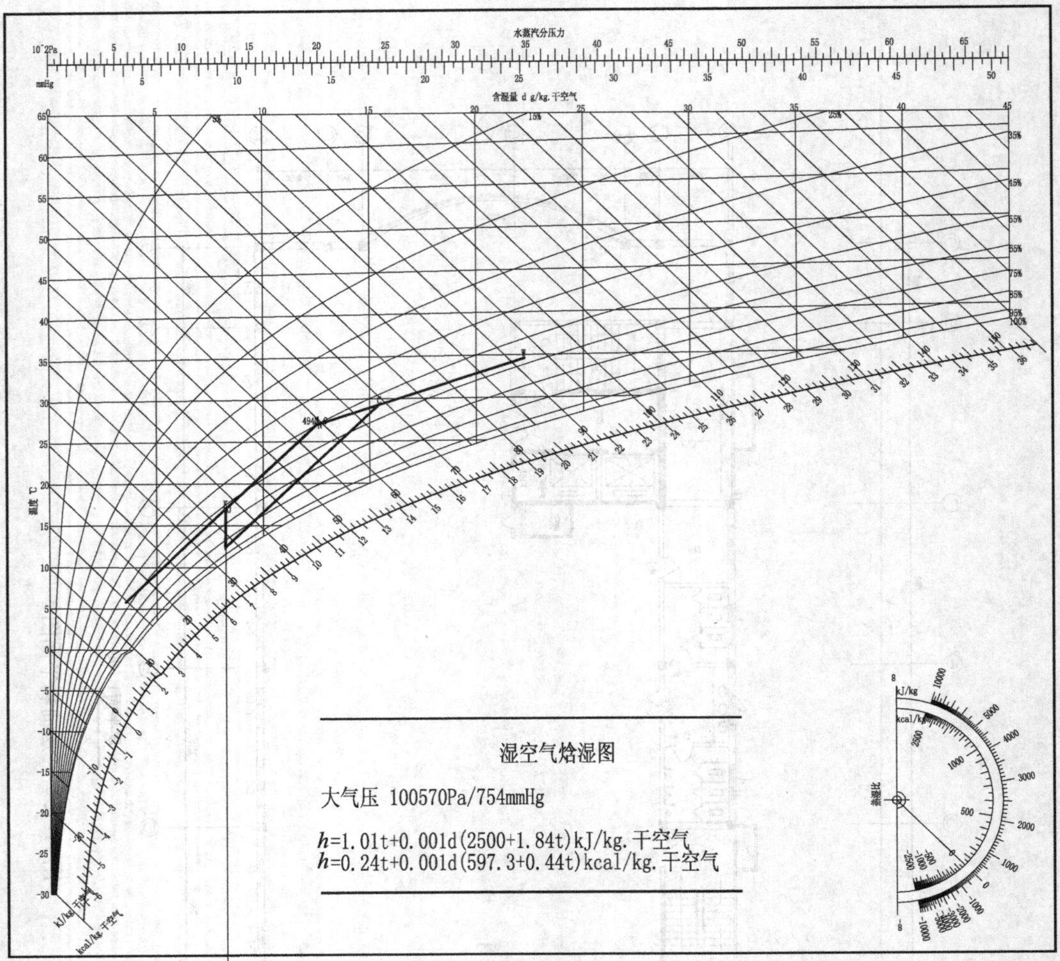

一次回风夏季过程

N—干球温度(℃):27湿球温度(℃):20.3露点温度(℃):17.2焓(kJ/kg.干空气):59.205含湿量(g/kg.干空气):12.52相对湿度(%):55密度(kg/m³):1.159

N'—干球温度(℃):27湿球温度(℃):20.3露点温度(℃):17.2焓(kJ/kg.干空气):59.205含湿量(g/kg.干空气):12.52相对湿度(%):55密度(kg/m³):1.159

W—干球温度(℃):34.6湿球温度(℃):28.2露点温度(℃):26.4焓(kJ/kg.干空气):92.038含湿量(g/kg.干空气):22.261相对湿度(%):62.4密度(kg/m³):1.123

C—干球温度(℃):29.3湿球温度(℃):23露点温度(℃):20.5焓(kJ/kg.干空气):69.055含湿量(g/kg.干空气):15.442相对湿度(%):59.03密度(kg/m³):1.148

L—干球温度(℃):12.4湿球温度(℃):11.5露点温度(℃):10.9焓(kJ/kg.干空气):33.348含湿量(g/kg.干空气):8.233相对湿度(%):90密度(kg/m³):1.221

K—干球温度(℃):17湿球温度(℃):13.3露点温度(℃):10.9焓(kJ/kg.干空气):38.019含湿量(g/kg.干空气):8.233相对湿度(%):67.06密度(kg/m³):1.202

O—干球温度(℃):17湿球温度(℃):13.3露点温度(℃):10.9焓(kJ/kg.干空气):38.019含湿量(g/kg.干空气):8.233相对湿度(%):67.06密度(kg/m³):1.202

风量关系:
回风量(m^3/h):22552.217　新风量(m^3/h):9665.236
送风量(m^3/h):32217.453

冷/热负荷关系:
室内冷负荷(kW):213　送风管道温升冷负荷(kW):0
新风冷负荷(kW):99.026　回风管道温升冷负荷(kW):0　再热负荷(kW):46.963
空调机组承担总耗冷量(kW):358.99

湿负荷关系:
室内湿负荷(g/s):43.1　新风湿负荷(g/s):29.379
空调机组承担湿负荷(g/s):72.479

热湿比(kJ/kg):4942.0

N—室内点
N'—回风管道温升点
W—室外点
C—混合点
L—露点
K—再热点
O—送风点

图 11-16　商场空气处理过程与计算

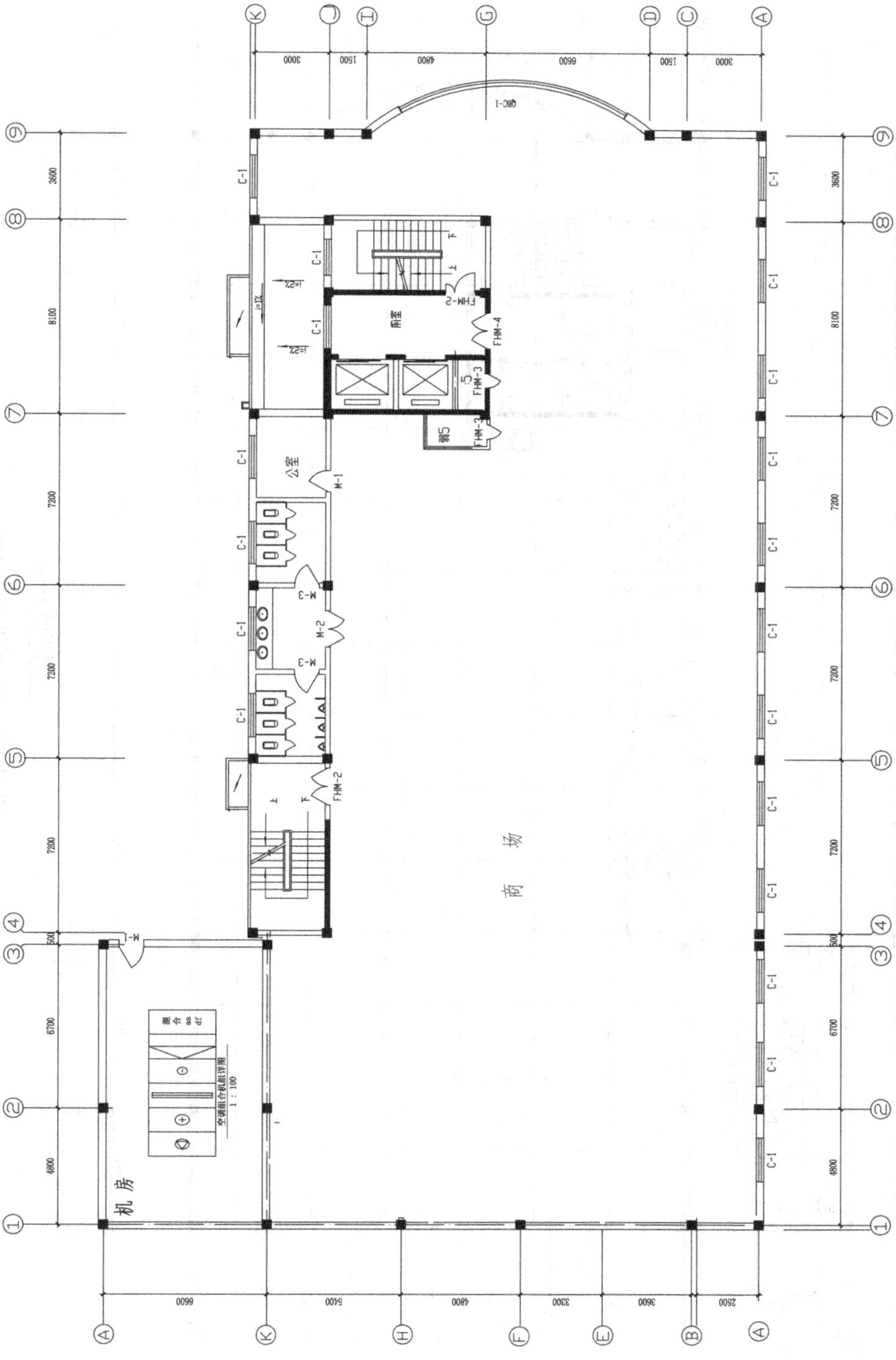

一层平面 1:100

图 11-17 机房组合式空气处理机组的布置

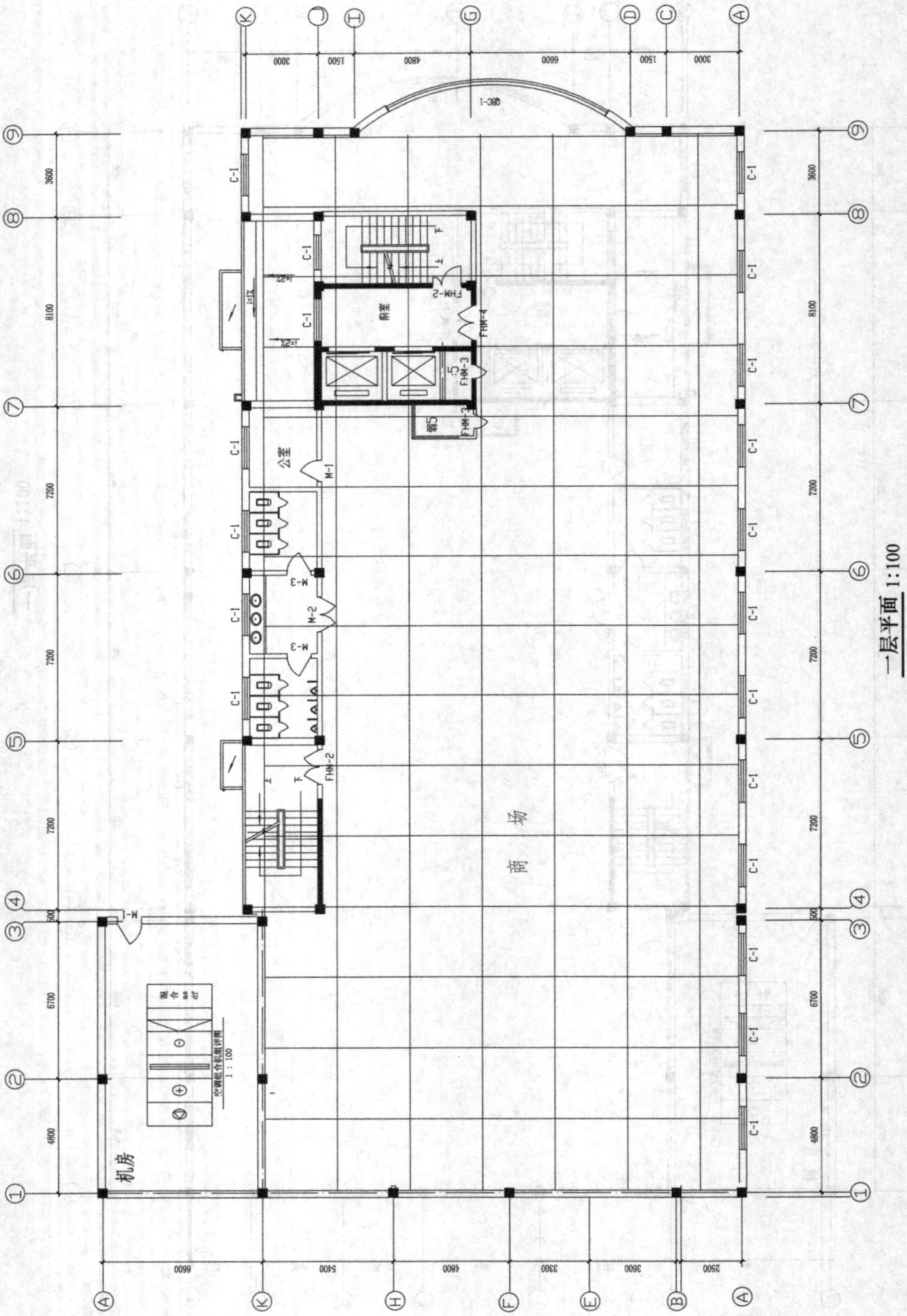

图 11-18　风口辅助线的绘制

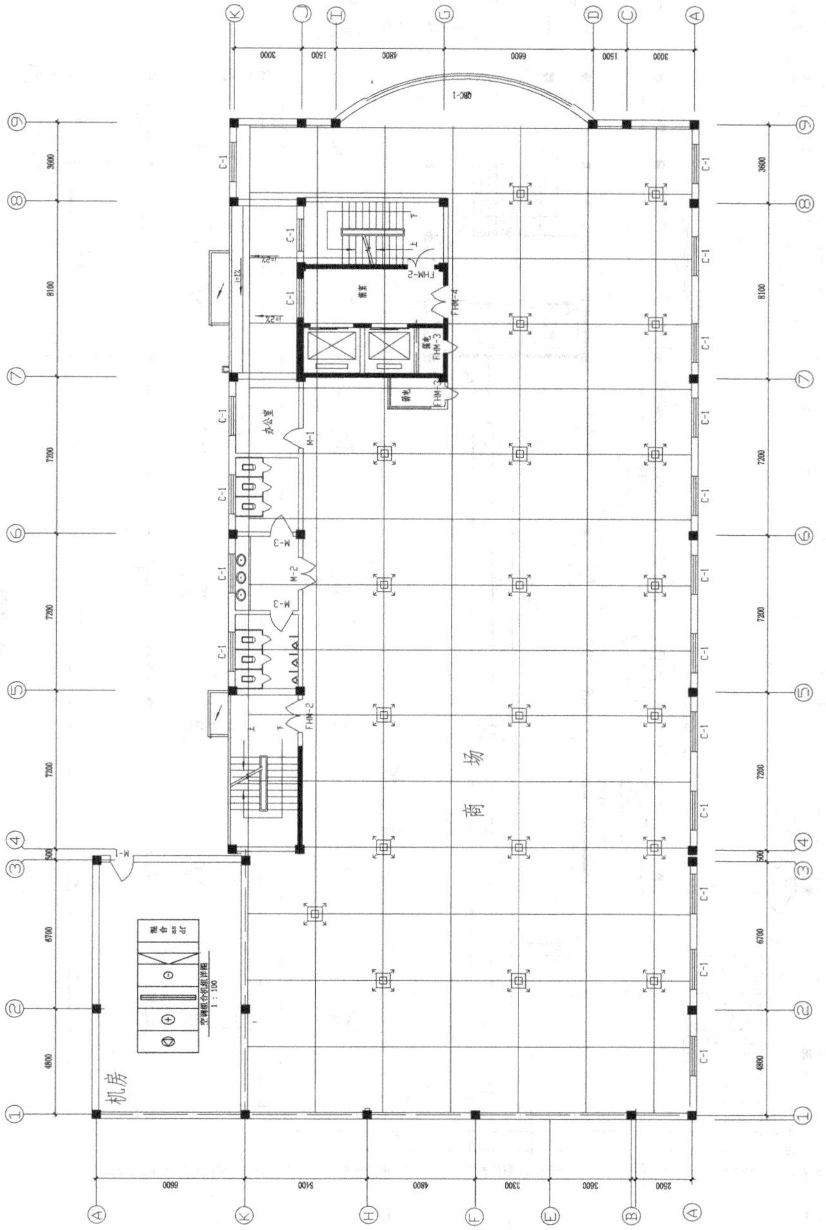

一层平面 1:100

图 11-19 送风口的布置

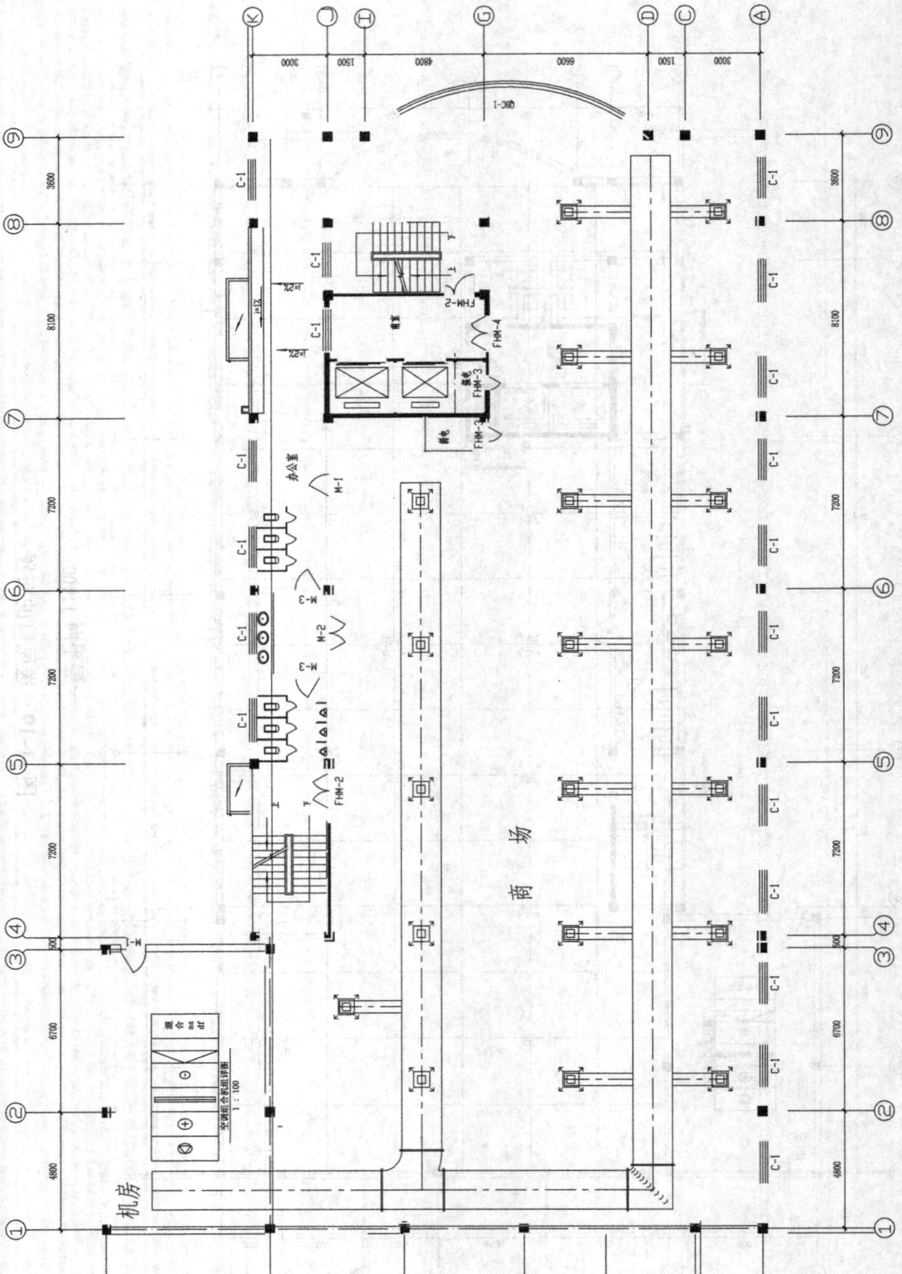

一层平面 1:100

图 11-20 布置送风管并连接送风口

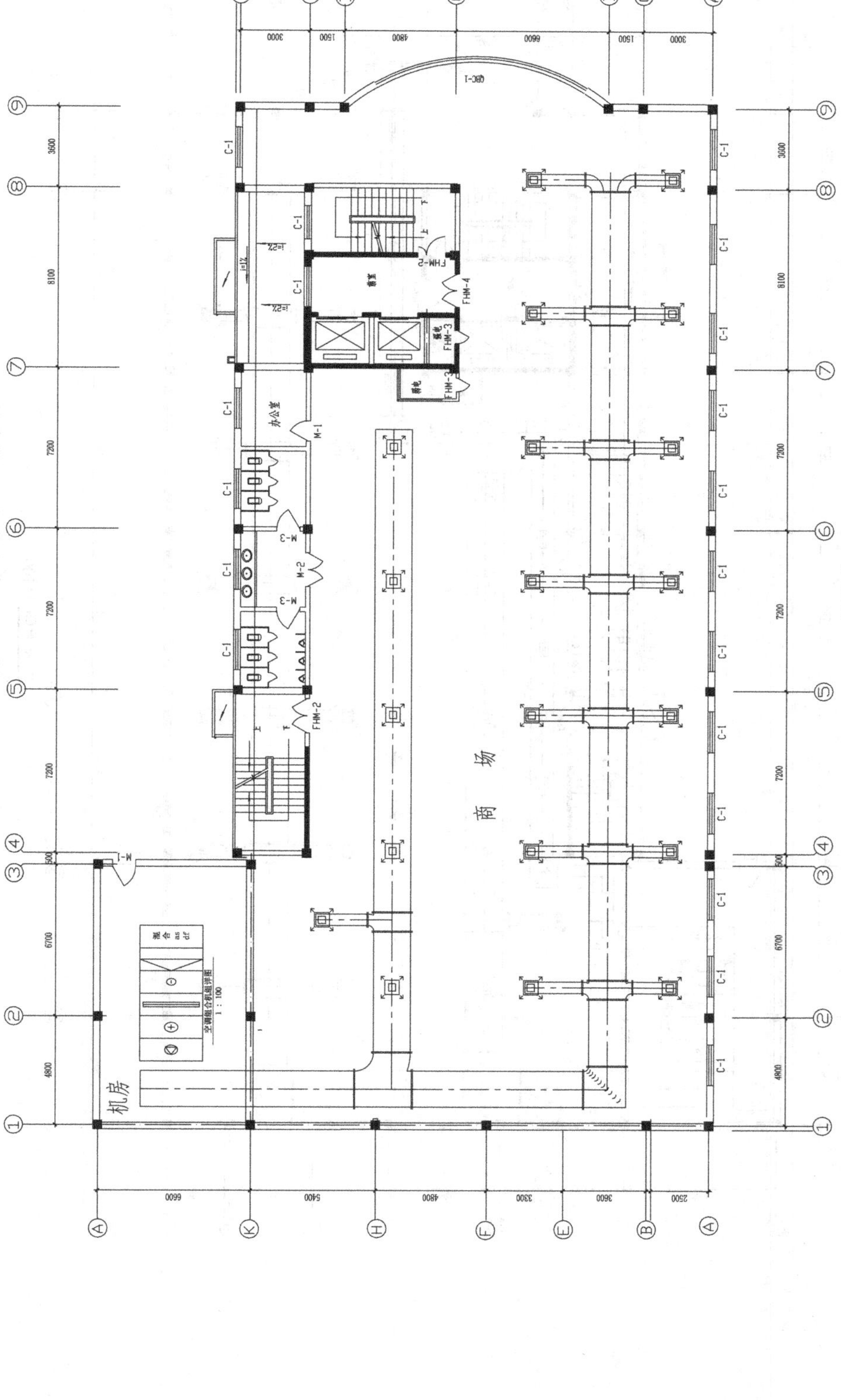

一层平面 1:100

图 11-21 管线布置——矩形三通、矩形四通

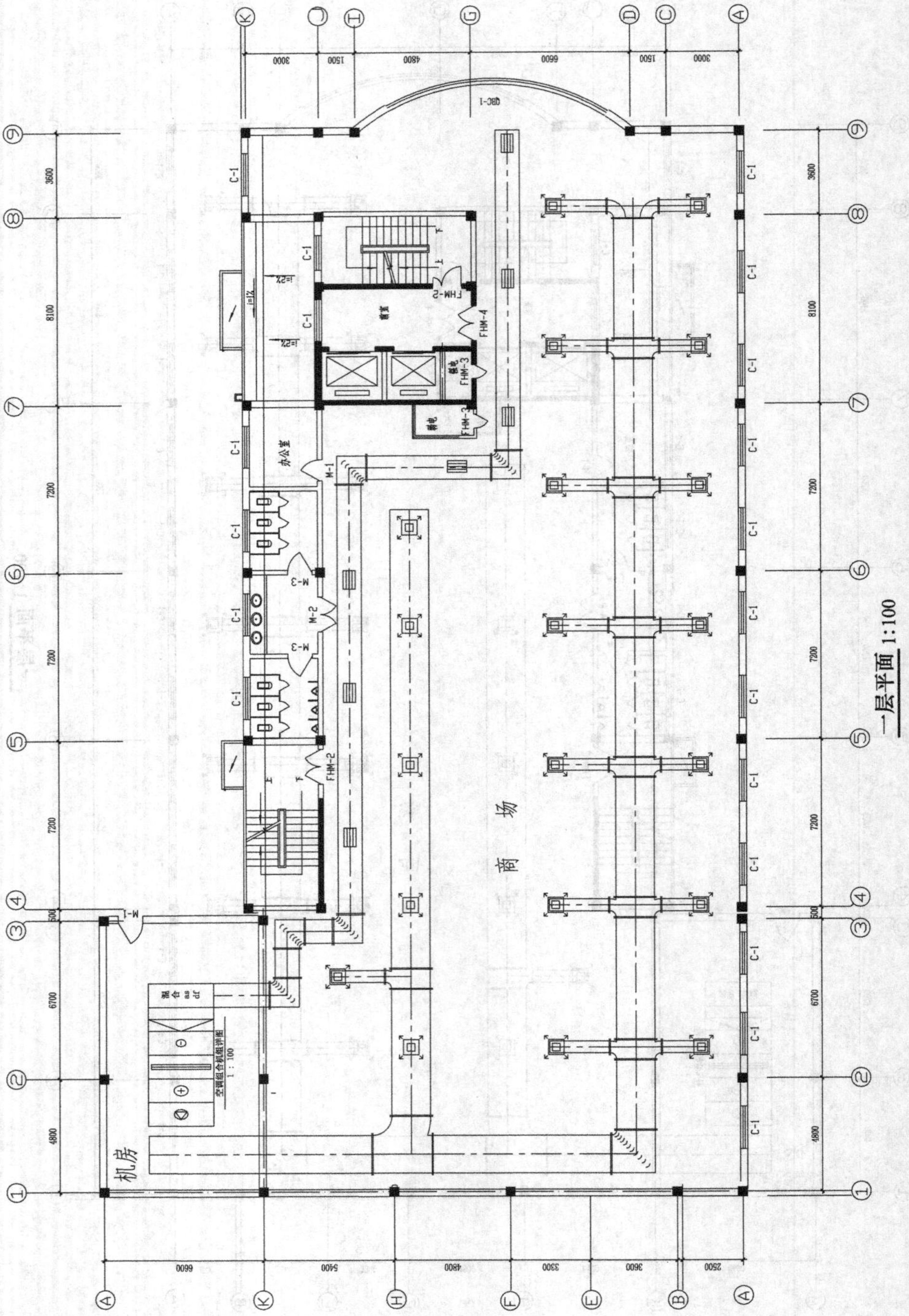

图 11-22 空调平面回风管及回风口平面布置

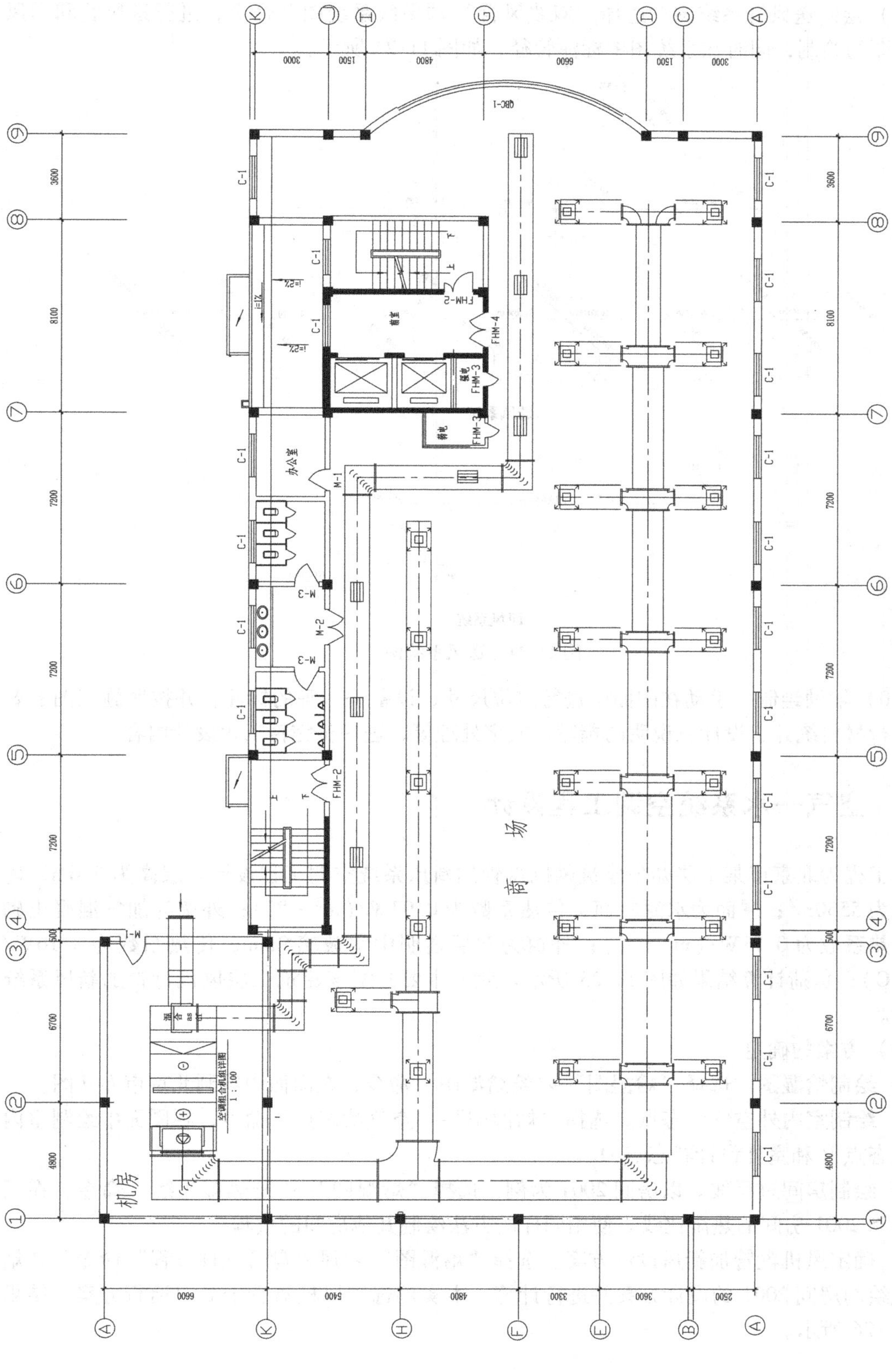

一层平面 1:100

图 11-23 空调机房管路布置

(9) 绘制送风管系统图　选择“双线风管”→“单线系统图”命令，进行送风管和回风管系统图的绘制，同时在系统图中标注管径，如图 11-24 所示。

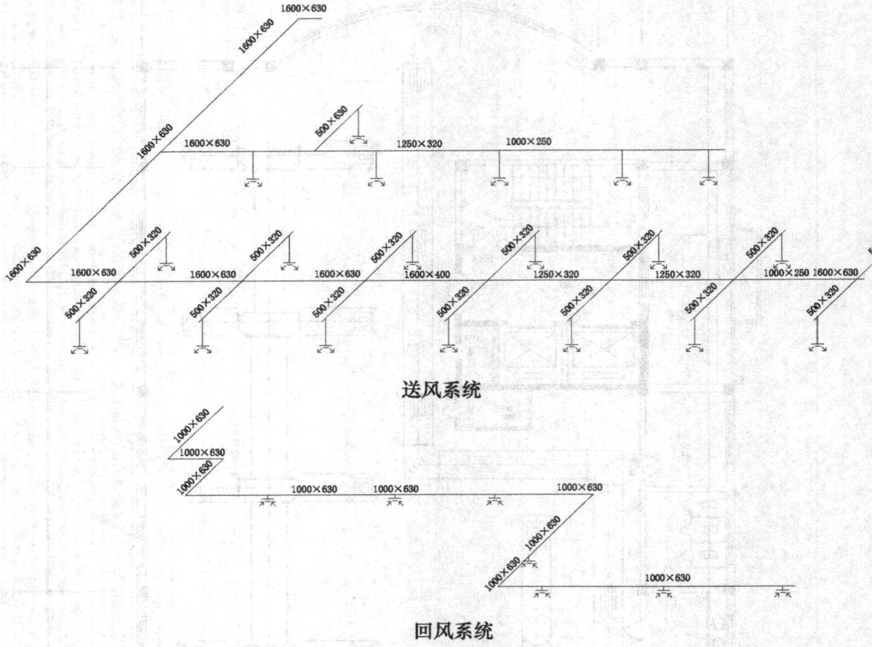

图 11-24　送风系统图

(10) 辅助绘制　手动在图面中进行定位尺寸、设备编号等的标注，并按照施工图的要求，进行材料统计、设计总说明的撰写、文字处理等，进一步完善工程设计内容。

11.3　空气—水系统空调工程设计

本工程为北京市某十层办公建筑风机盘管加新风系统空调工程设计。层高为 3.6m，建筑面积为 5550m^2；屋面为水泥屋面，传热系数为 0.93W/(m^2·℃)；外墙为加气混凝土砌块，传热系数为 0.71W/(m^2·℃)；外窗为双层透明中空玻璃 9mm，传热系数为 3.16W/(m^2·℃)；负荷计算结果如图 11-25 所示。此处主要介绍该建筑二层风机盘管加新风系统的设计。

(1) 方案的确定

1) 绘制焓湿图。选择“焓湿图”→“绘焓湿图”命令，在图面中绘制北京市 h-d 图。

2) 绘制室内外空气状态点。选择“焓湿图”→“空气状态点”命令，在图面中绘制室内设计状态点 R 和室外设计状态点 O。

3) 绘制房间过程线。以房间 2001 为例，选择“焓湿图”→“绘热湿比线”命令，在图面中绘制 2001 房间的热湿比线。使用同样的方法绘制其他房间的过程线。

4) 确定风机盘管加新风设计方案。选择“焓湿图”→“风机盘管处理过程”命令，在焓湿图上绘制房间 2001 的设计方案并进行计算，本实例选用风机盘管干工况运行方案，结果如图 11-26 所示。

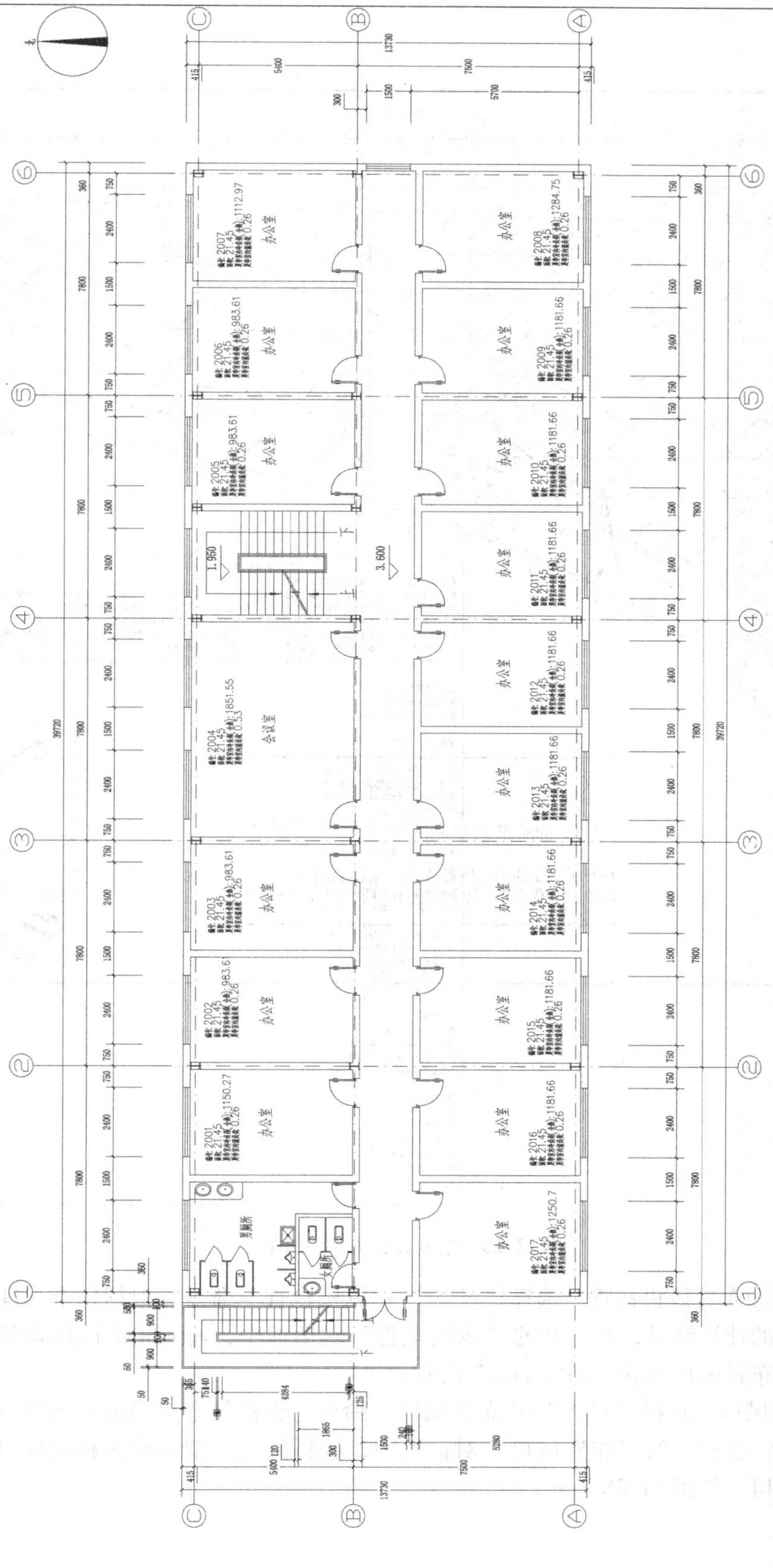

图 11-25 二层平面房间负荷

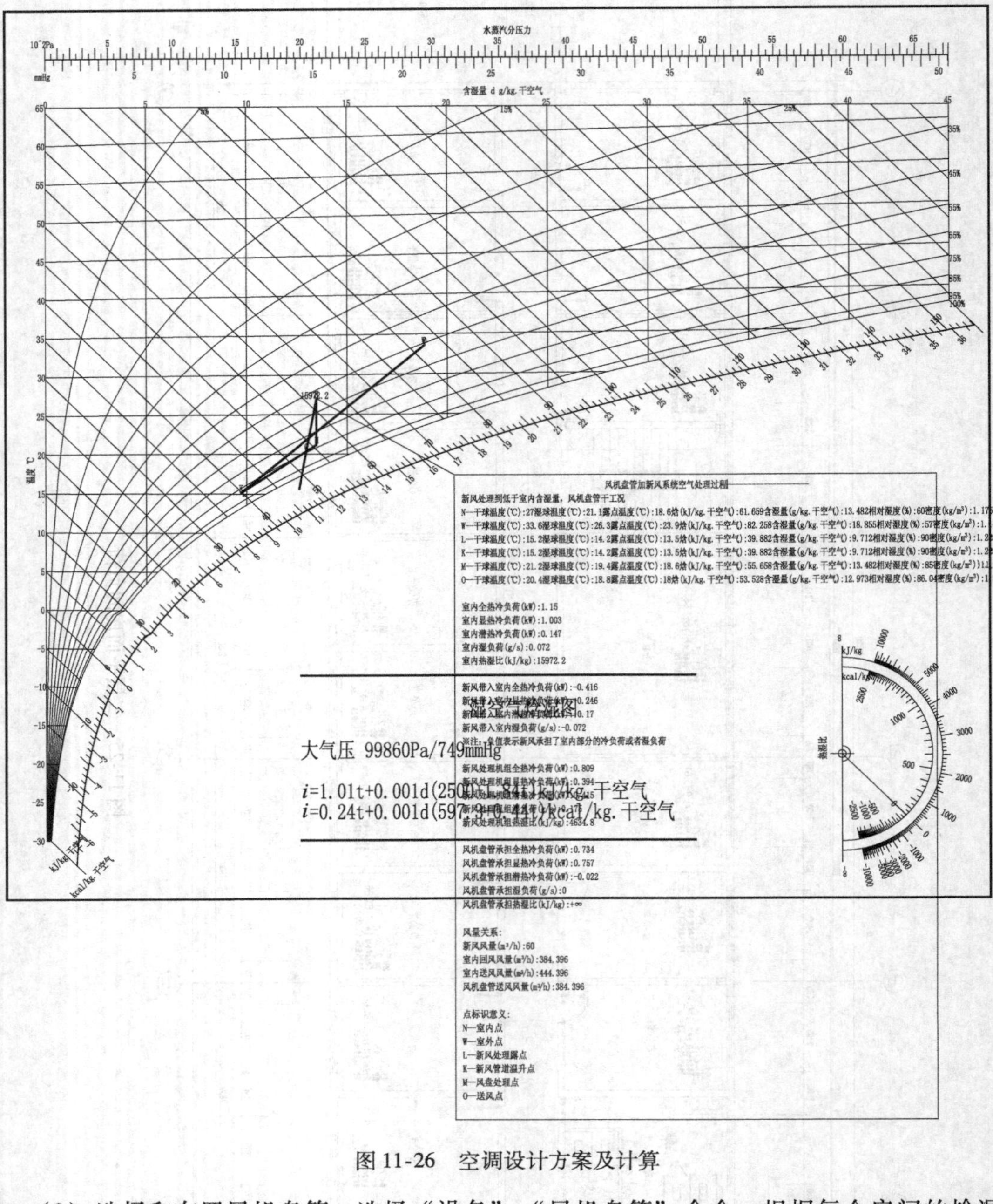

图 11-26　空调设计方案及计算

（2）选择和布置风机盘管　选择“设备”→“风机盘管”命令，根据每个房间的焓湿图空气处理方案的计算结果，在打开的“风机盘管”对话框中，输入相应风机盘管所承担的负荷，选择并布置风机盘管，如图 11-27 所示。

（3）布置风口　选择“设备”→“布置风口”命令，根据每个房间的焓湿图空气处理方案的计算结果，在打开的“布置风口”对话框中，选择风口类型并输入相应风口参数，在图面中布置风口，如图 11-28 所示。

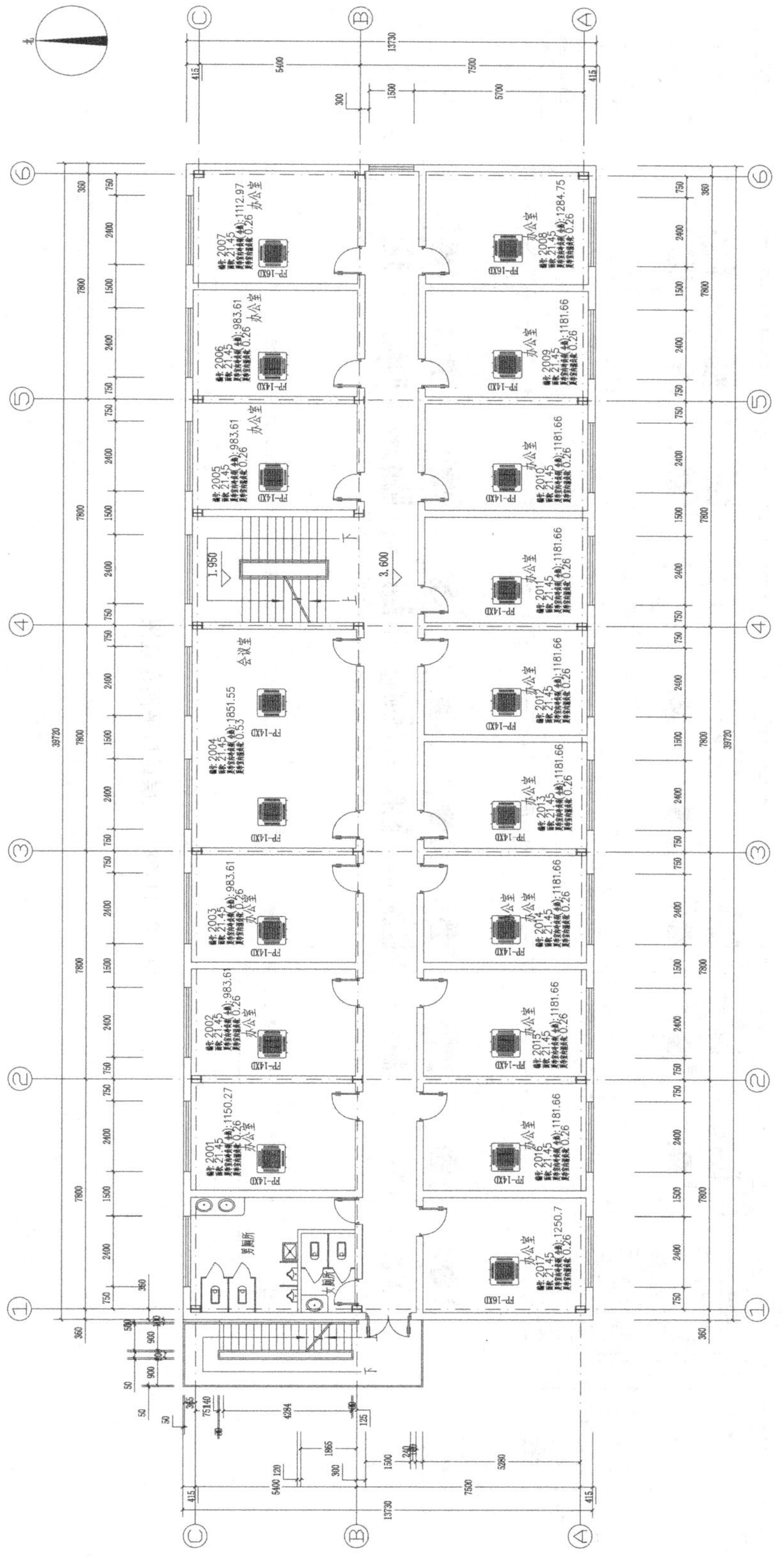

图 11-27 二层风机盘管机组平面布置图

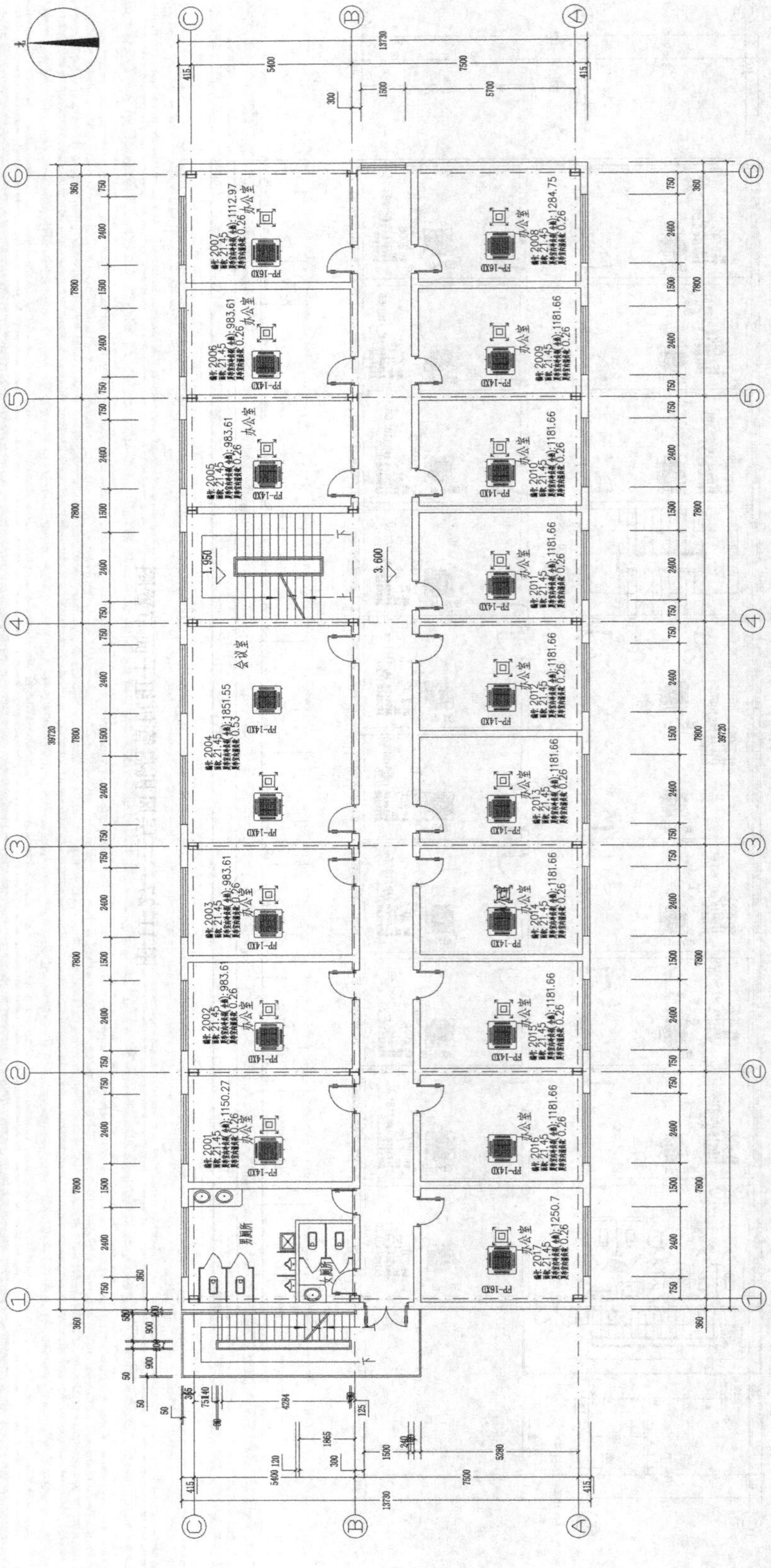

图 11-28 二层风口平面布置图

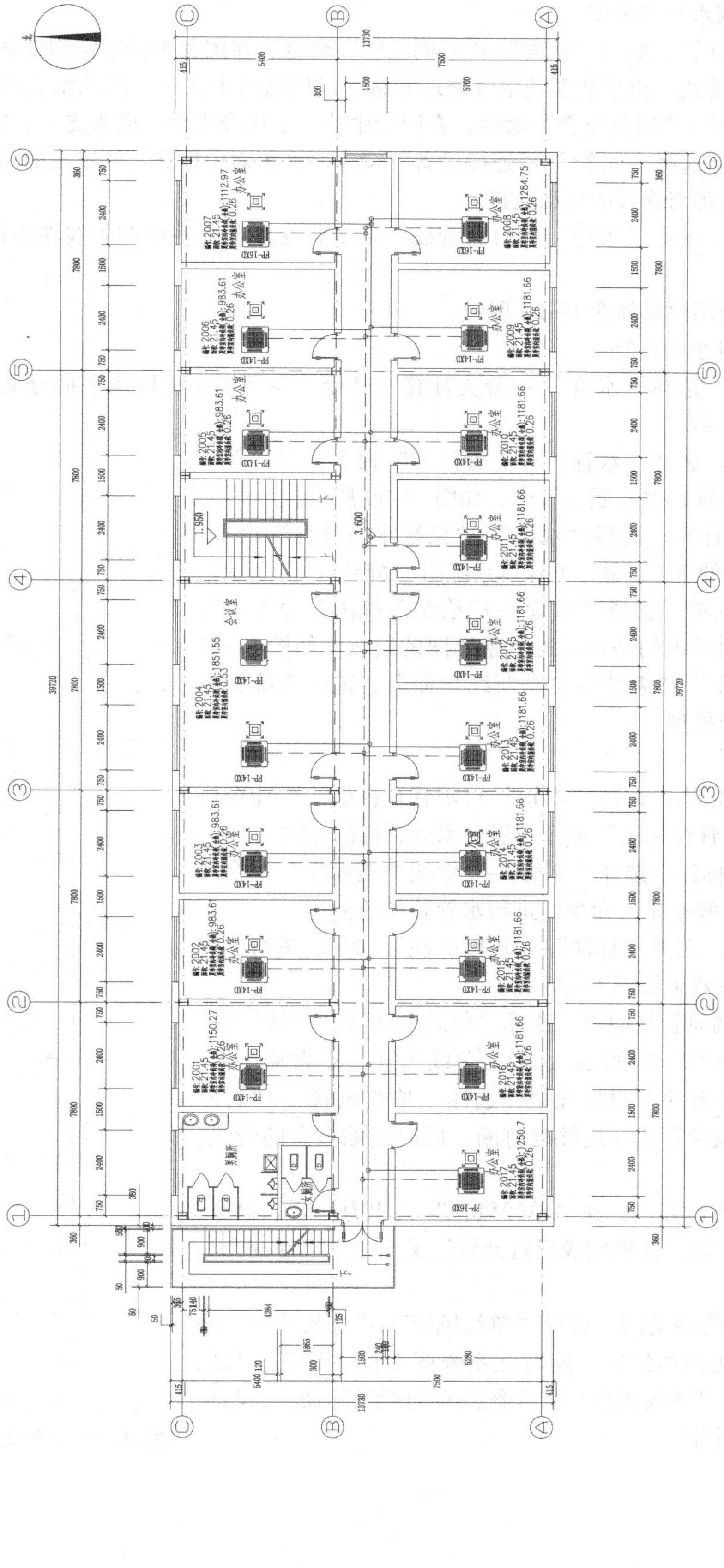

图 11-29 二层空调水管平面图

（4）绘制空调水管平面图

1）绘制空调立管。选择“水管”→“空调立管”命令，在图面中绘制空调立管。

2）绘制空调管线。由于该系统空气处理方案为风机盘管干工况，因此水管系统无冷凝水管。选择“水管”→“组合布管”命令，在图面中绘制空调冷水供、回水支干管管线。

3）连接设备。选择“水管”→“连接设备”命令，在图面中框选所要连接的所有空调管线和设备，进行设备与管线的自动连接。

4）打断管线。选择“水管”→“打断管线”命令，在图面中将空调管线在连接处打断，并删除无用管线。

空调水管的绘制效果如图 11-29 所示。

（5）空调水管水力计算

1）分支计算。选择“水管”→“分支计算”命令，在图面中提取水平面分支进行分支供、回水的水力计算。

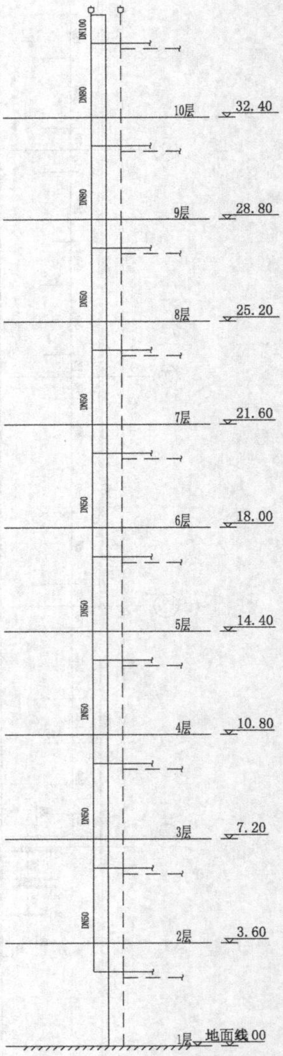

图 11-30　水管立管系统图

2）立管计算。选择“水管”→“立管计算”命令，进行空调水管立管的水力计算，并绘制立管图，如图 11-30 所示。

3）系统水力计算。选择“水管”→“系统水力计算”命令，进行空调水管系统的水力计算，并绘制系统图，如图 11-31 所示。

（6）绘制系统图　选择“水管”→“绘制系统图”命令，在图面中选择要绘制系统的平面，进行系统图的绘制，如图 11-32 所示。选择“水管”→“系统图自动断线”命令，进行系统管线交叉点的自动断开处理。

（7）标注

1）水管管径标注。选择“水管”→“水管管径标注”命令或“标注”→“管水管管径标注”命令，进行水管管径的标注。

2）管线类型标注。选择“水管”→“管线类型标注”命令或“标注”→“管线类型标注”命令，进行水管管径的标注。

3）坡度标注。选择“标注”→“坡度标注”命令，进行水管管径的标注。标注效果如图 11-33 所示。

（8）绘制空调风管平面图　选择“单线风管”→“单线风管”命令，在图面中布置风管管线；选择“单线风管”→“自动连线”命令，将单线风管自动与封口连接；选择“单线风管”→“打断管线”命令，将风管管线在连接处打断，同时删除多余的管线，如图 11-34 所示。

（9）风管水力计算　选择“单线风管”→“水力计算”命令，进行风管的水力计算，计算完成后将计算结果标注于平面图，如图 11-35 所示。

（10）绘制风管系统图　选择“单线风管”→“绘系统图”命令，进行风管系统图的绘制，同时在系统图中标注管径，如图 11-36 所示。选择“单线风管”→“系统图自动断线”命令，将风管在交叉处自动断开。

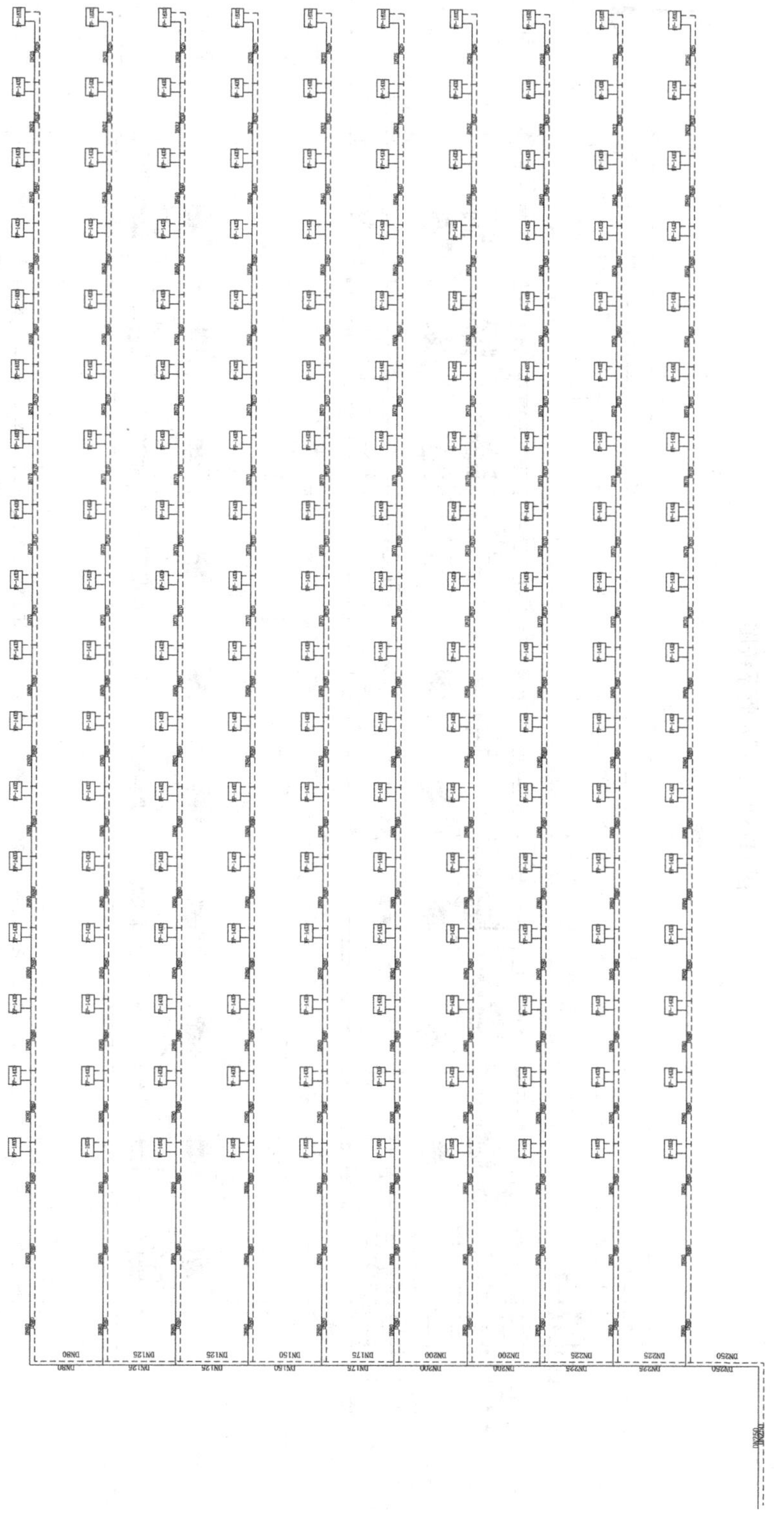

图 11-31 空调水管系统图

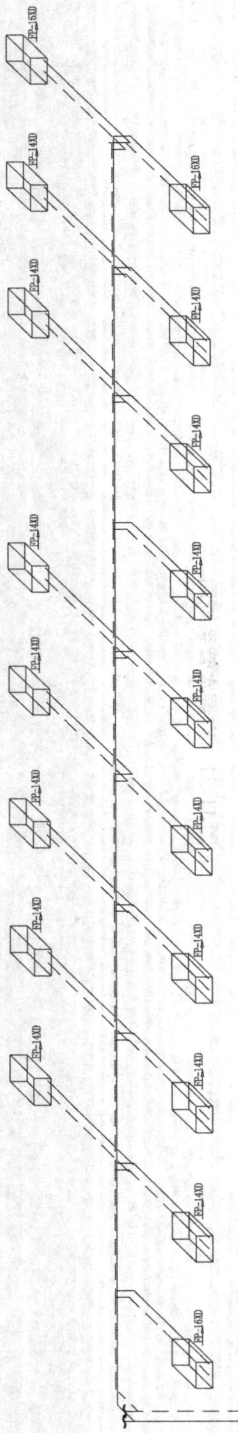

图 11-32 二层水管系统图

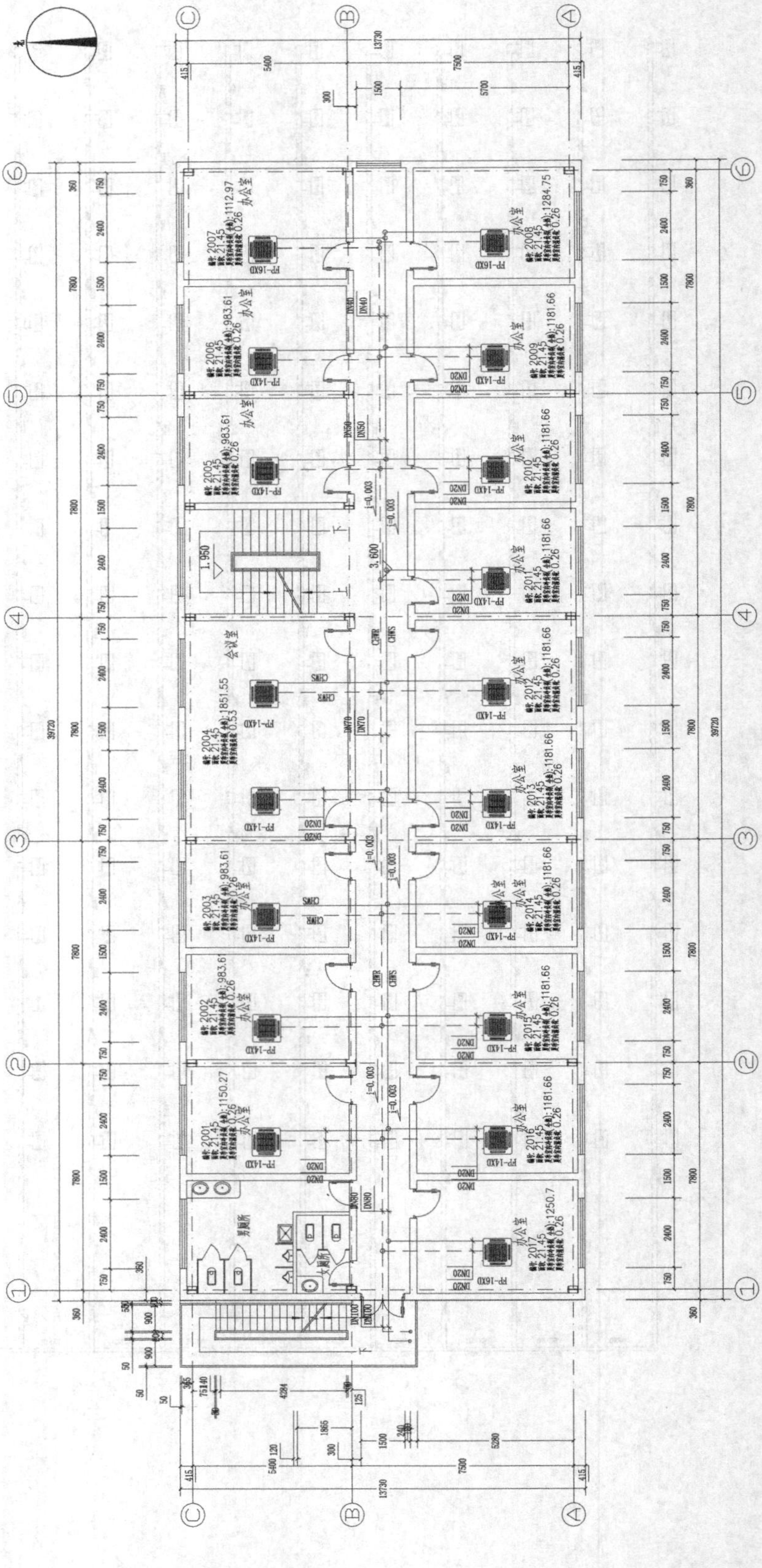

图 11-33 二层风管平面标注效果图

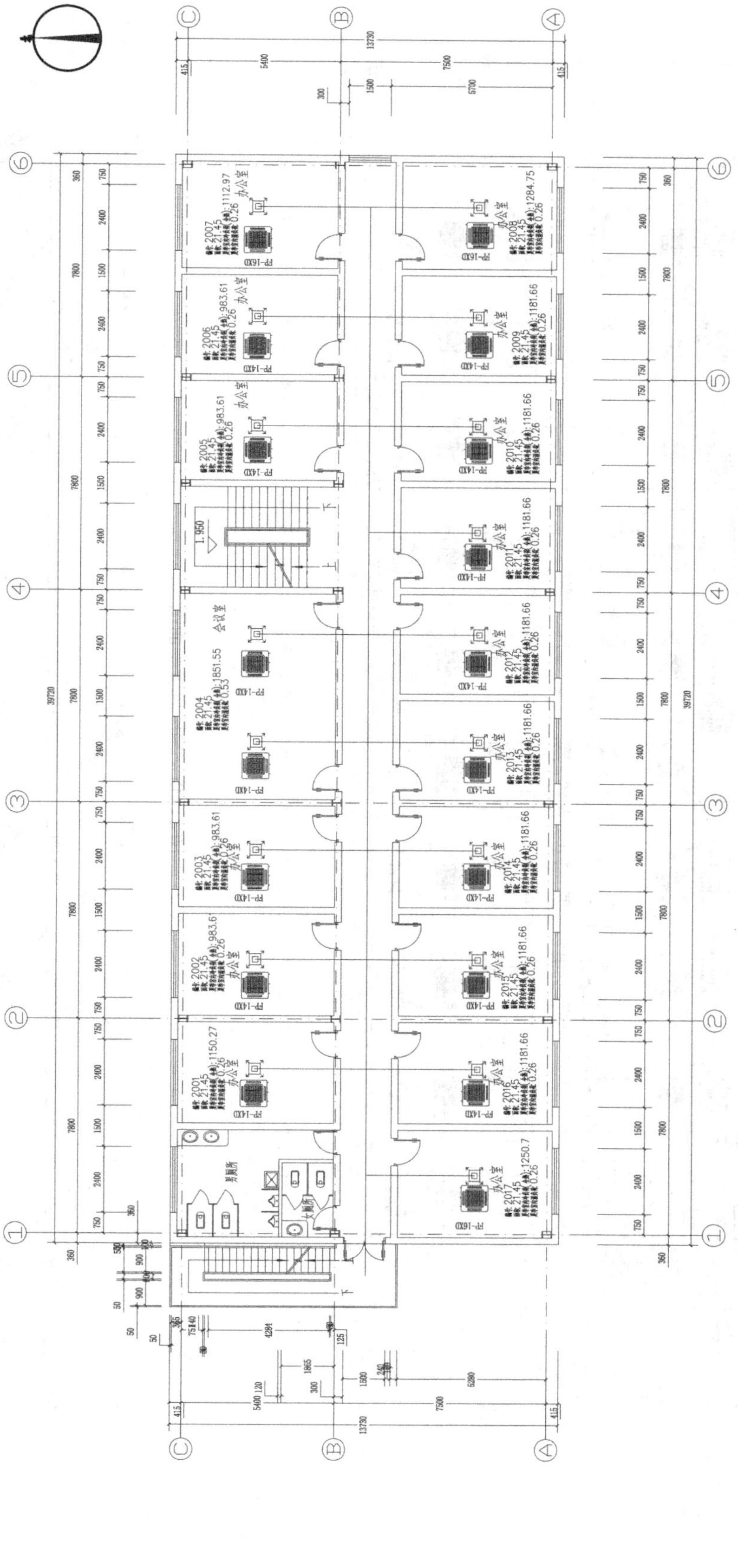

图 11-34 二层单线风管平面图

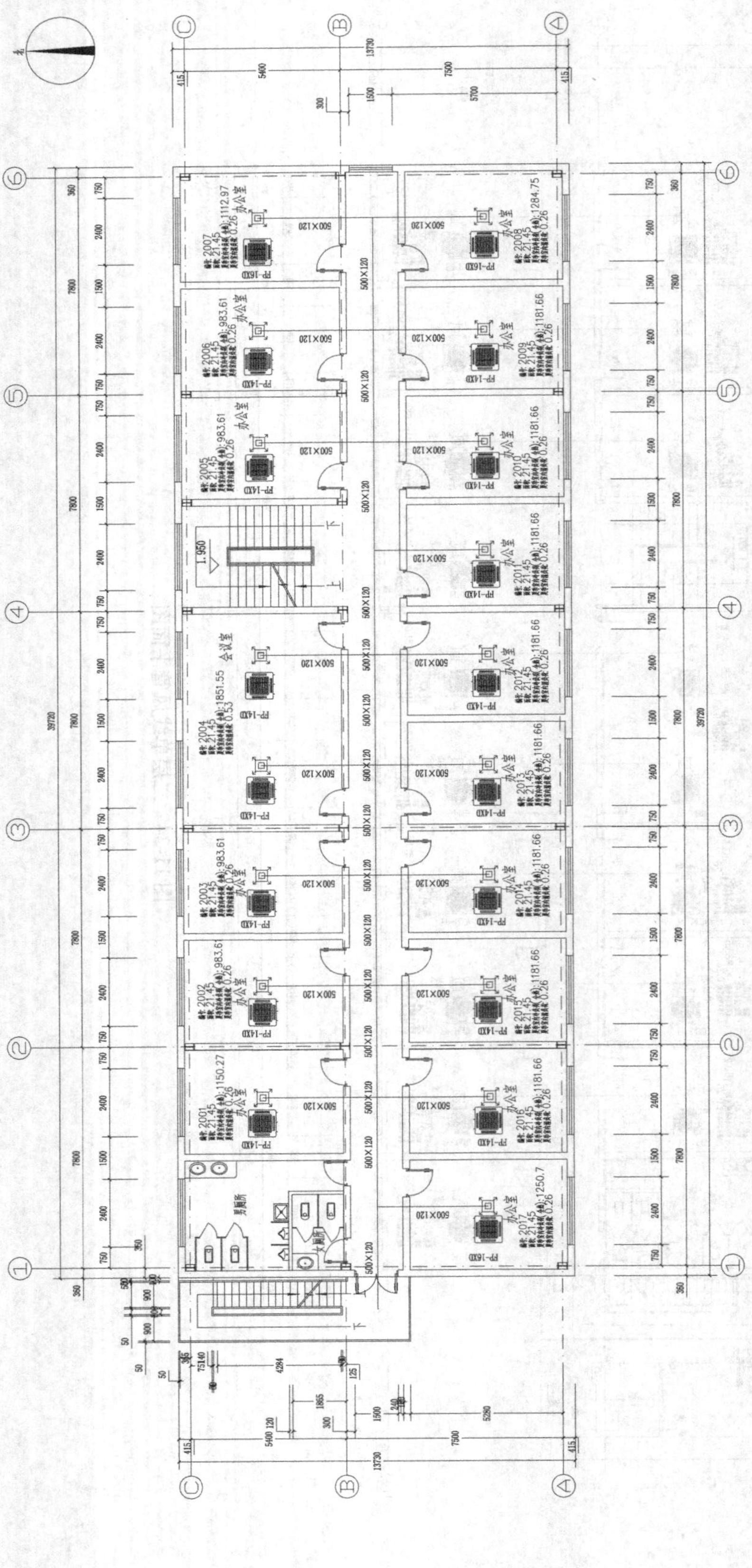

图 11-35 二层风管平面图

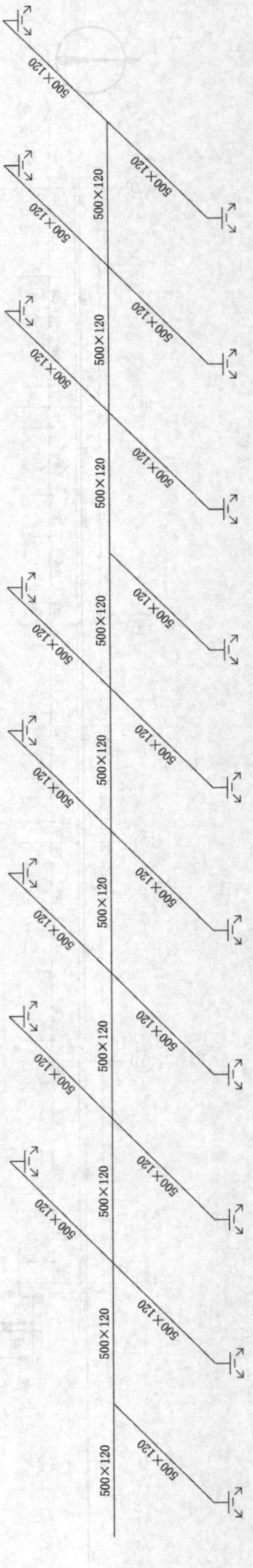

图 11-36 风管系统图

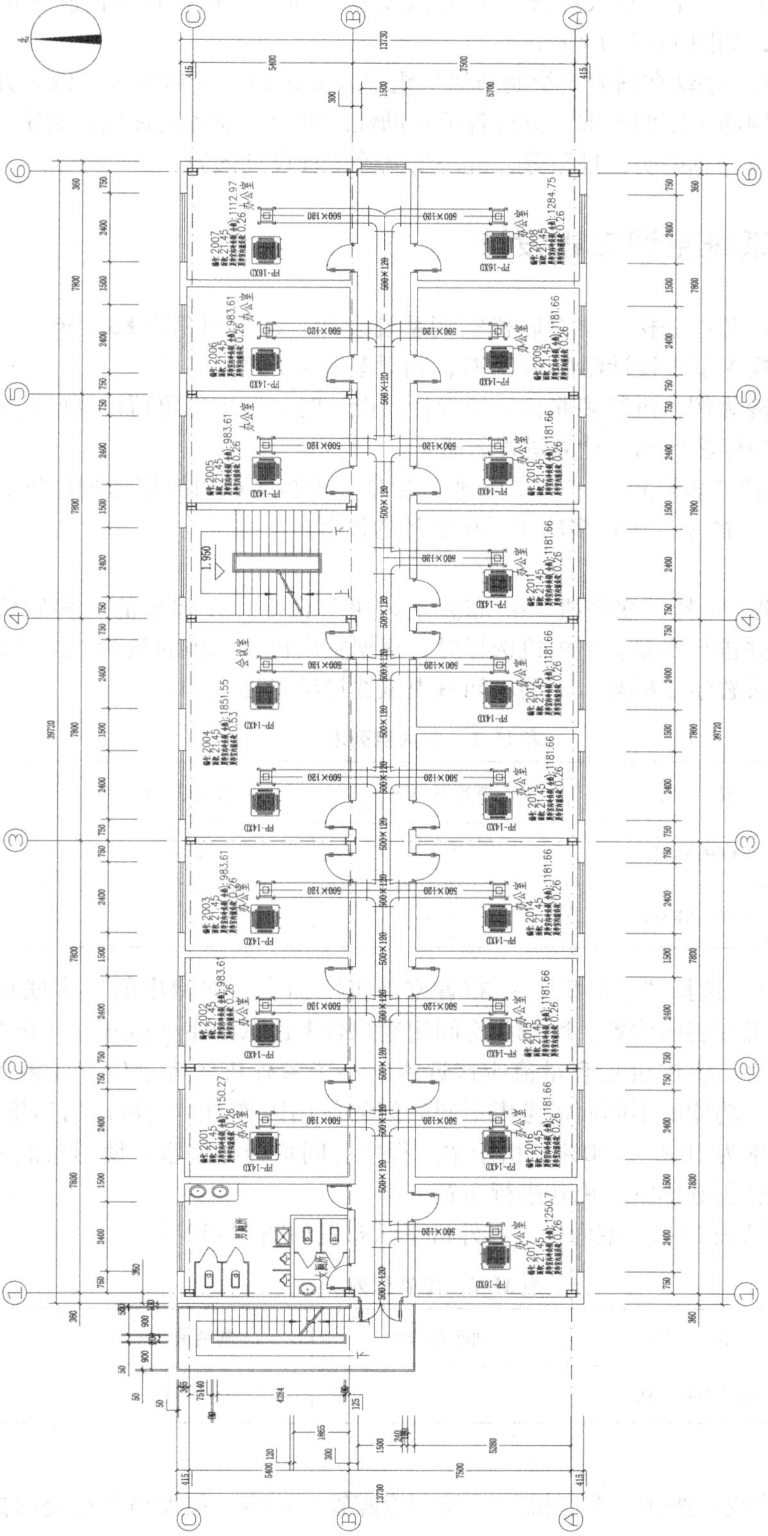

图11-37 二层风管平面管线变双效果图

（11）管线变双　选择“单线风管”→“管线变双”命令，将风管平面图中的单线风管自动变为双线风管，如图11-37所示。

（12）辅助绘制　手动在图面中绘制新风机组以及新风口、新风风管管线，并与风管平面图连接。然后按照施工图的要求，进行各项辅助性的设计，如各类标注、文字，系统图的标高、材料统计、设计总说明的撰写等，进一步完善工程设计内容。

11.4　多联机系统空调工程设计

本工程为广州市某办公楼一层多联机空调系统设计。建筑面积为855.36m²，平面布置如图11-38所示，夏季室内设计温度为26℃，相对湿度为50%。

这里以夏季供冷为例，进行多联机系统设计。设计时，假定冷负荷计算已完成，负荷计算结果如图11-38中标注所示，计算过程忽略。

（1）设置　选择“多联机”→“图层管理”命令，进行多联机图层管理设置。选择“多联机”→“系统设置”命令，进行多联机系统设计的设置。

（2）布置设备

1）布置室内机。选择“多联机”→“布置室内机”命令，在弹出的“多联机设备”对话框中选择室内机并进行布置。室内机选择时，根据室内机所承担的负荷，选择合适的室内机型号，绘制时需设置绘制标高。一层房间室内机选择结果见表11-1。

表11-1　室内机列表

序号	型　号	制冷量/kW	制热量/kW	个数
1	FXFP56KMV	5.6	6.3	3
2	FXFP36KMV	3.6	4	7

2）布置室外机。选择“多联机”→“布置室外机”命令，在弹出的“多联机设备”对话框中，根据室内机安装的位置、区域和房间用途综合考虑选择室外机并进行布置。室内机和室外机进行组合时，室内机总容量值应接近或略小于室外机的容量值。如果在一个系统中，因各房间朝向、功能的不同而需考虑不同时间的使用因素时，则可以适当增加连接率，多联机系统的连接率为50%~130%。由于本工程中房间均为办公室，使用功能一致，所以根据系统内室内机容量选择室外机并进行布置。

室外机择结果见表11-2。室内机、室外机平面布置如图11-39所示。

表11-2　室外机列表

序号	型　号	制冷量/kW	制热量/kW	个数
1	RAS-140FSNQ	14.1	16.3	2

（3）绘制管线

1）绘制冷媒管线。选择“多联机”→“绘制冷媒管”命令，按照命令行提示在图面中绘制冷媒管线，如图11-40所示。

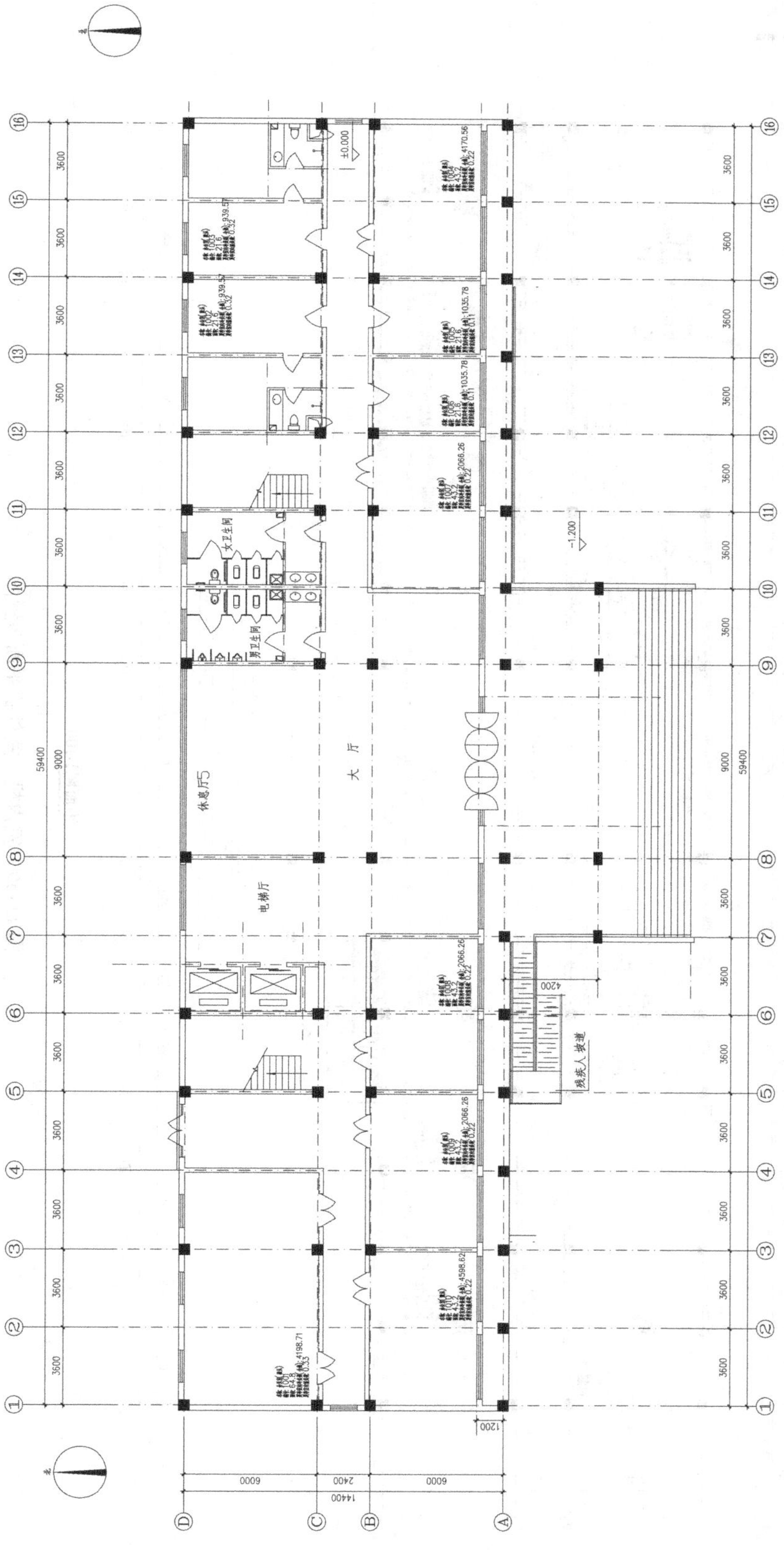

平面图1:100

图 11-38 一层平面图

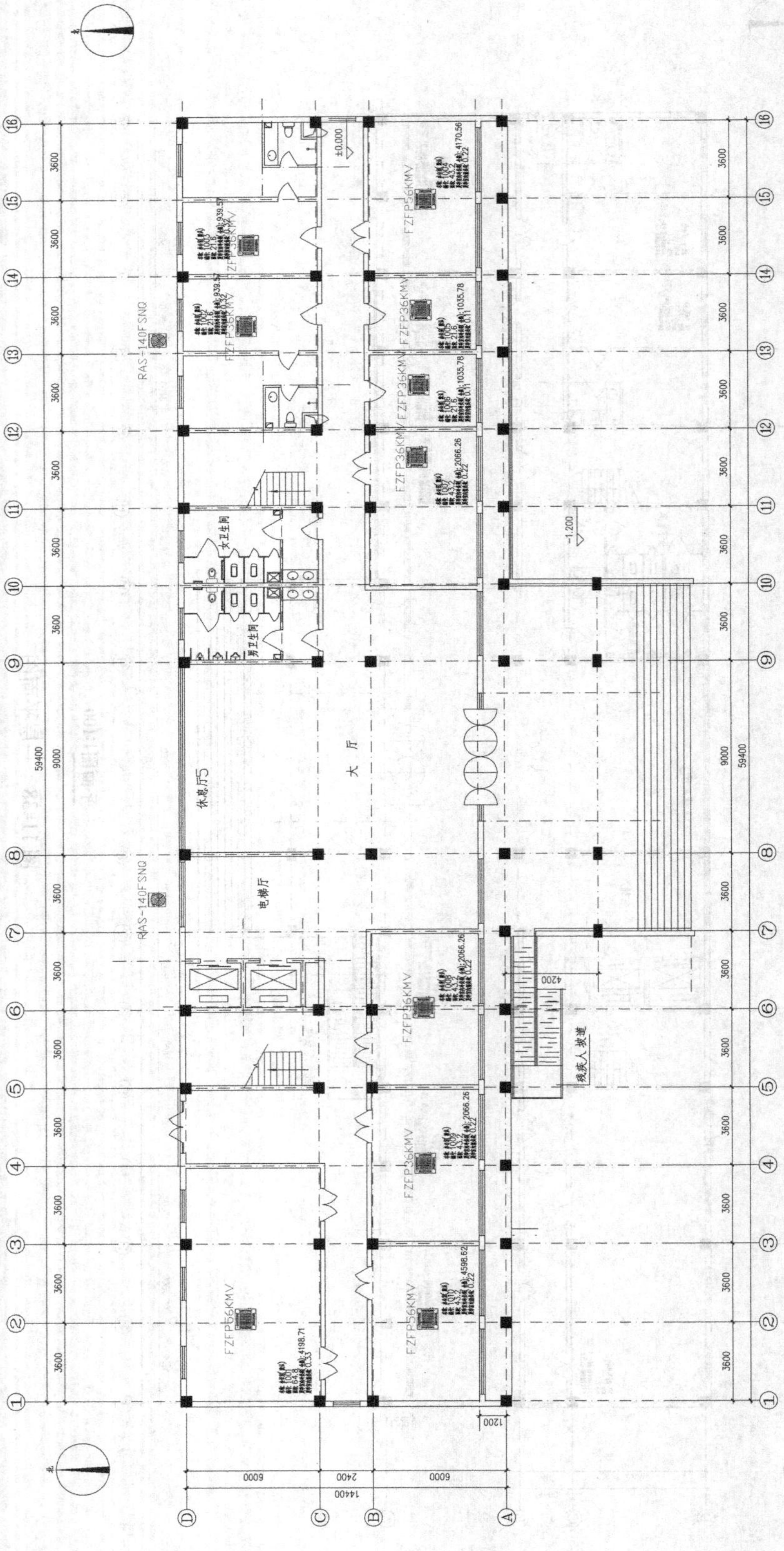

平面图1:100

图 11-39　室内机、室外机平面布置图

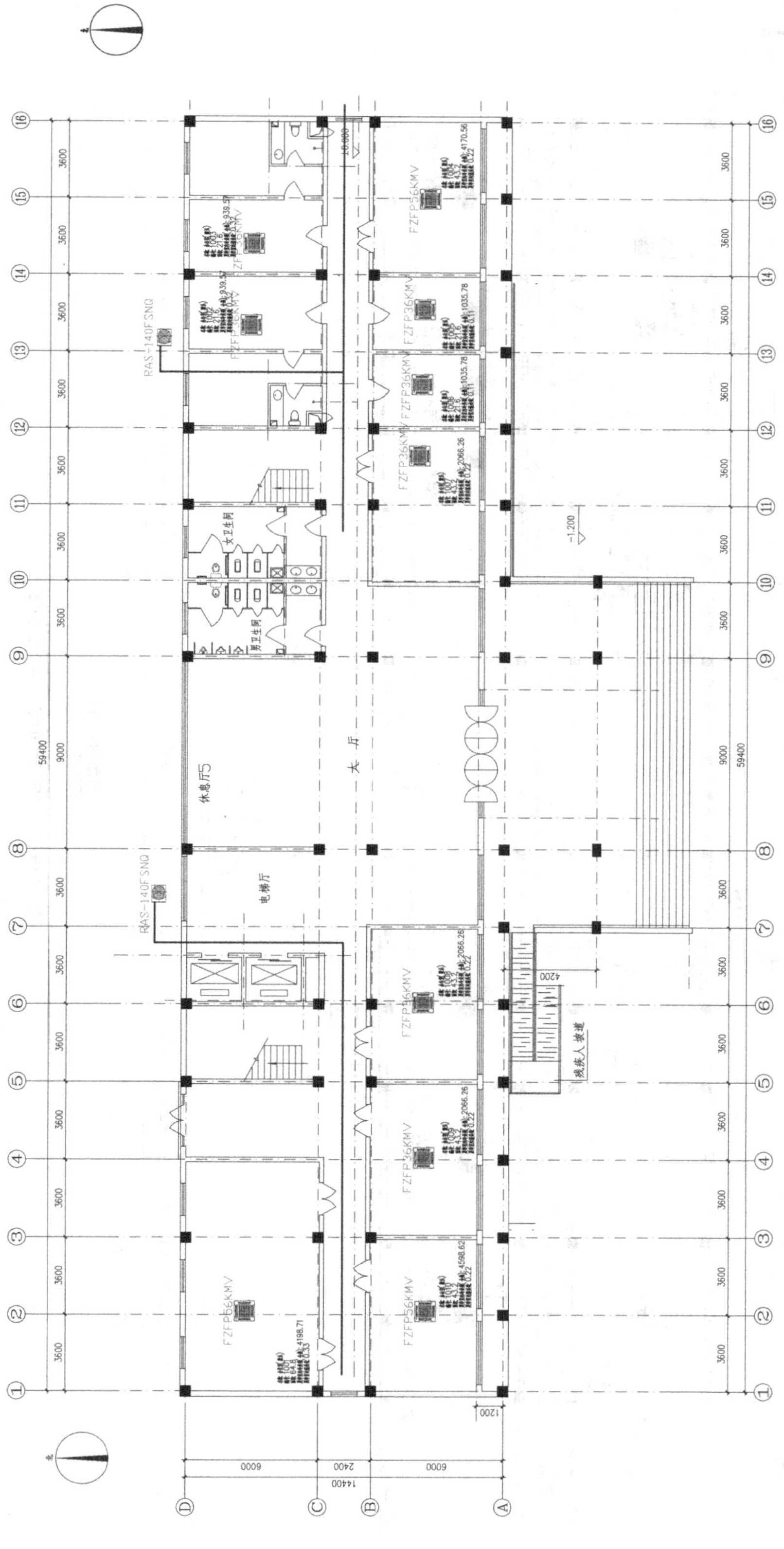

平面图1:100

图 11-40 一层平面冷媒管线绘制

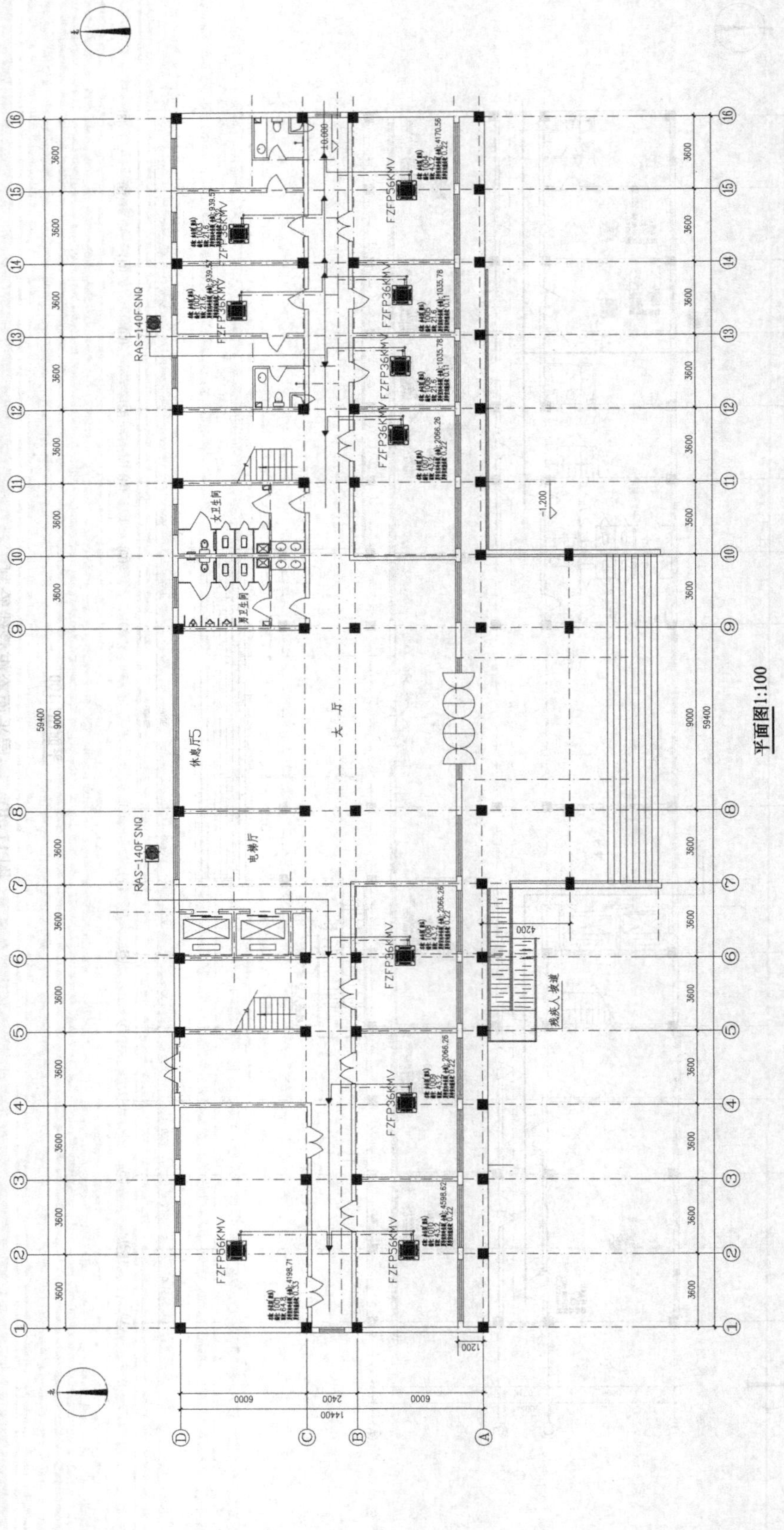

图 11-41　一层平面冷凝管线绘制

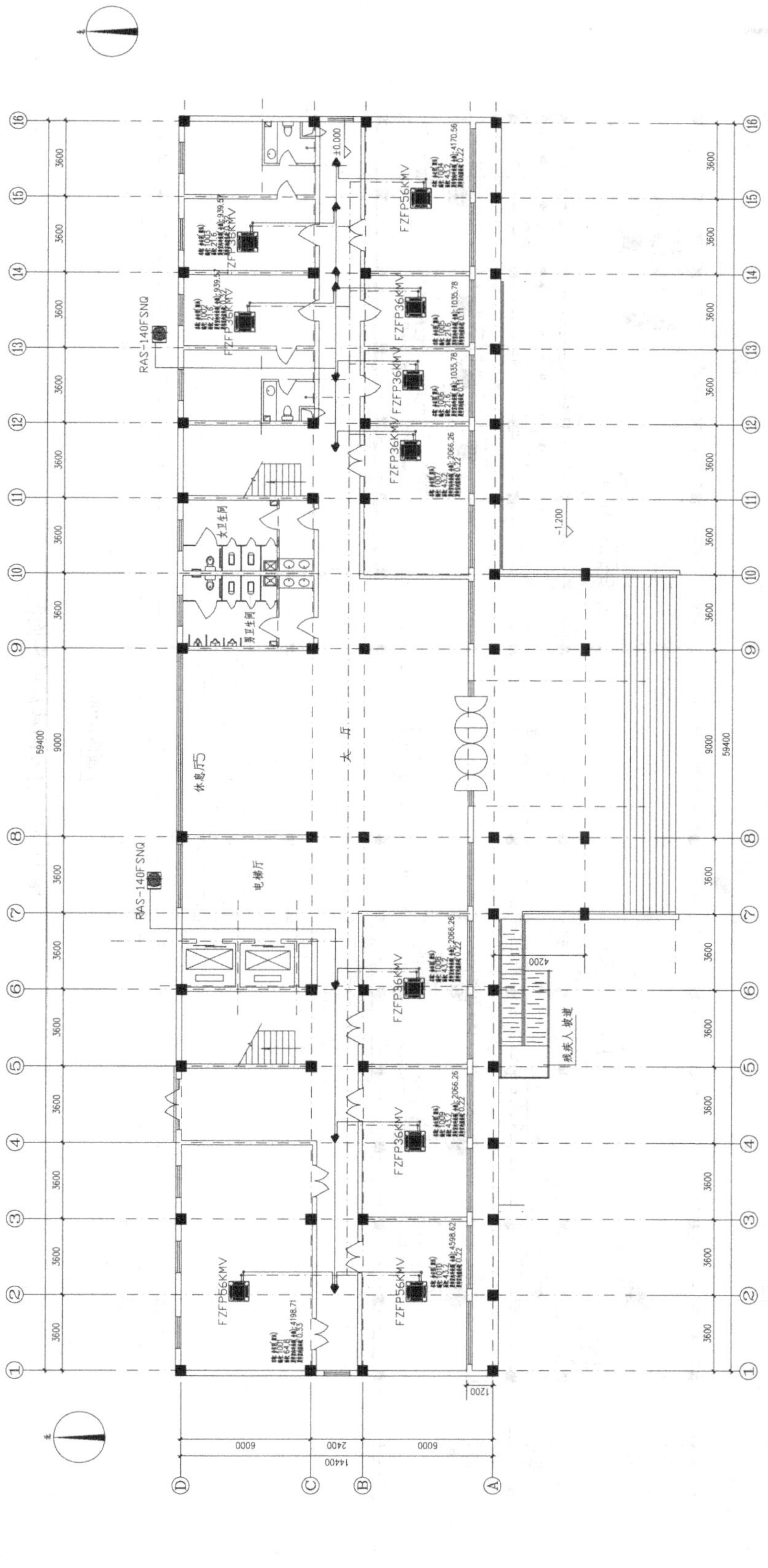

平面图1:100

图 11-42 管线与设备连接

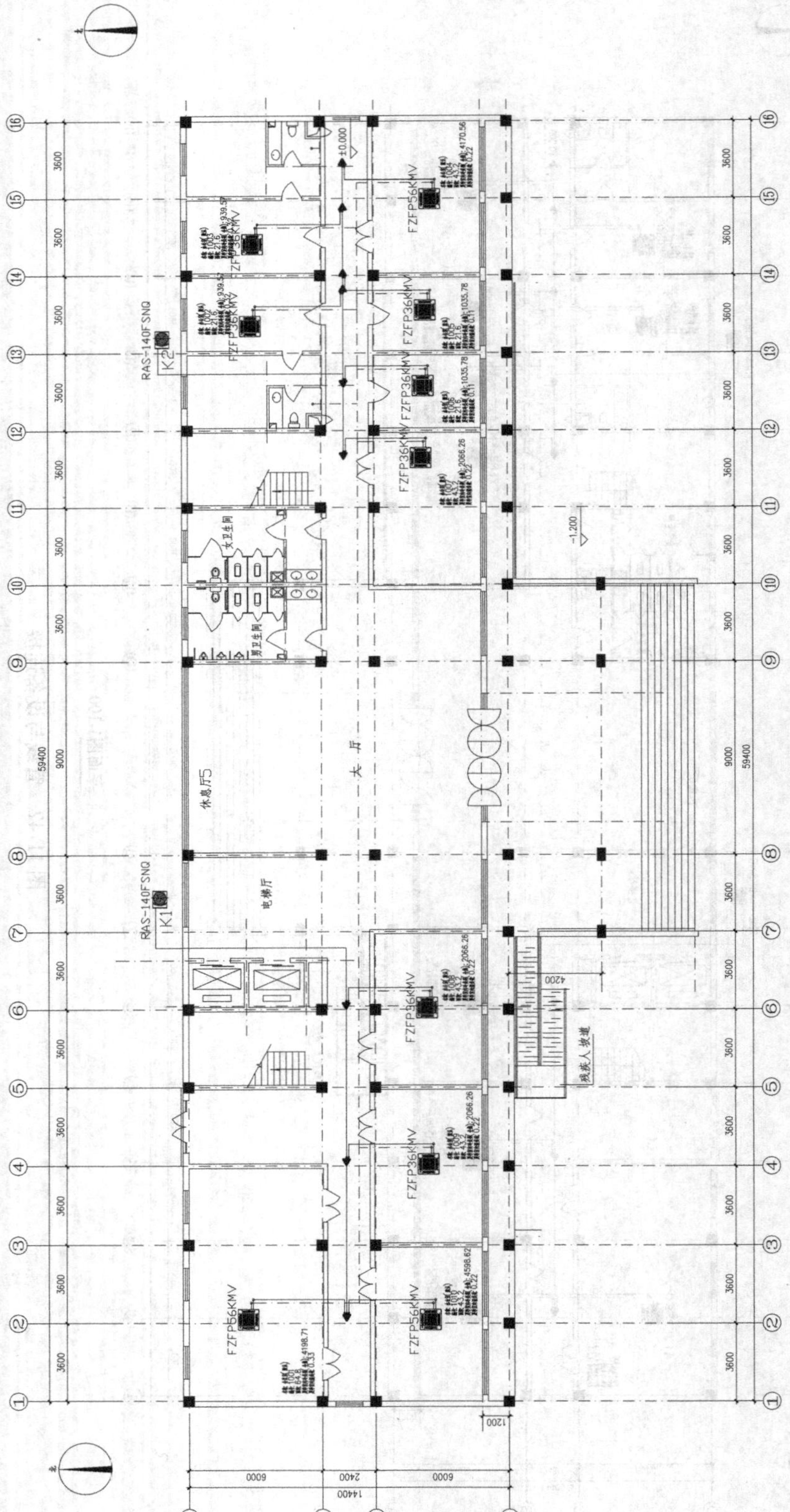

平面图1:100

图 11-43　自动断线后的平面图

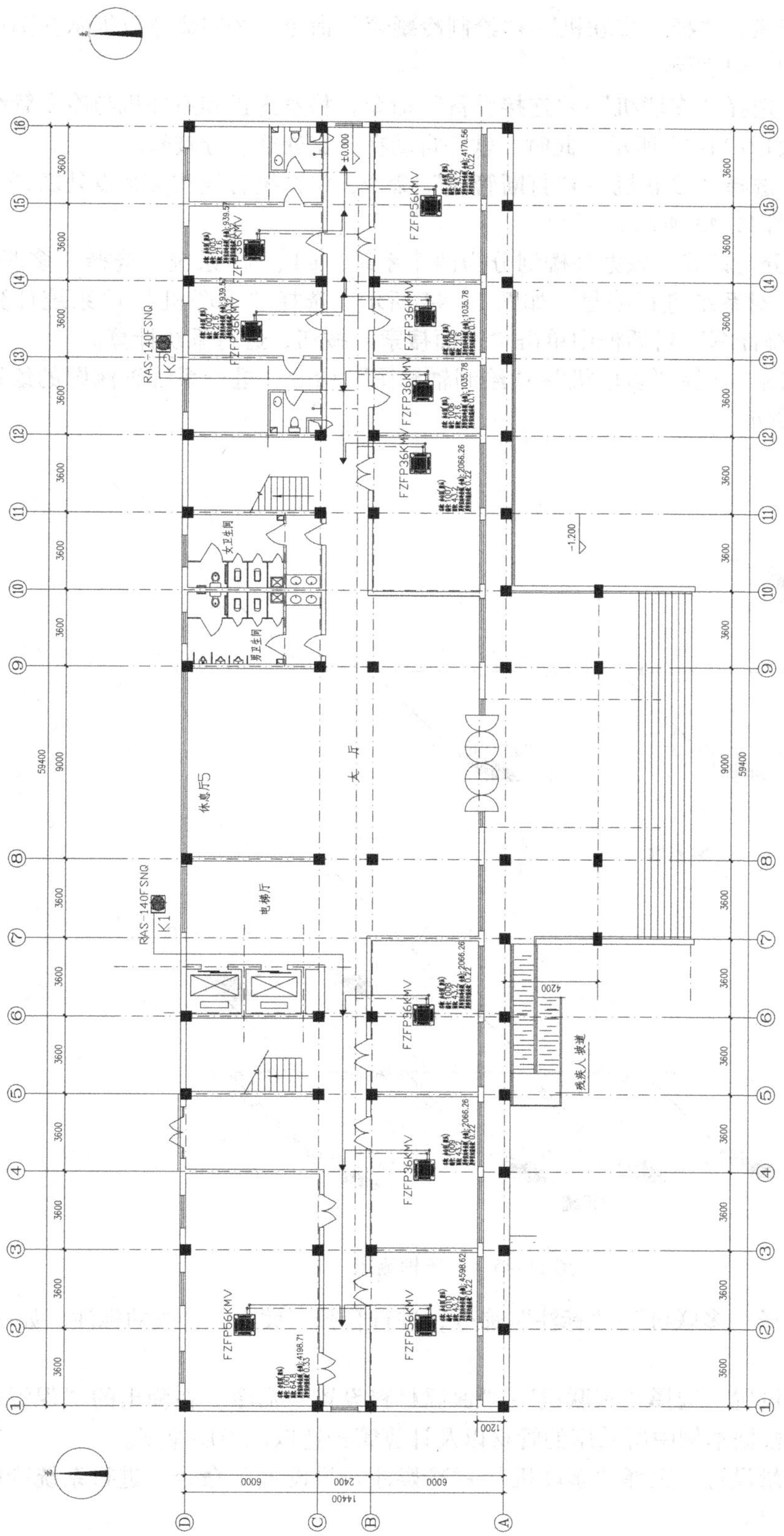

平面图1:100

图11-44 系统划分与标注

2）绘制冷凝管线。选择“多联机”→“绘制冷凝管”命令，按照命令行提示在图面中绘制冷媒管线，如图 11-41 所示。

3）连接设备。选择“多联机”→“连接设备”命令，将室内机和室外机与冷凝管线、冷媒管线自动连接，如图 11-42 所示。此时，软件自动在分支处插入分歧管。

4）自动断线。选择“多联机”→“打断管线”命令，将系统管线在交叉点处断开，并删除多余的管线，如图 11-43 所示。

（4）系统的划分与计算　该办公楼划分为两个系统：K1、K2 系统。选择“多联机”→“系统划分”命令，对系统进行编号，如图 11-44 所示。选择“多联机”→“系统计算”命令，在打开的“系统计算”对话框中单击“图面搜索”按钮，进行系统计算。

（5）绘制轴测图　选择“多联机”→“绘制轴测图”命令，进行系统轴测图的绘制，绘制结果如图 11-45 所示。

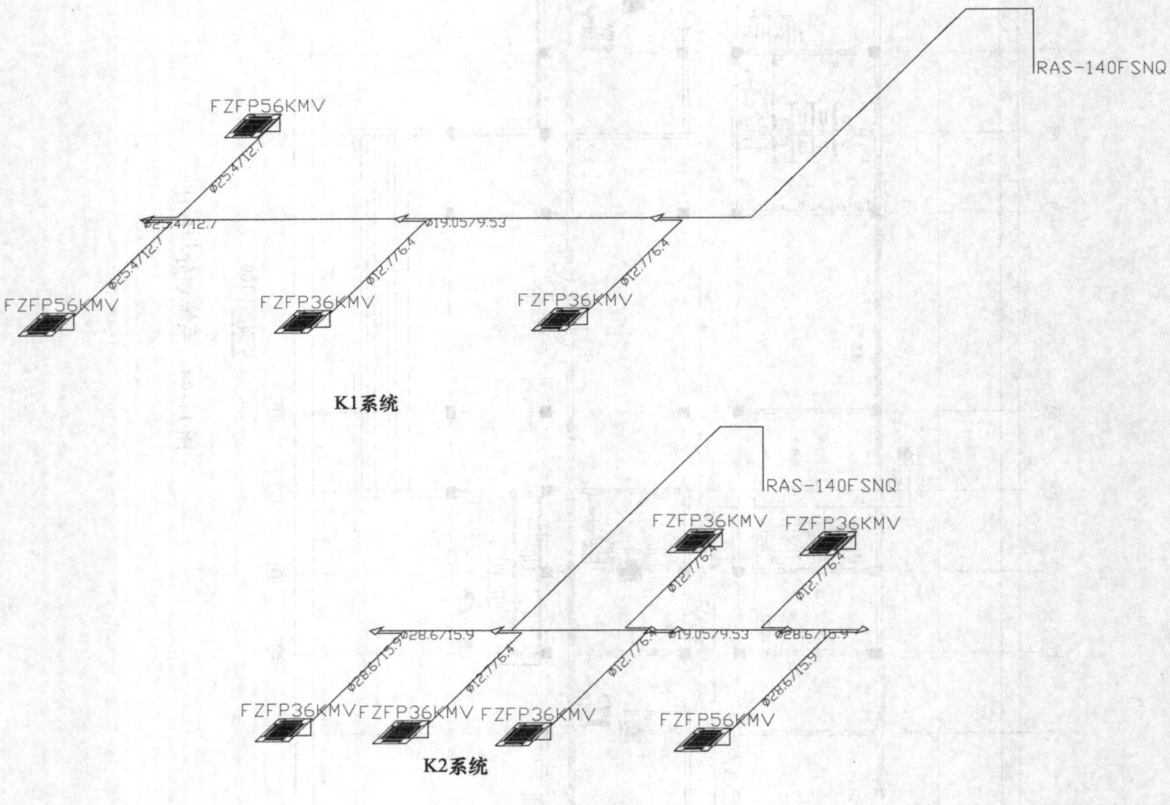

图 11-45　系统轴测图

（6）标注　选择“多联机”→“标注”命令，进行管径、坡度、管线的标注，如图11-46 所示。

（7）保温材料设置　选择“多联机”→“保温材料设置”命令，在弹出的“保温材料厚度设定”对话框中根据本例中所采用的管材以及计算管径选取保温层厚度。

（8）冷媒注入量设置　选择“多联机”→“冷媒注入量设置”命令，进行系统冷媒注入量的确定，见表 11-3。

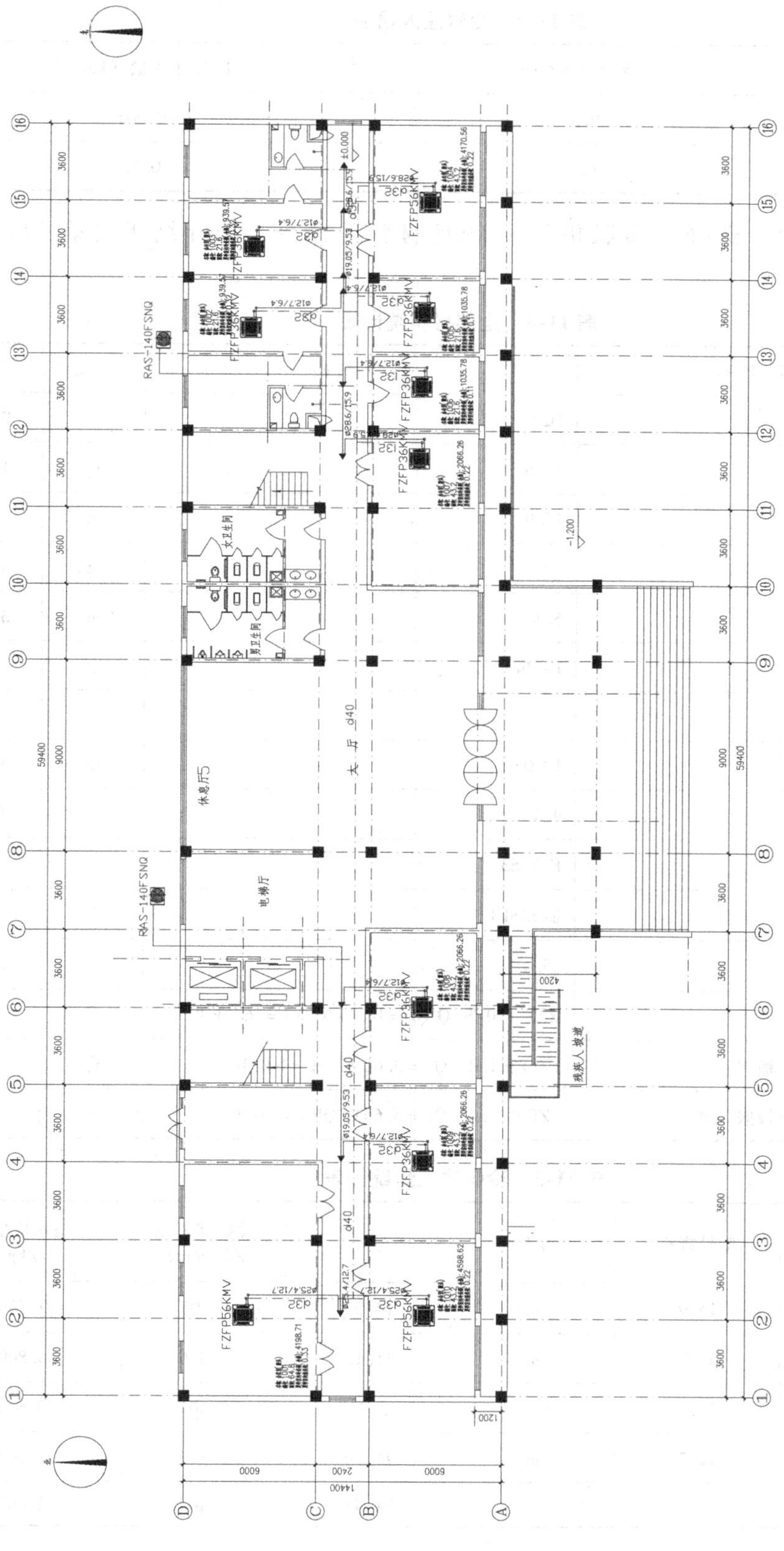

平面图1:100

图 11-46 平面图标注

表 11-3 冷媒注入量表

制冷剂	液管尺寸/mm	冷媒注入量/(kg/m)
R22	9.53	0.065
	12.7	0.12

(9) 材料统计 选择"多联机"→"统计材料"命令，统计结果见表 11-4 ~ 表 11-6。

表 11-4 全部材料统计表

序号	材料名称	型号规格	单位	数量
1	PVC 塑料管	D20	m	97.04
2	铜管	28.6	m	14.02
3	铜管	15.9	m	14.02
4	铜管	12.7	m	47.48
5	铜管	6.4	m	31.12
6	分歧管	E-162SN	个	3
7	分歧管		个	4
8	铜管	19.05	m	9.91
9	铜管	9.53	m	9.91
10	分歧管	E-52S3	个	1
11	分歧管	E-52SE1	个	2
12	铜管	25.4	m	16.36
13	室外机	RAS-140FSNQ QL = 14.1kW QR = 16.3kW	台	2
14	室内机 CMS-天花板嵌入式	FZFP36KMV QL = 3.6kW QR = 4.0kW	台	7
15	室内机 CMS-天花板嵌入式	FZFP56KMV QL = 5.6kW QR = 6.3kW	台	3

表 11-5 冷媒注入量统计表

序号	材料名称	型号规格	单位	数量	冷媒注入量/(kg/m)	注入量小计/kg
1	铜管(液)	15.9	m	14.02	0.195	2.734
2	铜管(液)	6.4	m	31.12	0.026	0.809
3	铜管(液)	9.53	m	9.91	0.065	0.644
4	铜管(液)	12.7	m	16.36	0.120	1.963
5	总计			71.41	0.406	2.607

表 11-6 保温材料厚度统计表

序号	材料名称	型号规格	单位	数量	保温管内径/mm	保温材料厚度/mm	保温材料体积/m^3
1	PVC 塑料管	20	m	97.04	20	10	0.206
2	铜管(液)	15.9	m	14.02	15	20	0.044
3	铜管(气)	28.6	m	14.02	28	20	0.067
4	铜管(液)	6.4	m	31.12	6	15	0.040
5	铜管(气)	12.7	m	31.12	12	15	0.057
6	铜管(液)	9.53	m	9.91	10	15	0.016
7	铜管(气)	19.05	m	9.91	20	20	0.037
10	铜管(液)	12.7	m	16.36	12	15	0.030
11	铜管(气)	25.4	m	16.36	25	20	0.072
12	总计			239.9			0.569

参 考 文 献

[1] 贺平，孙刚，等．供热工程［M］．4 版．北京：中国建筑工业出版社，2009.
[2] 马最良，姚杨．民用建筑空调设计［M］．2 版．北京：化学工业出版社，2010.
[3] 陆亚俊，马最良，邹平华．暖通空调［M］．2 版．北京：中国建筑工业出版社，2007.
[4] 陆耀庆．实用供热空调设计手册：上册［M］．2 版．北京：中国建筑工业出版社，2008.
[5] 陆耀庆．实用供热空调设计手册：下册［M］．2 版．北京：中国建筑工业出版社，2008.
[6] 中华人民共和国建设部，中华人民共和国国家质量监督检验检疫总局．GB 50019—2003 采暖通风与空调调节设计规范［S］．北京：中国计划出版社，2004.